マンモスの運命

化石ゾウが語る古生物学の歴史

クロディーヌ・コーエン
菅谷暁……訳

CLAUDINE COHEN

LE DESTIN DU MAMMOUTH

新評論

Ouvrage publié avec l'aide du Ministère français chargé de la culture.
この作品はフランス文化省の援助を得て刊行されたものである。

Claudine COHEN
LE DESTIN DU MAMMOUTH

コリムスクからサンクト・ペテルブルグへ.
1901年の秋, サンクト・ペテルブルグ科学アカデミー探検隊の橇の列が, トナカイに引かれてシベリアを横断する.
注意深く切断され, 凍らされ, 獣皮にくるまれたベレゾフカ・マンモスの遺骸が運ばれている.
（W・E・ガルットの個人コレクション）

ローラに

序文

生涯にわたるプロの加担者として、わたしには古生物学を、この宇宙の中で最も魅力的な題目と見なすべき強い主観的な理由がある。だがこのような評価は、かなり一般的な、したがって客観的なものであり、絶対の頂点ではなくても、少なくとも大本命の地位にはつくことができるだろう。というのもポップ・カルチャーの恐竜ブームから、人間の進化のパターンや自然選択の道徳的含意（もしそんなものがあるなら）に関する「おしゃべり知識階級」の激しい議論まで、古生物学はあらゆる領域で人々の関心の的になっているからである。

これほど高い関心がもたれている主な理由は、古生物学が、人々を魅了する二つのまったく異なる道と交差していることにある。一つは物理的秩序の原因と原理を発見することにより、自然界の永遠の働きを理解したいというわれわれの渇望。もう一つは生命の実際の歴史がたどってきた、特定の予測不可能な小道を記録したいという欲求（実際にはこの道は、やはり進化論とは矛盾しない、可能だが実現しなかった他の多くの方向にも延びている）。古生物学はこの探索の双方に重要な貢献をする。すなわち一般的説明という第一のカテゴリーでは進化論に対して、充分な地質学的時間をかけて行なわれる、ダーウィン的（および他の）過程の大規模な成果にかけがえのない直接的データの源を提供することによって。また考証という第二のカテゴリーでは歴史の小道を跡づけることに対して、何百万年も前に大地に住みついていた生物の唯一の遺骸である、骨や貝殻という古記録を考究することによって。

(親密な関係があるにもかかわらず、この二つの目標は、人間の精神を異なった仕方で魅了する一般理論と実際の歴史という区別以上に、根本的理由によって常に幾分かは切り離されている。なぜなら進化の原理をどれほど正確に理解しても、一般理論によっては、実現された生命の歴史の実際の展開は不充分にしか予測できないからである。理論は起こり得ないことを規定するかもしれないが、人間が織りなす支配者や戦闘や国家の歴史がそうであるように、特定の瞬間の偶発的出来事が、自然界の理論的束縛によっては律しきれない、多数の可能性の間に歴史の小道を作りだすのである)。

関心の高まりの二つの源泉がこのように仮定されれば、次には古生物学の思想と行動の歴史をいかにうまく語るかということが特に重要になる。古生物学史を記述するこれまでのほとんどの試みは、化石の本性と意味に関するわれわれの態度の変遷に強い影響を与えてきた、主要な科学者の生活と思想を年代順に並べるという由緒ある習慣を踏襲してきた。しかしわたしはそのような習慣を逆転すれば、この有望な新形式の叙述はまだほとんど試みられていないためだけでも、もっと多くの洞察がもたらされるとしばしば考えてきた。なぜ同じ年代記を反対の視点から、すなわち吟味する科学者の側ではなく吟味される生物の側から語らないのか。

研究者より研究される側から見た「逆の」歴史に大きな可能性があるという前提を受け入れたとして、ではどの化石生物がそのような叙述に最も適しているだろうか。ここでわれわれは二つの基準を同時に満たそうとして次のようなジレンマに遭遇する。第一に必要なのは議論が行なわれた期間の長さ、というのも最近になって認知された化石は充分な古生物学思想の歴史を提示しないだろうから。第二には喚起される大衆の関心と知識の度合い。いくつかの候補は古生物学の誕生の頃から知られていたため第一のテストに合格するが、大衆の関心という第二の基準を満たさない。腕足類、化石サンゴ、棘皮動物、他の多くの無脊椎動物、渦を巻いたアンモナイトなどは、あまり適任とはいえないだろう。他方で関心と共感という第二のテストに無条件で合格する二つの生物は、最近まで化石として発見も認知もされなかったため、科学者の探究の物語を存分に語ることができない。つまり恐竜は一八四〇年代に初めて輪郭が明らかになったのであり、人間の本物の化石は一八九〇年代まで発見されなかったのである（偽りの主張は散見されたが）。

二つの条件に適合する数少ない化石集団の中から、一つの候補が第一の明白な選択肢として浮上する。それが化石ゾウ、特に絶滅した巨大なケナガマンモスである。ある著名な児童心理学者の簡潔な要約によれば、恐竜に対する大衆の（とりわけ子供の）情熱は、それが「大きく獰猛で絶滅した」動物であることに由来するそうだが、ケナガマンモスもまさに同じ理由によって魅力的な生物の頂点に位置している（この動物が本当に獰猛であったかどうかは定かではないが、陸生動物でその大きさを上回るものは恐竜しかいないので、その巨大さと毛むくじゃらの外被がそのような推測を生むのだろう）。さらに不在そのものが好奇心をかき立てるので、その（初期人類との広範囲の交流のあとで起きたごく最近の）絶滅が異国情緒をかもしだし、また氷河時代の寒さに適応した毛むくじゃらの外被はとても「ゾウらしくない」（現在生き残っているゾウの狭い基準から判断すると）ため、われわれの関心は急速に高まるのである。

マンモスは、化石研究の歴史にどれほど参画していたかというもう一つの基準においても他を圧している。なぜならマンモスの骨は（前科学時代には聖書の中の巨人の骨としばしば混同されたが）、古生物学史のあらゆる主要なエピソードにおいて、広範な議論を呼び起こす第一の主題であった。マンモスは、およそ一万年前から三万五〇〇〇年前にかけ、直接の観察によってこの動物を描いた旧石器時代の偉大な洞窟画家から、凍った組織からＤＮＡを抽出した現代の分子生物学者まで、多くの人々の心をとらえてきた。またマンモスの精子を解凍し、現代のゾウを妊娠させ、できた子供を再びその精子を使って何世代も受精させ、次第に純粋なマンモスを作ることによってこの動物を蘇らせるという、大衆文化版の向こう見ずな計画も現在立てられているのである。

マンモスの目を通して古生物学史を語る模索的な試みは以前にもなされたが、それらはごく大ざっぱなものでしかなく、ほとんどは化石についての適切な知識は（おそらく）あるが、科学史の機微や大きな文脈にはあまり通じていないアマチュアのファンの手によるものだった。しかし真に開拓者的な本書において、マンモスはすぐれたフランスの科学史家である、クローディーヌ・コーエンという好敵手をついに獲得した。彼女は論争の中心地パリで教鞭をとっているが、そこでは一八世紀中頃から一九世紀のはじめにかけ、ビュフォンとキュヴィエがマンモスを、貴顕紳士の「珍品陳列棚」の中に眠る神秘的な、日付のない、孤立した骨という地位から、変化と絶滅の長い地質学的歴史をもつ、全身が復元された生物という地位へ変貌させたのだった。

われわれはマンモスについての思想の年代記を、勝利主義的に解釈すること、すなわちそれを「科学的方法」に支えられ、神学や他の文化的束縛の闇を追い払いながら、次第に拡大し完全になる知識へ着実に歩む過程と考えることには抵抗しなければならない。コーエンはプロの歴史家として、人間の思想のそういった平板な説明の仕方は、曲がりくねった複雑な道程、社会の偏向、個人の性癖など、われわれの歴史を予測しがたく分岐させ、興味深く有益なものにするさまざまな要素を、軽視し誤り伝えることにしかならないことを最も深い意味において知っている。人間の弱点と認識の束縛は絶えず影響を及ぼしていること、たとえばある信念の実際の内容が、社会的流行の気紛れから新しいデータの真の蓄積まで、あらゆる範囲の理由によって変化し成長することを、科学史はおそらく他のいかなる学問より強調すると思われる（この意味では、思想の歴史は生命の古生物学的展開に符合している。両者とも直線的に前進する予測可能なものと誤解されてきた。ところが実際には、どちらも次第に分岐する構造に何か価値のあるものを基本的には付け加えながら、多数の精神的・物質的可能性の脇道へと広がっていく、偶然の枝分かれという根本的テーマを具現しているのである）。

しかしすべての分枝と袋小路の中に、われわれは知識の蓄積とますます正確かつ豊かになる解釈の年代記を探しあてることができる。この増大する豊かさの中に客観的な時間の段階を認めようとするあらゆる試みは、真の連続性を不連続な部分に分解する徒労が常につきまとう、果てしのない論争を助長することにしかならない。それでも個別にはマンモスに関する知識の増大の歴史、一般には化石の本性と生命の歴史に関する知識の増大の歴史は、より正確な結論への道筋を記述することができる。そしてこの道筋が構築する枠組みの中で、コーエンが変化する社会的文脈に鋭敏であることによって明らかにしているように、本書全体は連続する刺激的な物語へと作り変えられる。「段階」（先に述べたような）を指定する誤りを避けるために、この道筋を次々に解答が示される一組の疑問として示すのがよいだろう。

一　ときおり野外で掘りだされ、次いで教会や個人コレクションの中に展示される、骨に似たこの巨大な（そして人目を奪う）物体は何なのか。それは本当にかつて地上で生活していた生物の骨なのだろうか。もしそうなら、どんな生物のものなのか。その生物は『創世記』第六章で「その頃地上には巨人たちがいた」と述べられているネフィリムなのか。それともノアの洪水によって殺された動物なのか。あるいはハンニバルの巧妙だが不成功に終わったローマ攻撃のときのゾウなのか。それともその物体は「自然の戯れ」、すなわち鉱物界の無機的模造品であり、生物の遺骸ではないのだろうか。化石の本性の問題が、現在でも通用する視点からほぼ解決されていた一六九五年になってもまだ、ゴータの医学校の教授たちは、有名なトナの化石ゾウは無機物の「ペテン」であると主張していたのだった。

二　マンモスの骨が過去の生物のものであることを認めねばならず、またそれが細部において現代のゾウの骨に似ていないなら、それはかつて活動していたがいまは絶滅した種のものではないのか。この現在の常識的な答えは、一八世紀半ば以前の科学者たち、地球の年齢はほんの数千年であると考え、生物界は神がほんの数日で一度に作った作品であると主張する人々にとっては自明のものではなかった。ビュフォンによって地球がかなり古いものであることが考証され、キュヴィエによってマンモスの骨と現代のゾウの骨の否定しがたい相違に関する見事な著作が（一八世紀の最後の数年に）発表されたあとで、この革命的な結論はもはや疑問の余地のないものになった。だがこの問題の含意と文脈は、人間の知性の歴史のいくつかの重要なテーマにも関係している。アメリカの読者は、トマス・ジェファソンが「絶滅」に対して頑強に抵抗したこと、マンモスは（もし本当に現代のゾウと違うなら）まだ地球のどこかで生きているに違いないと確信したこと、この巨大厚皮動物が合衆国西部のどこかに隠れていることを期待して、偏頗な根拠にもとづいてルイスとクラークを後援したことに特に興味を引かれるだろう。

三　マンモスが「失われた」種であり、生命の歴史が重大な変革を経験しているなら、どんな原因がその変化の背後にあるのだろうか。一八世紀末のキュヴィエの発見と、一八五九年のダーウィンの『種の起源』出版との間にきわめて明確な形で論じられたこの大問題は、当初さまざまな種類の非進化思想（キュヴィエの急激な絶滅と再創造の連続という激変説から、ライエルの時間の流れの中での連続的創造という見解まで）と、ゾウ（および他のすべての生物）はダーウィンが「変移を伴う系統」と呼んだ過程によって進化するという結論との対決を生みだした。しかし進化の正しさが最終的に認められても、すべての論争が解決したわけではなかった。なぜなら多くの新しい疑問が出現し、多くの古い問題が新しい進化の枠組みの中でまだ答えを求めていたからである。進化的変化のパターンはどのようなものか。一連の直線的進歩（その場合にはマンモスは現代のゾウと直接の関係をもつ）か、それともマンモスを末端の枝とし、現生種の祖先ではないとする分岐樹のパターンか。何が進化的変化を引き起こすのか。おそらく神学が生みだした、少なくとも神学に見守られた、生得的進歩の過程なのか、それともダーウィンの自然選択のような物質的過程なのか。

　われわれはこれらの基本的問題を解決したが、物語は続き、新しい研究法がわれわれの知識を増大させるにつれ新しい謎が次々に生まれてくる。マンモスの解釈を、自己満足的叙述にぴったりの完結した話ではなく、いまなお前進を続けているものと見るために、また本稿を皮肉のきいた風変わりな話で終えるために、わたしは親愛なる同僚、故アラン・ウィルソンの不滅の言葉を引用することにしよう。彼はマンモスと現在の生物の関係について、ＤＮＡにもとづいた最初の信頼できるデータを示したとき、こう述べたのだった（この言葉の要点を理解するためには、ＤＮＡのデータはしばしばバクテリアや菌類に汚染されているということを知っておかなければならない）。「きょうわれわれはマンモスはゾウか菌類のどちらかだったということを学んだ」。獣《ビースト》は死しても脈《ビート》は打ち続ける。

スティーヴン・ジェイ・グールド

「貝殻と貝殻にもとづいて作られた体系について」、これがヴォルテール（一六九四—一七七八）のある論考の表題である。彼はその中で、世界の歴史をその始まりからたどる壮大な体系を作ることにより、山頂に海生生物の化石が存在することを説明しようとした同時代人たちを揶揄した。彼らより分別のあるヴォルテールは、そのような貝殻や魚の化石はローマ人の炊事のくずか、コンポステラをめざした巡礼者たちの食べ残しだろうと考えた。

「マンモスとマンモスの骨にもとづいて作られた体系について」、これが本書の表題であってもよかっただろう。古生物学の通史を書こうという当初の計画が、いつ「マンモスの骨にもとづいて作られた体系」の歴史という計画に変化したのかを正確に述べることはできない。「化石ゾウ」の研究にもとづいて科学的古生物学を創始したキュヴィエの著作と、『エスキモーの神話的動物学におけるマンモス』という題のアンドレ・ルロワ＝グーランの論文を熱心に読んだことが決定的だったのだろう。この偉大な先史学者は一九三五年に、「マンモスの物語は北太平洋の動物寓話集の最も興味深い章の一つである」と記している。マンモスの歴史は、古生物学の歴史の最も興味深い章の一つでもあるとわたしには思われた。

ニューヨークのアメリカ自然史博物館でわたしは探索を始めた。恐竜や巨大マンモスの骨格が立ち並ぶ陳列室を抜けてオズボーン図書館へ行き、年代順にきちんと整理された、発掘調査の報告が記された昔の本や論文を読むことに没頭した。パリの国立図書館や国立自然史博物館、ロンドンの大英図書館、ハーヴァードの比較動物学博物館、フィラデルフィアの哲学協会図書館でわたしはこの探索を続けた。サンクト・ペテルブルグの科学アカデミー古文書館や動物学研究所図書館で、わたしは一八世紀初頭から現代までのロシア人によるシベリア探検の報告書を読んだ。

わたしはパリの国立自然史博物館の陳列室や、サン＝ジェルマン＝アン＝レーの国立考古学博物館の陳列室を何度となく歩きまわった。ブルノの国立人類学博物館では、中央モラヴィアのプシェドモスティとドルニ・ヴェストニツェで発掘された旧石器時代の住居の復元を、ウェールズのカーディフ博物館では「動く」マンモスの像を、メキシコ博物館では古代都市テオティワカンからさほど遠くない場所で発見されたマンモスのほぼ完全な骨格を目にした。またわたしはマンモスの骨で作られた旧石器時代の驚くべき住居が掘りだされた、ドン川河畔のヴォロネジ近くにあるコスチェンキ遺跡を訪問した。アラスカのフェアバンクスでは、金が含まれた石英の層にたどりつくため、毎年夏になると温水を噴射して「永久凍土」を解かすという金採掘人に出会った。彼は起伏に富んだ地形の中を一メートルずつ前進し、更新世の地層を黒っぽい泥に変えていくが、ときにはそこからマンモスの骨や歯や牙が顔をのぞかせることもある。わたしは牙が一面に並べられた露店で、長い年月を経てきたこの物質を歯科医のドリルで加工する彫刻家にも会った。またアンカレッジの風変わりな店には、クジラの椎骨やエスキモーの仮面やヒスイの彫刻が乱雑に置かれた真ん中に、マンモスの歯とその牙でできた首飾りがあった。

こうしてこの巨大な動物が少しずつわたしの生活の中に侵入してきた。現在では、わたしは古生物学と人類学の専門的な刊行物や、絵や写真の膨大なコレクションを所有している。さまざまな色や形のミニチュア・マンモスのほかに、わたしはもっと場所ふさぎの標本も収集した。すなわちオランダの海岸の沖合で採集された、見事な臼歯のついた半分だけの下顎骨（友人のピーター・ブリンクマンからの誕生日のプレゼント）や、コスチェンキの考古学者たちからいただいた上顎の臼歯である。後者は少し崩れていたが、それを補強した古生物学者のパスカル・タシは、「こいつは素晴らしく大きな第三臼歯だ」と請け合ってくれた。またわたしはシベリアのマンモスの毛や、アラスカからもち帰った牙の断片や、マンモスの牙で作ったきれいなブレスレットも保持している。

したがって感謝の念はこの尊敬すべきコスモポリタンの動物に捧げられねばならない。その足跡を追って、わたしは北半球のほとんどすべてを走りまわった。本書の完成に力を貸してくれたすべての人にも感謝を捧げる。最初に、その信頼と忍耐はわたしにとって絶えることのない貴重な助けであったジャン＝マルク・レヴィ＝ルブロンとイザベル・ヴァグネル。いくつかの章を快く読んでくださったマリ＝ノエル・ブルゲ、ジャン・エラール、ジャン・ゲヨン、チャールズ・C・ギリスピー、アーノウ・メイア、パスカル・タシ。わたしの調査を援助してくれたミハイル・アニコヴィッチ、マイケル・ブレイ、エリック・ビュフトー、イヴ・コパン、ロジャー・ハーン、ジョン・ハイルブロン、フレデリック・L・ホームズ、イアン・イェリネク、エイドリアン・リスター、ディック・モル、ミカエル・ノヴァチェク、マーティン・オリヴァ、ニコライ・D・プラスロフ、ロナルド・レインジャー、リチャード・テッドフォード、ハンス・ヴァン・エッセン、アラン・マン、ミシェル・ランペル、デイルおよびマリリー・ガスリー。友人のポール・バーン、シルヴィ・ブルーズ、ピーター・ブリンクマン、アン・デルマー、マイケル・ガルシア、シリル・ガルペリーヌ、ケヴィン・マシューズ、ジャンおよびフロリア・プロドゥロミデスには多くのことを負っている。サンクト・ペテルブルグ動物学研究所のワディム・E・ガルットおよびニコライ・K・ヴェレシチャーギンと、プラハ科学アカデミー地質学研究所のロチェク・ズビニェクからは、素晴らしい複製と写真の貸与というこの上ないプレゼントをいただいた。スティーヴン・ジェイ・グールドは、最高の人間的・知的寛大さをもってわたしを何度もハーヴァードの比較動物学博物館に受け入れてくださり、またブルーメンバハの手書きの注釈が書き込まれた古い貴重な文集のコピーを許可してくれた。ナタリー・ジーモン・デイヴィスのおかげで、わたしはプリンストンのデイヴィス・センターの暖かい学究的雰囲気の中でこの本の執筆を終えることができた。その冬、外ではシベリア並みのブリザードが吹き荒れていたのだが。

本書は国立文芸センター、国立科学研究所、仏米委員会、フルブライト財団、プリンストン大学シェルビ・カロム・デイヴィス歴史研究センターの物質的援助を受けて作られている。一九九〇年にわたしが所属することになった社会科学高等研究院は、それ以来良好な条件のもとで研究が続けられるようとり計らってくれている。アレクサンドル・コイレ・センターのわたしのセミナーに参加した学生や同僚は、その質問や論評によってわたしの考察を豊かなものにしてくれた。この機会に心から感謝したい。

一九九四年四月

クローディーヌ・コーエン

マンモスの運命／目次

マンモスの運命

序論

これはマンモスについての本ではない。

これから皆さんがお読みになるのは、いまから約四〇万年前に登場し、およそ一万年前かおそらくはもっと最近に絶滅した、長い褐色の毛に覆われ、どっしりとした体をし、螺旋状の重い牙をもつ巨大な哺乳類の悲壮な物語ではない。

本書においてマンモスは口実、より正確にいえば支柱でしかない。真の主題は古生物学の歴史、化石にもとづいて作られた解釈の体系の歴史である。本書のめざすところは三世紀以上もの間、この化石が伝説や寓話や、地球の歴史と生命の進化をめぐる物語の中に、どのように封入されてきたかの研究である。古生物学の歴史が、風変わりなある事物に対するまなざしの変化とともに初めて語られるだろう。その事物とは、シベリアの原住民が彼らの言葉で「マモント」と呼んだもの、西欧の学者が彼らの言葉で「形象石」「巨人の骨」「化石一角獣」、エレファス・プリミゲニウス、マンムトゥス・メリディオナリス、コルンビ、インペラトールなどと名づけたものそのものやその巨大な遺物（歯や骨や冷凍肉）だが、このような種々の名称が存在していたという事実は、知の歴史の流れの中に、さまざまな論証の仕方や、さまざまな思考と解釈の体系があったことを示唆している。本書で問題とするのは、地中からとりだされたこの奇妙な遺物が、さまざまな時代と場所、人間の生活と文化においてどのような意味をもっていたかということである。

古生物学の歴史は思想の歴史として語られることが多かった。[1] ルネサンスの終わりに「自然の戯れ」や「形象石」という中世的観念から自由になり、ついに化石を生物の遺骸と認めるに至った知全体の漸進的成長の歴史としてである。一六世紀から一八世紀にかけ全ヨーロッパで行なわれた化石についての論争が、「地球の理論」の構築を呼び、そこでは化石はしばしば「大洪水のメダル」、ノアの洪水の遺物であると考えられた。フランスでは一九世紀初頭のキュヴィエの著作の中で、化石脊椎動物を絶滅した動物であるとする認識から、恐るべき大異変によって破壊された一連の「失われた世界」という目もくらむような展望が開かれた。その数十年後、「自然選択を手段とする種の起源」というダーウィンの理論が、単一で共通の起源から現在の動植物や人間の出現まで、すべての時代の生物を結びつける進化のアイデアを提起した。古生物学研究の観念と方法は革新され、その目標は生命の歴史の中のミッシング・リンクを発見することとなったのである。

しかし科学が素朴な信念を徐々に捨てて合理的な知に至るというこの構図は再検討されねばならない。もっと詳細な研究から、伝統と論争、失墜と再解釈、知的革命といったんは時代遅れとされた理論への回帰などからなる、複雑な図柄があらわになった。[2] さらに古生物学の歴史は単なる科学思想の歴史なのではない。それは科学的実践の歴史、すなわち発掘や遠征を組織し、地中に埋もれていた骨を収集し、細心の注意を払って化石をクリーニングし、コレクションの中のそれを記述し分類することの歴史と深く関係している。それはまた世界の表象と、そのような歴史がその中で意味をなす変転きわまりない社会と文化の形態とも関連している。

古生物学の歴史は科学の英雄の物語としても語られてきた。キュヴィエ以来、古生物学者を新しい英雄、「新種の好古家」とする不朽の神話が存在してきた。古生物学者は消滅した過去の記念碑を地層から掘りだし、それを解読し、小さな骨片から奇怪な動物をものの見事に復元し、こうして絶滅した動物相全体に新しい生命を付与する。科学の歴史を偉大な名前の陳列室にすること、たとえばフランスではキュヴィエ、ドルビニー、ゴードリ、ブーシェ・ド・ペルト、ブール、イギリスではダーウィン、フォークナー、オーウェン、ハクスリ、アメリカではレイディ、マーシュ、コープ、アガシなどの名前を羅列することは、この英雄路線に追随するものだろう。だがそれは知とそのイデオロギー的・制度的・社会学的・政治的・経済的背景との関係を充分に明らかにしてはくれない。またそれはこの知が発展させられ、共有され、大衆化される際に機能していたイメージや物語の変化を理解させてもくれない。

本書は古生物学の歴史を、単なる発見と思想と科学者の歴史としてではなく、「化石」と呼ばれる奇妙な事物（歯や骨や貝殻）の歴史として語ろうとする。化石は世界の果てへの遠征によって発掘され、地層から引きだされ、特殊な技術を用いて収集され、保存され、博物館のコレクションや進化館の陳列室の中に並べられてきた。本書では古生物学の知と方法の変容に光を当てるために、唯一の「オブジェ」に最高の地位が与えられている。神話と疑問と物語が収斂するオブジェ、法外な「事物」の次元と密度を有するオブジェ（掘りだされ、再構成され、研究され、賛嘆されるマンモスの骨）、そして科学の実践と論述と理論の対象でもあるオブジェである。

神話・物語・シナリオ

古生物学は絶滅した種を復元することにより、地球の深遠な過去、生物と特に人間の起源と進化について問題を提起する。だがその問題は必然的に神話の問題に遭遇する。長い間、化石の起源や、地球と生命の変化についての論述は、奇蹟的な原因とおよそ六〇〇〇年に限定された時間枠をもつ聖書の叙述から骨組みを借りていた。その結果生じたのは、植物から海の動物、海の動物から人間を勝利者とし帰結とする陸の動物というように、生物が連続的に出現する物語であった。そこでは生物界はその始まりのときから変化せず、その成員はこんにちでも創造の日にあったのと同じ姿であると想像されていた。地球の歴史はノアの洪水のようないくつかの規範的な挿話を含み、全世界を襲った大異変が世界の歴史の主要な出来事と見なされた。このようなテーマと叙述の図式は、一九世紀初頭に古生物学が科学の一分野になったはるかのちまで存続したのである。

古生物学が神話から借用しているとするなら、それは歴史からもなにがしかを借りている。古生物学者は歴史家と同様に、「大地の古記録」から化石化した「資料」を収集する。その「資料」は不完全で、散在し、断片的だが、過去についてのかけがえのない貴重な証人である。歴史家と同様に古生物学者はこの過去の「資料」を用い、事実が時間軸に沿って配置されたもっともらしい報告を紡ぎ、物語を組み立てる。時間と変化、事件と原因と行為者といった題材を使用すれば、必然的に叙述が形成される。叙述は説明を生みだし、散らばった痕跡を物語にまとめ上げてそれに意味と一貫性を付与する。むろんめざすところは地球と生命の唯一の真の歴史を再現することにあるが、与えられた事実、時間の概念、仮定された進化の速度や様式に応じ、その物語を語る方法はいくつも存在する。

「太古」を扱うナチュラリストは、論述の組み立て方をしばしば歴史家から借りてきた。ビュフォンはボシュエ（一六二七—一七〇四）が人間の歴史の「諸時期」を考えたように「自然の諸時期」を考察した。キュヴィエの「地表の革命」は、一八世紀末の激動の歴史やフランス革命の歴史記述から影響を受けている。また一九世紀全体を通じ、人間の出現によって最高潮に達する生物の漸進的進化という観念は、人類の進歩を描く大歴史絵巻を手本にしていた。

一九世紀の中頃、種の古生物学的な歴史は系統の形をとるようになった。ダーウィンが復元することを提案した進化は、もはや神の計画や、外部から課せられた合目的性や、人間を最終目標とする進歩という神学的図式によって決められているのではなかった。生物の進化、種の出現と存続と絶滅は、環境に適応する能力と生存のための戦いに由来する。それ以後古生物学研究は、「ミッシング・リンク」の探索に、特に進化の最も劇的な局面、すなわち動植物や最初の脊椎動物の起源、陸生動物や哺乳類や鳥類の起源、そして人間の起源の探索に努力を集中させ始めた。

だが「自然選択を手段とする種の起源」を復元することが重要になったとき、生物界の歴史全体を把握しようという野心は時代遅れなものに見えざるをえなかった。ダーウィン自身が、化石記録に欠落があるため、生命進化の全体の仕組みは再現できないことを嘆いていた。こんにちの多くの古生物学者にとって、生命の全歴史は不可避の進歩へ向かうものでは必ずしもない[3]。生物界の歴史の全体的合理性は、すべてを一瞥ではとらえることのできない数多くの事象に砕け散ってしまった。こんにちでは、生物進化の「法則」だけでなく、生命の進化を形づくる環境の偶然的性質や偶発的事件の役割を考慮することが重要になっている。現代の古生物学者には、一大絵巻や包括的な叙述ではなく、生物の歴史の中の特定の事象において効力を発揮する、もっと慎ましい生物学的・地質学的・生態学的な「シナリオ」を復元する仕事が委ねられている。特定の事象とは、カンブリア紀における無脊椎動物の驚くべき進化的開花、中生代末の恐竜の絶滅、第三紀における化石哺乳類の種の多様化、更新世を通じてのヒト科の複数の種の共存など。そしてまた各現生および化石生物の形態の中に刻み込まれた進化の歴史の細部、たとえば「パンダの親指」[4]、ウマの蹄の構造、ゾウの臼歯の奇妙な形などである。

現代の古生物学者にとって、「シナリオは［進化の］事象のある特定の構成が、どのように生じたのかを説明するために調製された［……］帰納的な叙述である」とナイルズ・エルドリッジは記す。「このような叙述は、進化について知っているとわれわれが信じていることを、化石記録に保存されているような現実の世界に適用したいと望んでいる。だがそれは多くの場合、選択や、機能や、ニッチの利用や、共同体の統合に関する、迷路のような検証不可能な提案によって構成されたおとぎ話である」[5]。シナリオは思弁的な創作物であり、ときには危険なもの（「おとぎ話」）でもある。にもかかわらずそれは発見のための装置として科学にとって有意義かつ有用であり、「想像力を広げて」新しい仮説を考案することをわれわれに強いる。エルドリッジによれば「どのようにシナリオを構築するかということと、科学的提案としての身分がどのようなものであるかということに充分に自覚的であるなら、それが科学と精神の双方に高揚と利益をもたらすことを期待して、われわれはそれを構築し続けなければならないのである」。

神話、物語、シナリオは、古生物学的論述の三つの側面だけでなく、その歴史の異なる時期における論述の支配的な形式をも表現している。「シナリオ」という形で仮説を提起しながらも、現在の古生物学は歴史の領域から立ち去ったわけではない。古生物学は、そこから法則を引きだすことのできる、膨大な時間性と生物の非可逆的進化の表象に依拠し続けている。またそのテーマと叙述を具体化する方法において、古生物学はひそかな所で依然として神話に取りつかれている。ここにない事物とここでない場所を探索する古生物学研究は、異質なもの、奇妙なもの、法外なものの次元を内に含んでいる。それは時間の中を旅し、消え去った過去の深みを訪れるという夢を実現するが、その過去は絶滅した怪物の乾燥した（われわれの想像力を刺激する）遺骸という形をとるため、恐るべきものではあるが無害である。古生物学者の論述に宿るこの魅力的あるいはグロテスクな動物、奇妙な事象と大異変は、彼らの想像力の構成全体にも影を落としている。たとえばこのようなテーマのいくつかは周期的に繰り返されたり、科学的な記述の中にも生き続けていたりする。神話とフィクションの要素は、われわれの文化を形づくる物語の規範形と結びついているにせよ、あるいはわれわれの想像力の構造そのものに関係しているにせよ、古生物学においては科学的論述とその通俗化双方の中に存在しているのである。

マンモス、物語の支柱

マンモスは本書を貫く導きの糸として選択された。むろん他の選択も可能だっただろう。問われた問題に応じ、さまざまな化石種がさまざまな時代に脚光を浴びてきた。ルネサンスの間と一八世紀の末までは、地中や山頂でも発見される貝殻と化石魚がナチュラリストや珍品愛好家を魅了し、このような海生生物の遺骸がどうして山の上にあるのかについて激しい論争が巻き起こされた。一八世紀の末から焦点は四足動物の骨へと移り、失われた種と生物界の歴史について議論が開始された。一九世紀の中頃、化石人類の探索が人々の関心と研究の中心になり、自然界における人間の位置について新たな問いが生じた。しかし化石無脊椎動物への関心は、人々の注意が四足動物の骨や人類化石の問題へ移行しても消滅したわけではないので、これらすべての糸を同時に操ることは解きほぐしがたいもつれを作りだす恐れがある。

マンモスには、ルネサンスの終わりからこんにちまで西欧の知の舞台において、常に堂々たる存在感を示してきたという利点がある。オランダの旅行家ニコラース・ウィトセンが、一六九二年の『北東タタール』において初めてシベリア原住民の「マモントの骨」に言及したとき、ヨーロッパ人はそれが絶滅した動物のものだとは考えなかった。一七世紀後半まで、化石骨を研究する者たちの多くが、それは「自然の戯れ」や「形象石」として大地自身が作りだしたか、山の下の地下水路によって運ばれてきた種子から誕生した生物の断片だと信じていた。旅行家が北極圏の住人の見た遺骸のことを報告したときには、ヨーロッパ人はそれは巨人のものなのか一角獣のものなのか、クジラのものなのかゾウのものなのかを知りたいと考えた。一八世紀の最後の数十年まで、ドイツ、フランス、イギリス、アメリカにおいて、なぜこのゾウはアジアとアメリカの極寒の地にやってきたのかという問題が真剣に議論された。それらはノアの洪水によって運ばれてきたのか。ハンニバルの軍隊に連れてこられたアフリカのゾウが北の国へ逃げだしたのか。それともその骨は地球のどこか未踏の地域にまだ暮らしている未知の動物のものなのか。

このような「寓話」に対し、キュヴィエが一七九六年にその遺骸はまさしく「失われた」種のものであるという鮮やかな証明を行なった。『数種の現生ゾウと化石ゾウについての論考』において、彼はマンモスは絶滅したと主張し、すべての生物が周期的に大異変に見舞われる地球の歴史を提唱した。それ以来キュヴィエは新しい学問分野の創始者として称えられ、その分野はやがてアカデミーや大学における講座、博物館、定期刊行物などを確保して学問の制度の中にしかるべき位置を占め、アマとプロの研究者の国際的なネットワークに依拠するものになった。

だが絶滅した生物の研究である古生物学を創始しながら、キュヴィエはフィクションでも新たな神話でもある思考体系（地質学的激変説とその系である生物学的種不変説）を考案した。地球の歴史の説明の中で、キュヴィエは同時代人の想像力をかき立てる強烈なイメージを使用し、「地表の革命」という激烈な異変や、かつて地球に住んでいた巨大な「厚皮動物」や、消滅した世界を蘇らせることのできる科学の魅力的な姿を喚起した。

マンモスが古生物学の象徴的存在のように見えるのは、それが身元を特定され復元された最初の絶滅動物だったからだけではない。マンモスは非常に多様で豊かな目に属し、したがってこんにちの古生物学研究の主要な課題である分類理論が特に注目する種だからでもある。キュヴィエは化石ゾウの一つの種と、彼の考えでは「一種か二種」によって代表される絶滅した属マストドンを定義したが、その後長鼻目についての知識は飛躍的に増大した。このかつて繁栄したグループの豊かさは、現在インドとアフリカに生存する二（ことによると三）種類のゾウからはほとんど想像することができない。マストドンはおよそ二〇〇〇万年前の中新世のはじめに登場し、約一万年前に絶滅した、原始的な長鼻目のきわめて多様な科に属している。キュヴィエのいうエレファス属の三つの種は、現在では祖先は共通だが歴史は別である三つの異なる属、すなわちゾウ科を構成するロクソドンタ、エレファス、マンムトゥスとなった。ケナガマンモスは、マンムトゥス属のこんにちでは絶滅してしまった分枝の一つである。一八二八年に解剖学者ジョシュア・ブルックスによって初めて用いられたマンムトゥスという分類学用語は、ゾウ科の他の属の歴史とは独立した固有の歴史をもつ属を示すものとして、一九三五年以降ようやく科学的な使用がなされるようになった。マンモスは現在古生物学研究の多くの主要な問題に関係している。鮮新世の中頃（およそ三一四〇〇万年前）から更新世の末にかけ、この属が非常に多様化し北半球全体に広がったという事実から、その進化と移住のシナリオを構築することが必要になった。恐竜と同様マンモスの絶滅の問題も依然として未解決である。また凍結した標本が非常によい状態で発見されたので、分子生物学者はＤＮＡを抽出し、その研究を試みることができるようになっている。

マンモスは古脊椎動物学のトーテム的存在であるが、人類の先史学においても同様の役割を果たしている。それは消え去ってしまったがわれわれに親しい時代のシンボル、われわれの心の中では人類の最初期の歴史と一体になっている氷河時代のシンボルである。マンモスは先史時代の偉大な狩人である「穴居人」たちと同時代に生きていた。マンモスは化石人類の発見に二重の意味で結びついていたということもできる。マンモスの骨が人間の作った燧石の道具とともに発見されたとき、人間は「ノアの洪水以前の」動物と同時代に生存していたことが証明された。またフランスの古生物学者ラルテが一八六四年にマンモス自身の姿が線刻されたこの動物の牙の小板を発見したとき、化石人類がきわめて古い存在だということだけでなく、この「原始人」の芸術的能力までもが確認されたのだった。

マンモスは伝承と知の伝播を証言する。マンモスの骨や歯や牙はイタリアから中国やシベリアまで、アラスカの奥地からメキシコ南部までで発見されるため、その遺骸に気づかない振りをすることは困難である。その存在はきわめて明白なので、われわれはそれについて意見を抱くことを、その存在、その実在を正当化する物語を語ることを強制される。マンモスは、時代は同じでも場所が違えばさまざまな種類の表象が存在すること、科学の「スタイル」と流派には国民性が反映されていることも証言している。ロシア、イギリス、ドイツ、フランス、アメリカの古生物学と先史学は、それぞれが固有の知的・制度的文脈の中で行なわれているため、異なった研究の方法と伝統を有しているのである。

マンモスは化石動物の中で最もよく知られているだろうが、だからといって驚くほど多様な主観の投影や表象や夢の対象にならないわけではない。こんにちマンモスは古生物学者や分類学者や遺伝学者の真剣な研究の対象であるが、同時に小説や漫画のキャラクター、映画やコマーシャルのスターでもある。恐竜とともに、古生物学的想像力の中に住む最も生気に満ちた英雄の一つであるこの巨大な動物に、さまざまな見解や物語やイメージが結びつけられている。

マンモスは抽象的な思索の対象であるだけでなく、物質的利用と商取引の対象でもある。化石には科学的価値のほかに有用性や商品としての価値もある。九世紀から、マンモスの化石牙は中国人やアラビア人にとって交易品であった。こんにちこの絶滅した貴重な厚皮動物は象牙の供給源としてアフリカゾウの代わりをつとめ、そのことによっていまや生存を脅かされるようになった親類を助けているのである。

こうして本書の運命はマンモスの運命に結ばれているが、本書は科学的な知の歴史についての考察でもあろうとしている。読者はこの尊敬すべき毛むくじゃらの動物の中に二重のアレゴリーを読みとっていただきたい。マンモスに具体化されているのは、一つは科学の思想と制度と実践と論述の歴史を関連づけようとする研究から生じる問題であり、もう一つは自然科学と歴史科学の十字路に立つ学問分野の特殊性を考察するときに発生する問題である。ここで重要なのは化石が、変化する社会と文化の構成に関連した多くの解釈の体系を、一連の表象やイメージや物語を通してどのように生みだしてきたかということである。もう一度いうなら、マンモスはある物語の支柱、生命の先史的過去を探索する物語の支柱なのである。

第一部　イメージ

ポール・ジャマンのグワッシュ『マンモスからの逃走』(1906年).
(国立考古学博物館，サン＝ジェルマン＝アン＝レー)

郵便はがき

料金受取人払

新宿北局承認

6064

差出有効期限
平成15年12月
19日まで

有効期限が
切れましたら
切手をはって
お出し下さい

169-8790

165

読者アンケートハガキ

東京都新宿区
西早稲田三―一六―二八

株式会社
新評論
読者アンケート係行

お名前	SBC会員番号 L 番	年齢
ご住所 (〒) TEL		
ご職業（または学校・学年、できるだけくわしくお書き下さい） E-mail		
所属グループ・団体名 連絡先		
本書をお買い求めの書店名 市区郡町 書店	■新刊案内のご希望 □ある □ない ■図書目録のご希望 □ある □ない	

● このたびは新評論の出版物をお買上げ頂き、ありがとうございました。今後の編集の参考にするために、以下の設問にお答えいただければ幸いです。ご協力を宜しくお願い致します。

本のタイトル

● この本を何でお知りになりましたか

1.新聞の広告で・新聞名（　　　　　　）2.雑誌の広告で・雑誌名（　　　　　　）3.書店で実物を見て 4.人（　　　　　　）にすすめられて 5.雑誌、新聞の紹介記事で（その雑誌、新聞名　　　　　　）6.単行本の折込みチラシ（近刊案内『新評論』で）7.その他（　　　　　　）

● お買い求めの動機をお聞かせ下さい

1.著者に関心がある 2.作品のジャンルに興味がある 3.装丁が良かったので 4.タイトルが良かったので 5.その他（　　　　　　）

● この本をお読みになったご意見・ご感想、小社の出版物に対するご意見があればお聞かせ下さい（小社、PR誌「新評論」に掲載させて頂く場合もございます。予めご了承下さい）

● 書店にはひと月にどのくらい行かれますか

（　　　）回くらい　　書店名（　　　　　　）

● 購入申込書（小社刊行物のご注文にご利用下さい。その際書店名を必ずご記入下さい）

書名	冊	書名	冊

● ご指定の書店名

書店名　　都道府県　　市区郡町

1 マンモスの出現

「マンモスからの逃走」、サン＝ジェルマン＝アン＝レーの国立考古学博物館で見ることができる一枚の絵はこのように題されている。一九〇六年という年号が記されたこの作品は、現在では忘れられてしまった感のあるフランスの画家ポール・ジャマン（一八五三―一九〇三）の筆になるものであり、絵の右下にははっきりした文字で、当時の偉大な先史学者の一人ルイ・カピタン（一八五四―一九二九）への献辞が書かれている。

絵の後景にマンモスは立ち、鼻先をもち上げ、凍りついた風景の中に暗く重々しく立ちはだかっている。雪に覆われた丘の上に数本の貧弱な木がある。前景では、四人の男が手を激しく振り回し、この巨大な動物からわれがちに逃れようとしている。敵意をもつ環境の中で暮らすわれわれの祖先の生活を示そうとしたこの場面は、見る者にわびしさと恐怖を感じさせる。

だがそこには奇妙な感じもある。

マンモスの牙は実際とは逆に外側に湾曲している。また獣の皮でできたぼろをまとい、獣の爪の首飾りをつけ、木の柄に削った石を縛りつけただけの取るに足りない武器をもったこの男たちは、風刺漫画の中の未開人のように見える。しかし戯画的な未開人と、どこかの自然史博物館古生物学陳列室から直接もってきた剝製標本を、凍りついた風景の中に一緒に並べたこの絵は、一九世紀末の人類学的・古生物学的・地質学的常識をもって先史時代を想像すると、どのようなものになるかを如実に示している。左右に牙の広がったマンモスは、一九世紀末までサンクト・ペテルブルグ動物学研究所に展示されていた、レナ川で発見された遺骸の復元の引き写しである。なんとなくモンゴル人風のこの「未開人」は、当時の人類学者には大切な「原始人」であり、氷結した荒野はその頃の地質学者が考えていた漠然とした「氷河期」を暗示している。

一時代の想像力と知識を混ぜ合わせたこの絵は、先史時代の地球と動物と人間についてのある考え方を具現している。それはまた古生物学的復元には固有の歴史があるということも教えているのである。

復元は時代の夢を映す

一七九九年、シベリアのレナ川の河口で凍結したマンモスの完全な遺骸が発見されたが、牙はそれを見つけたツングース族の男によって引き抜かれ、ヤクーツクで売られてしまった。植物学者のミハイル・イヴァノヴィッチ・アダムスがサンクト・ペテルブルグにもち帰ろうとしたときには、遺骸はすでに肉食動物にむさぼられ、彼が一八〇六年に運んでくることができたのは、ほぼ完全な骨格と、若干の肉の部分、すなわち一つの目と一つの耳のついた頭部、凍土の中に保存されていた二本の脚の下部だけであった。[1]

当時ロシアで流布していたマンモスの姿は、ゾウのような鼻はないが二本の長い下向きの「犬歯」をもつ一種のイノシシであったり、皺の寄った皮と口髭のように外側に反った牙をもつ動物であったりした。別の絵は一角獣の角のように、額の上に絡み合った角をもつ動物を登場させている。

レナ川の標本は初めて組み立てられたマンモスの完全な骨格であった。最初はピョートル大帝の「珍品室」に展示されていたが、のちにこんにちサンクト・ペテルブルグ動物学研究所となっている場所に移され、現在でもそこに陳列されている（一六三頁の写真を参照）。しかしこの動物のものであると推定された牙は、先端が外側を向くように逆向きにつけられていた。一八九九年に牙は先端が内側を向くように、適切な方向に直されたのである。

古生物学における解剖学的復元はしばしば無謬の作業として紹介されてきた。古生物学者は「最後の審判の日」のラッパの音に合わせるようにして過去の生物を蘇らせる、ほとんど魔術的な力をもつ者と思われている。根強く

（上）長い尾と，額の上の絡み合った「角」と，鉤爪のついた脚をもつ，ウシと一角獣が奇妙に混合した
このマンモスの絵は，祖国へ戻るため1722年にシベリアを横断した，ロシアの捕虜となっていた
あるスウェーデン人兵士が描いたとされている．（アウグスタ，ブリアン『マンモスの書』，プラハ，1962年）
（写真，スウェーデンのリンケピング図書館史料室）
（下）1804年に商人のボルトゥノフによって描かれたアダムスのマンモス．
下および外側を向いた「犬歯」をもち，いくぶんイノシシに似た，長い鼻はない動物．
（W・E・ガルットの個人コレクション）

残る神話においては、古生物学者は一つの骨片や一本の歯から巨大な恐竜の全身骨格を復元する。だが実際には、復元は思考力や想像力と、実際的技術やものを比較する才能が結び合わされた複雑な作業である。多少ともそれはパズル合わせやモザイク作りに似ている。また復元は科学の概念や技術だけでなく、時代のイメージや夢をも具体化する。新たな発見に応じてだけでなく、知の枠組みの変化にも呼応して、復元の姿やテーマの刷新されることがある。

一八世紀の末にジョルジュ・キュヴィエがマンモスは現生のゾウに近縁の絶滅種であることを確認した。当時知られていたのは、この動物の堂々たる体軀、赤茶色のふさふさとした毛、中央が盛り上がった頭蓋骨の形、臼歯、

皺の寄った皮と，熱帯的な背景をもつこの奇妙なマンモスの絵は，1858年にロシアのあるアマチュアによって描かれたものであるが，当時の古生物学の著作を飾る復元図にはあまり似ていない．R・F・テプケルプの論文より．（W・E・ガルットの個人コレクション）

19世紀中頃のマンモス．脂肪太りした，足の長い，ほとんど無毛のゾウ．
1862年頃イギリスの科学技術局のために，ウォーターハウス・ホーキンズが作成したポスター．
（この挿絵はマーティン・ルドウィックの『太古の情景』，1992年，165頁で使われている）

螺旋状に湾曲した巨大な牙などだった。だがいくつかの要素、特に牙の位置、骨格の構造、背中の輪郭線、体長と体高の比率、肉のつき方などはまだよくわかっていなかった。一九世紀の中頃、ベンジャミン・ウォーターハウス・ホーキンズ（一八〇七―八九）は、脂肪でふくれた、足の長い、毛の短い、鼻は無毛の、頭のうしろに小さなたてがみをもつマンモスを描いていた。[2]

一九世紀と二〇世紀に行なわれた一連の発見が、このようなイメージを修正することとなった。[3] ロシアにおける探検は、氷の中に保存されていた肉と骨をもつ完全なマンモスを明るみにだし、化石の世界では珍しいことだが、はるか昔に地上から姿を消した動物の無傷の体をわれわれに与えてくれた。[4] おかげで骨格の配置、牙のサイズ、歯の構成といったマンモスの解剖学的構造の細部、さらには毛の長さや「毛色」や尾の形までもが以前よりよくわかるようになった。シベリアの永久凍土が普通は化石

旧石器時代の洞窟芸術におけるマンモス.
フォン＝ド＝ゴーム（ドルドーニュ県）のバイソンとマンモスの壁画.
ブルイユ神父による水彩画.（写真，人類博物館）

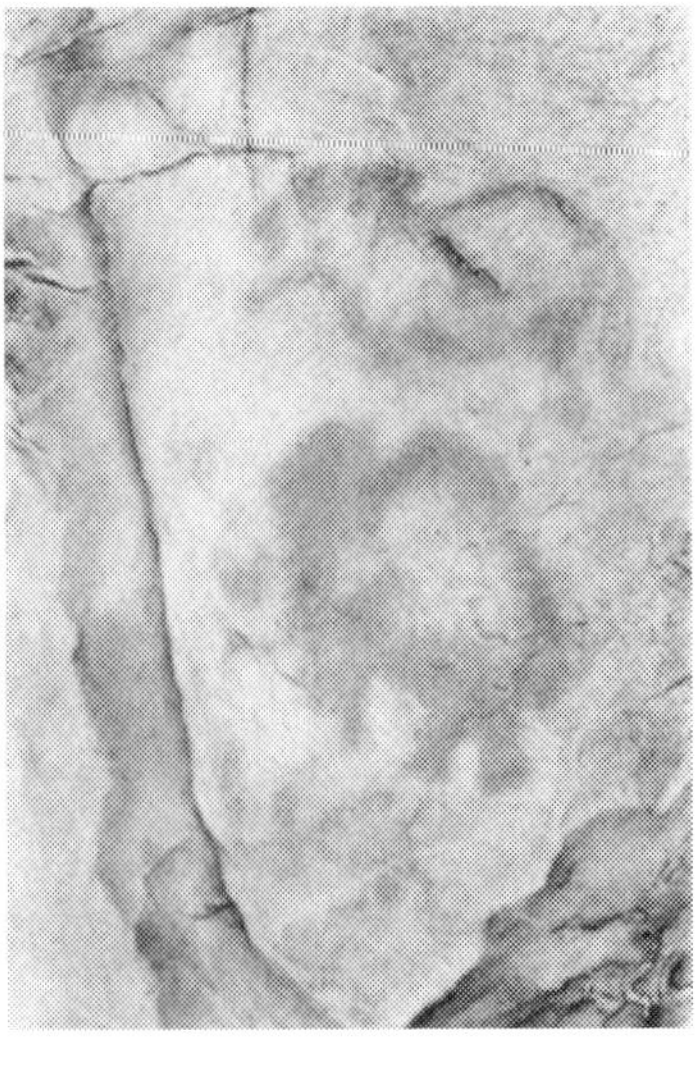

旧石器時代芸術におけるさまざまなスタイルのマンモス.
左：カポヴァ洞窟(ウラル地方)に描かれた
「幾何学的」マンモス.（グワッシュと写真，ニーナ・ガルット）
右：フォン＝ド＝ゴームの線刻されたマンモス.
（ブルイユ神父のデッサン）

にならない肉の部分を保存したため、皮下脂肪の厚さや、胃の内容物や、勃起したときの性器のサイズ（一・〇五メートル）までも判明した。現在われわれはマンモスは鼻に毛が生え、足の指の数は他の長鼻目が五つなのに四つであることを知っている。幼いマンモスの解剖学的構造と成長の様子は、一九七七年のマガダンにおける赤ちゃんマンモスの発見によって明らかになった。またマンモスの大きさは時代と場所に応じて変化しているようにも思える。西ヨーロッパと中央ヨーロッパのきわめて古い時代のマンモス（たとえばドイツのジークフリート・マンモス）は、肩までの高さが四メートル、体重は六トンに達するのに対し、シベリアのもっと新しい時代のマンモスはアジアゾウよりも小さい（肩までは二・六五メートル、体重は「たった」四トンである）。それでもマンモスの巨大さについては神話が根強く残っている。われわれの集団的想像力の世界においてマンモスは相変わらず先史時代の「怪物」であり、そのテーマは古代の神話から受け継がれ、一九世紀に特にキュヴィエの著作において拡張されたのである。

　旧石器時代の狩人たちが洞穴の壁に刻み、描き、彩色した絵が二〇世紀初頭に発見されると、マンモスの表現の仕方は変化した。フランス南西部の装飾洞窟（ラ・ムート、フォン＝ド＝ゴーム、レ・コンバレル、ルフィニャック）に残された絵から、先史学者たちはこの動物の「実際の」外見や行動を引きだそうと努めた。[5] だがこのような

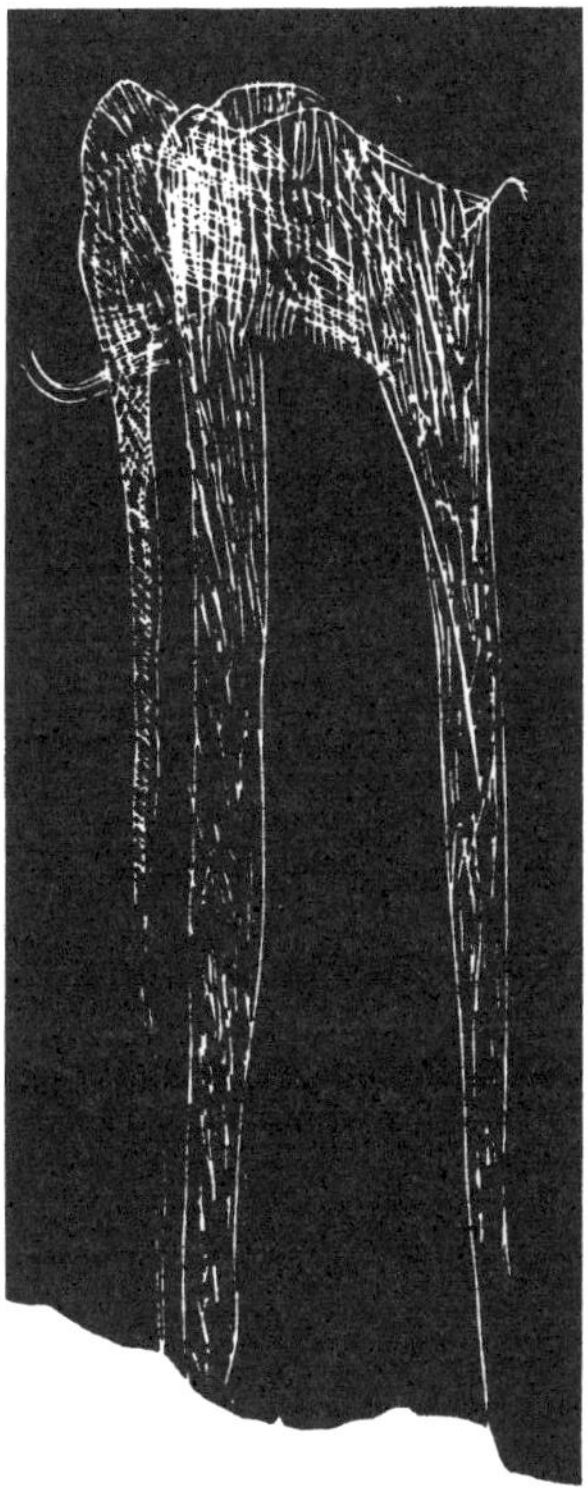

マンモスの牙に刻まれたベレリョフ（東シベリア）のマンモス.
（写真，N・ヴェレシチャーギン）

ルイ・フィギエ『大洪水以前の地球』第6版（1867年）における「人類の登場」.
マンモスの姿が，この人類が「ノアの洪水以前の」存在であることを証言している.

絵はすべての芸術作品と同様に現実を表現すると同時に変形し、戯画と呼べるほど様式化されていてユーモアさえ感じさせることがある。先史時代の彫刻家や画家はマンモスのいくつかの特性を強調し、ときにはその特性をわずかな典型的特徴だけに限定する。側面から描かれ、刻まれ、素描されることが普通であるマンモスの像において、先史時代の芸術家は「司教冠」のように盛り上がった頭蓋骨、額から鼻骨まで延びる垂直の線、球のようにずんぐりした体、どっしりした短い足、体の下の方で「スカート」を形成する長い毛、鼻と牙の湾曲などをほとんど常に際立たせる。[6]

　マンモスの肖像は西ヨーロッパの先史芸術においては比較的稀であるが、東ヨーロッパ、チェコスロヴァキア、ウクライナ、シベリアでは非常に一般的で、高度に様式化されたパターンに従っている。ロシアの考古学者ゾイア・アブラモヴァによると、「制作の仕方に若干の違いはあるものの、それらはすべて中央が盛り上がった小さな頭、瘤のある広い背中、体の他の部分から離れて垂れ下がる鼻といった、マンモスに特有の形を反映した一般的特徴を有している。ほとんどすべての小立像は直立させるために、平らなしばしば磨かれた基部をもっている」[7]。

この地域の芸術家たちは独創性と様式化に非常な冴えを見せている。ウラル地方カポヴァ洞窟の「幾何学的」マンモスは、先史時代のピカソの作品といえるだろう。またなんらかの深淵に向かって長い足を伸ばしたマンモスをマンモスの牙そのものに線刻したベレリョフの芸術家は、何を表現しようとしていたのだろうか[8]。

一九世紀後半の版画家や画家はこのような発見や自分自身の想像力に導かれて、過去の動物の骨格の構造だけでなく、その筋肉組織、肉の部分、移動の方法、背景、環境も再現しようと努めた。動物芸術というこのきわめて特殊なジャンルは、他の時代の生物の外的特徴や挙動を絵や彫像によって蘇らせ、それを他の動物や人間との関係という文脈の中に置くものである。古生物学は芸術が科学的活動の不可欠の部分をなす唯一の学問分野だろう。

一九世紀に「太古の情景」を描くことは独自の絵画のジャンルになったが、しばしば聖

一九一一年頃、ブロンクスヴィルのアトリエで絵筆をとるチャールズ・ナイト。（写真、アメリカ自然史博物館、ニューヨーク）

チャールズ・ナイトの壁画『フランスのソム川における冬のトナカイとマンモス』(1916年)の細部.
(写真,アメリカ自然史博物館,ニューヨーク)

書のテーマに影響を受けていた。[9] たとえば当時の地質学と古生物学の知識を普及させるのに貢献したルイ・フィギエ（一八一九―九四）の『大洪水以前の地球』の初版（一八六三年）は、人間をエデンの園のほぼ聖書的な舞台装置の中に置いていた。一八六七年、化石人類の存在が科学者共同体によって確立され認知されると、フィギエはその本の新版をだし、情景を少々変更した。[10] いまや獣の皮と原始的な斧を装備した「先史時代の」人間は、むろんマンモスも含む「ノアの洪水以前の」動物と（安全な距離を保って）交流する。これ以後マンモスは人間の先史時代の情景の一部となった。ベストセラーの書物を飾り、多くの版に登場したこのような挿絵は、当時もまたおそらく現在でも、先史時代の表現において重要な役割を演じているのである。

一九世紀末のフランスでは、「先史」絵画は隆盛を誇ったジャンルであり、その作品は科学知識の通俗化に資するという特別な身分を有していた。それらは先史時代の表象と、聖書の神話と、フランス人の「祖先」ガリア人に関連した愛国的テーマを要約していた。アカデミックな画家もそれに手を染め、彼らの「大時代的」芸術の傑作はパリのオルセー美術館や自然史博物館古生物学階段教室に飾られている。たとえばフェルナン・ピエストル（一八四五―一九二四）、通称コルモンの絵は、「原始的な」民族についての陳腐な観念と、穴居人のイメージと、おぼろげな聖書の記憶に霊感を得たものであった[11]。

アメリカでは、先史絵画は二〇世紀初頭に自己の権利を主張できる一科学的ジャンルとなった。ニューヨークの自然史博物館古生物学部門を創設し、一九三六年に世を去るまでその長を務めた古生物学者ヘンリー・フェアフィールド・オズボーンは、チャールズ・ナイト（一八七四―一九五三）を彼個人用の画家として用い、ナイトが制作した古生物学的・先史学的壁画は古生物学陳列室の壁を長い間飾ってきた[12]。恐竜がアメリカの古生物学的形象の議論の余地のない英雄であるとしても、マンモスもそれにさほど劣る存在ではない。一九一六年、ナイトは自然史博物館「人類の時代」陳列室のために更新世の氷河期の壮麗なパノラマを描き、どっしりとした、力強い、堂々たるマンモスの群を登場させた。

一九二〇年にナイトはフランスに旅行し、当時先史芸術については最高の権威であったアンリ・ブルイユ神父（一八七七―一九六一）を訪ね、ヴェゼール川流域の装飾洞窟を見てまわった。このアメリカの

ズデニェク・ブリアンの油絵『雪の中のマンモス』（1961年）.
（モラヴィア博物館人類館，ブルノ）

動物画家にとって、旧石器時代の作品との出会いは驚くべき体験だったに違いない。洞窟の壁画の中に、二〇世紀のこの芸術家は自分自身の活動の投影と手本を同時に見ることができた。一九二〇年の作品において、ナイトは洞窟の壁のマンモスとバイソンの帯状の絵に彩色する、フォン＝ド＝ゴームの芸術家たちを描写している。腰布を巻いただけでほとんど裸の彼らは、獣脂ランプのかすかな光に照らされ、トナカイの肩甲骨を器にしその中で黄土と木炭の色を混ぜている。[13]

一九四〇年、混乱をきわめていたフランスにおいて、四人の少年がラスコー洞窟の燦然と輝く芸術を世に知らしめた。それに続く年月の間に、東ヨーロッパで旧石器時代の遺跡が発掘され、絵画による先史時代の復元が再び盛んになった。一九四〇年から一九六〇年にかけてのチェコスロヴァキアにおいて、画家のズデニェク・ブリアン（一九〇五―八一）は古生物学者のヨゼフ・アウグスタ（一九〇三―六八）と協力し、世界中に普及した一般大衆向けの挿絵入り本をいくつか制作した。[14]一九六二年にプラハで出版された『マンモスの書』は、マンモスに捧げられた最初の偉大な一般向けモノグラフであり、その挿絵は教科書や展覧会のカタログに何度も再録された。[15]ブリアンの復元はマンモスとその生活様式についての理論や、この動物がどのように狩られ、解体され、絶滅したかについての理論を反映していた。彼の絵は狩猟や、道具の製作や、芸術と結びついた人間の活動に焦点が合わせられていることが多い。その絵画にはあまり創意工夫が見られないものの、人間に焦点が合わせられている点で人を感動させた。それらは先史時代の生活の厳しさを強調し、その生活を征服の神話としてではなく生存闘争として描いていた。

先史フィクションは夢と表象を養う

絵は叙述的な力をもつため、過ぎ去った時代の生物について多くの事柄を語る。だが小説や詩などの文学作品が、依然として先史フィクションに最も適した表現形態である。多くの短篇小説や長編小説の中で、人間とマンモスは親しい関係を結んでいる。数はわずかだが確かに存在する「先史フィクション」は、固有の歴史と読者層を有している。先史時代を舞台にしたその作品は、記述的なあるいは数量化された科学知識に、「目撃者の」証言を通して活気を与える。それは科学には不可能な叙述を達成すると同時に、この学問分野の人気を証明している。一九世紀の中頃からフランスでは、エリ・ベルテ（一八一八—九二）とピエール・ボワタール（一七八九—一八五九）がキュヴィエの「失われた世界」に生命を与えた。小説は理論や仮説を伝達する啓蒙の書となった。一九世紀の末までに、「民衆」文学全体が古生物学と先史学のさまざまなテーマを広範な読者の利用できるものにした。[16] その時期に、現在でもよく知られている多くの小説作品が書かれた。フランスではジュール・ヴェルヌ[17]（一八二八—一九〇五）やエドモン・アロクール[18]（一八五七—一九四二）の筆になる最初の「先史小説」が隆盛を見た。先史学者自身も教育的意図と物語を作ることの魅力を結合させながら、自分たちの発見を小説の形で提示した。きれいな挿絵で飾られていることが多いそのような書物は、理論を紹介し、それを生き生きとしたものにする最良の方法だったのだろう。ソリュートレ遺跡の研究者の一人であった先史学者のアドリアン・アルスラン（一八三八—一九〇四）は、アドリアン・クラニルというペンネームを用いて、一八七二年に『ソリュートレあるいはトナカイの狩人たち』という題の小説を発表した。[19] 小説の主人公は夢の魔力によって先史時代の中に投げだされ、その時代は彼の目の前で生命をもつものになる。ここでは非現実的な冒険が次々に起こるが、主人公は首領（マンモス狩りの場面には欠かせない人物）の娘と愛を語らったりもする。

だが最もよく知られている「先史小説」が書かれたのは二〇世紀初頭であった。イギリスではH・G・ウェルズ（一八六六—一九四六）が一九〇〇年に『石器時代物語』を出版し、フランスではほぼ同時期にJ＝H・ロニー・エネ（一八五六—一九四〇）が数篇の有名な先史小説を発表した。[20] ロニー・エネは一八九二年に先史時代を舞台にした最初の物語『ヴァミレ』をすでに発表していたが、一九〇九年に世にでた『火の戦い』は現在でもこのジャンルの手本とされている。「一〇万年前」に時代が設定されたこの物語は、当時知られていた古生物学（先史動物、地理、気候、氷期）、人類学（さまざまな種類の猿人に遭遇するプレ・サピエンス）、先史学（カニバリズム、火の征服、物質文化）の仮説と事実を脚色することに努める。しかしこのような「科学的」装いの下に、物語を効果的にするための叙述の手法や紋切り型の表現さえときに見え隠れする。

そのうちのいくつかは、たとえば登場人物の二項分割（アゴー兄弟のように、一方には善良で、美しく、強い人物、他方には意地悪く、残酷で、獣的な人物）や、エピソードの三部構成といった、寓話の叙述的図式によく見られるものである。『火の戦い』のプロットはその構造（愛する女性を手に入れるために勇気の証しをもち帰ること）と、マニ教的二元性をまとわされた登場人物（「良い人間」は優美で勇敢で、「悪い人間」は毛むくじゃらで粗暴）によって妖精譚に似ている。この物語では、マンモスは妖精譚の中の良き妖精と同様に、敵と必死に戦う主人公たちを保護する「肯定的」役割を演じている。この小説は妖精譚だけでなく神話にも多くのことを負っている。主人公のナオはノア（人類を全滅から救う「義人」）の神話とプロメテウス（人類に火をもたらす）の神話という二大神話の合流点に位置し、『ヴァミレ』の中の「エレムの誘拐」は『イーリアス』からの借用のように思われる。

これらの神話的物語は、そこに登場する「原始人」のものの見方を反映していると思われる、色彩に富んだ文体で書かれている。そこではこの「未開の時代」の自然が風変わりで豊かであったことを感じさせるために、ゴンクール兄弟の「芸術的文体」の気取りと、学名のエキゾチシズムが結び合わされている。ロニー・エネが非常に巧みだったのは、科学の概念や語彙を用いることにより、幻想的な野生の世界の雰囲気を作りだした点にある。彼の作品では、文体の気取りが科学の語彙と結合し、科学的論述がいわば濃密な叙情を帯びている。その言葉がラテン語的用語の控えめなリズムと複雑な分節によって話され、科学はここにおいて詩となる。mégacéros［オオツノジカ］、rhésus［アカゲザル］、crustacés［甲殻類］、mastodonte［マストドン］、proboscidien［長鼻目］のような堅苦しい語を、野生と原始の歌に昇華させることができるなどと誰が考えただろうか。

これらの小説は夢と科学知識を凝縮する。科学知識を応用しようとするフィクションは、科学とともに「進歩する」といえるだろうか。アメリカの女流作家ジーン・アウル（一九三八―）は、『マンモスの狩人たち』（一九八五年）を執筆するにあたり、中央ヨーロッパとロシアの先史人について多くの調査を行なった。[21] この物語の時期は三万五〇〇〇年前から二万二〇〇〇年前（ウルムⅣ）のその地域に生じた温暖期に置かれ、グラヴェット期定住民の住居の記述（「側壁はマンモスの骨の寄せ集めでできているように見えた」、「マンモスの皮で作られた重い幕が入り口に掛けられていた」）は、チェコとソヴィエトの考古学者の仕事から直接示唆を受けている。また実際に発掘された遺物、たとえばマンモスの肩甲骨で作られたシロホンのような楽器や、肉を焼くために使うマンモスの骨の「焼き串」が登場させられる（「長い棒を通した巨大な肉片が焼かれていた。マンモスの子のまっすぐな脛骨が地面に立てられ、膝関節に作った溝の中に串の両端が置かれていた」）。ネアンデルタール人とグラヴェット期ホモ・サピエンスの出会いを通じ、主人公たちの冒険が、女性の性的通過儀礼や夫婦間の問題といった、性的な事柄にかなりの力点を置きながら語られる。物語は現代アメリカのフェミニズムの価値観と理論を反映していると思われる母権制的文脈の中で展開する。

ある小説が先史時代の狩人の生活を再現しようとしているのに対し、他の小説はマンモスを現在の世界へ召喚する。たとえばジャック・ロンドン（一八七六―一九一六）は、北極圏についての物語の中に、アラスカの狩人による現代のマンモス狩りの武勇談を挿入した。[22] また一九二八年に発表された小説の中で、マックス・ベグエン（アリエージュ県のトロワ・フレール装飾洞窟を発見した三人の子供のうちの一人）は、ソ連時代のシベリアにおいて電気によってマンモスを「復活」させる様子を想像している。

ガルヴァーニ電流が神経中枢に流された。生命活動光線がすべてを強烈なモーヴ色に染めていた。［……］そのとき突然、震えがこの動物の手足をかけめぐった。たたまれていた鼻が伸びようとしているように見えた。それまでは生気のなかった小さな目がふくれ、ぼんやりとしたまなざしを取り戻すように思われた。体温はすぐに上昇した。［……］次いで胸部が高まるように見えた。

「ほら、見て」二つの鼻孔からリズミカルに出始めたかすかな蒸気を指さしながら、ナディアが言った。

ナディアはムージャンの手を握った。「生きている」彼女は叫び声をあげた。

ちょうどそのときマンモスがまばたきをした。うなるような力強い息が高くもたげた鼻から一挙にほとばし

マンモスって、
ゴジラやキングコングよりも
大《おお》きいの？
「マンモス・タンカー」、「マンモス球場」に「マンモス小学校」…。"マンモス"という言葉は、大きいものの形容詞として使われているよね。でも、マンモスのほんとうの大きさって、どのくらいだと思う？
ゴジラぐらい？　それともキングコングぐらいかな？
じつは、みんなが良く知っているアフリカ象とインド象の中間くらいなんだ。ふつうは体高が約2m。大きいものでも体高3.5m、キバの先端からしっぽまでが約6m。いがいに小さかったんだね。
あ、
ドーモ……

日本の漫画におけるマンモスと恐竜の予期せぬ出会い。

りでた。[23]

この場面は、コンピューターと遺伝子操作によって「先史時代の怪物」を復活させるという、現代の「ハイテク」の夢とさほど異なっていない。[24]

小説は技術や知識の進歩だけでなく、夢の働きや先史学の主題の夢幻的意味も表現する。それはその物語の作者とそれを享受する大衆の関心を反映する。したがって現代のわれわれの関心事に引き寄せて考えるなら、小説的空想は科学が記述する「現実」より現実的かつ確実なものになる。いくつかの点では、フィクションは科学に取って代わりさえする。かつて科学者たちは、先史物語を書くときにはペンネームの背後に身を隠したが、こんにちでは彼らは先史小説や先史映画や先史漫画の「監修者」の役どころを要求し、自分自身の作品を書きさえするのである。

映画は「先史時代の怪物」（たいていは変装したゾウ）をしばしばスクリーンに登場させ、実物大の動くマンモス像はテーマパークを徘徊している。だが漫画は依然として古生物学的フィクションに非常に適した表現方法である。主として子供のために書かれる「先史漫画」は、一九七〇年代に飛躍的に増大した。教育的あるいは教訓的意図がどうであれ、それが伝達するイメージはほとんどの場合現在の科学知識とはかけ離れており、その中では一九世紀の紋切り型表現が驚くほど変化せずに存続している。[25] そのうちのいくつかは昔のモデルや「野蛮人」という古臭いイメージにもとづいている。「先史漫画」は主人公たちを、その外見や環境や技術力とは無関係の無時間の世界の中に置く。長大な先史時代は縮められ、切り詰められ、ぺしゃんこにされて抽象的な時間となり、人間と恐竜、猿人とホモ・サピエンス、ケナガマンモスとアフリカのサヴァンナが同時代のものにされてしまうのである。

物語の形式としては、漫画は先史学が生産する断片的知識を提示するのに特に適しているように思われる。叙述の糸によって結ばれた漫画の不連続なイメージは、先史学の知識の破片が発掘された方法そのものを具現しているように見える。だが漫画に含まれている物語は、たいていは猛スピードで語られ、多くの事件が押し合いへし合いし、最初から最後まで人々が走り、争い、狩りをするたぐいのものである。自然界の発作的な激しさが人間の行為

『マンモスの長，トゥンガ』.
（エディション・デュ・ロンバール，ブリュッセル，1982年）

ルイ・フィギエは，おとぎ話ではなく先史物語を語ることによって
子供を教育することを提案したが，それはよいアイデアなのだろうか．

この戯画の作者ジョージ・デュ・モーリアの考えでは，先史時代の怪物はむしろ子供に悪夢をもたらす危険性がある．

イギリスの風刺雑誌『パンチ』に1868年に発表されたこの絵は，皮肉にも「クリスマスの小さな夢」と題されている．

（この挿絵はマーティン・ルドウィックの『太古の情景』，217頁で使われている）

SPECIAL
SURGELES
Coup de Froid
sur les prix.
MAMMOUTH. QUELLE ENERGIE!

イメージと象徴の凝縮．マンモスが冷凍食品の宣伝に一役買う．
（マンモス・ストアの宣伝キャンペーン，フランス，1993年）
「スペシャル冷凍食品」／「価格を冷え込ませる」／
「マンモスのなんというエネルギー！」

の激しさに対応している。一種の印象派の美学にのっとった画像は、誇張された身振り、ねじ曲げられた体、いまにも殴りかからんばかりの高く上げられた腕、かっと見開かれたクローズアップの目、巨大な歯をのぞかせるよだれを垂らした大口などを絶えず提供している。怪物や巨大生物を抱えた、災厄が止むことのないこの世界では、漫画家たちはキュヴィエの激変説に大成功をもたらした「方式」をどうやら再発見してきたらしい。漫画の先史時代において時間は存在しない。重要なのは語られた物語の時間であり、地質学的時間の巨大な広がりではない。そのような物語のいくつか（たとえば『トゥンガ』[26]）は、使い古された「先史時代」を舞台にして伝統的な「冒険」物語の叙述法を用い、他のもの（たとえば『ラアン』[27]）は人類の尊厳、友愛、互助、寛容といった道徳的価値を称揚する。

このとき先史時代はもはやイメージの貯蔵庫でしかない。火山の噴火や津波や隕石の落下や地震が日々生起する

20世紀の末にフランスでは，教育省がフランスの教育システムの鈍重さの象徴として
マンモスを採用した．「マンモスにダイエットさせる」ことをめざしたその改革には
学生と教授たちが反対し，大臣は2000年３月に辞任せざるを得なかった．
『ル・モンド』（2000年３月30日）に発表されたプランテュの風刺漫画．（作者の許可により複製）
「改革の息の根を止めたんだから，仕事しに行ったら？」
「仕事って？」
「こいつどこから出てきたんだ」

激しく豊饒な自然界の中に、猿人と知性をもった人間が一緒に投げ込まれる。あらゆる短絡的叙述を可能にする、この時間が圧縮された漠然とした過去においては、アウストラロピテクスがホモ・サピエンスの同時代人であり、火の発明が言語の高度な使用と共存し、ケナガマンモスが恐竜のかたわらを歩き、先史時代の生活は準神話的な主題に還元されてしまうのである。

現代人の想像の世界において、マンモスはアンビヴァレントな存在として登場する。その奇妙さ、法外な大きさ、その巨大な牙によって人をおびえさせるが、どっしりとした体の中に閉じ込められた鈍重な動物のように見えるので人を感動させる存在でもある。威圧的な牙は地面を掘ったり氷を壊したりすることにしか、毛むくじゃらの長い鼻は食料となるキンポウゲを摘むことにしか役立たなかったことをわれわれは知っている。罠やクレバスに落ちて死んだマンモスが氷の中から発見され、われわれはかくも無器用な氷原の巨獣に同情せずにはいられないのである。

動物がもはやテレビの画面上にしかほとんど存在しない都会人の世界では、先史動物は空想の産物であり、怪物という悪夢のようなイメージと、子供が就寝時に見る漫画の中の優しく無害な動物というイメージの間を揺れ動いている。マンモスはスーパーマーケット・チェーンの名称や商標として採用され、その広告はこの動物に関連するさまざまな「コンセプト」を次々に利用してきた。マンモスを力強さと巨大さの象徴にしたり（彼は「価格を押しつぶす」）、人を保護し扶養するもっとなじみやすい家庭的なイメージをそれに付与したり（「マンモス、生活の場」）、伝説的なゾウの聡明さに依拠したりしてきた（シャーロック・ホームズに変装したマンモス）。さらには意味と象徴の驚くべき圧縮が行なわれて、マンモスはある冷凍食品メーカーの広告の主役にもなるのである。

このように先史学によって復活させられた絶滅動物は、さまざまな仕方でわれわれの世界の中に統合されてきた。科学は親しげであったり不安がらせたり奇妙であったりするイメージ、人をおびえさせたり感動させたりする肖像の貯蔵庫となり、それがよかれ悪しかれわれわれの日常の物語や表象や夢に栄養を与えるのである。

第二部　神話

2 聖アウグスティヌスと巨人

巨人学の興亡●テウトボクス王の生と死と骨●ある外科医の衒学的論証●ハンニバルの象、もしくは神のしるしなき化石●巨人は生き続ける

『神の国』の第一五巻で、聖アウグスティヌス（三五四―四三〇）は驚くべき発見が行なわれたことを報告している。地中海に面したカルタゴ近くのアフリカの都市、ウチカの海岸で、われわれの歯の一〇〇個分に相当するほど大きな人間の臼歯が発見された。

> わたしと、わたしとともにいた何人かの者は、ウチカの海岸で一本の人間の臼歯を目にしたが、それは異常な大きさだったので、現在のわれわれの歯に合わせて分割すればそれが一〇〇個も作れるだろう。それはある巨人の歯であったとわたしは考えている。なぜなら当時の普通の人間がわれわれより大きいなら、巨人はさらに途方もなく大きかったはずだからである。その後も、また現代においても、その種の事例はたしかに稀であるがまったく生じていないわけではない。学識豊かなプリニウスは、時代がその流れを速めるにつれ、自然が生みだす体は小さくなると断言している。そして彼はこの点に関し、ホメロスの嘆きを詩的な馬鹿げた虚構としてではなく、自然現象の研究に大いに寄与する歴史的証拠として提出している。そこでわたしは繰り返しておくが、しばしば発見されるこのような古代の骨は、原初の人間の体の大きさを、何世紀ものちの世にはっきりと示すものなのである。[1]

「巨人の歯」(実際にはゾウの化石化した下側の臼歯).
ボルドー自然史博物館.(写真,フラマリオン)

五世紀のキリスト教神学者の著作の中に、どうしてこの巨大な臼歯が登場したのだろうか。またなぜ聖アウグスティヌスは発見されたあとまもなくこの歯が、信者に見せるため教会に運ばれたと付け加えているのだろうか。一人の教父が海岸で拾われた珍品に関心を抱くのはまあよいとしよう。だが彼が『神の国』と題された護教論の中でそれを話題にするのは、なんといっても場違いのように思われる。

巨人の歯が言及されている章において、聖アウグスティヌスはノアの洪水以前の世界の始まりの時代には、巨大な体と途方もない長寿の人間が生存していたと述べている。時代が下るにつれ、まるで世界が老いて活力を失ったかのように、人間は小さくなりその寿命は縮まった。また人間の体が世界が年をとるにつれ小型化したのである以上、ときどき地中から掘りだされる巨大な骨と歯は、世界が創造された原初の時代の人間の痕跡であり、それは自然の原始的な力が衰弱したことを証言しているのである。

巨人は世界中の神話や伝説、民間伝承や物語の中に登場するが、巨人の存在を信じることは聖アウグスティヌスの筆のもとでは特別の意味をもっている。この伝統的なテーマ、このほとんど世界的な神話は、ここでは聖書の物語に支えられたある起源とある歴史の表象につながりをもっている。[2] 過去のものであれ現在のものであれ、すべての歴史的出来事は聖なる歴史に所属し、単一の終末をめざしている。これが『神の国』の教訓であり、聖書の注釈であるこの神学的著作は特に劇的なある歴史的瞬間への介入でもあった。

ヒッポの司教であったアウグスティヌスは、キリスト教世界を襲った悲劇的事件に続く無信仰者の攻撃に対し、キリスト教を擁護するため四一三年にこの書の執筆を企てた。四一〇年八月二三日、ローマは首領アラリクスに率いられた西ゴート族の軍団に侵略された。「聖都」は略奪され、破壊された。信仰も祈りも使徒の聖遺物の存在も、信徒を守るのに充分ではなく、多くのキリスト教徒は北アフリカ海岸の都市に避難所を求めなければならなかった。この由々しい事件のせいで、キリスト教信仰が直面する悪と破壊をいかに説明するかということが問題となった。『神の国』は信者が陥った苦悩への一つの回答として書かれたのであった。宗教的希望を回復させるために、アウグスティヌスは壮大な歴史的パノラマを素描し、相反する二つの態度にもとづいて建設された二つの「国」、すなわち「神をないがしろにするほどの自己への愛」にもとづいた「地の国」と、「自己をないがしろにするほどの神への愛」にもとづいた「神の国」の運命を記述する。人間のすべての行為は、この二つの性向のどちらかに関係している。

> 栄光に輝く神の国は、このはかない時の流れの中で信仰によって生き、不信心な者たちの間によそ者として寄留しているが、いずれ永遠の座の堅固な安定の中に住まうだろう。神の国は審判が正義によって下され、おのれの卓越によって究極の勝利と完全な平和が手に入る日を、いまは耐え忍びつつ待ち望んでいる。わたしはこの国をこそ［……］われわれの創造者より自分たちの神々を好む者たちの手から守ろうとしたのである。[3]

『神の国』は、「来るべき時代において」義人の救済、善の支配、悪に対する勝利を約束する神学の書であり希望の宣言である。アウグスティヌスによれば、人間の歴史は六つの連続する時代において繰り広げられ、それは世界創造の六日間と同様に、「精神だけでなく肉体の永遠の休息をも示す」七番目の時期に通じている。こんにち人間は六番目の時代にあり、まもなく最後の時代を迎えるだろう。人間がこの世に出現してから、アダムとイヴに始まる二つの矛盾する渇望の葛藤は、カインとアベルの争いやノアの洪水の挿話の中に見ることができる。このように聖書は聖典としてだけでなく歴史報告としても読まれており、アウグスティヌスはそこから自分の論証を支える論拠や証拠を引きだしている。彼の考えでは、聖書は実話以外のものではあり得なかった。族長の年齢や系図を研究して世界の歴史の正確な年表を作成すること、この報告の細部の真実を証明することは可能なのである。

巨人についてのアウグスティヌスの余談は、カインが「ある国、しかも大いなる国」を建設できたということを正当化するために付け加えられている。一人の男だけでどうして国が建設できるだろうか。しかしもしノアの洪水以前の人間が現在の人間よりはるかに長命で強大であったなら、聖書のこの話は真実らしいものになる。そこで考古学的遺物が聖書の記述の正しさを証明するのに貢献する。

「年月の重みによって崩れ、激しい水の力や種々の事情によってむきだしにされた墓が、原初の人間の体は大きかったことを懐疑家たちに証明するためであるかのように、しばしば彼らの目の前に巨大な骨をあらわにしたり転がしておいたりする」とアウグスティヌスは記している。巨大な歯はおそらく「懐疑家たち」を説得するために神によって運ばれてきたのだろう。ときおり海岸で発見されたり、地中に埋められていたりする遺骸は、最後の時代の人間であるわれわれと、世界の青年期の人間とを結ぶ物質的絆なのである。[4]

聖アウグスティヌスによってウチカの海岸で発見された臼歯が、なぜ教会に展示されねばならなかったかがこれでわかるだろう。それは世界が創造された原初の時代に近い、最古の人間の遺品だったのである。化石は神のしるしである。聖アウグスティヌスにとって、自然は全体として神の意志の実現であるがゆえに奇蹟に属するのであった。世界のすべての事物は超自然的なものであり、われわれの驚異の感覚が鈍らされているのは、単にそれらに慣れ親しんでいるからなのである。[5]

「巨人」の教義は、異教的古代の詩人やナチュラリストの著作の中にも証拠を探りあてる。「学識豊かなプリニウス」は、「時代がその流れを速めるにつれ、自然が生みだす体は小さくなる」と断言していたのではなかったか。[6] プリニウス（二三―七九）の『自然誌』は、中世とルネサンス期を通じ主要な典拠であり続けた。[7] さらにこの問題に関しプリニウスがホメロスを「詩的な馬鹿げた虚構としてではなく、自然現象の研究に大いに寄与する歴史的証拠として」引用していたように、アウグスティヌスも過去の人間の巨大さが減じたことを確証するために、ウェルギリウス（前七〇―前一九）、プリニウス、ホメロスを引き合いにだすことができた。

最も尊敬されている詩人［ホメロス］が、畑の巨大な境界石を、古代の一人の英雄が引き抜き、振りまわし、走りながら敵に向かって投げつけたと語ったとき、ウェルギリウスは「こんにち大地が生みだす一二人の選ばれた男たちでさえ、それをもちあげるのは困難だろう」と付け加え、ホメロスの時代の大地はもっと大きな体を生みだしたということを示唆したのである。[8]

ウェルギリウスが法外な背丈のホメロス的英雄という古代の記憶を蘇らせるなら、もっと古い時代にはもっと巨大な人間が存在したと考えてもよいのではないだろうか。「ノアの洪水という恐るべき世界的な破局以前、世界の揺籃期にもっと近い時代には、どれほど巨大な人間が誕生しえたであろうか」。[9]

巨人学の興亡

ウチカの海岸で発見された巨大な歯は化石ゾウの歯だったのだろう。古代ギリシア・ローマ時代から、地中海の沿岸でしばしば発見されるこの厚皮動物の化石化した頭蓋骨や歯は、神話的巨人の存在を証言するものと解されてきた。[10] 古代から、有名なキュクロプス族がシチリアの最初の住人であったと広く信じられていたが、証拠となるのがその島の地中や洞窟の中で発見される多くの巨大な骨であった。実際にはこの島の第四紀の堆積物の中から大量に見つかる遺骸は、現在では絶滅してしまったコビトゾウのものなのだろう。この厚皮動物の分離していない二つの鼻腔が、キュクロプスの「単眼」と見なされたのだと思われる。[11]

中世とルネサンスの間には、『巨人学』と題された数多くの著作が、聖書と聖アウグスティヌスやセビーリャのイシドール（五六〇頃―六三六）のような教父や、古代ギリシア・ローマの著述家や、「巨人」の遺骸の古今の発見にもとづいて巨人の存在を再確認した。[12] そのような著作で取りあげられたのは、ヘロドトス（前五世紀）が言及している（第一巻、六七―六八節）、テゲアで発見されたオレステスのものであると考えられた巨大な骨格や、プリニウスが証言している、地震のおりにクレタ島で発見されたもう一つの骨格である。[13] またプルタルコス（四六頃―

一一〇頃）は『セルトリウス伝』（一三節）の中で、アンタイオスの骨格がタンジールで発見されたと述べている。ボッカッチョ（一三一三―七五）も論考『異教の神々の系譜』において、一三四二年トラーパニ市（シチリア島）近くのエーリチェ洞窟で思いがけない発見が行なわれたことを報告している[14]。ある家の基礎を掘っているときに空洞が見つかり、その中には座った状態で、手には「船のマストより長く太い」棒をもった、「二〇〇クデ」（およそ一二〇メートル）の身の丈の男の骸骨が埋められていた。しかしさわると骨はすぐに粉々になってしまい、数個の骨片と三つの巨大な歯だけが残った。「トラーパニの住人は、その発見を後世に伝えるため、それらに針金を通し、受胎告知を祝うために建てられた街の教会に納めた」。ボッカッチョによれば、その遺骸は巨人ポリュフェモスのものであろうということだ。

この最後の話は、『デカメロン』のいたずら好きの作者が考案したもう一つの寓話ではない。それは化石とその解釈をめぐる問題に密接なかかわりをもっている。それは第一に古代の物語（あるいは神話）の具体的証拠を発掘された骨に直接求めており、第二に巨人のテーマを信仰や宗教的制度に関連づけている。この「巨人ポリュフェモス」の骨は教会に保存されたが、教会は一四世紀の中頃にあっては依然として「過ぎ去った時代の痕跡や、奇蹟的および（または）不可思議な事物を保存し展示する場所[15]」であった。聖人の遺品と同様に、巨大な骨と歯は教会や修道院の「驚異の部屋」に納められた。「中世の教会の内部には、驚嘆の念を引き起こすもの、きわめて珍しいと思われるものすべてが流れ込んだ」。聖遺物や化石だけでなく、宝石や古物や異国の品々もそこにはあった。そのような宝物、すなわち「宣伝として非常に役立つ珍品のおかげで、教会や教団は名声を博し、その結果巡礼者の献金によって莫大な富を蓄えることができた[16]」。「巨人」の歯や骨は珍品であると同時に奇蹟の証拠であった。一七世紀まで、それは聖クリストフォルス（三世紀頃）や他の守護聖人の遺骨として一般に公開され、祝祭日には行列を作って運ばれることも珍しくはなかった。一七八九年になってもまだ、「サン＝ヴァンサン聖堂参事会員たちは、雨乞いのために、聖人の腕と信じられていたが実際にはゾウの大腿骨であったものを高く掲げ、街や田舎を練り歩かせたのである[17]」。

一四世紀から一六世紀にかけ、巨人は民間伝承や文学の中で開花した。ラブレー（一四九四頃―一五五三）が創造したおどけた巨人ガルガンチュアとパンタグリュエルは、伝統的信仰と聖書的系譜学を揶揄していた。巨人をどのように考えるかが、聖書の記述を文字通りに受け取るべきなのか、それとも比喩的に解釈すべきなのか。「当時巨人のテーマは世界の老化という命題によって引き起こされるさまざまな問題の核心にあった」とジャン・セアールは述べている。[18] 巨人伝説は考古学や珍品に対するナチュラリストの関心にうまく調和していた。巨人の歯と骨は収集家の珍品陳列棚において最高の位置を占めていた。一六世紀のイタリアでは、それらはマントヴァの貴族フィリッポ・コスタや、ヴェネト地方の貴族ジョルジオ・カヴァッザや、ガリレオ（一五六四―一六四二）も加わっていたローマのリンチェイ・アカデミーの創設者フェデリーコ・チェシ公（一五八五―一六三〇）のコレクションの中に見ることができた。フランスでは、一六四二年にカストルのピエール・ボレルは、陳列棚に「高さ四歩幅、幅七歩幅で、重さは三五リーヴル［一リーヴル＝約五〇〇グラム］ある巨人の肩甲骨」と、「拳の半分ほどの大きさの巨人の歯一本」があることを誇りにしていた。[19]

同じ頃、人々は化石の本性について思いをめぐらしていた。ルネサンス期および一七世紀までは、「化石」という言葉は一般に地中で発見されるすべてのものを、天然の鉱物と生物の痕跡とに区別をつけず指し示していた。伝統的に中世の宝石細工人とルネサンスの百科全書家は、宝石と、鉱物と、貝殻、骨、角などの生物の遺物と、地中に埋められていた風変わりなものや人間の手製のものを同じグループに分類していた。「化石とは穴を掘って地中から取りだされるすべてのものであることを知らなければならない」と、ルネサンス末期のあるナチュラリストは記している。[20]

しかし「巨人」の歯や骨、地中やときには山頂で発見される化石化した貝殻や魚は正確には何なのであろうか。それらは「本質的」（すなわち地中で形成された）化石なのか、それとも「偶発的」化石なのか。それらは事物の複製、生物の形を模倣した「自然の戯れ」なのか、それとも生物そのものの痕跡なのか。大地が「石化液」を用いて作りだした独特の製品なのか、それとも「石化された」正真正銘の生物と見なさなければならないのだろうか。

新プラトン主義思想によれば、人体のミクロコスモスと世界のマクロコスモスを結びつける一種の照応にもとづき、地下世界は地上世界の生物の似姿を作りだすことができた[21]。古代のナチュラリストが用いていたこのアイデアは、ドイツのコンラート・ゲスナー（一五一六―六五）やイタリアのウリッセ・アルドロヴァンディ（一五二二―一六〇五）のようなルネサンス期の百科全書家によって再び取りあげられた。アルドロヴァンディの命名法では、「化石」はそれが何に似ているかに応じて名前が与えられた。ギリシア語の語根は「化石」が模倣している生物を指示し、「イテス」という接尾辞はそのものが「石質」であることを示す。アルドロヴァンディの『金属博物館』においては、石は何に類似しているかにもとづいて名称や属性や特質が決められていた[22]。たとえばアルドロヴァンディによれば、オフィオモルフィテスは蛇の形をした石、セピテスはイカの甲の形をした石、プセティテスは魚の形、エキニテスはウニの形、オストラキテスはカキの形をした石である。さまざまな像や銘を示す石もあり、その中の一つには「サモジュディ近くのヒツジとラクダを連れたタタール人」の一団の絵が描かれていた。イエズス会士のアタナシウス・キルヒャーは、一六六五年に発表された『地下世界』において、ラテン語の全アルファベットや聖母子像が化石の中に刻まれたり彫られたりしているのを発見したと述べている[23]。

しかしフランスとイタリアでは、そのような思い込みはかなり以前から厳しい批判のまとになっていた。一五世紀の末にレオナルド・ダ・ヴィンチ（一四五二―一五一九）は、「形象石」が星の影響によって山頂で誕生するという考えを拒絶していた。「さまざまな年齢と外観をもつ貝を山の上で形成する星など現在どこに存在するのか」とレオナルドは記している[24]。論争の中心にあったのはとりわけ「化石貝殻」であった。というのも当時の大多数の西欧人のように、世界には歴史がなく、世界は神が最初に創造した通りに現在も見えるということを信じるなら、海の生物の遺骸が地中やときには山頂に存在するというのはまったくの謎だったからである。

一六世紀初頭の一五一七年にイタリアのナチュラリスト、ジローラモ・フラカストーロ（一四八三―一五五三）は、ヴェローナにおいて掘りだされた化石貝殻を研究し、それはかつてその場所に生存していた動物のものであると主張した。フランスでは一六世紀の末に「サントンジュの陶工」ベルナール・パリシー（一五一〇頃―八九頃）が、化石をかつて存在した動物の遺骸であると考えた。「石の形を注意深く観察したとき、もしも動物がその形を作ったのでなければ、その石のどれ一つとして貝殻の形や他の動物の形は取り得ないことをわたしは発見した」[25]。

パリシーはサントンジュ地方やアルデンヌ県で化石を集め、一五七五年にパリで行なわれた講演においては、「自然の戯れ」や「形象石」の仮説を拒否し、化石を含んだ地層は海の底で形成されたと主張した。「[……]石切り場で発見される石化した貝は、岩が水と泥でしかなかった頃にその場所で生まれ、その後泥が貝とともに石化したのであるとわたしは考える」[26]。

「巨人の骨」も、形象石や「自然の戯れ」、あるいはゾウやクジラの遺骨と解釈されてきたが、一五六〇年頃には巨人仮説は数ある仮説の中の一つにすぎなくなっていた。一五五八年、T・ファゼッロ(一四九〇―一五七〇)は疑い深い人々相手にまだ巨人理論を熱心に擁護していたのに対し[27]、オランダではゴロピウス(一五一八―七二)が『ギガントマキア』において、聖書と古代人が巨人と称している人間は現在の人間より大きくはないことを主張した[28]。そのような議論の中に見ることができるのは、世界の歴史を神学的に表現することの危機と、自然や生命に対する新しいまなざしの到来である。そしてこれらすべての争点は、一六一三年から一六一八年にかけて行なわれた有名な「巨人テウトボクス」事件において明確な形をとる。

テウトボクス王の生と死と骨

一六一三年、ドフィネ地方にあるランゴン伯爵の館の近くの砂採取場で、途方もない大きさの骨が発見された。この発見を公表したボールペールの外科医ピエール・マジュリエは、それが身の丈三〇ピエ(一ピエ=約三〇センチメートル)の巨人の骨であると断言した。骨は全部で一〇個あった。「すなわち下顎の断片二つ、椎骨二つ、肋骨の一部分、左肩甲骨の頸部、腕の頂部、腿の頂部、腿、距骨、踵、左脇腹の全部」[29]である。

その骨はフランスとドイツの多くの都市の定期市や広場や市役所の前庭などで公開されたが、巨人の骨というのはさぞやおもしろい見世物だったに違いない。この遺骨はルイ一三世の高覧するところともなり、王はそれに驚嘆した。マジュリエはこの発見を世に広めるため、トゥルノンのイエズス会士のジャック・ティソという人物に小冊子を書かせた。一六一三年にリヨンで出版されたその小冊子には次のような衒学的なタイトルがつけられていた。『キリスト誕生の一〇五年前に身罷り、［……］ドフィネ地方のショーモンの館の近く、現在のランゴンの館の近くに埋葬され、先頃その墓が発見された、テウトニ族とキンブリ族とアンブロニ族の王である、巨人テウトボクスの生と死と骨についての真実の論考』。

マジュリエにとってその骨が巨人テウトボクスのものであることに疑いの余地はなかった。というのも骨のほかに、「長さ三〇ピエ、幅一二ピエ、深さは笠石も含めて八ピエある、四方がしっかり固められたレンガ造りの墓が発見され、その中央には灰色の石が置かれ、そこには『テウトボクス王』という墓碑銘が刻まれていた[30]」からである。

テウトボクスは古代史家にはよく知られた存在で、ジュール・ミシュレ（一七九八—一八七四）は『フランス史』の中でその伝説をこう記している[31]。テウトボクスはテウトニ族、キンブリ族、アンブロニ族といった北方の未開部族の王であり、その部族は「並外れた身長、凶暴な目つき、風変わりな武器と服装によって」ローマ人を恐れさせ、ローマ人の城壁の真下でも彼らに戦いを挑んだ。「部族の王テウトボクスは、四頭さらには六頭横に並べた馬を跳び越えることができた。勝利を収めてローマに入城したとき、彼の背丈は戦勝記念碑よりも高かった」。ラテン語からの新訳が一五〇九年にでていたオロシウス（五世紀前半）の『ローマ史』は、「一八〇〇年前に」、この北方の巨人が七〇万の軍勢をドフィネ地方に導き入れ、「ローマ帝国を侵食」しようとしたと述べている[32]。だが「キンブリ族とアンブロニ族の」軍隊とマリウス（前一五七—前八六）が率いるローマ軍との間で行なわれた戦闘では、ローマ人が勝利者となった。テウトボクスは殺され埋葬されたが、その場所は古代からの伝承によって確かめることができる。「この戦闘と埋葬以来、ドフィネ人はこの墓が発見された場所を、父祖代々巨人の野と呼んできた[33]」。そして最後に「石にローマの字体で刻まれた」「テウトボクス王」という墓碑銘と、墓が発見されたとき骨のそばに置かれていた「一方の面にマリウスの肖像、他方の面に絡み合った大きなMとAの文字が彫られている［……］数枚の銀のメダル」は、未開部族の軍に対するマリウスの勝利を思い起こさせる。

この「墳墓」の思いがけない発見は相反する反応を引き起こした。ある人々はそれが本物の骨であることを否定し、そこに「自然の戯れ」や「形象石」を見ることを選んだ。他の人々は巨人テウトボクス説に疑いの目を向け、それは人間ではなく巨大動物の遺骸だと考えることを好んだ。この発見は解剖学、自然誌、神学に関係する問題を同時に提起し、骨は調査のためパリに送られた。その調査を担当したのが「パリ大学で宣誓した外科医」ニコラ・アビコ（一五五〇—一六二四）である。[34]骨を鑑定したのち、彼は一六一三年に『巨骨学、すなわちある巨人の骨についての論考』と題する六三頁の小冊子を出版し、自分が案出した解剖学的・神学的論拠によって敷衍しながらマジュリエの説を擁護した。これが六年間続く（一ダースを下らない数の）風刺文書・小冊子・論文による正真正銘の戦争の出発点であった。同じ一六一三年に、『巨骨学に答えるためのギガントマキア』と題する文書が、「一医学生」とだけ署名された匿名の形で世にでた。作者は若き植物学者のジャン・リオラン（一五八〇—一六五七）で、彼はのちに当代の最もすぐれた解剖学者、およびマリー・ド・メディシスの主治医になる人物であった。[35]

この争いは、「外科医たち」の伝統的な知識と、発展しつつある解剖学や医学の知識との間の、単なるアカデミックな論争ではなかった。それはルネサンス期に化石をめぐって行なわれたすべての論争を集約するものであった。人はそこに科学革命が成就する時期における、「巨人の支持者と反対者が最後の戦いのために対峙する決闘場」を、また化石の研究の方法が巨人神話から、すなわち普遍的な神話からではなく、聖書の伝統的解釈に由来する特殊な神話から自由になる瞬間を見ることができる。

したがってこの「ギガントマキア（巨人の戦い）」の素朴な民間伝承的部分を検討するだけでは充分ではない。この論争を、「化石」の本性の問題が熱心に討議され、自然を知るためには合理的な研究方法が不可欠となっていた時代背景の中に置いてみるべきであろう。地中に埋もれていた長鼻目の遺骸は、神学・哲学・自然誌・錬金術といったその時代のすべての知に問題を投げかけるものであった。化石を説明するために使用できるさまざまな物語が動員され、またその遺骸の解釈を通じ、近代の黎明期における自然と歴史の表象が鮮明になったのである。

ある外科医の衒学的論証

アビコの解剖学は、主に軍隊付き外科医として得た骨学の経験的知識にもとづいていた。彼の第一の仕事は、ドフィネで発見されたその化石が本物の骨であるかどうかを鑑定することであった。アビコにとって、その化石が自然の戯れの産物であるはずはなかった。「歯と顎がまるで石のようである」としても、それが最初から骨でなかったということにはとうていならない。なぜなら骨の形は真似ることができるが骨の質を真似るのは不可能であり、われらが巨人の骨質には「いかなる職人にも作ることのできない多孔性、繊維、窪み」[36]が認められるからである。

ある骨は日にさらされると粉々になってしまうが、他の骨は水流によってその場所で自然に石化する。使徒や聖人の遺骨が見事に保存されてきたということが、骨は保存されうることを証明しているのではないだろうか。「聖ペテロの足の踵骨と、焼けたため少し灰色を帯びた聖ラウレンティウスの足の親指の骨を見たことがある」と、アビコは自説を擁護するために大真面目で述べている[37]。ある種の人々はこの「とてつもなく大きな」骨がゾウやクジラのような動物のものであったと考えている。たしかにそのような動物の骨は「フランスのサン・ドニ教会の入口右手に見える肋骨から判断できるように」巨大である。しかしアビコはこの説を断固として拒否する。「ゾウとクジラの骨は人間の骨とは別様に作られている」。しかも「人間には霊魂があり」、人間の本性は動物の本性とはまったく異なっているので、比較そのものがもともと不可能である。そこでわれらが解剖学者は、歯、椎骨、「肩甲骨の頸部」、「左大腿骨の頂部」、脛骨と踵骨について、その「巨人」の骨と人骨とを比較対照する。アビコにとって、ドフィネの骨が異常な大きさの人間のものであるという結論に疑問の余地はなかった。

神学的論拠にも不足することはない。それらは「聖書の中の創世記、民数記、申命記、ヨシュア記、士師記、サムエル記、歴代志、バルク書」から直接得ることができる。聖書は「サムソンが取っ組み合いでライオンを殺し［……］さらにはガザの町の門をもぎ取った[38]」と述べているではないか。ノアの洪水以前の人間はその後の人間より大きく、人間の背丈は次第に減少したと、聖アウグスティヌスや教父たちとともに結論しなければならない。巨人の存在が稀になったのは、「体の美しさと背の高さ」は「学問に精通すること」に比べれば価値の劣る善だからである。そのような理由でこんにち巨人はあまり見かけることができず、見かけたとしてもその巨人は過去の巨人より小さいのである。

その論証を裏づけるために、古代の学者や詩人たちの作品、神話や伝説、フランスの歴史などがもちだされる。「シャルルマーニュ王の御世のフランスの年代記や古記録が伝えるところでは、彼の甥のロランはフェラグトという名の巨人を殺したが、フェラグトの身長は一二クデすなわち三〇ピエ、顔の長さは一ピエ半、鼻の長さは一〇プス［一プス＝約三センチメートル］、腿の長さは四クデあったということである」。アビコは自分や他人が「見た」大男とさまざまな「噂」も拠り所にする。「わたしは故ヌムール夫人の家で、背丈が一五ピエ以上もある男を見たことがある。また今世紀に何人かの者は、その背丈に近いフラマン人をその町で目にしている」。要するにドフィネの「巨人」の遺骨は特殊な歴史的素性をもつ個人のものであり、歴史とりわけローマの歴史に関連づけなければならないのである。

このようにアビコはティソの主張に自分自身の解剖学的知見を付け加え、それを雑多な学識によって色づけした。この論証がわれわれには素朴に見え滑稽にさえ感じられるのは、多くの異質な論拠が共存し、それらすべてが同じ次元で真実とされているからである。解剖学的証拠、古代についての学識、神話と歴史、かいま見た大男、噂、歴史的・考古学的証拠、神学的論拠、さらには種々の署名証人によって書かれた風刺詩、ソネット、八行詩、ラテン詩句など。一七世紀初頭においては、このような積み重ねの手法は、聖書に記された真理と古代人から継承した学識とを一致させる中世のスコラ学の伝統と、数十年後にシラノ（一六一九―五五）やモリエール（一六二二―七三）が風刺する「衒学者たち」の医学の伝統に支えられていた学問の方法の特徴であった。

ハンニバルの象、もしくは神のしるしなき化石

リオランはアビコのやり方を厳しく批判し、巨人の遺骸とテウトボクス王の墓の鑑定をペテンであるか少なくと

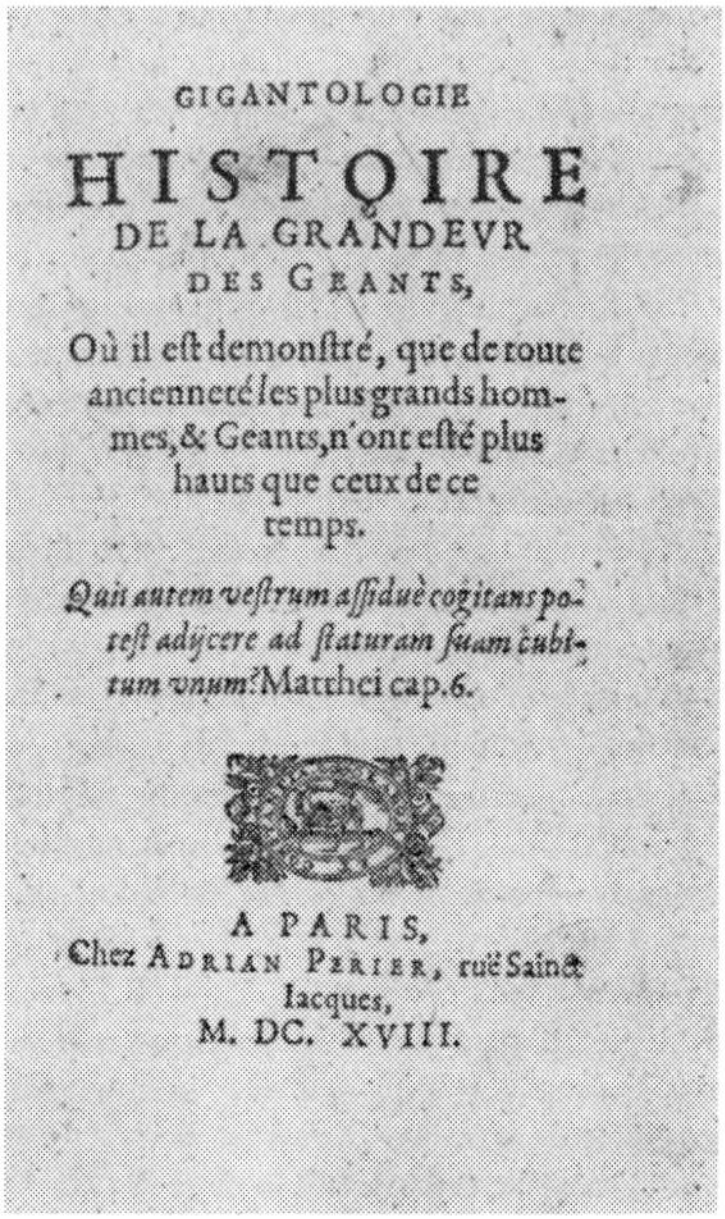

GIGANTOLOGIE

HISTOIRE
DE LA GRANDEVR
DES GEANTS,

Où il est demonstré, que de toute ancienneté les plus grands hommes, & Geants, n'ont esté plus hauts que ceux de ce temps.

Quis autem vestrum assiduè cogitans potest adijcere ad staturam suam cubitum vnum? Matthei cap. 6.

A PARIS,
Chez ADRIAN PERIER, ruë Sainct Iacques,
M. DC. XVIII.

「巨人論争」の際に数多く現れた（匿名）小冊子のうちの一つ（1618年）．作者は「医学生」ジャン・リオラン．（国立自然史博物館古生物部門．写真，D・セレット）

も誤りであると宣告した。それに対するアビコの回答[39]（主として受けた侮辱を投げ返すもの）のあと、リオランは一六一八年にまた新たなパンフレットを発表した[40]。一見したところそれは論敵と同じ声域で発せられているように見える。同じような机上の教養、同じような学識、聖書と古代の作家たち、歴史と考古学の同じような引用。しかしリオランのやり方は異なっていた。というのも彼にとって真実とは何よりも観察から得られるものだったからである。ガレノス（一三〇頃—二〇〇頃）とヒッポクラテス（前四六〇—?）の例をあげながら、彼は多くの「誤謬と非常識」が充分な検討もなされないまま「医学の中に入り込んでしまった」と主張する。「彼らの著作を最初に刊行した者たちは、不注意や過度の軽信のゆえに、真実を識別することに意を用いなかった。そのあとに来た者は最初の者たちが語ったことを信じた。こうして手から手へ、著作から著作へと伝えられた誤謬と非常識が権威をもち、真実のことと受け取られてしまったのである」[41]。

アビコとは反対に、リオランは伝統にも誤りがありうると考える。ここで問題とされているのは知の構成と検証の方法である。アビコにとって知は伝統を介して無批判に伝えられ受容されるが、リオランによれば知は観察と経験によって検討され確認されるのである。いくつかの点で、この二人の同時代人は科学とその方法や構成に対する、二つの相反する態度を具現しているように思われる。

リオランはアビコの宗教的・歴史的・解剖学的論拠に一つずつ反駁を加える。彼は世界が老化しつつあるという考えを手始めに、論敵の思弁を支えている神学的枠組みを解体するが、慎重にも彼はその老化説を聖書ではなくエピクロス派のものであるとした。

世界は次第に老化し、諸元素の力は少しずつ消費され、ためにすべての動物は小さくなるとエピクロス派が主張していることをわたしは知っている。だがエピクロス派の根拠はきわめて薄弱である。なぜならもし世界が次第に老化するなら、老化は動物の小ささではなく繁殖の不能と欠如によって見分けられるのであるから、世界はもはや子を作らないはずである。これが動物において正しいなら、なぜ植物においてはそれがまったく認められないのか[42]。

リオランにとって「第一の時代と第二の時代の最も大きな人間でも、身長が九から一〇ピエを上まわることはない[43]」。アビコとティソが解剖学的説明を神話と歴史と神学に還元したとするなら、リオランはまずこの遺骸を解剖学的調査によって特定することに心を砕いているように見える。彼の方法はこんにちナチュラリストの方法と考えられているものに近いだろう。しかし彼が提出する仮説には、ある種の奇妙さがつきまとっているように感じられる。たとえば彼はプリニウスにもとづいて、問題となっているのは「トリトンやネレイデスやセイレンのような、ほぼ完全あるいは不完全な人間の形をした」「法外な大きさの」風変わりな海の生物なのかもしれないと考える[44]。一七世紀初頭においては、海がその奥に驚くべき怪物を隠しているという仮説はもっともらしいものであり、一八世紀の大半までその事態は続くだろう。

ドフィネの遺骸はこの「海の怪物」のものであるかもしれなかった。だがそれはクジラのものである可能性もあり、多くの例がその仮説を支持していた。この海生動物の骨は教会や修道院にしばしば陳列されていた。「ブールジュのサント・シャペルの大きな骨は［……］ドフィネから運ばれてきたものである[45]」。また「ドフィネの都市ヴァランスのコルドリエ会修道院には、大きな骨が展示されており」、さらに「長さ一ピエ」「重さ八リーヴルの歯」も見ることができるが、「［この骨や歯が］どんな動物に由来するのかは明らかではない」。要するにドフィネ地方の「ローヌ川近くの渓谷にはこの種の骨がたくさんある」。旅行家たちの話が別の証言をもたらす。「アレクサンドロスの艦隊の船長たちによれば、アラビス川の近くに住むガドロシオイ人は、海の巨獣の顎の骨で門を作り、大きな骨を家の梁として利用するそうである」とプリニウスは記している。クジラ仮説は聖アウグスティヌスが発見した臼歯や、「ボッカッチョの巨人」と称される骨や、巨人パラスの骨や、ホメロスが語るキュクロプス伝説をも説明できるのである。

しかし次の章でリオランは、見たところこれまでと同様の確信をもって、巨人の骨を「ゾウの骨」と考えることを提案する。「わたしはゾウを見たことがないし、まして人骨との類似や相違がわかるほどゾウの骨を観察したことも調査したこともないことを率直に告白する」。一七世紀初頭にあっては、ゾウはヨーロッパではあまり知られておらず、リオランの知識は書物の上だけのものにとどまっていた。しかしながら彼が行なった論証は、ゾウの骨格と人間の骨格の全体的類似や、細部の相違に光を投げかけようとするものであった。「ゾウは人々が述べているように後脚にくるぶしがあり、後脚は前脚より長い［……］。ゾウは他の動物とは異なり、人間のように後脚のひかがみを曲げることができる［……］。ゾウは大皿のような丸い足をもち［……］内部の骨は五本の指に分かれている[46]」。

ゾウの足は人間の足と同様に五本の指を備えているが、さらに他にも解剖学的類似と相違を明らかにすることができる。すなわち人間と同様にゾウには「大腿骨の下端に二つの大きな顆状突起があり、二つの顆状突起の間には膝蓋骨の収まる腔がある。大腿骨頸部には人間のものとは形状と位置は異なるが二つの突起を見ることもできる。この頸部は非常に短くまた湾曲していない」。人間とゾウの骨の構造は取り違えてしまうほどよく似ている。「頭部を除いたゾウの骨は人間の骨に類似しているので、医師や外科医にとって、もしその者が同時にすぐれた解剖学者でないなら相違を指摘するのは非常に困難だろう[47]」。

一七世紀初頭においては、化石骨を研究する際に、解剖学者がこのような比較に専念するのはきわめて斬新なことであった。この研究が二〇〇年後、フランスにおける比較解剖学の創始者ジョルジュ・キュヴィエからある種の称賛を受けたのも、当然といえば当然である。[48]

だが一つの大きな謎が残されている。遺骸がほとんどいたるところの地層で発見されるこれらのゾウは、いったいどこからやってきたのか。答えはいたって単純である。ゾウはハンニバル（前二四七—前一八三）の軍隊によってその場所に連れて来られたのである。ゾウが巨人から謎を取り除いてくれる。またここでもローマの歴史が、ゾウの骨が思いがけない地層の中に存在することを説明するのに貢献する。ヨーロッパ、特にイタリアとフランスのローヌ川流域の浅い地層の中で発見されるゾウの遺骸を、ハンニバルの軍隊によってアフリカから運ばれてきた動物の遺骸と解釈することは、すでに一六世紀から広く行なわれていた。だがこの説は一八世紀末までかなりの生命力を保持していたので、キュヴィエは一八一二年になってもそれに反駁を加えることが有益だと判断した。

ハンニバルの歩みを記述した著述家たちを注意深く検討していれば、この骨が発見された状況を充分に知らなくても、そのような誤りから抜けだせたことだろう。実際にはハンニバルはイタリアに三七頭のゾウしか連れてこず（エウトロピウス『ローマ史略』第三巻、第七章）、ポリュビオスが語るところでは寒さのため、トレビアの戦いのあと一頭を除いてすべてがすぐに死んだということである。もっと詳細に語っているリウィウスは、その時点でまだ八頭をハンニバルの手もとに残したが、そのうちの七頭はその少しあと、ハンニバルが冬にアペニン山脈を越えるという無益な試みをした際に死亡した。だがこの二人の著述家は、春ハンニバルがアルノ川下流の湿地に下りてきたとき、彼にはたった一頭のゾウしか残っていなかったとする点では一致している。この偉大な将軍は、炎症によって片目を失った厳しい山越えの間中そのゾウに乗っていたのだった。ところですでにタルジオーニ氏とネスティ氏が指摘しているように、この一頭のゾウだけでは、トスカーナ全域に点在するおびただしい数の骨を提供できなかったことは明らかである。しかもゾウの骨とほとんど同じ数のカバの骨が存在し、両者が同じ地層の中に混在していることが知られているこんにちでは、もはやそれらが戦争で用いられた動物に由来すると考えることはできない相談である。[49]

リオランの論証の第三の側面は、「地中骨」という表題のもとに、「形が人骨に似た骨質の石が地中で生まれ形成されるということ」[50]を考察するものである。ここでは地中における化石の形成を説明する種々の教説が取りあげられる。「巨人の骨」と想像されているものは、形象石以外のなにものでもないのかもしれない。ゲスナーは「動物や人工物と石との間にこれほどの類似が存在するのであるから、われわれの骨に似た石が地中で生まれ形成されるということを何びとも疑ってはならない」と述べていたではないか[51]。われわれの体内で「骨や石」が作られるのなら、「われわれの共通の母」である大地の中で、なぜ「人骨に似た石」が作られてはいけないのか。われわれはこれまで地中で「女性の恥部」や「絡み合った手」や「人間の親指」や脳に似た石、さらには「極端に大きいので、それほど巨大な人間や動物が存在したとはとても考えられない」歯が形成されるのを見てきた。したがってそれらの骨は「自然の戯れ」である可能性があり、リオランはこの新しい仮説を擁護するために、プリニウスや錬金術の知識から継承したすべての伝統的説明を召集する。

リオランは一つの解答を選ばずに、地中に骨が埋められていることを説明できる種々の仮説を並置する。「その骨は人間の形をした海の怪物の骨であるか、クジラやゾウの骨であるか、地中骨であるとわたしは考える[52]」。このような相反する仮説の集積を、われわれは彼の「弱さ」の現れと見るべきであろうか[53]、それともこれはわれわれにはもはや馴染みのない型の説明なのだろうか。ここでは海の怪物、ゾウ、クジラ、大地の生みだした化石が、アビコとティソの神学的・考古学的理論を反駁するために共存している。まるでこれらの「仮説」（ガリレオ以前の意味での）[54]はすべてが同程度の真実らしさをもち、その過剰さがなければ意味をなさないかのようなのである。しかしこの資料が興味深いのは、ルネサンス末期に化石を説明しようとするとき役に立った、理論的枠組みのほぼ完全な一覧表がそこに提示されているからである。巨人説は半世紀以上前から明らかな衰えを見せていた。なおも存在していたのは大地の「形成力」と石の成長に依拠するアリストテレス的あるいは錬金術的な理論と、かつて生存していた生物の遺骸の「石化」を主張する理論であった。リオランは結局巨人の骨格と称されるものを、クジラやゾウの骨格とも、大地が生みだした物体とも見なさなかったが、化石に神のしるしが現れていると考えることは拒否し、世界の生物の歴史を狭い神学の枠組みの中に閉じ込めることは拒絶した。それでも本章の二人の主人公が語る歴史は聖書の中の歴史、あるいはローマ人の歴史（すなわち人間の歴史）の次元にとどまる。地球の歴史の宇宙的な次元にまで広がる新しい型の物語を作りだすのは、次の世代（世紀中葉のデカルトから始まる世代）の者たちであった。

最後に、巨人テウトボクスの骨格がいまだ残されている。現在でもパリの自然史博物館古生物館の入口では、「ランゴンの館に保存されていた巨人テウトボクスの骨」という、好奇心をそそるラベルの貼られたガラスケースを見ることができる。それはキュヴィエが考えた通りマンモスの骨格なのか。それとも一八三二年にブランヴィルが提唱したようにマストドンの遺骸なのか。あるいは最近強く主張されているように、下顎に下向きの牙をもつ初期の長鼻目、デイノテリウムの骨なのか[55]。いずれにしろ、この巨大な動物が長鼻目のメンバーであるという点ではこれらの仮説は一致している。

巨人テウトボクスのものと称された異常な骨は、定期市で有料の見世物にされた。もちろんドフィネの遺骸は実際に墓の中に埋められていたのではなかった。これは考古学の歴史によく現れる贋作の一つなのだろうか。ガッサンディ（一五九二—一六五五）が断言するところでは、「ローマの」メダルの字体は実際にはゴシック体だったということである[56]。しかし考古学的な層と古生物学的な層がたまたま混じり合い、化石長鼻目の遺骸ともっと最近の考古学的遺物の偶然の結合を作りだすこともあるだろう。もしその骨が贋作であるなら、それは実りある贋作であり、それには論争を引き起こし、巨大な化石骨を原初の世界の人間のものとする信仰に終止符を打った功績がある。

こうして一七世紀の最初の三分の一の間に、地中から掘りだされる巨大な骨、異常な大きさの歯、象牙質の「角」は、巨人ではなく動物のものであると次第に考えられるようになった。天地創造と最後の審判の間に横たわるキリスト教的伝統の閉ざされた時間から、あらかじめ決められた結末などない、制限のない時間への移行がなされた。「世界は老いない。それは永遠の若さの中にあり、際限なく創造し自己を再生することができるのである[57]」。

	クデ	ピエ	ポーム
ゴリアテ	6	13	19
スイスで発見された巨人の遺体	9	18	27
掘りだされたオレステスの遺体（プリニウスによる）	7	14	21
アナクティスの息子アステリウスの遺体（プリニウスによる）	10	20	30
クレタ島で発掘された遺体（プリニウスによる）	46	92	138
マウレタニアのタンジールの巨人の遺体（プリニウスによる）	60	120	180
ドレーパノ［トラーパニ］山のエーリチェにおいて坐った姿で発見された驚天動地の遺体（ボッカッチョによる）	200	400	600

キルヒャーによる比較

巨人は生き続ける

それでも巨人は知の世界から忽然と消えてしまったわけではない。一七世紀末にイエズス会士のアタナシウス・キルヒャー（一六〇一―八〇）は、聖書と古記録と最近の歴史に登場した著名な巨人を慣例に従って並べあげた。[58] 彼が言及したのは、ゴロピウスが触れたアントウェルペンの巨人、オグとゴリアテ、プリニウスが例に引いたクレタ島の巨人、フレゴーゾ（一四五三―一五〇四）が語る巨人、有名な「神託の命令により埋め戻された七クデあるオレステスの柩」、ボッカッチョが証言しているエーリチェの巨人などである。だが彼はそのような伝説的巨人が大きすぎることに疑念を抱き、その身長を注意深く比較検討する。

キルヒャーは「最近の著述家が作りあげた巨人は誇張されている」と結論した。彼は特にボッカッチョの巨人の信じられないほどの巨大発育を批判し、背丈を四〇〇ピエ（一二〇メートル）から三〇ピエに引き下げるよう提案する。一七世紀末に巨人は以前より小型化した。本当らしいものの地平は狭まった。同じ頃ライプニッツは「力学的」理由により、巨人の存在を認めることを拒否した。「なぜならガリレオの推論によれば、動物の大きさには限界がなければならないからである[59]」。

また当時巨大発育は世俗化された。たとえ巨人の痕跡が好事家の陳列棚やナチュラリストの書き物の中にまだ残っていたとしても[60]、化石は神のしるしという意味を失っていた。巨人はもはや奇形学や旅行記の一部をなすものでしかなく、中国・パタゴニアといった遠隔の地や[61]、民間伝承やおとぎ話の中に追いやられたのである。たしかに巨人のテーマは一八世紀全体を通じて取りあげられ、化石や地球の歴史の問題と関連をもち続けた。しかしビュフォンが『自然の諸時期』の中で世界の最初の住人の巨大発育を信じたとしても、それは宗教的信仰との関係においてではなく、科学的と見なされた宇宙の形成論との関係においてであった。数十年後、キュヴィエが途方もない大きさの骨は巨大絶滅動物のものであることを証明するだろう。

だが「巨人神話」は科学的古生物学の中にも生き続けている。二〇世紀の初頭、アメリカのナチュラリスト、ヘンリー・フェアフィールド・オズボーンは、系統発生の歴史において種は巨大化する傾向があり、それが小さくなるのは老化のためであると考えた[62]。ティタノテリウム類や長鼻目のような自然界の巨獣は、小さくなったり繁殖不能になったりして絶滅した。この二つの説（一七世紀にすでに流布していた）は二〇世紀初頭やそれ以後の生物学にまで受け継がれた。実際に一九四〇年頃、アメリカに亡命したドイツの偉大な古人類学者フランツ・ヴァイデン

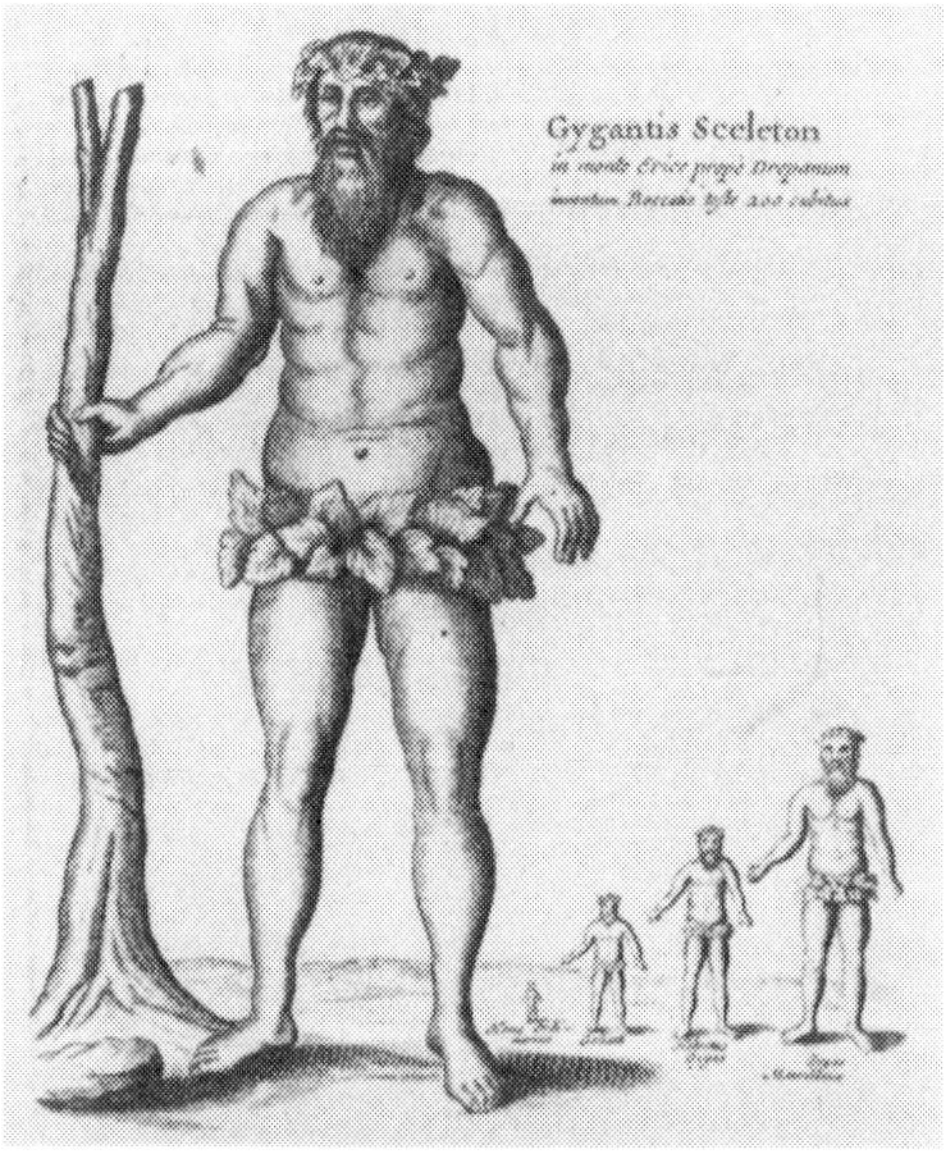
Gygantis Sceleton
in monte Erice propè Drepanum
inventum Boccaïo 200 cubitus

イエズス会士のアタナシウス・キルヒャーは，
『地下世界』（ローマ，1665年）の第２巻，56ページにおいて，
同時代人が巨人に与えている大きさを
誇張されたものであると批判した．
（写真，フランス国立図書館，パリ）

ライヒ（一八七三―一九四八）は、聖書の伝統に（微笑しながらだが）依拠し、人類の起源は巨大な霊長目ギガントピテクスの中に求めなければならないという考えを擁護したのである。[63]

3
ライプニッツの一角獣

ライプニッツの「歴史」、デカルトの「虚構」●「自然の戯れ」から過去を指示する記号へ●啓蒙の時代の入口で生まれたキマイラ

獲できないということだ。

人々の話では、額にまっすぐな一本の角をもつ白馬に似た不思議な動物がいて、若い乙女以外の誰にもそれを捕獲できないということだ。

中世の一角獣伝説は、おそらく紀元数世紀頃の古代アレクサンドリアにおいて誕生したのだろう。ヘルメス・トリスメギストスの作とされる『キラニデス』の第二巻は、非常に美しい女性にしかとらえることのできないこのきわめて多情な動物に言及している。[1]このエロティックな神話が、奇妙な意味の逆転により、この動物を神秘的な純潔の象徴とするキリスト教的・人文主義的な長い伝統を生みだしたのだろう。[2]多くの物語がこの伝説に愛着を抱き、パリのクリュニー美術館にある『一角獣を連れた貴婦人』や、ニューヨークのクロイスター美術館にある『一角獣狩り』のような、中世のタピストリーがその詩的なイメージを不朽のものにしている。

この風変わりな動物はいったいどこにいるのか。それは存在したのだろうか、いまも存在するのだろうか。ルネサンス期を通じ、ナチュラリストや旅行家はこの疑問を何度も繰り返してきた。[3]当時一角獣の角は珍品陳列室や王の宝物庫を飾る最も貴重な品の一つであった。[4]素晴らしい薬効があるといわれていたので、全体であれ部分であれ破片であれ、それはその重さに等しい金より高く取り引きされた。[5]心臓病の薬や催淫剤になり、特に粉末にすると非常に効き目のある解毒剤であった。だからこそ歴史の混乱期には、君主の食卓に欠くべからざる品目であった。一六世紀の後半、この貴重品の破片をもたないイタリアの君主は存在しなかった。だが人々はその起源や特性につ

17世紀の版画に見られる一角獣.（写真，エディメディア）

いても熱心に議論していた。一五五〇年から一七〇〇年まで、その点に関しまさに「書物戦争」が繰り広げられた。[6] 二五を下らない数の論考が互いを引用し合い、どれもがほとんど際限なく同じ議論、同じ典拠を反復した。碩学、百科全書家、旅行家、医師、薬剤師がその問題を論じ、[7] フランスの外科医アンブロワーズ・パレ（一五一〇頃—九〇）がきっぱりと「一角獣は存在すると考えなければならない」と断言した。[8]

しかし一七世紀の中頃、北極圏を旅するデンマークのナチュラリストたちが、螺旋状によじれた角（一角獣の角はしばしばこのように描かれていた）はイッカクの非対称の歯であると主張した。[9] こうしてそれは平凡さを手に入れ本来の価値を失ってしまった。だが人々は地中から、毒に対してやはり利き目のある「化石一角」を取りだしていた。一七世紀の後半、「化石一角」という名前は、大型四足動物の長い骨の断片や、木片や、化石象牙といった、多少とも角の形をし、地中で発見される、細長く白っぽい種々の物体に対して用いられていた。それでも教会に陳列されたいくつかの「一角獣の角」は湾曲しており、ドイツのハレの教会には、一角獣の装飾が施された、錬鉄の支柱にはめ込まれたマンモスの牙が現在も展示されている。

一六六五年ローマにおいてラテン語で発表された、中世とルネサンスの知を遅まきながら総合した『地下世界』という著作の中で、イエズス会の神父アタナシウス・キルヒャーは、評判の「化石一角」の本性と起源を巧みに論じている。

DISSERTATIO INAVGVRALIS PHYSICO-MEDICA
DE
EBORE FOSSILI SVEVICO HALENSI
QVAM 56.961 E
FAVENTE SVMMO NVMINE
IN ALMA REGIA FRIDERICIANA
PRÆSIDE
DN. FRIDERICO HOFFMANNO
ACADEMIÆ ET FACVLTATIS MEDICÆ SENIORE
PRO LICENTIA
SVMMOS IN ARTE MEDICA HONORES LEGITIME IMPETRANDI
D. 12. Jan. Anni MDCCXXXIV. 1734
PVBLICE DEFENDET
AVCTOR
IOANNES FRIDERICVS BEYSCHLAG
HALA SVEVVS.

HALÆ MAGDEBVRGICÆ, Typ. Jo. Christian Hilligeri, Acad. Typogr.

化石一角獣に関するある著作（一七三四年）のタイトルページ。ドイツのハレの教会では、マンモスの牙（ここでは「化石一角獣」の角として示されている）が、一角獣の装飾が施された錬鉄の枠で固定され吊されている。

皇帝や王や君主や大貴族にとって、一角獣の角ほど価値のあるものは自然の中に存在せず、黄金や宝石ですらそれに比べれば何ものでもない。この角がどのような動物のものであるかは誰にも言うことができない。こんにちまで、医者もナチュラリストも探検家もそのことを知らない。しかし角に多くの奇蹟的な効力があるこのような動物が、存在しているか存在していたということを否定するなら、聖書の多くの文章ばかりかすべての歴史家の誠実さまでも、同様の無謀さをもって疑わなければならないだろう。ゆえに一角獣すなわちモノケロスが存在することは確実なのである。[10]

一角獣の角の起源と本性は、一七世紀の末にあってもこのように激しい論争を引き起こしていた。この論争の余韻が、化石の本性と意味の謎を解こうとしていたナチュラリストや哲学者の著述の中に、そして偉大なライプニッツ（一六四六―一七一六）の著作の中にまで見られるとしても驚くべきことではない。

ライプニッツの「歴史」、デカルトの「虚構」

一七四九年、ゲッティンゲンにおいてラテン語で出版されたライプニッツの小論、『プロトガイア、すなわち地球の原初の様相と、自然の遺物の中に残されたきわめて古い地球の歴史の痕跡についての論考』[11]の頁をめくる好奇心旺盛な読者は、奇妙な絵の前に立ちつくすことになるだろう。この書の掉尾には、一七世紀から一八世紀へ移り変わる頃にたくさん現れた珍品収集や自然誌の多くの著作におけると同様に、石化した魚や貝殻や化石歯を描いたいくつかの版画が並べられているが、その最後の頁には二つの版画が掲げられている。一つは「海の動物」のものとされる巨大な歯、もう一つは二本の前脚で立った動物の横から見た骨格を描いている。後者の地面まで斜めに伸びた脊柱は尾のようなもので終わっており、他の端のウマの頭によく似た頭には一本のまっすぐな角が生えている。二本脚の一角獣の骨格とはなんと奇妙なものであることか。版画には「クヴェードリンブルクの近くで発掘された骨格の図」[12]という説明がつけられている。

当時最も偉大なドイツの哲学者であり、デカルト（一五九六―一六五〇）の弟子の合理論者であり、微分法の天才的な発明者であるライプニッツが、それでは一角獣の存在を信じていたのだろうか。

一六九一年に書き始められたと思われる『プロトガイア』は、著者の生存中には未刊であったが、ライプニッツはその創刊（一六八二年）に貢献した学術雑誌、『ライプチヒ学報』の一六九三年の号に要約を発表している。ラテン語のオリジナル・テキストはそれから五〇年以上のち（著者の死から三三年後）に、王立図書館司書とブラウンシュヴァイク家修史官の職をライプニッツから引き継いだ者たちのうちの一人、ルートヴィヒ・シャイト（一七〇九―六一）によって編纂された。シャイトは原稿を四八の短章に分け、それぞれに表題をつけ、ライプニッツがテ

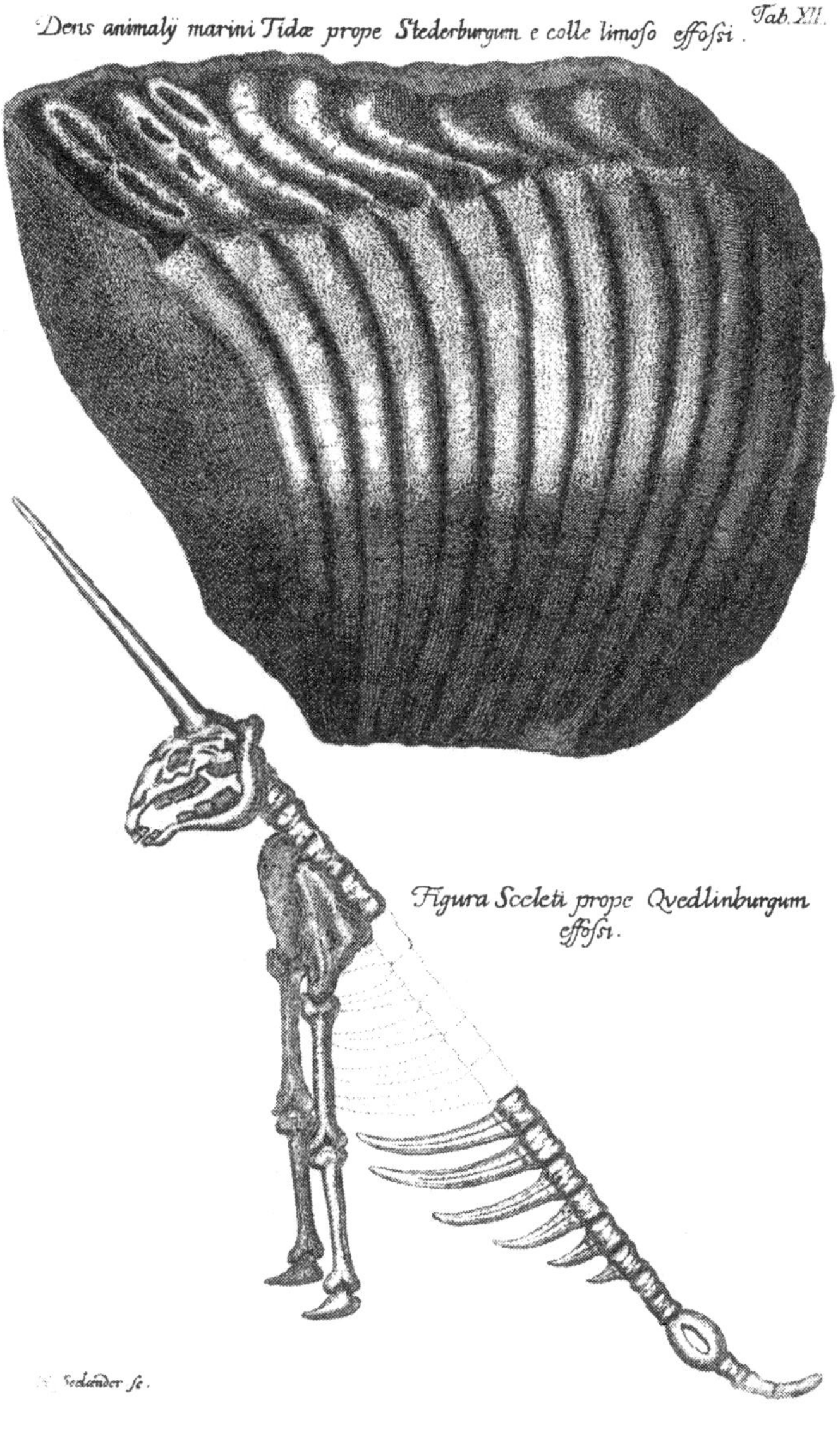
Dens animalij marini Tidæ prope Stederburgum e colle limoso effossi.
Tab. XII.
Figura Sceleti prope Qvedlinburgum effossi.
Seelander sc.

ライプニッツの『プロトガイア』の中の「海の動物の歯」と「化石一角獣の骨格」.
この歯はマンモスのものであり，骨格にはマンモスの骨とサイの骨が混ざっているのだろう.
N・ゼーランダーの版画.（写真，フランス国立図書館，パリ）

キストを飾るために用意しておいた挿絵をそれに加えた。その絵はハノーファー宮廷図書館の銅版画家であり、『ヴェルフ家の起源』の挿絵をライプニッツのために描いたことのあるニコラウス・ゼーランダーによって制作されたものであった。

ともかくも風変わりなこの動物の絵は、これほど偉大な人物の作品を台無しにしてしまう、これが一八五九年に刊行された、『プロトガイア』の唯一のフランス語訳に責任をもつ者たちの意見だったのだろう。[13]その版では、魚と貝殻の化石は見ることができるが一角獣は消えてしまっている。留意しておかねばならないのは、この翻訳を公刊したベルトラン・ド・サン＝ジェルマン（一八一〇—一八八四）の序文は、ライプニッツを一九世紀の古生物学の先駆者としている点である。しかもこの訳書はキュヴィエ派の大地質学者エリ・ド・ボーモン（一七九八—一八七四）に捧げられ、書名の訳は『プロトガイア、すなわち地球の形成と革命について』というように、奇妙な具合にキュヴィエの語彙に近づいていた。このような先駆者が一角獣を信じていたなどということはあってはならない。だが挿絵は実際にオリジナル・テキストに含まれていた。それはライプニッツの手書きの原稿の中にあり、「一角獣の角とクヴェードリンブルクで発掘された異常な動物について」と題された第三五章で解説がなされていた。ライプニッツの説明によれば、この動物の記述はマクデブルクの市長であり、有名な真空ポンプの発明者であるオットー・フォン・ゲーリケ（一六〇二—一六八六）から借用したものである。真空についての実験を報告したラテン語の論考において、[14]この高名な科学者ゲーリケは「今世紀の六三年」（一六六三年）に、ハルツ山地のツォイニケンベルク山の採石場で、「体の後部を傾け、頭をもち上げた一角獣の骨格」を発見したと述べている。ライプニッツはこのゲーリケの記述をほとんど逐語的に繰り返している。

ゲーリケは［……］一角の動物の骨格が発見されたと付随的に語っている。その動物は獣にはよくあるように体の後部を低くし、その反対に頭を高く上げ、額には人間の腿ほどの太さはあるが先細りになっているおよそ五クデの長さの角が一本生えていた。この骨格は穴掘り人足の無知と不注意のため、砕かれて断片が取りだ

された が、頭部についていた角、何本かの肋骨、脊柱と他の骨などはこの地の修道院に運ばれた。[15]

それでも謎は依然として残されている。ライプニッツはすでに存在していた絵を模写させたのか。ゲーリケの書にはかなりたくさんの版画が含まれているが、一角獣発見を述べた部分には挿絵は添えられていない。マクデブルクの市長がライプニッツに一枚の絵を送り、ライプニッツがそれを自分の手書き原稿の間に滑り込ませただけなのだろうか。それともゲーリケの記述を忠実にたどりながら、その記述にもとづいてこの骨の持ち主である動物を図によって再現しようと努めたのだろうか。だがそれはありそうにない話である。というのも『プロトガイア』に掲げられた絵は、きわめて非現実的であるにもかかわらず、断片(椎骨、歯など)は一定のまとまりを見せており、そのうちのいくつかはこんにちはっきりと同定できる化石動物の遺骨だからである。一九二五年、オーストリアの古生物学者オテニオ・アーベル(一八七五―一九四六)は、そこにサイとマンモスの遺骨が混在していると考えた。[16] この動物の口の中の四本の歯はマンモスの臼歯によく似ているし、棘状突起が逆に向けられている胸椎や、肩甲骨もマンモスのものである。奇妙なことに、第一頸椎が尾の始まるところに置かれている。この不思議な動物の額に突き刺さった「角」については(ゲーリケによれば、それは発見されたとき骨片に付着していたということだが)、どう解釈したらよいだろうか。ケサイの前頭突起だろうか。だがサイのケラチン質の角は、非常に特殊な状況(たとえばシベリアの氷の中に保存された場合など)のもとでしか化石化しない。これはよじれているのが常であるイッカクの額角でもない。もしかするとこれは顎骨がまだ牙の根もとに付着していた、若い化石ゾウのまっすぐな牙なのかもしれない。

こんにちこの挿絵は化石哺乳類を復元しようとした、古生物学の歴史における最初の試みとして紹介されることが多い。だがなんと奇妙な復元であろうか。それでもその意味を理解するためには、図像を際立たせるだけでは充分ではない。図像を、それに意味を与えている物語の中に置き直さなければならない。[17] 一六九一年から一六九三年の間に書かれたと思われる『プロトガイア』は、ライプニッツの他の活動だけでなく、当時の科学の問題とも関連づけて読まれなければならない。一六八〇年から一七二〇年にかけての時期は、フランス、イギリス、イタリア、ドイツなどで、化石や地球の形成についてのアイデアや理論が活発に登場した時期だったからである。

一六九一年にライプニッツは四五歳であった。一六七六年からヨハン・フリードリヒ公の司書官・顧問官としてハノーファーに居住し、一六七九年に公が逝去するとエルンスト・アウグスト公の司書官・顧問官となった。一六八〇年、ライプニッツはブラウンシュヴァイク＝リューネブルク公家の歴史を書くことを提案した。彼はそれを「系図によってドイツの権利を客観的に確立する機会」[18]と見ていた。なぜなら彼の考えでは、歴史こそ権利の根拠だからである。一六八五年、この仕事は正式に彼に委ねられることになった。終生「重荷」として引きずることになるこの壮大な作品の準備のため、ライプニッツは三年間（一六八七年から一六九〇年まで）イタリアやドイツを駆けまわり、ウィーン、ヴェネツィア、ローマの古文書館や図書館で資料を探した。この探索の成果として、いくつかの法律論と、一七〇一年から一七一一年にかけ、ハノーファー＝ブラウンシュヴァイク家に関する資料集が刊行された。だが『ブラウンシュヴァイク家編年史』は未完に終わった。この試みにおいて、ライプニッツの方法は、直接の証言や一次資料を集め、それを分類し、比較検討し、事件の原因を詳細に調べ、その起源にまでさかのぼることに努めるという、紛れもない歴史家のものであった[19]。

書名が示す通り、「地球の原初の様相」を論じ、「自然の遺物」の中に地球の最古の歴史の痕跡を探す『プロトガイア』は、その壮大な『編年史』の序文として構想された。晩年のライプニッツはこの論考を、「有史以前の自然の痕跡にもとづいて復元されうるこの地域の最古の状態についての論説」[20]として、ハノーファー家の歴史の序言にするつもりでいた。ところで、この論考を執筆する際に採用されたのもやはり歴史家の批判的方法であった。自分なりの「地球の理論」のために、ライプニッツは地球の歴史が鉱物や化石の形で残した「資料」を集めた。「グロッソペトラ（舌石）」や「貝殻」を人々に送ってもらい、洞窟の中に埋もれていた骨を集め、遺物を収集した。

ハノーファー地方の地中や洞窟の中で発見される遺物や遺骨を列挙し記述するとき、ライプニッツの態度は収集家や「好事家」の態度ではなく歴史家の態度であった。そしてドイツの歴史は、現在の地形や地中に埋もれていた事物によって明らかにされるきわめて古い過去においては、地球の形成とその後に起こった事件の歴史の一部になる。この過去は解読し、語ることが可能であり、こんにちの人間の歴史と地球の太古の歴史を結びつけるものである。ところが現在と、われわれには断片しか見ることができないこの起源との間の距離はますます広がり、時間の溝はますます深くなる。そこで地球の最も古い過去をさし示す証拠として、点在する痕跡を収集することが重要なのである。

『プロトガイア』の当初の目的は、一地方の歴史だけでなく、ライプニッツが「自然地理学」と呼ぶものも記述することにあった。「われわれは低地ドイツの最も注目すべき、最も金属に富んだ地方に住んでいる」と、彼はこの書の第一章に記している。そしてこの地方の歴史は全地球の歴史というもっと壮大な歴史に拡大される。すべての歴史は神による世界と人間の創造の歴史なのであるから、人間の歴史と地球の歴史の間に断絶はない。「自然がわれわれのために歴史の欠落を埋めてくれる。代わりにわれわれの歴史が、観察するよう与えられた素晴らしい自然の作品についての知識を、後世に伝えるという貢献を自然に対して行なうのである」[21]。

自然の歴史を書くことは、自然がわれわれにさし示すしるしを拡張し、明確にして将来の人間に託すことを意味する。たとえば『プロトガイア』の最終章は、「アムステルダムで井戸を掘った際に観察された種々の地層」を列挙している。これは現在の人間の生活と文化の痕跡である「七ピエの庭土」から、「アムステルダムの家々を支える杭がその中に埋められている一〇ピエの砂」や、そのずっと下の大洪水時代の名残である「海の貝殻がちりばめられた四ピエの砂」まで、地層の連続的連なりを確立する真の「層序学」であり、この垂直的連なりを利用することにより、地球の形成時に生起した一連の事件が復元されるのである。

貝殻の見つかる一〇〇ピエ以上の深さのところにある地層が、かつて海底を形成していたのだろう。洪水が繰り返され、それが運んできたすべてのものが先ほど列挙した粘土や砂の層を海底の上に残した。また洪水の合間には土の堆積が形成された。押しやられた海はしばらくの間遠ざかっていたが、やがてその権利を取り戻すと再び堤防を破壊し、陸の上に侵入し、森林を水没させた。鉱夫たちは現在その残骸を発見しているのである。[22]

地球の歴史のこのような「資料」や「証拠」に、ライプニッツははじめ学者としてではなく実践家として出会ったのであった。一六七九年から一六八四年にかけ、彼はハノーファーから一〇〇キロメートルほど離れたところにある、鉛、銀、銅、亜鉛が採掘されるハルツ鉱山で顧問および技師として働いた。ライプニッツは坑道の換気や揚水のための風車、鉱石の搬出のための道具といった、採鉱の作業を改善する機械を考案さえしたのである。[23]こうした鉱山での経験は、『プロトガイア』を懐胎するためには不可欠であった。この経験があったからこそ、地球と、その歴史と、岩石・鉱石・化石の形成についての知識は、人間の生活に直接役立つ知識になったのである。ライプニッツがこの作品の中で技術や実験や職人仕事を頻繁に参照している理由は、この経験によって部分的に説明がつく。[24]このように地球の形成とその太古の歴史についての考察は、一国家の歴史だけでなく、法の基盤や経済や産業にも向けられた、具体的・実践的な関心と結びついていたのである。ライプニッツはその研究を自国に集中させ、ハルツ鉱山、バウマン洞窟、他の著名な岩層を含むドイツのさまざまな都市と採掘地点に言及している。

特に鉱物学者アグリコラ（一四九四―一五五五）の業績によって明らかであるように、ドイツにおいて行なわれた広範な鉱山業が、一六世紀以降の化石の研究の発展にとってはきわめて重要であった。[25]『プロトガイア』が書かれた一七世紀末は、化石の起源や本性と地球の歴史について、思いがけない発見や探究や省察が非常に豊富になされた時期であった。数十年前から多くの「体系」が登場し、この点に関するライプニッツの教養は驚くほど「ヨーロッパ的」であった。[26]彼はアグリコラ、キルヒャー、ベッヒャー（一六三五―八二）、ラハマン（一六三六―七六）、ケントマン（一五一八―七四）[27]といったドイツ人だけでなく、ジョン・レイ、バーネット、ウッドワードなどのイギリス人、アゴスティーノ・シッラ（一六二九―一七〇〇）のようなイタリア人の鉱物学者・ナチュラリストの研究からも栄養を得ていた。だが地球の理論への関心は思弁的な性格も帯びていた。一六八〇年代の末に、ライプニッツはデカルトの『哲学の原理』（地球の形成についての著者の見解が第三部と第四部に述べられている）を読みそれに注釈を加えていた。

事実デカルトこそ『世界論』（一六三三年に書かれたが、出版されたのは著者の死後の一六六四年）と、『哲学の原理』（一六四四年）の第三部と第四部において、自然学的（「機械論的」）法則によって地球の形成を説明しようとした最初の人物である。そのとき彼が根拠としたのは「天体と地球、要するに可視的世界の全体が、種子から生じるようにそれにもとづいて作られたかもしれないことをはっきりと示す、きわめて理解しやすく単純ないくつかの原理」であった。デカルトは空虚が存在しえない宇宙において、天体とその渦動が、円運動を与えられた物質からいかに形成されるかを語る。地球は暗くなった太陽であり、その内部ではいくつかの同心の層が分化し、そのうちの最も表面の軽い層に亀裂が入り、次いでそれは陥没する。この陥没が現在の海や山を作りだした原因であり、海や山は原初の地球の残骸のようなものなのである。

この体系が地球の形成に関する思想の歴史において画期的なものであり、そこでは合理的な原理と機械論的な法則によって説明がなされようとしているにしても、実際にはこの物語の身分は曖昧であった。というのもこれは『創世記』の物語を無効にはせずにそれと並んで立つだけだからである。デカルトは自分の地球の歴史を虚構と呼び、その「仮説」のために使用された諸原因は、啓示宗教の見地からすれば「誤り」であり、自然法則の見地からすれば論理的に真であると述べる。「諸原因の誤りは、そこから演繹されるものが真であることを少しも妨げない。［……］自然の法則は、たとえわれわれが詩人の混沌、すなわち宇宙のすべての部分の完全な混乱を仮定した場合でも、その混乱はこの法則によって現在の世界の中にある秩序に徐々に戻っていくと、常に証明できるような性質のものなのである」。

だがデカルトが宇宙と地球の形成の段階を、混沌から現在われわれが目にしているような世界まで非可逆的な連続のうちに記述しているとしても、地球の形成についてのデカルト的な「虚構」は厳密に言えば歴史ではない。というのもそれは現実にではなく、論理にもとづいているにすぎないからである。この哲学者が現在の世界の様相と、彼が確立できたと信じた運動の機械論的法則によって復元する歴史は、基本的に演繹的推論に依拠している。論理的推論だけによって歴史を考えるわけにはいかないのであるから、デカルトは真の歴史家として振る舞ったのではない。歴史家は事件の細部の研究を通して、事実の偶然的継起も説明しなければならない。[28]ところがデカルトはそのような過去を証言する資料や痕跡を、「地球の古記録」の中に探し求めようとは決してしない。

『プロトガイア』において、ライプニッツはデカルトの試みを拡張すると同時に批判する。彼にとって、世界が「混沌」から構成されるための根拠となる、論理的「原理」を仮定することはもはや重要ではなかった。デカルトのような方法では、神の観念そのものと、世界創造における神の役割を除去してしまう危険性があった。唯物論と無信仰に陥りたくなければ、世界の起源にもその歴史にも混沌を与えてはならなかった。「神は根本的理由なしには何ごとも成し遂げない」、これが『プロトガイア』の出発点である。神はわれわれの世界とその構成を、可能な世界のうちの最善のものとして創造することを選んだ。この世界では、さまざまな存在は「予定調和」に従って共存している。ライプニッツは生物の前成（胚の中には個体とその子孫のあらかじめ作られた歴史が含まれている）を信じていたのと同様に、世界の転変の「前成」をも信じていた。彼にとって歴史はこの神の計画の展開にほかならなかったのである。

このような歴史は直線的であるが、その部分を見る者には、全体的な必然性が常に理解できるとは限らない。もっと全体的な視点（それが神の視点であろうが）からすれば、世界が経験する破壊的事件も災禍も破局も否定的なものではない。それは全体的計画との関連で意味と機能をもつに至る。[29]したがってわれわれが現在の世界の中に知覚する無秩序は見かけのものに過ぎず、実際は秩序と完成に通じている。[30]だからこそ『プロトガイア』が提示する物語は「虚構」ではなく、真の歴史と見なされているのである。ライプニッツの自然観は「抽象的」であるどころか、論理的であると同時に歴史的であり、観察可能な具体的証拠に依拠しているのである。

そこで『プロトガイア』は地球の歴史をこのように物語る。融解した物質で構成されていた原初の地球は、徐々に冷却して固くなり、最後には固体になる。この融解から生じたのが、「地球の大骨格」を構成する「ガラス質の」物質、すなわち露岩と燧石や、「半透明の小さな石」でできた砂である。地球が冷却する間に、山や谷といった起伏や、空気や水を含んだ空洞である「巨大な泡」が形成される。この冷えた大地の上に「水性の蒸気」が積もって水となり、塩を溶かして海を形づくる。水の重さのために地殻の断片が沈降し、巨大な洪水が起こり、「さまざまな地点に大量の堆積物が残され」、それは水がそこを離れると固くなる。このような初期の出来事のあと、地震や局地的な洪水や火山の噴火など、もっと小規模の激変が生起したと思われる。

このような一連の出来事は聖書の記述に完全に一致するわけではない。またライプニッツがその物語の中にノアの洪水のエピソードを含めたとしても、それは神が人間に与えた罰、奇蹟としてではなく、自然学的に説明可能な事件、数多くのエピソードの中の一つとしてであった。しかもライプニッツは地球の形成時に発生したと思われる複数の「大洪水」を仮定している。地球の歴史は『プロトガイア』の最初の数章しか占めていないが、この作品の多くの頁が化石の問題に当てられている。

ライプニッツは化石と地球の形成を考察する際に、デンマークのナチュラリスト（のちに帰化してフィレンツェの人となった）ニコラウス・ステノ（一六三八—八七）の仕事から多くの着想を得ていた。おそらくライプニッツは一六七八年、ステノがハノーファーを訪問したおりに彼と出会っていたのだろう。[31] 厚い信仰の持ち主である（プロテスタントとして生まれ、カトリックに改宗し、司教として生涯を終えた）と同時に合理主義者である（デカルトの信奉者であった）このナチュラリストの業績は、『プロトガイア』にとってきわめて重要な情報源であった。[32]

「自然の戯れ」から過去を指示する記号へ

一六三八年にコペンハーゲンで生まれたステノは、デンマークとアムステルダムで医学と解剖学を学んだのち、一六六六年一〇月にメディチ家の大公フェルディナンド二世の宮廷に身を寄せた。この年リヴォルノで大サメが捕獲され、ステノはその解剖を行なうことができた。彼はルネサンス以来石化したヘビの舌と考えられてきた、マルタ島で大量に発見される「グロッソペトラ（舌石）」が、実際にはサメの歯であることを示した。『サメの頭部の解剖についての論説』では、サメの顎と分離した歯を一つの図版の中に描き、グロッソペトラの生物起源を明らかにした。この図は当時すでに古典的なものとなっており、一六世紀のゲスナー、コロンナ（一五六七―一六五〇）、メルカーティ（一五四一―九三）の著作にも載せられている。ステノが行なったのは、その頃まだ仮説の域にあった知の体系化・合理化であった。彼は一世紀以上前から議論の的であった、化石の生物起源説に賛意を表明した。「地中で発見される動植物に似た物体は、それが似ている動植物と同じ起源を有している」[33]と彼は記している。同時にステノは化石形成の機械論的原理を把握しようと努めた。「マルタ島の石化した舌」がもともとサメの歯であるなら、どうしてそれはときに海から離れた地層の中に挿入されているのか。化石の起源に関するこの問いは、「他の固体の中に自然に含まれている固体」の形成についてのもっと一般的な思索へと通じていた。ステノの有名な著作『固体の中に自然に含まれている固体についての論文の序論』（一六六九年）においては、その問題はまさしく次のように定式化されている。「ある固体が他の固体の中に全面的に含まれているなら、二つの固体のうち最初に固くなった方は、のちに固くなった固体の表面の特性を、お互いの接触によってその表面に表現している」。

　ある固体が別の固体に封入されているなら、それらは同時にではなく相次いで形成されたと結論しなければならない。したがって大地の内部にある化石化した貝殻や魚（固体の中に自然に含まれている固体）は、封入される前

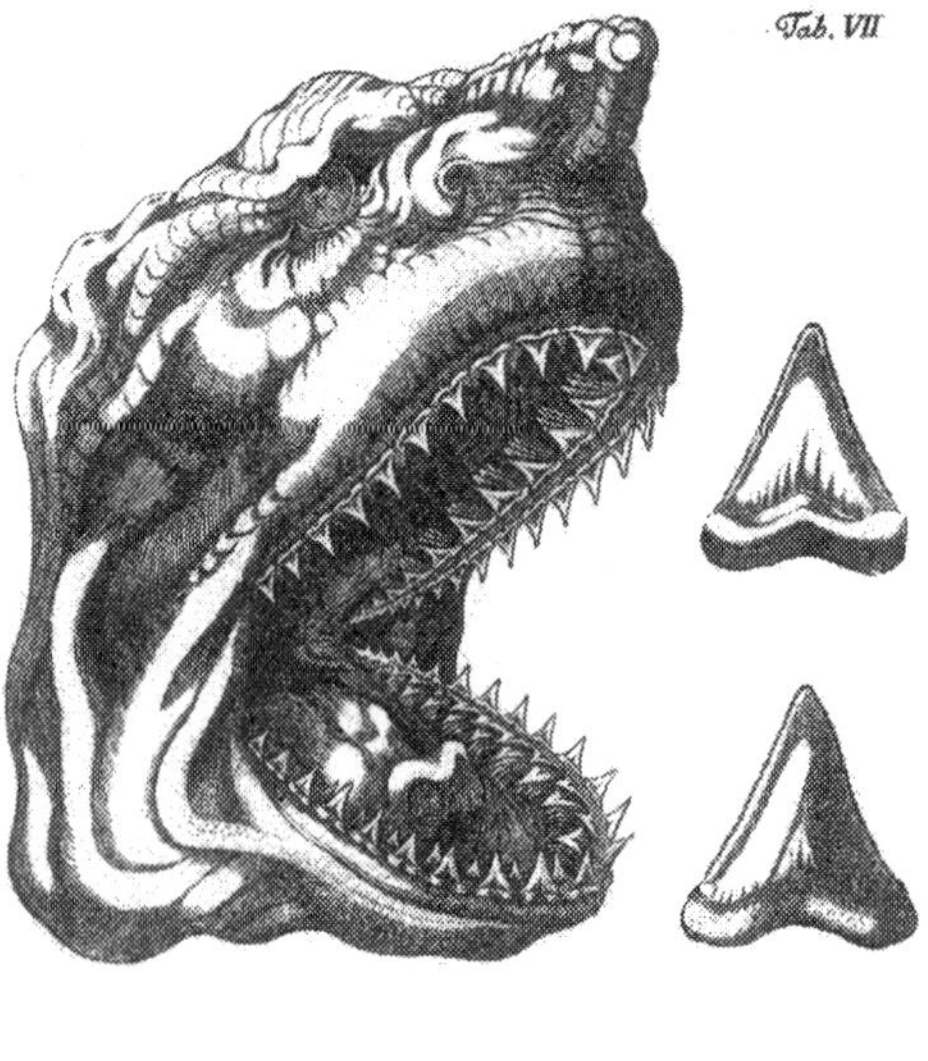

1667年，グロッソペトラの生物起源を証明するために
ステノが図示したサメの頭部．実際には，このバロック的なサメは
イタリアのナチュラリスト，メルカーティが用いた16世紀の版画で，
それをステノが借用し，のちにライプニッツの
『プロトガイア』（1749年）でも使用された．
（写真，フランス国立図書館，パリ）

にそのようなものとして存在したのであり、ルネサンス期の百科全書家たちの考えとは異なり地中で形成されたのではない。封入の空間的関係は継起の時間的関係を表現している。この単純で合理的（「幾何学的」）な原理は、地層の連続的形成を、そこに含まれている遺物によって説明することも可能にした。実際にこの『序論』の最後の部分では、トスカーナ地方の起伏の形成が、一連の陥没と堆積（そこにおいては聖書の中の大洪水が重要なエピソードとして登場する）によるものとして考察されている。

ライプニッツが地球の起源と形成を説明する原理として使用したのは、まさにこの封入の規則であった。ステノがトスカーナの起伏を考察したとするなら、ライプニッツはハノーファー地方の「自然地理」から出発して、地球の形成の一般理論を構築しようと努めた。

> 地球が原初に液状であったなら、その表面が滑らかであったことは確実である。また物体の一般的法則に従えば、液体は濃厚になると固体を生みだす。このことは固い媒質の中に含まれている固体、すなわち鉱脈や宝石のような、岩石の割れ目の中に置かれている層や小塊によって明らかである。
> さらにこんにちでは石の覆いをかぶせられた、動植物や人工の物といった過去の遺物が時々発見される。したがってこの固い覆いは新しく形成されたものであり、当初それは液状であったと考えなければならない。[34]

海の生物や陸の四足動物の石化した遺骸はこの歴史の証人である。ステノが述べたような「固い媒質の中に含まれている固体」、岩の中に封じ込められた鉱物や宝石、「こんにちでは石の覆いをかぶせられた動植物や人工の物といった過去の遺物」が発見されるのは、原初の地球が液状だったからである。固い媒質の中の「固体」の存在は、一連の出来事とその継続的時間を想定しなければ説明がつかない。生物の石化と地層の内部へのその挿入は、必然的に時間を前提とするのである。

このような「歴史的」視点をとることにより、ライプニッツは「ヘルメス思想」と錬金術の伝統から自由になることができた。その伝統の時代遅れではあるが特に完成されたイメージは、一六六五年のキルヒャーの著作『地下世界』によって与えられていた。ライプニッツ自身も当初はキルヒャーの賛美者で、「形象石」理論に賛同していた。日付はないが『プロトガイア』以前の、おそらく一六七八年のステノとの出会い以前に書かれたと思われる未刊の手稿において、ライプニッツはこう記している。

> 野原でときどき発見される、あるいは大地を掘り返したときに遭遇することのある骨が、真の巨人の遺骸だと信じるのは難しい。一般にヘビの舌と呼ばれているマルタ島の石が、魚の一部だと考えるのも同様に難しい。また海からかなり離れたところで見つかる貝殻が、海がかつてその場所を覆い、退却するときにその貝殻を残し、その後貝殻が石化したということの確かな証拠であると考えるのも困難である。
>
> もしそのようなことが起こったのであれば、地球は聖書が述べているよりはるかに年老いていなければならないだろう。だがわたしはその点に長居はしたくないし、ここでは自然的理性を利用することが重要である。そこでわたしはこのような動物の骨や貝殻の形をしたものは、動物に由来することなく独自に形成されたのであり、自然の戯れにすぎないことが多いと考える。というのもキルヒャー尊師が集めた『地下世界』の中の石の図が証言しているように、石が成長し数多くの奇妙な形をとることは確かだからである。[35]

この頃ライプニッツは「自然の戯れ」と、大地の造型力による「化石」の形成を心から信じ、地中の貝殻や骨が「数千年前に」その場所に置かれ石化したと認めることを拒んでいた。そこにはおそらく論理的理由と同時に、宗教的ドグマへの忠誠心が働いていたのだろう。「もしそのようなことが起こったのであれば、地球は聖書が述べているよりはるかに年老いていなければならない」からである。

しかし『プロトガイア』においては地球の年齢のことは取りあげられず、大地の造型力も「石の成長」ももはや問題にされていない。それどころかライプニッツにとっては、「形象石」を信じる者たちの「嘆かわしい安直さ」

や「気紛れな想像力」を批判したり、「キルヒャーやベッヒャーなどの著作に重々しく述べられている、自然の不可思議な戯れやその形成力をあげつらう幼稚な作り話[36]」の慢心や軽信（当初それは彼のものだった）を告発したりするためには、どんな言葉も厳しすぎるものではなかった。

地中に埋もれていた遺骸は、現存する生物に似ているときにはこれまで信じられてきたような「自然の戯れ」や偶然の産物ではありえない。その存在はそれが実際に生存していたときの挿話と、地層の中に埋められたときの挿話を含む、地球の歴史と関係づけられねばならない。このような考え方は二つのことを前提にしている。一つは大地の中や「化石」の間において、有生のものと無生のもの、生物と鉱物を区別できるということ、もう一つは地中に埋められているこのような物体が合理的に説明できるということである。

ライプニッツが化石の本性に関する議論の中心に置いたのは類似の問題であった。彼の考えでは、掘りだされたものの中から無生のもの、たとえばその幾何学的な形といくつかの「多角形」が、「部分の並列」によって容易に説明される水晶のようなものをまず識別しなければならない。「先入観を抱いた想像力だけが石の中に認めることのできる[37]」形も存在する。ある種の人々は石の中に歴史的・神話的さらには宗教的な場面を見つけだし、「バウマン洞窟の壁の上にキリストとモーセを、メノウの縞の中にアポロンとミューズを、アイスレーベンの岩の中に法王とルターを、大理石の中に太陽と月と星を」見出してきた。実のところそのような場合には、「偶然が生んだ粗末な下絵を軽信が補い」、「自然の戯れですらない想像力の戯れ」を世に送りだしているのである。最後に、主にザクセン地方の都市アイスレーベンで発見される「層状岩石の上の銅色の魚の痕跡」のような、完全に生物に似たものがある。片岩の中に刻み込まれたこの「魚の形」は、「まるで芸術家が、線刻した金属片を黒い石の中にさしはさんだように、明瞭かつ正確に描かれており、ある者はそれをイクチオモルフスと呼んでいる[38]」。この最後の種類のものには、他のものに対する説明とは異なった特別の説明が必要である。「有機体が前例もなく、目的もなく、胚種もなく、泥と石という不活性な母体の中で、得体の知れない造型力により、すべての自然法則と無関係に誕生した」などとはとうてい考えられないのである[39]。

このような生物の遺骸が石の中に存在することを説明するためには、自然的原因を援用しなければならない。ときには一定の場所に大量に存在すること、そこに表現された種が完全に識別でき多様であること、ある遺骸は無傷、ある遺骸は砕かれていること、これらすべてが遺骸をその場所に存在させた原因は単一であったことを主張している。「この似姿は同一の場所に大量にあるので、われわれは偶然の戯れとか、哲学者がおのれの無知を隠すために使う無意味な用語である『生成的イデア』などというものより、確固不動の原因を想定したいと考える[40]」。

したがってこの「似姿」の起源にまでさかのぼり、実際に生存した動物の痕跡を似姿の中に認めることが必要である。似姿と痕跡は必ずしも等価ではない。痕跡が「そこを通過した」生物の実際の足跡であるとしても、似姿がもつ類似はその生物が実際に存在したことのしるしとは必ずしもいえないからである。「自然の戯れ」を支持する者にとって、「イクチオモルフス」（魚の形をした）石は、石の中に表現された他の事物や情景と同様に、「事物が有する天賦の才」の一例であり、「偉大な創造者である自然が、動物の歯や骨、貝殻やヘビを戯れにまねる」能力をもっていることの証拠であった。だが生物の世界の外では、動物の形態の模倣は部分的かつ近似的なものにしかなりえない。そこでその模倣が完全かつ正確で、「一目でその魚の種」が見分けられるほどであり、比率や均整になんの変更もないように見える場合、問題となっているのは石における動物の外観の模倣ではなく、動物そのものの痕跡だということは明らかである。

このように化石を自然の模倣的戯れによって説明しようとする試みは論駁される。「自然は戯れるとしたら、もっと自由に戯れるであろうし、原型の微細な特徴をそれほど正確に表現したり、より注目すべきことだが、その大きさをそれほど正しく保持したりはしないだろう」と、一七〇六年パリの科学アカデミーに送られてきたライプニッツの論考を要約しながらアカデミーの幹事フォントネル（一六五七―一七五七）は述べている[41]。たしかに「偶然は自然を完全に模写することはないのである[42]」。「ナチュラリスト的な」研究法をとれば、化石の中に魚の一般的構造だけでなく、種の違いを認めることさえできるのである。「わたしはボラ、スズキ、コイの姿が刻まれた石の断片をもっている。［……］エイ、ニシン、ヤツメウナギ、ときにはニシンの下に横たわったヤツメウナギなど、海の魚が刻まれたものを見たこともある」[43]。このような刻印の正確で詳細な形と特徴と動物の姿勢から明らかになる生の痕跡は、この点で非常に説得力がある。「石切り場から巨大なカワカマスが掘りだされたが、それはまだ生きているときに不意を打たれ、石化力に敢然と抵抗しているかのように、体はよじれ口は開けられていた」。

化石を生存している生物、あるいはむしろかつて生存していた生物の遺骸と見なすことは、もはやそれを事物とか似姿とかだけでなく、過去を指示する記号とも考えることである。結局のところ化石は現在において過去のことを語る自然の言語を構成する。このような考え方は、ライプニッツが言語の研究において語源学的方法をとっていたことに類似している[44]。しかし言語が人間の創造物であり、語源とは独立に意味作用を有するのに対し、化石が語る言語を理解するためには、化石が形成された過程そのものを問題にしなければならない。自然の作用を知り、それを理解しようと望むなら、技術的・職人的活動が重要なモデルになるとライプニッツは述べる。「われわれの考えでは、大地の奥から取りだされた自然の産物と、実験室（化学者の本拠をわれわれはこう呼んでいる）の産物を注意深く比較する者は貴重な成果を上げるだろう。というのもそのときわれわれの目に、自然の産物と技術の産物との間の驚くべき関係が見えてくるはずだからである」[45]。

「鉱物の生成が化学によって解明される」だけでなく、化学者の実験室においては辰砂、亜鉛、雄黄のようなある種の物体が、自然の中でとまったく同様に作りだされる。生物の「石化」を説明するためには、生物をくるんでいた液状の物質がどのようにして固体になったのかをまず理解しなければならない。この固化の過程は、人間の手仕事をモデルとすることによって解明される。

なぜなら人間の活動は、自然物の特性を利用して何かを製作するときには神の行為に似るからである。自然の手法をまねることは自然を知る一つの方法である。「事物を作りだす方法を発見することは、すでに事物を知ることに向けての大きな一歩である」[46]。技術的活動は科学がたどる道の一つである。したがってライプニッツは地中での石の成長と鉱物の発育という錬金術的解釈を忌避し、化石の説明においては自然の偶然的模倣という仮説に反駁を加えながらも、「自然の隠された作用」と「人間の明らかな作業」を対比し、液状であった土が固化することの例として粘土の壺を焼く技術を挙げたり、化石化の過程を説明するために「金銀細工術」に言及したりする。

金銀細工師はクモなどの動物を、小さな出口を残したまま適当な物質で覆い、そのあと火にかけてこの物質を固くする。次に水銀を流し込んでこの動物の灰を小さな出口から外にだし、代わりに同じ口から融けた銀を注ぐ。最後に殻を壊すと、実物に驚くほどよく似た足や触角や小繊維などの器官を備えた銀の動物を得ることができる。[47]

人間はその「技術」によって、生物を微細な点に至るまで完全に模倣できるようになった。「足や触角や小繊維などの器官を備えた」銀の昆虫は、この点で岩石の中に詳細な姿が刻み込まれた魚によく似ている。『プロトガイア』においてライプニッツは、自然の法則を利用することによって自然の作用を（「驚くほどよく似た」生物の複製を作りだすほどに）模倣する、人間に固有の能力を特に強調する。このような単純な事実を確認することも、自然の方法を借りることによってそれを知り、人間の現在の行為によって自然の歴史の論理を発見するという、実験の観念を練り上げることに通じているのである。

啓蒙の時代の入口で生まれたキマイラ

一七世紀が終わりを告げる頃、化石の生物起源説は学者たちの世界において広く受け入れられるようになった。「形象石」理論から、動物の遺骸を地球の歴史の証拠と見なすことへという、ライプニッツの歩み自体がこの意味では典型的である。だがこの点ではライプニッツはフランス（ベルナール・パリシー）と、イタリア（レオナルド・ダ・ヴィンチからアゴスティーノ・シッラ、ステノまで）と、イギリス（バーネット、ウッドワード、フック）の伝統すべてを受け継いでいた。一七二一年に彼の弟子のルイ・ブルゲ（一六七八―一七四二）が『塩と結晶の形成に関する哲学的書簡』において「自然の戯れ」説を反駁するために論争的調子をとったとしても、一七四九年にビュフォンがヴォルテールに抗して論証をやり直さなければならなかったとしても、またそのような論争が実際に人目を引くものだったとしても、行なわれていたのはもはや後衛戦にすぎなかった。一七二〇年までに、ヨーロッパのナチュラリストの大半にとって、化石の身元確認の問題は決着がついていた。

それでも現在の自然界で知られているどんな生物にも似ていない化石という問題が残っていた。一世紀前のベルナール・パリシーと同様に、いくつかの動物種は消滅したという考えを認めなければならないのだろうか。ライプニッツが『プロトガイア』の図版において数種類のものを模写している「アメンの角」は、「失われた種」であろうか。ライプニッツはそのような考えを拒否し、「アメンの角」は遠くの海かまだ探検されていない深海に、おそらく大海の底かインド洋に生存するに違いないと判断した。彼にとって世界は完全なものとして作られていたので、種が消滅するなどと考えることは不可能であった。「存在の階梯」は最終的に不変のヒエラルキーとして打ちたてられたのだった。

またライプニッツがここで一瞬、生物は地球の歴史の中で、生息の環境や状況に応じて変移したかもしれない可能性を検討しているように見えるとしても（他の著作の中で何度かそうすることになるが）、それは神学的に危険な考えであるとしてすぐに退けるためであった。[48]「大洋がすべてを覆っていたとき、こんにち陸に住んでいる動物は水生で、水が引くにつれそれらは水陸両生となり、最後にその子孫が最初の住みかを放棄したと考えるほど、大胆な憶測をする者がいることをわたしは知らないわけではない」。ライプニッツは慎重にこう付け加える。「しかしそのような見解は、われわれが離れてはいけない聖書と対立するのみならず、仮説それ自体としても解決し難い問題を提供する」。とりわけ同じ頃フランスで、領事ブノワ・ド・マイエのような自由思想家が、『テリアメド』の中でこの理論を再び取りあげ体系化するときには、その反宗教的・唯物論的性格は誰の目にも明らかであった。[49]

ハルツ山地の洞窟に四足動物の骨が存在していたという問題は、石化した魚や貝殻が提起した問題と変わりはなかった。バウマン洞窟やシャルツフェルト洞窟の堆積物の中に、「海の怪物や未知の世界の動物の無傷の骨」の存在することが判明しても、ライプニッツによれば、それは「大地から歯が誕生するという馬鹿げた間違いを除去するために、まだ歯が植わっている大型動物の頭蓋骨と下顎が発見された」[50]ということでしかなかった。「ロシア人がマンモスという名で呼んでいるゾウの所有物とされ、［オランダ人旅行家の］ウィトセンが大型動物のものと見なしている堂々たる歯[51]」についていうなら、それは海の動物のものなのか、それともゾウのものなのか。ライプニッツは「本物のゾウの骨」が発見されることを否定しないし、のちには高地ザクセン地方のトナ村の近くで一六九五年に発見され、「化石」の本性について新たな論争を引き起こすことになる「石化したゾウ」の骨格に多大の興味を示している[52]。その標本をどう解釈すべきか尋ねられたライプニッツは、一六九六年七月、文通者の一人にこう書き送っている。「チューリンゲン地方のゴータ近くのトナで、あらゆる外見からしてゾウのものと思われる骨格の数個の部分が発見されました。その地の医師たちは、それは大地が作りだした自然の戯れであると主張しました。意見を求められたわたしは、それが動物界に由来するものであることを疑わない、ゾウのものでないとしても類似の動物のものであることに変わりはないと述べました[53]」。

ライプニッツは『プロトガイア』においてすでにゾウの化石遺骸の存在を認めていた。「わたしはシャルツフェルト洞窟から掘りだされた歯と脛骨の破片のようなものと他の骨を確かに見たことがあるが、誰もそれをゾウ以外の動物のものとすることはできないだろう」。だが「そのゾウはどこから来たのか」。ライプニッツは二つの仮説を提案する。第一は、「かつてこの動物はこんにちよりはるかに広く地表に分布しており」、こんにちのような状況が生じたのは「その動物の本性か大地の本性がその後変化した」からであるというもの、第二は、「その動物の遺骸が激しい水流によって出生の地から遠くまで運ばれた」というものである。二つの仮説のうち、ライプニッツが採用したがっているように見えるのは、聖書の中のノアの洪水と同一視される世界的洪水の方の仮説である。「わたしはこの［洞窟の中の骨の］堆積は大規模な洪水によってもたらされたのであると考えたい。洪水のあと、水は狭い割れ目や洞窟の中の秘密の出口を通って大地の内部に流れ込んだが、運んできた遺骸はいわば玄関に置き去りにしたのである[54]」。

最初にわれわれの関心を引いた「一角獣」にわれわれはここで連れ戻される。というのもライプニッツによれば、ドイツの洞窟では「角が一本生えたウマほどの大きさの四足動物」の遺骸も発見されるからである。これは中世の神話やルネサンス期の通念への回帰だろうか。ライプニッツは「かつては自然誌陳列室のきわめて珍奇な飾りの一つであり、こんにちでは民衆の賛嘆の的になっている一角獣の角」が、デンマーク人のトーマス・バルトリン（一六一六―八〇）が鑑定して以来、イッカクのねじれた歯と認められていることをよく知っている。また彼は多くの白っぽい色の化石の中に、一角獣の角を見てしまう時代遅れの軽信にもはや同意しない。にもかかわらずライプニッツはこの遺骸を一本の角を備えた動物のものであると考え、その確信を支持してくれる堅固な証拠を引き合いにだす。たとえばこの「一角獣の化石」の発見は、尊敬すべき政治家であり科学者であるオットー・フォン・ゲーリケの証言によって保証された「事実」として提示される。この発見を確証する証拠はほかにもたくさんある。視覚による証拠（「……をわたしは見た」）に、信頼に値する人物の証言、すなわちアビシニアで一角獣に遭遇したと主張する二人のポルトガル人旅行家「ジェロニモ・ルポとバルタザル・テレジオ」の証言（ライプニッツにすればこれも確かな証拠である）が付け加わる。

最終的な証拠は解剖学的復元の作業とこのテキストに添えられた挿絵の中にあり、陸生脊椎動物が収集された化石骨にもとづいて復元されたのはこれが最初であった。その復元がおそらく物質的証拠（ライプニッツも見ようと思えば見られたはずの骨）ではなく文献に依拠していたということは、ここに含まれている最小の逆説ではない。無知でずぼらな「穴掘り人足」のせいでこの骨格は「砕かれて断片が取りだされ」、現在では「頭部についていた角と何本かの肋骨と脊柱」しか残っていないことを知っていても、ライプニッツはたぶんゲーリケの談話と記述にもとづいてこの動物の骨格を復元しようと努めた。それが不完全な骨格かもしれないということを（指摘してはいるが）あまり気にせず、ライプニッツはウマのもののような頭蓋骨と巨大な臼歯をもつ、二本足の驚くべき動物の姿をわれわれに提示する。伝統的・神話的な図像と、合理的と考えられた思考法が結合したこの表象において、ライプニッツの「一角獣」は語の本来の意味においてまさにキマイラである。

これらの頁におけるライプニッツの思考の方法は、一七世紀末の自然誌の特徴をさまざまな点で例示している。

解剖学的アプローチに、ゾウとシベリアのマンモスについての伝聞による知識や、証人の身分によって権威を与えられた証言を信用するという考えや、聖書の参照などが混ざり合っている。「われわれの地方で発見された一角獣の化石」は、石化したその遺骸が運ばれてきたことを証言し、それは化石ゾウの運搬と同様に、現在では乾燥している大陸をかつて覆っていた、大洪水の水の作用によって説明されるのである。

実際には、クヴェードリンブルクの発見を理解するのに必要な条件はすでにすべてそろっていた。ライプニッツは大地が誕生させる「独特の」化石をもはや信じていなかった。珍品奇物の収集家によって長い間保持されてきた（だがすでにかなり落ち目になっていた）、驚くべき効能のある一角獣の角という中世的な神話も信じてはいなかった。彼はイッカクの牙と陸生動物の角や牙を区別することができた。一角獣について述べた箇所の数段落前で、彼はゾウとマンモスに言及していたし、数行前ではクヴェードリンブルクの動物の遺骸が不完全であることを指摘していた。[55]だがライプニッツはゾウを見たことがなかったのだろう。またシベリアを旅行したヨーロッパ人の報告によって最近知られるようになった「ロシアのマンモス」は、依然として一角獣よりはるかに神話的な生き物であった。中世以来、一角獣は物語の中に存在し、タピストリーのモチーフとなり、珍品陳列室を飾っており、ヨーロッパ人の目と夢にとって親しいものであった。化石と地球の歴史に関する考察が証明しているように、合理性を希求する気持があったにもかかわらず、ライプニッツがその著作の挿絵の中に、二本の足と巨大な臼歯と一本の額角をもつ、この世に存在しそうもない動物の骨格を登場させたいと考えたのは、この啓蒙の時代の黎明期にあっては、奇想天外な動物寓話もまだ動物学にとって信頼に値する典拠だったからである。

4

あるゾウの鑑定——ロシアの「マモント」とゾウとノアの洪水

大地のモグラ、あるいは『ヨブ記』の獣●ピョートル大帝の勅令、「聖なる遺物」から交易品へ●博識の鉱山技師による「象牙」考●自然誌が聖書を立証する●化石の神学、ノアの洪水五月説●『百科全書』と地球の「革命」●奇蹟なき自然を記述する

東シベリアの氷原に雪解けの季節がくると、湾曲した巨大な牙が地面から顔をのぞかせることがある。たいていは単独で発見されるが、ときには頭蓋骨や全身骨格に付着している。それはわれわれの祖先がまだ石器を用いていた遠い昔に、この地域に住んでいた先史動物の遺骸である。水の流れに運ばれてきたその動物の骨は、大河の岸辺や河口に積み重なる。ロシアの平原のいくつかの場所やシベリアの極北の島では、それらは文字通り地面を覆っている。

肉も骨もほとんど無傷のまま、太古の時代から凍った大地の中に埋蔵されてきた動物の全身が、雪解けのおかげで地上に現われることもある。シベリアの「永久凍土」は、はるか昔に絶滅したこの動物の組織や器官を保存してきた。肉がまだ食べられることさえあり、この地の住民はときどきそれを食用に供する。数世紀前から、彼らは化石象牙を使ってあらゆる種類の装身具や日用品を作ってきた。しかし彼らは消費や交易のためだけにこの遺骸に関心を寄せたのではなかった。彼らが「マンモス」と呼んだ、生きた姿を見たことは一度もないこの不思議な動物は、少なくとも今世紀の中頃まで、彼らの聖なる動物寓話や神話の中で重要な役割を果たしてきた。[1]

シベリアのヤクート族は、マンモスは一種の巨大なネズミで、日の光を避けて地中に住み、巨大な角によって地下道を作り、通過するときには大地を揺らし地面を高く盛りあげると想像していた。光の中にでてくると死ぬので、その遺骸は川岸や河口の近くで発見される。ヤクート族の物語によれば、マンモスは水の精にして水の支配者であ

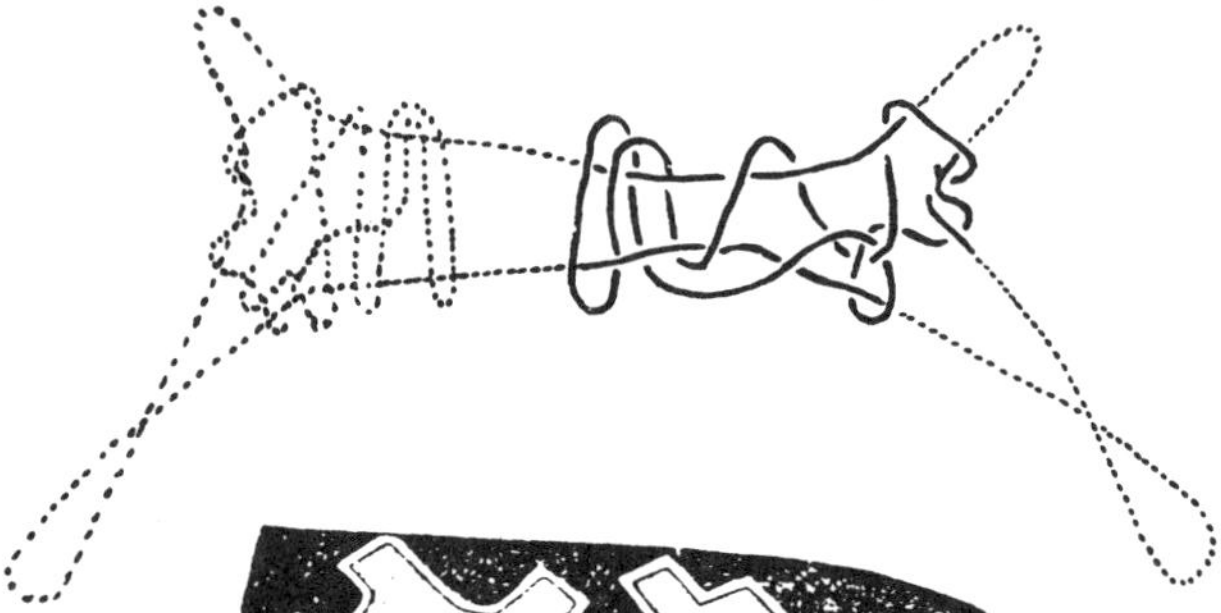

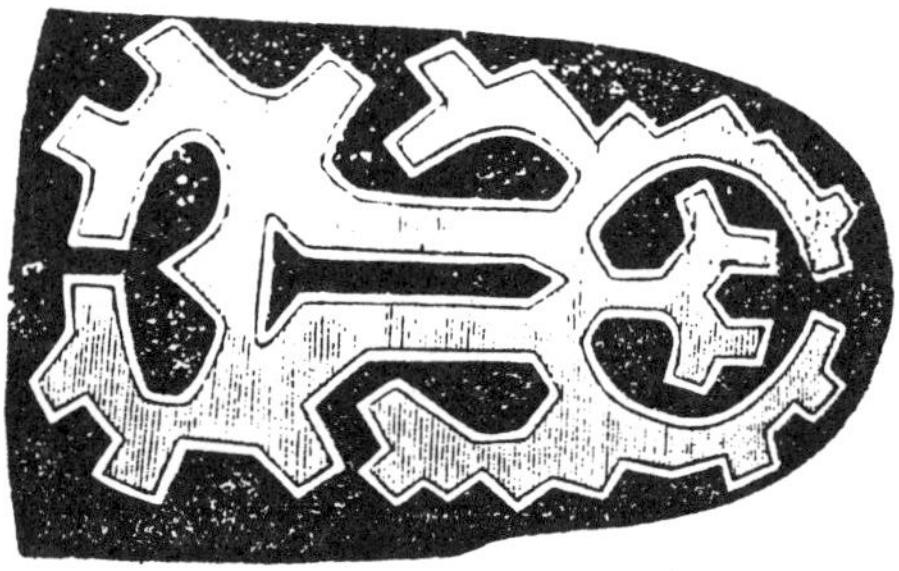

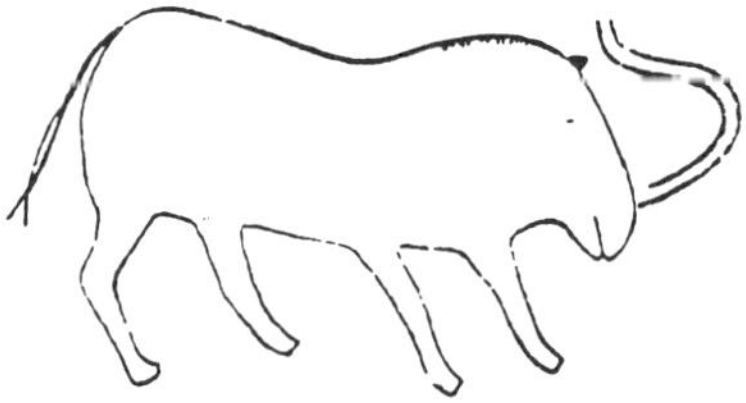

マンモスの図案的表現.
（上の２つ）アラスカにおいて，セイウチの牙に施された彫刻（Ⅰ，Ⅲ，Ⅳ，Ⅴ）と，
綾取りのパターン．アンドレ・ルロワ＝グーラン（1935年）による.
（下の２つ）シベリアにおいて，ハンティ族の刺繍の図案と，
ユカギール族およびハンティ族のデッサンとペンダント．イヴァノフ（1949年）による.

る。冬にはその角によって川の氷を割る。エヴェンキ族、セリクープ族、オスチャーク族、マンシ族はマンモスを水生動物と考えているが、それを巨大な鳥の姿に描いている他のシベリアの民族もある。

これらの民族において、マンモスの形象はシャーマニズム信仰の中にしっかり組み込まれている。シャーマンの衣装につける飾りには、現実のあるいは空想の動物が彫られているが、そのうちのいくつかはマンモスのシルエットを示している。地中で生活するこの「有角」動物は、シャーマンが霊力を行使する地下の霊の一員である。

ベーリング海峡の他方の側で、アラスカのエスキモーも氷原の動物に関する伝説と神話と儀式をもっていた。セイウチの牙の小板の上に彫られたいくつかの絵は、長い角とずんぐりした足をもった奇妙な四足動物を示しているが、それは「角」の先端がうしろを向いているときはアイベックスに、前を向いているときはトナカイに似ている。しかしアラスカにアイベックスはいないので、何人かの民族学者が「神話的なヤギ」を描いたものと考えてきたこの絵は、氷の中に保存されていたため体の輪郭が歪んでしまったマンモスを、目に映った通りに復元したものと解釈されねばならないだろう。この民族にとっても、マンモスは地下生物の王国と死者の世界の神話学に属していた。それはあらゆる種類の表現の中心にあり、たとえばここに掲げた「綾取り」は、指の間に張った細紐によってある動物のシルエットを作りだしているが、その腹部とどっしりした脚の形は、氷の中で凍結していたマンモスの輪郭を思い起こさせる。

北極圏の民族において、マンモスの化石はこのように図像、民話、物語、歌、儀式的な行為や遊戯、神話的表現や宗教的信仰など、数多くの表象の中に入り込んでいた。シベリアから中国や満州まで、ベーリング海峡からアラスカやバフィン島まで、事物やイメージが巡回し、伝説や民話が伝達され、そのおかげでこの別の時代の動物は人間の日常生活の中に場所を占めるに至ったのである。

大地のモグラ、あるいは『ヨブ記』の獣

マンモスという言葉が西欧の文献に初めて登場したのは、一六九二年、オランダ人ニコラース・ウィトセン（一六四一―一七一七）の『北東タタール』においてであった。[2]ウィトセンは北ロシアを踏破したとき、シベリアの川岸で発見された巨大な骨と歯を見る機会に恵まれた。その遺骸はシベリアに入植したロシア人によって「マモンテコスト」（ロシア語で「マモントの骨」の意）、動物そのものは「マモント」あるいは「マムート」と呼ばれていた。この名称の起源はどこにあるのだろうか。何人かの著述家は、ロシア人が崇拝する聖ママスの名前との混同を指摘している。ドイツのナチュラリスト、ペーター・ジーモン・パラス（一七四一―一八一一）は、フィン・ウゴル語派の二つの語根、つまり大地を意味する「マ」と、エストニア語でモグラを表わす「ムト」あるいは「ムイト」に言及した。すると「マモント」は「大地のモグラ」ということになるが、これは冗語であるし、エストニアはシベリアから遠く離れている。だがこの説は、シベリア人がマンモスに付与していた、地下で生活しときどき川岸に現われるという神話的生態に合致している。パラスが検討していたもう一つの語根は、タタールの方言で「大地」を意味すると彼が考えていた「ママ」という言葉だが、奇妙なことにこの語はどんな辞書にも載っていない。

語源に関するもう一つの伝承によれば、マンモスは旧約聖書の『ヨブ記』（第四〇章、一五節―一九節）に登場する巨大な獣ビヒモスに由来するということである。

思い浮かべるがよい、ビヒモスを。
彼はウシのように草を食む。
見よ、その腰に宿る力を
その腹の筋に宿る活力を。
彼はヒマラヤ杉のように尾をぴんと伸ばし
腿の腱はからみ合う。
その椎は青銅の管であり
その骨は錬鉄のように固い。

彼こそ神の作品の精華である。

この語源については、一六八五年に中国を横断したフランスのイエズス会士フィリップ・アヴリル神父（一六五四―九八）が言及しているが、おそらくこの言葉は一〇世紀か一一世紀に、すでにアラビア商人によってシベリアにもたらされていたのだろう。一八世紀初頭のロシアの探検家たちはこの語源に注意を促している。そのことは、当時自然誌と神学が強く結びついていたことを示唆している。

この名称の起源がどのようなものであれ、謎に満ちた「ロシアのマモント」は、一八世紀全体を通じて多くの問いと論争を引き起こすことになる。

ピョートル大帝の勅令、「聖なる遺物」から交易品へ

「皇帝陛下のご命令と絶対のご意志により、わたしはトボリスクにおもむき、［……］古代の物品、異教徒の偶像、マンモスの巨大な骨、カルムイク族やタタール族の古い写本など、シベリアの地で発見されるすべての珍しいものをもち帰るよう求められています。それらを集め次第、記載して絵を描き、あなたにお送りする所存です」。一七二〇年、ナチュラリストのダニエル・ゴトリープ・メッサーシュミットは、シベリアの長官チェルカスキ公に宛ててこう記している。[3]

一七一四年、新生ロシアの皇帝ピョートル大帝（一六七二―一七二五）は、西ヨーロッパ諸侯のそれを模した珍品陳列室を、サンクト・ペテルブルグに作ることにした。一七一八年には彼の「美術室」のために、「種々の風変わりなもの」を手に入れるようにという特別の命令が下された。その勅令は次のようなものであった。「地中あるいは水中で、古い物品、常ならぬ石、こんにちわれわれが知っている骨に似た、あるいは異常に大きいか異常に小さい、人間、動物、魚、鳥の骨を見つけた者は、誰であれそれを持参し、持参した物の価値に応じた報酬を受けとるべし」。

一七二五年、サンクト・ペテルブルグに科学アカデミーが創設されたのも、ピョートル大帝の発案によっていた。科学アカデミーは、ロシアの国土を学術的に探検する隊の編成に積極的な役割を果たした。隊の目的は、この広大な国土、とりわけ最遠の地の地理とそこの住人について知識を増大させ、その動物相と植物相を研究し、地下資源の一覧表を作成することであった。一七二二年に早くもピョートル大帝は、シベリアの原住民がマンモスと呼ぶ、謎の動物に関し調査を行なうことを特に命じていた。もしその動物の「角」が発見されたら、周辺で注意深くその完全な遺体を捜索し、サンクト・ペテルブルグに送付しなければならない。多くの探検隊が組織され遺物が収集されたが、一七二三年には「警察署長のナザル・コレチョフが、奇妙な動物の頭部をイルクーツクに持参させた。それは長さが三ピエ半、高さが二ピエで、二本の角と一つの臼歯がついていた。この遺物は帝国自然誌陳列室に、マモントの骨という名によって展示された[4]」。しかし多くの疑問が残っていた。生きた姿は誰も見たことがないのに、いたるところで骨や「角」が、ときには血の滴る肉さえ発見されるといわれているこの動物はいったい何なのか。

この動物が恐れと好奇心を交互に引き起こしたとするなら、その見事な「角」は激しい所有欲を目覚めさせた。シベリアの原住民は化石象牙を以前から利用しており、中国ははるか昔からシベリアの象牙を輸入していた。中央アジアやアラビアの商人との象牙の取り引きは、九世紀にすでに行なわれていたことが確かめられている[5]。一五七九年にロシア人がシベリアを征服すると、コサック、猟師、船乗り、ナチュラリスト、探検家といった多くの人間がシベリアの北極圏を探索し始めた。

最初の探検を行なったのはコサックや猟師たちであった。コサックは「コチャ」とか「チティク」とか呼ばれる原始的な船に乗り、西はレナ川の河口から東は太平洋まで、シベリアの北の海岸に沿って航海した。歴史はそのうちの何人かの名前をこんにちに伝えている。たとえば一六三一年から一六四二年にかけ、西のレナ川の河口から東のヤナ川の河口まで航海したエリセイ・ブザ、インディギルカ川の河口まで到達したミハイル・イヴァノフ、一六四四年にコリマ川にたどりついたスタドゥーヒン、そして一六四八年にコリマ川から北太平洋に注ぐアナディル川までの、海路を開くという栄誉を手中に収めた著名なデジニョフ。ブルダコフ、ニキフォル・マルギン、ヤコフ・ヴィアトゥカ、ペルミャコフなどの名前も挙げておかねばならない。これほどの遠征を試みる勇気を彼らに与えていたのは、「金羊毛」、すなわちクロテンの毛皮を手に入れたいという望みであった。だがしばらくするとこの資源は枯渇し、そのときマンモスの牙というもう一つの富の約束が出現したのだった。[6]

マンモスの遺骸が引き起こす「聖なる恐怖」が、化石象牙に対するロシアのコサックたちの関心を長い間制限していた。しかし一八世紀のはじめ、ピョートル大帝がたびたび勅令をだしたため、この動物のことがよく知られて不可思議さが減少すると同時に、化石象牙をヨーロッパ諸国と取り引きする真の可能性が開かれることになった。ドイツのナチュラリスト、ヨハン・ゲオルク・グメーリン（一七〇九―五五）はこう報告している。

マモントの骨を探すという口実のもとに、ヤクーツクのコサックたちは［シベリアへの］大旅行を企てた。一人には一頭のウマだけで足りたと思われるのに、実際には五頭か六頭が与えられ、彼らはそれに商品をたっぷりと背負わせた。このような援護に鼓舞され、彼らは全員がその骨を探しに行くことを望んだ。以前には、マモントの骨格や単にそう称されていたものも、誰も敢えて触れようとしない聖なる遺物であった。コサックたちはその不吉な遺骸を遠くから見ることとさえ恐れた。だが皇帝が彼らに命令を下して以来、いかなる理由によってであれその命令を実行しないなら、不敬罪を犯すことになってしまうと彼らは考えた。[7]

一八世紀の間に、シベリアの北の海岸に沿った島において、マンモスの骨の見つかる新たな場所が発見された。一七五〇年、リャーホフという名のヤクート族の商人が、ハタンガ湾とアナバル川の間にマンモスの骨で覆われた半島を発見した。さらに彼はヤクート族のエテリカンという人物から、スヴィヤトイ・ノス（「聖なる岬」）の北にマンモスの骨がもっと豊富にある島があると聞き、一七七〇年のある日、犬ぞりで出発してその諸島のうちの二つを探検したが、それらはのちに彼に敬意を表して大リャーホフ島・小リャーホフ島と名づけられた。一七七三年に船で到着した三番目の島、その島群の中で最大の島は、彼がそこに銅の鍋を置き忘れたためその後「鍋島」（コテリヌイ島）と命名された。リャーホフは自分の発見を政府に報告し、それらの島とこれから発見するかも知れぬ他の島において、マンモスの牙とホッキョクギツネの毛皮を取得する独占権を手に入れた。リャーホフ諸島からは、その後連続してマンモスの骨と牙が採取された。古生物学者のK・A・ヴォロソヴィッチが一九一〇年に、マンモスの完全な骨格を採集したのはその諸島においてである。その骨格は紆余曲折を経てパリの自然史博物館の引き出しの中に収まったが、[8] 一九五七年に古生物学者のイヴ・コパンによって引き出しの中から「発見」され、次いで彼の指示のもとで組み立てられて古生物学館の回廊に展示された（現在もそこにある）。

科学アカデミーが創設された一七二五年頃に、ヨーロッパはロシアの化石象牙を発見し、それ以後この貴重な物品はたえずヨーロッパの市場へと輸出された。一九世紀の中頃、ナチュラリストのアレクサンドル・ミッデンドルフ（一八一五—九四）は、それまでの二世紀の間に売られた牙の量を二〇〇トンと見積もったが、それは毎年一〇〇頭のマンモスから牙をとったことに相当する。

ピョートル大帝の鼓舞激励は経済的征服と科学的探究の双方に道を開き、多数の探検隊がシベリアに派遣された。そのような遠征に参加したナチュラリストの目的の一つは、マンモスに関する先人たちの説明の真偽を確かめることであった。

貴重な「角」はシベリアの最北の地域、特に島や海岸や大河の岸辺だけでなく、東ロシアの大平原のほとんどいたるところでも大量に発見された。一八世紀末にナチュラリストのペーター・ジーモン・パラスはこう記している。

> ドン川からチュコト半島の先端までのアジア・ロシアの全体において、その岸辺や河床でこの風土に異質であるゾウなどの動物の骨が発見されない大小の川、特に平原を流れる川というものはまったく存在しない。し

かし片岩質の始原山地や山脈には、そのような骨や海生生物の石化物は欠けている。それに対し山麓や泥質・砂質の大平原では、川や小川に浸食された箇所のいたるところでそれが見られる。このことは、平原の残りの部分を同様に掘ることができれば、そこでもそれらが発見されるということを示唆している。[9]

一六九二年からロシアと中国を踏破したドイツの旅行家イスブランツ・イーデスは、肉がそっくりついたまま氷の中に保存されていた、マンモスの頭部と脚が発見されたことに言及している。

わたしとともに中国を訪れた一人の旅行家は、毎年マンモスの牙を探しにでかけているということだが、あるとき凍土の塊の中で、その動物の頭部全体を発見したと語っていた。その肉は腐敗し、牙はゾウの牙と同様に鼻面から外に突きでていた。彼と仲間たちは、牙と頭部の骨や、なかでもまだ血に染まっているように見える首の骨をやっとのことで掘りだした。また同じ土の塊の中をもっと探すと、途方もない大きさの凍った脚が見つかったので、彼はそれをトラガンの町にもっていった。この旅行家の話では、その脚の周囲の長さは太った男の腹囲ほどもあったそうである。[10]

ヨハン・ベルンハルド・ミュラー大尉のような他の証人は、並外れた掘り出し物のことをこう語っている。「マモントの高さは八から一〇ピエ、長さはおよそ一八ピエ、色は灰色で、長い頭、広い額、動かすことも交差させることもできる二本の角を目の上にもっている。歩くと歩幅は非常に広いが、狭い空間に閉じこもることもできる。脚はクマの脚のように太い[11]」。

一八世紀前半に自分自身もシベリアを踏破したグメーリンにとって、これらのことはすべて作り話にすぎなかった。「まだ血のついた遺骸を発見したと人々は述べている。この話はイスブランツ・イーデスによってもたらされ、その後ミュラーや他の者たちがそれを真実であるかのように繰り返している。作り話は語られることによって増大

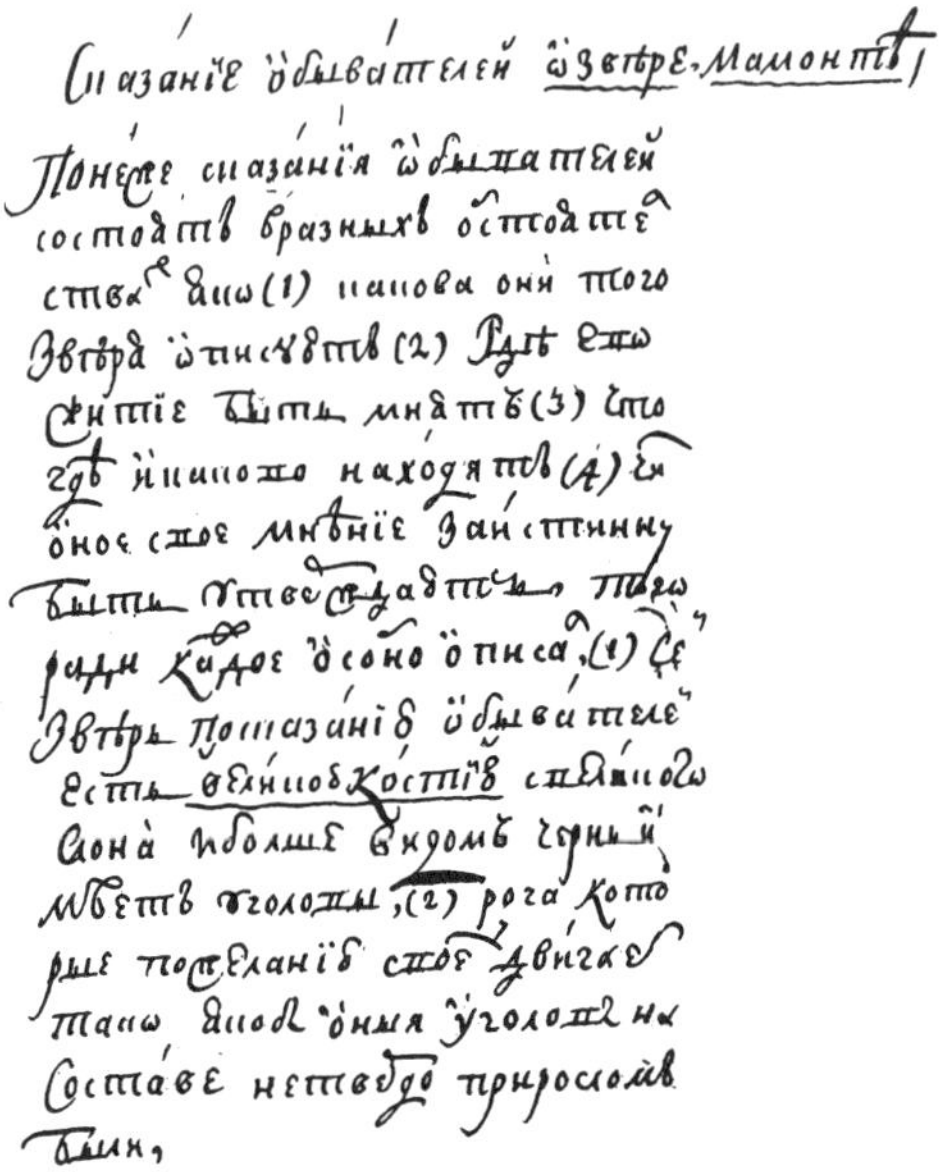

シベリアの動物「マモント」に関するシベリア原住民の物語を報告する，ヴァシリイ・タチーシチェフの手稿（1722年頃）．
表題のマンモスという言葉に下線が引かれている．
（サンクト・ペテルブルグ科学アカデミー古文書館）

する。血のついたこの骨はシベリアの地下に住むマモントという動物のものであると人々は付け加えた。土砂崩れによって生き埋めにされたため、いまでも血のついた骨が見つかるということだ」。グメーリンは次のように結論する。「イスブランツ・イーデスは、生きたマンモスを見たと彼に語れる人間は一人もいなかったと率直に告白している。この点で、人を驚かすようなものは何もないのである。この動物はセイレンやフェニックスやグリフォンの同類と考えなければならない」[12]。シベリアの伝説に対して懐疑的態度をとるグメーリンは、血のついた遺骸を見たと証言する人々を「軽信家」と決めつけている。もしもその動物が現在も生存しているなら、誰かがそれを見かけたはずであるし、もはやその地域に生存していないなら、新鮮な肉などではなく乾燥した骨しか発見できないはずである。このようにこの高名なマンモスは多くの謎を育てていたのである。

博識の鉱山技師による「象牙」考

一七二〇年、ヴァシリイ・ニキチッチ・タチーシチェフ（一六八六―一七五〇）という名のロシア人鉱山技師に率いられてある探検隊が出発した。その任務はシベリア、特にツングース地方において銀と銅の鉱石を発見することであった。タチーシチェフはロシアの鉱山管理官かつオレンブルグ地方の知事をつとめていたが、一八世紀の人間の常として好奇心が強く、正真正銘の博識の持ち主であった。彼の情熱の対象は地理学、歴史学、数学、地形学、考古学、言語学に及んでいた。ピョートル大帝の対スウェーデン戦争に若き兵士として参加し、その後ロシアの考古学的遺跡や古美術品の収集に関心を抱くようになった。シベリアに滞在していた間は、珍品奇物や化石の発見に関する書簡や論文をしばしばサンクト・ペテルブルグのアカデミーに送っていた。彼は国土の地理を研究するため、質問表を作成してロシアの種々の地域に送付したが、その中で「地下の石化物」を収集することの重要性に言及している。一七二五年、タチーシチェフはロシア人が「マモント」と呼んでいる動物の骨についての書簡を、スウェーデンのある雑誌にラテン語で発表した[13]。その内容は一七三〇年にロシア語で公刊された著作の中で再説されている[14]。

彼はまず発見の状況を非常に正確に記述することに努める。「この動物の骨を偶然に見つけたのは漁師や狩人である。その場所は特に北部の地域と、ツングース、ヤクート、ダウル、オブダル、ウドル、コンドル、ウゴル地方の、水が岸辺にあふれ土砂崩れが起きた川の近くである。そこではこの骨が、堆積物の中の深さ二から二〇サージェン［一サージェン＝二・一三メートル］のところにまだ埋まっていたり、岸辺の近くや水の中に横たわっていたりするのが見られる[15]」。

タチーシチェフは、かの有名な象牙質の「角」は単独ではなく、頭蓋骨・椎骨・肋骨・脛骨とともに発見されること、それらの骨が収集されないのは役に立たないからであることを指摘する。「角」にはさまざまな大きさのものがある。「あるものは小さく、長さは一アルシン［七一センチメートル］を少し越える程度、太さは基部で一ヴェルショーク［四・四センチメートル］である。他のものは長さが約四アルシン、太さが五ヴェルショークかそれ以上ある。最大の角の重さは七プード［一プード＝一六・三八キログラム］である」。その状態と色もさまざまであり、あるものは非常に新鮮で固く、他のものはすでに腐敗しており、また一方では無傷で白いかと思えば、他方では虫に食われ黄ばんでいたり黒ずんでいたりする。彼の記述は当時すでに一般的となっていた「象牙の狩人たち」の知識にもとづいていた。「これらの骨は曲がっていて重く、発見される場所にはたいてい水路もなく車を引く動物もいないため、遠くの居住地までそのままもって行くのは困難である。そこで輪切りにし、それを旋盤工や、彫刻師や、高値で売れる中国と取り引きしている商人たちに売るために運搬する。またかなりの量がモスクワに送られている[16]」。

タチーシチェフはシベリアの原住民が語るマンモスについての伝説にも触れている。それによればマンモスはゾウと同じくらいの大きさか、それより少し大きな動物で、色は黒、「まるでしっかり付着していないかのように、思いのままに動かすことのできる二本の角を頭の上にもっている」。さらにシベリア人たちによれば「この動物は常に地下に住んでいる。角を使って道を作り、土をどけながら移動するが、光のあたるところには決してでられない。たまたま地表のすぐ近くにきて空気を吸い込むと死んでしまう。食べ物は土以外のものではないだろうと想像されている。人間と同じ領域に住むことができず、人間を避けるために不毛の場所で暮らすのだと考える者もいる[17]」。

このような話をどれほど信用すればよいのだろうか。その動物は本当に存在しているのか。原住民の伝説を退け、もっと合理的な説明を採るべきであろうか、それとも伝説の中にもなんらかの真実があるのだろうか。タチーシチェフの指摘によれば、たしかにこの動物の角がよい保存状態で収集されることもある。「山腹から角を引き抜いた際に、血が流れるのを見たと語る者たちもいる。そこで彼らはその角をもっていた動物は、そのとき生きていたか、ほんの少し前に死んだのであると結論した[18]」。だがこの遺物の外見は非常に多様である。腐敗した角はずっと以前に死んだ動物に由来するはずであり、新鮮でときには血のついた遺物はもっと最近に死んだ動物のものだったと考えられる。その動物が地下で生活しそこを歩きまわるとする伝説についていえば、ともかくそれはありえないことではない。地下動物というものは実際に存在する。あるものは盲目で地表にでると死んでしまうが、他のものはマーモットやケナガイタチやモグラのように、地下とときには地上を移動する。

結局のところこの動物の本性はどのようなものなのか。外見と湾曲の程度からすれば、その角はウシのものなのかもしれない。それともある種の人々が主張するようにそれはゾウの牙なのだろうか。「ゾウは寒さのため死んでしまうので、特殊な毛がなければこれほどの緯度まで入り込むことはできない。［……］またこの動物が実際にこの地域に住みついていたとするなら、人間がたった一度でもそれを目撃したことがないなどということは考えられない。［……］またその場合、どうしてその骨はこれほど地中深くに埋められているのか」[19]。

いくつかの仮説が最近提案された。たとえばスウェーデンのある著述家の少々空想的な次のような仮説。「シベリアの古い民族である［……］オスチャーク族、ヴォチャーク族、ツングース族などは、イスラエルの一〇世代あとの子孫である。［……］ユダヤ人は焼けつくような砂漠を横断したとき、たくさんのゾウを連れていた。北の地方に到達したときそのゾウは寒さのため死に、長い年月の間に遺骸が地中深く入り込んだのである」[20]。他の者たちは、アレクサンドロス大王（前三五六—前三二三）はシベリアへ戦争をしにきたとき多数のゾウを引き連れていたが、その後そのうちの多くが地中に埋められ、現在その場所で発見されるのだと主張した。また別の解釈によれば、戦争のときゾウをこの地に連れて来たのは中国人である。だがわれらの慎重な技師タチーシチェフは、この問題に関するすべての写本は失われてしまったので、歴史的証拠が欠けていると付け加えている。

タチーシチェフがもちだすもう一つの説明は、それらのゾウの遺骸は現在この動物が生息している暑い地域からシベリアまで、ノアの洪水の水によって運ばれ、その後地震のせいで地下深くに埋葬されたというものである。ノアの洪水という聖書の中のエピソードを考慮したこの仮説は、一八世紀初頭からしばしば援用されており、イスブランツ・イーデス[21]、グメーリン、パラスが提唱したものでもあった。しかしこのゾウがノアの洪水によって運ばれたのなら、なぜある骨は新鮮で、他の骨は腐敗していたり石化していたりするのか。タチーシチェフは慎重に結論を下す。「現在のところいくつかの基本的知識が疑わしいままであり、もっと確実な知識を差しだすことがわれわれにできないにしても、われわれはそれが賢明な読者の熟考を促し、このマンモスの骨がさらに収集され研究されるあかつきには、この問題に光明が投げかけられることを期待するものである」[22]。

自然誌が聖書を立証する

もう一つの重要なシベリア探検は、ドイツの医学博士ダニエル・ゴトリープ・メッサーシュミット（一六八五―一七三〇）に率いられたものであり、これも一七二〇年に始められ七年間続いた。メッサーシュミットは地理学者、ナチュラリスト、医師であり、薬用植物や流行病を研究していた。彼はシベリアの諸民族の生活と文化や、古代の遺跡や、この遠征の間に出会うすべての珍しいものを記述しようと努めた。このシベリア旅行の未刊の日記とノート全七巻は、サンクト・ペテルブルグの科学アカデミー古文書館に保管されている。シベリアを旅行した他の者と同様に、メッサーシュミットもすぐに例の「マモントの骨」に注目した。一七二三年、彼は皇帝の命令に従い、補佐官の一人イヴァン・トルストウホフ宛てに次のような指令書をしたためた。「マンモスの角を見つけたら、きわめて注意深く調査を行ない、骨は無傷のまま、この動物の四肢の最後の一本にいたるまで集められねばならない」。

一七二二年、メッサーシュミットはシベリアから、ダンツィヒにいる友人のドイツ人解剖学者ヨハン・フィリップ・ブライネ（一六八〇―一七六四）に、ラテン語による短い覚え書を添えて「マンモスという動物」の二本の歯を送った。「一つはトミ川の近くの山の頂上で発見された未知の動物、ロシア人たちのいうマンモス（ゾウでないとしたらですが。それをあなたに判定していただきたいのです）の大洪水期のものと思われる臼歯。もう一つはトミの山で他のものとともに発見された、ゾウの突き出た歯によく似た象牙質の歯の断片[23]」である。

この遺物を丹念に調べたブライネは、「地中で発見されるマンモスの歯と骨」についての自己の見解を、一七二八年のダンツィヒの学会で発表した。検討した第一の歯は臼歯で、「幅は一ピエ、長さは半ピエ、厚さは三プス、重さは八リーヴル三オンスで、二つに割れ、根の先端が傷んでいるほかはほぼ完全であった」。第二の歯は「長さ八プス、厚さ三プス、重さ一リーヴル六オンスの突き出た歯の断片である。ある箇所では象牙に似ているが、別の箇所では普通の化石一角のように石灰化している[24]」。

メッサーシュミットが送ってきた遺物の調査から、ブライネはそれがゾウの歯であることを結論する。「そうした歯は主として北シベリアの、エニセイ、トゥルガウ、モンガム、レナのような北極海に注ぐ川の近くで、氷が川岸を砕き、近くの山腹が崩れたときに発見される。その量は非常に多いので、交易の要求も皇帝の独占欲も満たすことができる」。ほとんど完全な骨格が発見されることもあるが、歯と骨は常に同じ大きさであるとは限らない。ときには非常に大きく、いくつかの「臼状の歯」はミュラー大尉によれば二〇から二四リーヴルの重さがあったそうである。「突き出た歯」についていうなら、イスブランツ・イーデスの言ではそのうちの二つの重さは四〇〇リーヴルだが、他のものはもっと軽かったということである。またこの「突き出た歯」は箱や櫛などさまざまなものを作るのに用いられる。「それはあらゆる点で象牙に似ているが、それより少しもろく、風雨にあてたり熱を加えたりすると容易に黄色くなる」とブライネは付け加えている。[25]

このような観察と遺物の直接の調査から、ブライネは二つの主要な結論を導く。

一　このマンモスの歯と骨は、外形や比率だけでなく内部の構造においても動物の自然の歯と骨に類似しているので、かつて生きていた非常に大きな動物のものであることに間違いはない。

二　その大きな動物がゾウであったことは、歯の形や構造や大きさがゾウの臼歯と牙に正確に対応していることから明らかである。[26]

ブライネの結論は、ロンドンの王立協会の会長ハンス・スローン（一六六〇―一七五三）が、前年この権威ある学会とパリの科学アカデミーで発表した結論に一致していた。[27]

一七三〇年、シベリア探検からダンツィヒに戻ったメッサーシュミットは、ある骨格のさまざまな部分、すなわち「シベリアで発見される、一般にマンモスと呼ばれている動物のものである、非常に大きな頭蓋骨と、突き出た歯および臼歯と、大腿骨」を描いた一連の素描をブライネに託した。その図版（一一四頁を参照）には、正面からと左右から見た頭蓋骨、臼歯、牙、大腿骨が描かれ、ラテン語による注釈がこの遺物の大きさを明らかにし、その形態を詳細に記述している。上顎の歯槽の中に臼歯がまだしっかり埋め込まれていた事実は、「この骨格がラビた

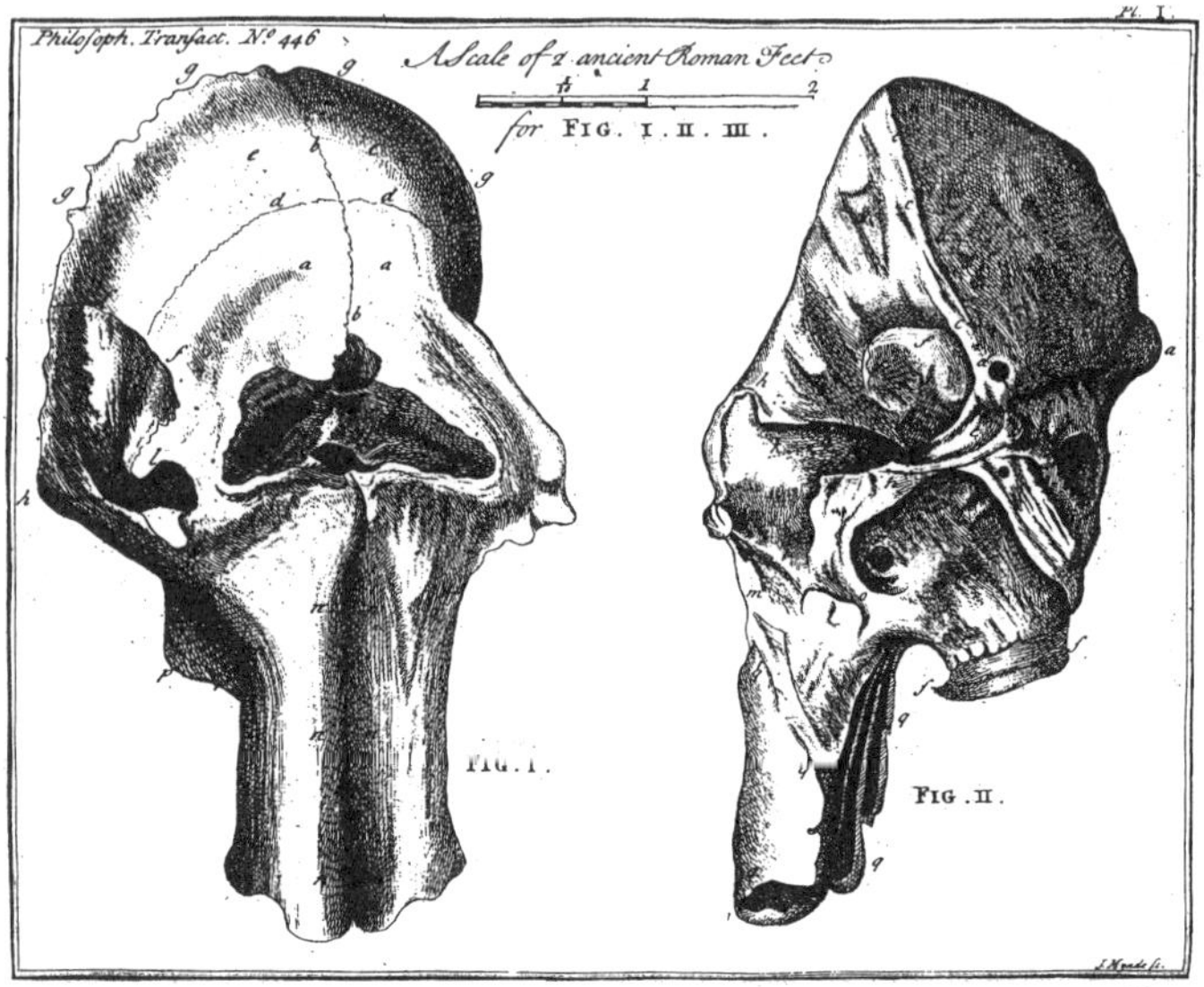

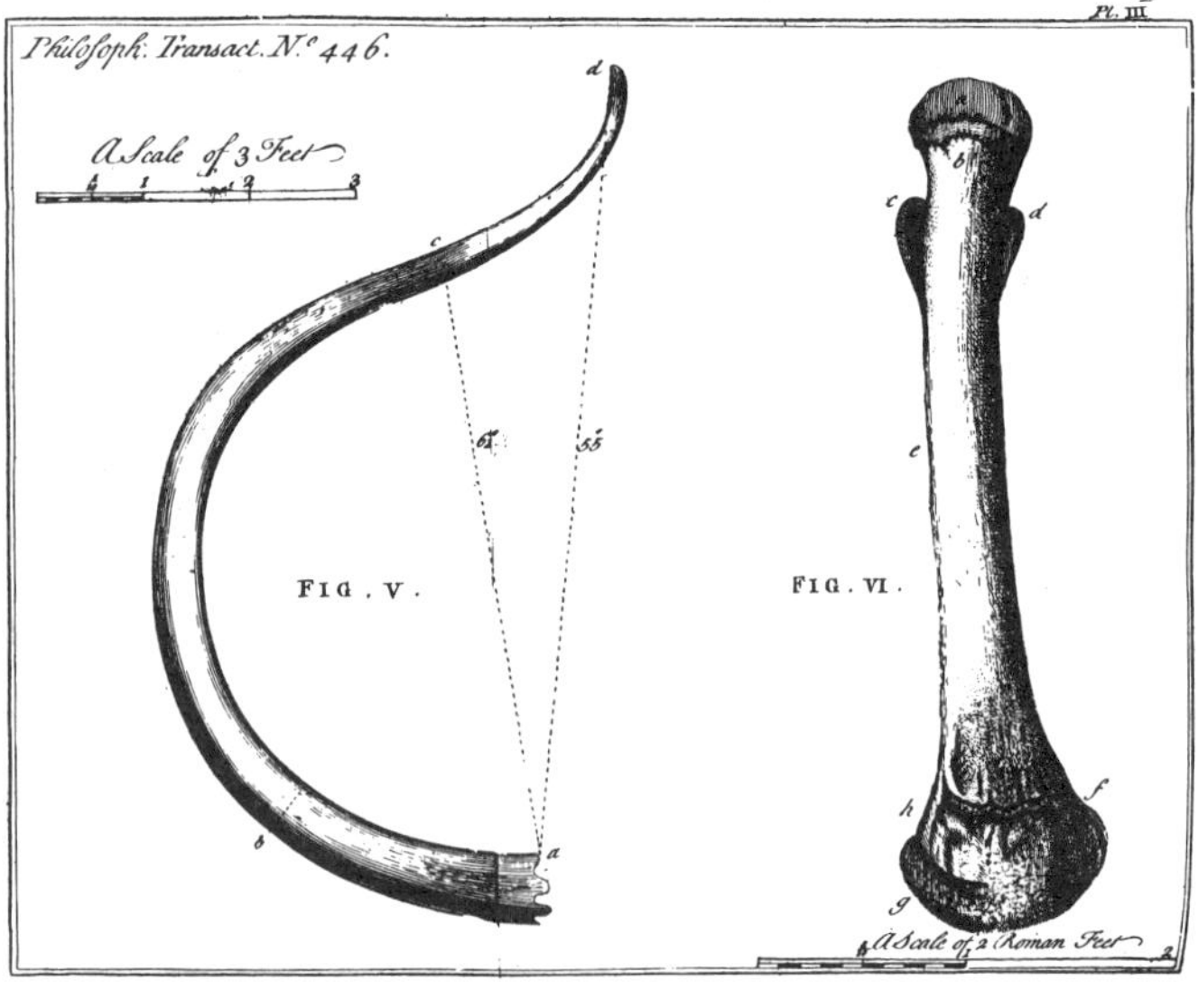

ロシアのマンモスの頭蓋骨と牙と大腿骨．ドイツのナチュラリスト，メッサーシュミットによるこのデッサンが，
1741年にロンドン王立協会の『フィロソフィカル・トランザクションズ』に掲載された．

これはマンモスを一種のゾウと見なす，18世紀の「公式」文書と考えることができる．

頭蓋骨の絵は，キュヴィエが初めて行なった，マンモスと現生のゾウの比較研究（1796年）に影響を与えた．

（158頁を参照）

ちの空想的なビヒモスではなくゾウのものである」ことのかなり確かな証拠である。それでもメッサーシュミットの素描には、毛に覆われた皮膚の断片が発見されたことを報告する、ミハイル・ヴォロショヴィッチという人物による次のような調書が添えられていた。

その頭部はヴォロコヴォイ＝ルツェイ川の河口からそれほど離れていない、インディギルカ川の東岸で、ヴァシリイ・エルロフという名のロシア兵士によって発見された。その発見のあと、暇があったわたしはそこにいて、骨格を掘りだす作業の目撃証人になった。さらに同じ川のスタノイヤールという名の別の岸辺で、わたしは砂丘の斜面からはみでている腐敗した皮膚の断片を見た。それはかなり大きく、とても厚く、密生した褐色の長毛に覆われており、ヤギの毛にいくらか似ていた。だがその皮膚はヤギのものではなくビヒモスのものと思われた。というのもわたしには、それをわたしの知っている動物のものとすることはまったくできなかったからである。［……］イルクーツクにて。一七二四年二月一〇日。ミハイル・ヴォロショヴィッチ記す。[28]

一七三八年、王立協会の通信会員になっていたブライネは、シベリアのマンモスの問題、すなわち「シベリアのきわめて注目すべき特別の珍品であるマンモスの歯と骨」に関する資料ひと揃いをスローンに送付した。一七四一年の『フィロソフィカル・トランザクションズ』に発表されたこのひと揃いの関係書類は、数十年前からロシアで蓄積されてきた知識を総合するものであった。それはマンモスの遺骸がゾウのものであるという説を裏づける種々の直接の証拠を初めてもたらし、およそ六〇年後にキュヴィエがそれを再検討するまでは、かの有名な「シベリアのマンモス」の公式の鑑定証と見なされた。

ブライネの論文によって、シベリアの住人が象牙細工の材料とする「ロシアのマンモス」の歯だけでなく、西ヨーロッパの国々の地中で発見される「化石象牙」の断片も身元が確認されることとなった。[29]一般に採用された結論は、それらの遺物はノアの洪水によってその場所に運ばれ置き去りにされたというものであった。

このようなゾウの歯と骨は、大洪水の波浪と風以外のものによってそこに運ばれてきたのではない。それらは水がもとの貯水所に戻ったあとそこに残され、高山の頂上付近ということさえある地中に埋められたのである。またわれわれは、この地方で起きた途方もない洪水としてはモーセが記述したノアの世界的洪水以外のものを知らないので、この奇妙な現象の原因がその洪水にあるということはきわめて可能性が高いだろう。したがって聖書が自然誌を証明するのに役立つのみならず、ノアの洪水は世界的なものであったという、多くの者が疑念を表明している聖書の中の真実が、自然誌によって証明されるのでもある[30]。

このように一八世紀の最初の数十年間に、アイルランド、イギリス、イタリア、ドイツ、ポーランド、シベリアといった遠く離れた国々にゾウの遺骸が存在するという事実は、聖書の語る大洪水が世界的なものであったことの「自然的」証拠となったのである。

化石の神学、ノアの洪水五月説

ノアの洪水のエピソードは、山に化石貝殻が存在することを特に説明するために、中世の頃から援用されていた。このような説明の仕方は、一七世紀の最後の数十年間に、はじめはイギリスにおいて、次にフランスとスイスにおいて非常に流行した。地中で発見される動植物の化石は、聖書の記述に確証を与える「大洪水の証人」として引き合いにだされた。一六六八年に化石のことを「大洪水のメダル」と初めて呼んだのがイギリス人のロバート・フック（一六三五―一七〇三）である。

デカルトの地球形成論[31]にヒントを得たイギリスの「洪水論者」たちは、デカルトの説の各段階と聖書が語るエピソードを一致させることにより、前者に現実性を付与しようと努めた。そのような「洪水論者」の中で最も著名なのが英国国教会の司祭トマス・バーネット（一六三五―一七一五）である。彼は『地球の聖なる理論』において、原初の地球はすべての元素が混合した液状の塊であり、それが始原のカオスであったと述べる[32]。次いで重力の影響により元素が分離し、最も重いものは中心に堆積して固い核を形成し、そのまわりを水の層が囲み、水の層自身も油膜に覆われる。空中に漂っていた粒子は油膜の上に積もり、水の上に滑らかで一様な泥質の殻を形づくる。これがエデンの地、山のまったく存在しない平坦な大地である。その後太陽に熱せられて地殻が裂けると、「大いなる深淵」から水が噴きだし、それに滝のように降る雨が加わる。この「大異変」(この地球の歴史における唯一の現実的「出来事」)は、聖書の中の世界的大洪水と同一視され、自然現象であると同時に神罰であると見なされる。やがて水が「本来の居場所である空洞と貯水所の中に」引いてしまうと、現在の地球の起伏を構成する崩壊した地殻の残骸があらわになる。それ以来砕かれた地殻が不安定になったため、有史時代に陥没や地震がしばしば発生する。このように、バーネットにとって現在の地球は混沌とした瓦礫の集積であった。現在の地形の起源という問題が彼の心の中に誕生したのは、こんにちの山の無秩序、特にイタリア旅行の際にアルプスやアペニンの荒々しい起伏を目の当たりにしたからであった。

合理的(デカルト的)アプローチと経験的観察を結合させ、護教のために利用しようとするこのような体系は、当時のナチュラリストの間で大成功を収めた。世紀が移り変わるこの頃には、他の「地球の理論」もバーネットのものをモデルとして作られた。『創世記』の物語を合理主義的視点から再解釈しながら、それらはノアの洪水を地球の歴史の主要な出来事に変貌させた。バーネットの系列につながる「洪水論者」は多くがプロテスタントで、イギリス人ではジョン・ウッドワード(一六六五―一七二八)とウィリアム・ウィストン(一六六七―一七五二)、スイス人ではJ・J・ショイヒツァーとルイ・ブルゲ、またもっとのちのエリ・ベルトランとジャン＝アンドレ・ドゥリュック(一七二七―一八一七)の名も挙げることができる。彼らは地球の「廃墟のような」光景は破局的な洪水の結果として、化石は「大洪水の遺物」として説明した。

チューリヒの医師ヨハン・ヤコブ・ショイヒツァー(一六七二―一七三三)の『神聖自然学』は、このような考え方の特に完成された例と見なすことができる[33]。ショイヒツァーはまず第一に収集家であった。エーニンゲンの第三紀の地層から掘りだされた、見事に保存された化石遺骸を多数所有し、彼のコレクションと陳列室は全ヨーロッパで有名であった。だがショイヒツァーは自分を「思想家」、神学者、そして自然誌とニュートン（一六四二―一七二七）の自然学に通じた科学者でもあると考えていた。彼は自然誌を使って聖書の叙述が真実であることを証明し、自然学と神学を和解させる必要のあることを感じていた。彼がめざしたのは、聖書について文献学的・神学的なだけでなく、科学的でもある注釈を行なうことであった。「聖書の事物と自然の事物」双方に突き動かされていたショイヒツァーは、自然の科学が提供する新たな照明によって、「われわれの聖なる書物のいくつかの側面にわずかなりとも光を投げかける」つもりでいた。神の奇蹟を科学的に説明することが必要だからなのではない。世界の創造やノアの洪水は予定されていたという意味で神の意志に依存する出来事である。だが通常の自然現象は合理的な説明が可能である。一八世紀初頭のある種のナチュラリストが行なっていた科学的知識と宗教的解釈の分離に対し、ショイヒツァーはそれらが両立することを主張する。「わたしが公にした他の著作から明らかなように、わたしは以前から、自然学や数学や医学においてなされた発見を、単に興味深いとか日々の生活に有用であるとか考えるのではなく、それを礼拝や信仰に活用し、それがわれわれにもたらす思想を聖別し、精神の糧としてだけでなく、意志や心の糧としても役立てねばならないと確信してきた[34]」。

　科学の光によって聖書を照らしだすこと、それがこの「神聖自然学」の要点である。理性の領域に属する事柄については、（ベーコンを引用しながら主張するように）「教父の見解」から離れなければならないことがあるとしても、「啓示は理性を決して排除しない」とショイヒツァーは述べる。真の信仰をもつ者にとって、科学的態度はそれが「創造と摂理の成果のたゆみない観想」を可能にするという点で正しいとされる。「昆虫の神学」を唱えたルネ＝アントワーヌ・レオミュール（一六八三―一七五七）やプリュシュ神父（一六八八―一七六一）と同様に、またこの一八世紀のはじめに、ナチュラリストの仕事は神の思慮と知性に感嘆することにあると考えたすべての者と同様に、ショイヒツァーは自然現象への神学的なアプローチ、とりわけ「化石の神学」を提案する。

　化石は聖書が語る歴史の考古学的証言、「大洪水の遺物」であった。地中から掘りだされた珍品、化石化した植物・骨・貝殻、これらすべての「創造の驚異」は聖書が記す物語に直接関係している。「これらはノアの洪水のときに地層の中に埋められた原物そのものである」[35]。ショイヒツァーの陳列室（特にエーニンゲンの片岩の中から取りだされた化石の有名なコレクション）は「驚異の事物」と珍品の宝庫だが、科学的および神学的真実を証明するのに役立つ聖遺物箱でもある。なぜなら化石遺骸というこれらの「遺物」は、聖なる書物の中で語られた古代の歴史の証人、文字通り「聖遺物」と呼びうるものだからである。それらは聖書に記された古代の事物の聖なる性格を受け継いでいるのである。

たしかに洪水説だけが動物の遺骸の存在を、「地層の中やときには岩石の中に埋められている完全な骨」の存在を説明できる。しかも陸生動物だけでなく海生動物の遺骸も発見されている。「世界的洪水によるのでないとしたら、どうしてこのような動物、特に海の魚が、海から遠く離れた場所で、さらにスイスの山のような非常な高山の内部で発見されるのか」[36]。

大洪水の「聖遺物」を紹介するために、ショイヒツァーは彼の珍品陳列室の中の細かく分類された化石を列挙する。彼の著作はまず何よりも事物の目録、標本の間の散策であり、その標本は短い序言において番号をつけられ、記載され、提示され、著作の「哲学的」（あるいは神学＝科学的）中心命題に関連づけられている。このコレクションの訪問は「植物界に属する」標本から始められる。「ここでは大地を掘り返したときにさまざまな地層の中で発見される、石の中に刻まれた木や葉や実や植物全体を見ることができる」。

『大洪水植物標本集』においてショイヒツァーは動植物の化石を提示するが[37]、特にオオムギの穂の成熟度から判断するとノアの洪水は五月に起こったらしいということになる。このコレクションの最大の部分は、魚や貝などの海生動物の遺骸によって構成されている。ただそこではワニやクサリヘビの遺骸も、「エーニンゲンの採石場からでた粘板岩の中に完全な形で刻印された［……］鳥の尾羽」も見ることができる。そのような痕跡の希少性を強調しながら、ショイヒツァーは話題を再び洪水説に戻す。彼の説明によれば、「鳥類は軽い」ため、容易に理解できるように「それらの遺骸は大洪水の遺物の中にほんのわずかしか、あるいはほとんど残っていない」。同様に化石化した昆虫は好事家の陳列室の中にきわめて稀にしかないが、ショイヒツァーは「エーニンゲンの粘板岩の中のエンマムシ」や「ヴェローナ地方のトンボ」を所有しているし、彼の陳列室では「ゾウの臼歯すなわち奥歯」と「地中で発見された他のいくつかの四足動物の歯」も見ることができる。最後にショイヒツァーは何よりも貴重な標本であるかの有名な「ノアの洪水の証人」。「その罪のため他の多くの無辜の民が犠牲になった、あの世界的破壊の主要な責任者である」者たちのうちの一人の骨格を所有している。この「ホモ・ディルヴィイ・テスティス」（大洪水を目撃した人間）は、およそ一世紀後に、キュヴィエによって巨大なサンショウウオの遺骸と確認されるに至るのだが。

ショイヒツァーにとって、化石種を正確に命名し、それを現生種の同類であると鑑定することは、ナチュラリストおよび護教論者としてなすべき務めであった。現在それに似たものがいないように見える種についていうなら、その種は海の底に、われわれの目を逃れてはいるが確かに存在すると考えなければならない。「アメンの角は、海の歴史においてそれに似たものをほとんど見ることができない貝であるが、われわれが地中から取りだす非常に多彩な貝と同じ種が、海底に生存することに疑う余地はない。だが海の底にいる貝は、激しい嵐に遭遇しても岸辺に投げ上げられることはないのである[38]」。

ショイヒツァーの考えでは、世界のはじまりの頃に生存していた生物は現在も生存し、その頃生存していなかった生物は現在も生存していないはずである。われわれの地方で発見される「外国産の」種の化石は、ノアの洪水が全地球を覆っていたときその水によって運ばれてきたのだろう。したがって洪水説の役割は、大地の内部に化石が存在することだけでなく、きわめて遠い場所にそれが運ばれてきたことをも説明することにあるのである。

『百科全書』と地球の「革命」

西ヨーロッパでは一八世紀の中頃までに、化石象牙は薬品から、櫛や「サーベルやナイフの柄、箱[39]」を作る美術工芸にとっての貴重な材料になった。一七六二年、スイスの牧師エリ・ベルトラン（一七一三―九七）は、『化石万

ショイヒツァーによる大洪水後の地球（『神聖自然学』，第1巻，1732年）．現在の山の激しい起伏と，その中に化石が存在することは，大洪水が原因であると考えられていた．（写真，フランス国立図書館，パリ）

有事典』において「化石象牙」に関する当時の知識を集大成した。[40] 彼はまだ「化石一角」という用語を使用しているが、実際はロシア人のいう「モモトヴァコスト」、当時すでに一般に用いられていたと思われる用語の方を好んでいた。「モモトヴァコスト」、すなわちマンモスの骨は、ほとんどはシベリアで、「特にレナ、エニセイ、オビなどの川の岸辺で」発見されるが、スイスの「バーゼル州」でも見つけられている。ベルトランによればこの化石象牙は天然象牙と同様に、ゾウに、正確に言えばゾウの「臼歯と切歯」に、メスには牙がないのでおそらくオスの「臼歯と切歯」に由来すると思われる。ときには「顎の歯槽にまだ付着した」歯が発見されることさえある。この貴重な材料を取り引きしている多くの人々の知識を参照しながら、ベルトランは「化石象牙と天然象牙の間に観察される相違」を次のように記す。

一　化石象牙は黄色だったり灰色だったり、白っぽかったり緑がかったりしている薄い被膜に覆われている。
二　内部は白いが所々に黒い斑点がある。
三　アーモンドミルクに似た匂いがする。
四　白亜の味がする。
五　内部も表面と同様に固い。
六　容易に葉状あるいは薄片状に割れる。
七　水に漬けると泡が大量にでてくる。泥灰土や陶土のように舌にくっつく。[41]

だが基本的に、この遺物はインドやアフリカに生息するゾウの牙に似ている。シベリアで発見される化石象牙はおそらくアフリカのゾウ、「特にモンバサやモザンビークのゾウ」に由来するのだろう。なぜなら「巨大な群をなして彷徨する姿が見られるほど大量のゾウ」がいるのはアフリカだからである。そしてこのゾウの群がアフリカからシベリアまで運ばれたことを説明するために、洪水説はなくてはならないものなのである。「大洪水の水が、おびただしい数のこの動物を、現在その歯が発見される地域へ運んだのだろう」。

啓蒙の世紀の後半には、「化石象牙」はその神秘性をほとんど失っていた。遺骸の解剖学的な比較と丹念な調査がこの鑑定の基本原理であった。残された問題は、熱帯の動物の遺骸がシベリアの凍土の中に存在する事実を説明することであった。イスブランツ・イーデス、タチーシチェフ、グメーリン、パラス、メッサーシュミットなど、シベリアを旅した者たちにとってそうであったように、牧師エリ・ベルトランにとっても洪水説は最も頼りがいのある理論であった。

だがこの頃から、洪水説は大いに議論を呼ぶものとなった。

ダランベール（一七一七―八三）とディドロ（一七一三―八四）の『百科全書』（一七五一―七二年）においては、地層の中に陸生動物の骨や貝殻の化石が存在することを、ノアの洪水によって説明するのはもはや論外であった。一七世紀の末以来イギリスで練り上げられてきた洪水説の「体系」は、すでに数十年前から、綿密な観察だけでなく、宗教の支配に対する理性の批判によっても生じた新たな疑問に遭遇していた。主としてニコラ＝アントワーヌ・ブーランジェ（一七二二―五九）によって書かれ、ドルバック男爵（一七二三―八九）によって修正された『百科全書』の中の「ノアの洪水」の項は、大洪水は現在の地球のある種の外観には責任があるかもしれないが、化石の存在にはかかわりがないことを認めていた。「アララト山を砕き、その外観を醜く恐ろしいものにした地震は、残された岩石の中に化石を挿入した原因ではない。また黒海の海峡のところでヨーロッパとアジアを分離した出来事も、端と断面が岩層の割れ目や断崖において露出している堆積層の中に、海生生物の遺骸を投げ入れ、内陸部に存在するようにした作因ではない」。

聖書が語る大洪水は、地球の歴史のプロセスを説明するにはもはや不充分である（そして誰をも満足させない）。神罰として起こったノアの洪水はたしかに大異変であるが、大地の奥に保存された化石の本性や存在、外観や配置はその結果ではありえない。そのことは、あるものは完全に未知の種であったり、あるものは遠く離れた海にしか存在しない種であったりする化石貝殻において特に正しい。そのうえそれが大量に発見されることとその分布は、急激な変動を主張する洪水説によっては説明できない。ノアの洪水のような非合理的な奇蹟的出来事を、地球の転変の主要な原因にすることへのこの種の批判は、シベリアのマンモスについてのさまざまな仮説をも時代遅れのものにしてしまった。

『百科全書』は「化石象牙」を「しばしば地中で発見されてきた、巨大な角に似た途方もない大きさの牙」と定義する。色や固さの違い（白かったり黄ばんでいたり褐色であったりし、非常に固いことも、柔らかくて割れやすいこともある）は、「この牙が埋められていた場所で受けた腐敗の度合」によるものである。[42] それらはイギリス、ドイツ、フランス、グルネル平原、「すなわちパリの入口」でも発見されるが、「特にロシアとシベリアに多い。そこではこの骨は［……］レナやエニセイの大河の水によって露出させられる。［……］雪解けの頃、その川は大きな氷塊を運ぶときに岸辺の土を削り取るのである」。

それではこれほど北の地域に大量の化石象牙が存在するのはなぜなのか。第一の仮説は、それらはローマの軍隊がアフリカから連れてきたゾウの牙であるというものである。だがこの仮説がイタリアや他のヨーロッパの地中で発見されるゾウの遺骸については有効だとしても、「この征服者たちは極北のスキタイ人のところまで攻めては行かなかったし、他のいかなるインド人の征服者も、これほど遠く離れた過酷な気候のところへ戦争をしに行く気になどならなかったと思われる」。

したがってシベリアにゾウの遺骸が存在することの原因は他の所に求めなければならず、この項の筆者がたどり着いた結論は二つある。一つは気候の変化があったのかもしれないということ（「それゆえ歴史がその記憶をわれわれに残していない時代に、シベリアは現在より温暖な気候を享受していたと結論しなければならないだろう」）、もう一つは「地球の全体的な革命」が起こり、それが「［この動物を］大地の奥に埋葬した」のかもしれないということである。この二つの解釈の間に洪水仮説の入る余地はもはやない（暗示的にだが、ともかく「革命」が問題になっている）。

奇蹟なき自然を記述する

この世紀の中頃から、「洪水論者」の空想的な構築物は拒絶され、自然現象をもっと厳密に記述することへの要求に取って代わられた。このとき地球の形成についての論議が自立したものになった。信仰と理性が分離されたため、地球と宇宙の歴史を支配する法則を、非合理的な奇蹟による原因を介在させずに考えることが可能になった。

一七四九年、ビュフォンは『地球の理論』において洪水論者の「体系」に痛烈な批判を加え、科学を「ロマン」にすることを拒否すると言明した。バーネット、ウッドワード、ウィストンの洪水説を紹介したあと、ビュフォンは自己の見解と聖書の字句を一致させようとした、世紀が変わる頃のナチュラリストたちの「架空の作り話」に厳しい判断を下す。「無謀にも神学的真実を自然学的理由によって説明しようとすると、あるいは聖書の中の神の言葉を純粋に人間の視点に立って解釈しようとすると、また至高の存在の意志とその命令の実行について理性によって考えようとすると、人は必ず闇と混沌の中に陥ってしまうのである」[43]。

それでも洪水説はビュフォンの批判によって消滅したわけではなかった。「洪積」（ノアの洪水による堆積）や「大洪水以前の」動物といった曖昧な概念は一九世紀まで確実に生き残り、キュヴィエやバックランドやブーシェ・ド・ペルトの著作の中でも出会うことができる。一八八七年、イギリスのナチュラリスト、ヘンリー・ハワース（一八四二—一九二六）は、『マンモスと大洪水』において、シベリアのマンモスは聖書が語る大洪水に飲み込まれたという考えを長々と述べた。マンモスという名前の起源が聖書の中のビヒモスにあるというこの著者の主張は、古生物学的・先史学的な知を聖書の叙述の枠組みの中に収めようとしてきた、一九世紀の末まで存続した伝統を色濃く反映したものなのだろう。

第三部　物語

5

「驚くべきマムート†」とアメリカ国民の誕生

比較解剖学事始め●「オヒオ・インコグニトゥム」、ビュフォンの要石●キュヴィエのマストドン、ブルーメンバハのマンムト●アメリカはマンモスによって国家となる

†この表現はビュフォンが使用したもの（一七六六年）。

トマス・ジェファソン（一七四三—一八二六）はヴァージニア州の知事だったとき、『ヴァージニア州覚え書』（一七八一年）においてアメリカとヨーロッパによくいる動植物の種を列挙し、新世界の動物のリストの中にマンモスを含めることに固執した。[1] アメリカ革命の立役者の一人、一七七六年の独立宣言の起草者の一人で、のちにアメリカ合衆国大統領になるジェファソンは、アメリカの大地にマンモスが生存していることを固く信じていた。いぶかしげにその理由を尋ねる者たちに、彼は「いてはいけないのかね」と平然と答えたということだ。彼にこう確信させた理由は深刻なものであり、科学的動機に政治と愛国心がいくらか混じっていたのは確かだろう。

マンモスの存在は、敢えていうならアメリカという国家が形成された英雄時代と深く関係している。一八世紀の後半、この動物がアメリカの大地に生存するか否かをめぐって戦わされた激しい論争は、いまだ知られざる広大な領土の探検と征服の歴史や、植民者間の戦闘の叙事詩的歴史や、白人とインディアンの平和的あるいは血みどろの関係の歴史や、アメリカ、フランス、イギリス間の政治的・学問的交流の歴史にかかわりをもっていただけではない。アメリカ革命の直後に行なわれたこの論争では、ある国民の形成という問題、すなわち国民的感情の目覚めと、知と探究の制度の誕生という問題も議論されていただろう。

『ヴァージニア州覚え書』は、生まれてまもないアメリカ合衆国の、政治と科学の歴史を知るためには不可欠の

資料である。一七八〇年の夏か秋に書き始められたこの著作は、アメリカ革命を支援していたフランス当局の求めに応じた調査から誕生した。フィラデルフィアのフランス代表団の秘書であったバルベ＝マルボワは、新共和国の各州の政治機構・地理・動植物相に関する二二の質問の表をジェファソンに渡した。そこでジェファソンはこれらさまざまな主題について直接の情報を収集し、自分自身の観察や論評を加えてそれらを本としてまとめることにした。彼がこの仕事に大きな関心を抱いたのは、ヴァージニア州知事としての責任感からだけでなく、アメリカで最も古くすでに名声のあった学会であるフィラデルフィア哲学協会のメンバーに、一七八〇年のはじめに選出され、翌年には会長に就任していたという事実のためでもあっただろう。一七八一年の一二月から、彼が「遺骸がオハイオ川流域で発見された巨大な動物」に魅了され始めたのは、まさにこの依頼された調査の過程においてであった。だがのちに見るように、この謎の動物の最初の遺骸は一七三九年に発掘されていたので、問題そのものは数十年前からすでに存在していた。

動物相の調査を始めるまでは、ジェファソンは化石骨に特別の関心をもっていなかった。しかしこれ以後彼はこの対象に夢中になり、探検家のウィリアム・クラーク大尉（一七七〇―一八三八）と連絡を取り合い、大尉からは「大腿骨と、臼歯のついた顎と、牙」を含む多くの標本を送付してもらった。アメリカのマンモスの真実を明らかにするという決意によって、ジェファソンはアメリカ古生物学の黎明期に重要な役割を演じることになった。三〇年間、彼はアメリカ大陸の化石の調査を奨励し、個人的に資金を提供した。インディアンの証言や伝説を集め、この主題に関して膨大な量の文通を行ない、遠征を財政的に援助し、化石研究への関心を（特に哲学協会の内部において）維持し、遺物の保存に貢献したのだった。

そのような遺物の中に、ジェファソンはアメリカの領土のまだ探検されていない荒涼とした部分に、いまもなお生存しているに違いないある動物の遺骸を見た。彼にとって、それはマンモスのアメリカにおける兄弟、誰もまだ生きた姿を見たことはないが、その遺骸は一世紀前からシベリアを旅するすべてのヨーロッパ人によって言及されてきた巨大動物の仲間だった。ジェファソンのこのような確信は、いくつかの理由にもとづいていた。第一に、哲学的・宗教的理由により、彼は種の絶滅を信じることを拒否した。「自然がある動物種の消滅を許したり、その偉大な作品の中にすぐに切れるほど弱い絆を作りだしたりした例はただの一つもない[2]」と彼は記している。

この種の議論はすでによく知られたものである。神（あるいは自然）が世界の秩序と、不変の種と、存在の階梯を永遠のものとして創造したのなら、この秩序が最初に確立された通りに維持されることは認めないわけにはいかない。種が「失われる」、すなわち絶滅するかもしれないと考えることは、世界の完全性と、存在同士を結ぶ聖なる絆を否認することになってしまう。その動物がまだ目撃されていないという事実は、その消滅ではなく、われわれの無知を証明しているにすぎないのである。すぐれた法律家であるジェファソンは、消極的論拠を証拠と見なすことを拒否する。「その動物が現在もアメリカの北部と西部に生存しているという、インディアンの伝承による証言をもちだすことは、真昼の陽光にロウソクの光を付け加えるようなものだろう。その地域はいまもって原始の状態にあり、われわれにもわれわれの代理人にも探検されておらず乱されていない。この動物は骨が発見される場所にかつて生存していたように、こんにちでもその地域に生存しているのだろう[3]」。

アメリカのマンモスの痕跡を探索するうち、ジェファソンは正真正銘の民族誌的調査としてインディアンの伝承を収集するようになった。いくつかの伝承は、インディアンが「ビッグ・バッファロー」と呼び、骨や歯はよく知られている動物のことを語っているが、その骨や歯はオハイオ川流域の特に最近有名になった地点、大型哺乳類が塩のしみこんだ土をなめにくる塩沼で大量に発見されている。巨大な骨がふんだんに、ときには地表で発見されるため広く知られるようになったその場所は、「ビッグ・ボーン・リック」と名づけられていた。ジェファソンがヴァージニア州の知事だったとき、彼に会いにきたインディアンの代表団が、部族に伝わる物語を彼に教えてくれた。

大昔、この恐るべき動物の群がビッグ・ボーン・リックにやってきて、クマ、シカ、ヘラジカ、バッファローなど、インディアンが使用するように創造された動物をすべて殺し始めた。天にいる偉大な人はこれを見て激怒し、稲妻をつかんで地上に降りてきた。［……］そして彼は稲妻でこの動物の群を打ち、ビッグ・ブル一頭を除いて皆殺しにした。［……］ビッグ・ブルはわき腹に傷を負い、跳ねまわり、オハイオ川、ワバシュ川、イリノイ川、そしてついに五大湖を越えて逃げ、現在もその地で生きているのである。[4]

このような証言はたしかに興味深いものであるが、証拠として貧弱であることに変わりはない。だがこの有名な動物が現存していることを証明しようというジェファソンの熱意は、真剣な動機に支えられていた。アメリカの動物相の中にマンモスが含まれていると断言したとき、ジェファソンはフランスのナチュラリストであるビュフォン（一七〇七―八八）の主張、大西洋の両側で大きな反響を呼び、ジェファソンの愛国心を傷つけた主張に抗議していたのである。

一七六一年に出版された『自然誌』の第九巻で、ビュフォンは世界中の動物の地理的分布を記述し、旧世界と新世界の種を比較検討した。彼がそこから得た結論は、新世界の動物は旧世界の動物より小型でひよわであるというものであった。人間にとっても、新世界における境遇はあまり望ましいものではなかった。

この新世界には［……］生きた自然の増大に反対する何かがある。大きな胚の成長と、おそらくその形成に対する障害が存在する。他の気候帯の穏やかな影響のもとでなら十全な形態と完全な伸展を手に入れる胚も、この吝嗇な空の下と空虚な大地においては、縮こまり小さくなってしまうのである。ここでは少数の人間が点在し、放浪し、彼らはこの地域を主人として思いのままに使用するどころか、それになんの影響も及ぼさなかった。動物も諸元素も服従させず、海を手なずけず、川を制御せず、大地を耕さず、彼ら自身は最上位の動物にすぎず、自然にとっては取るに足りない存在、自然を改革することや補佐することはできない無能な一種の自動人形でしかなかった。［……］新世界の未開人がわれわれの世界の人間とほぼ等しい背丈をしているにしても、そのことは彼らがこの大陸における生きた自然の小型化という一般的事実に対し、異を唱えるために

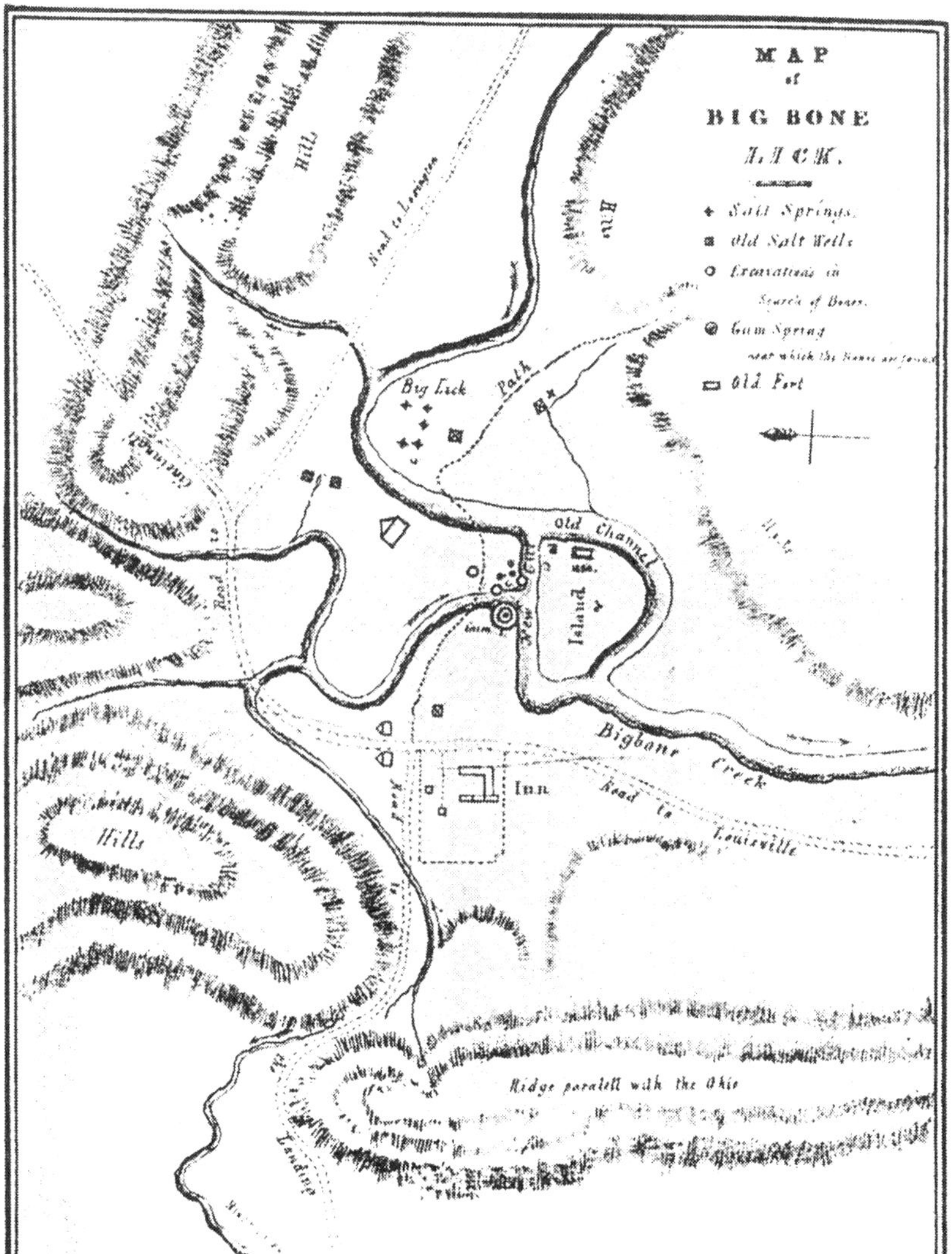

18世紀はじめにはすでに知られていたアメリカの化石産地，オハイオ川流域のビッグ・ボーン・リックの地図．
1831年に作られたこの地図は，1828年当時のその場所の姿を示している．
（シンプソン，1942年による）

は充分ではない。未開人はひよわで、生殖器は小さく、体毛もひげもなく、女性に対する情熱も乏しいのである。[5]

一八世紀中葉のヨーロッパにおいて、ビュフォンは最も偉大なナチュラリストであった。一七三三年に科学アカデミーのメンバーになり、一七三九年からは、自然科学にとって世界の知的中心の観を呈していた王立植物園の園長をつとめていた。フランスの宮廷とヨーロッパの君主たちから尊敬されていたビュフォンは、フランスおよびヨーロッパで強大な影響力を行使していた。華麗な版画に彩られた分冊が一七四九年から次々と世に出た壮大な『自然誌』は、彼に絶大な名声をもたらしていた。[6]

アメリカの種が貧弱であるというビュフォンの主張は、英仏海峡と大西洋の向こう側に届かないわけはなかった。この手厳しいアメリカ像の中には、生物種は気候と生活条件の影響を受けるという彼の自然哲学の適用を見ることができる。自然の変化は生物に影響を及ぼしてそれを「退化させる」可能性がある。ビュフォンは「動物の退化」に関する彼の思想を一七六六年に詳しく説明した。彼の考えでは、アメリカの気候はヨーロッパの気候より厳しく、寒く、湿潤であり、その点で生物にとっては特に不利に働く。自然に対する人間の行為が環境の条件を変えうるにしても、アメリカの国土は未開でそこの動物は虚弱である。なぜなら原初の状態をまだほとんど脱していないその地の人間は、敵意をもつ大地の上に点在し、自分が生きるための自然条件、まして動物が生きるためのそれを改善できるほど文明化していないからである。現在のアメリカの種は、ヨーロッパの種と同じ起源をもち、「巨大な海や通行不能な陸地」のせいでのちにそこから分離したにすぎないと仮定しても、人間の行為によっては和らげることのできない厳しすぎる気候が原因で「矮小になり、退化した」のである。ビュフォンにとっては、ヨーロッパだけがその温暖な気候によって均整のとれた力強い存在の故郷となれるのだった。アメリカの原住民とそこに住みついた入植者は、退化した劣等人間の代表でしかなく（代表にしかなり得ず）、それは動物についても同様である。このようにビュフォンは明らかに科学的推論の中にヨーロッパ中心主義の偏見をもち込んでいる。一ナチュラリストの思弁が、人種主義的・植民地主義的議論の手助けをすることもあるのである。

こう見てくると、アメリカの大地にマンモスが生存していることを証明しようという、ジェファソンの熱意が容易に理解できるだろう。そこには祖国と同胞の名誉がかかっていたのである。ビュフォンの論証を逆手にとり、ジェファソンはアメリカの湿度はヨーロッパの湿度より高くはなく、その大地にはヨーロッパで知られている動物種と同じくらい大きな動物種が存在することを、測定値をもとに証明しようとした。[7] 彼にとって、四〇年以上も前からオハイオ川の流域で巨大な骨が発見されていることは、その明らかな証拠だったのである。

比較解剖学事始め

一七三九年、フランス系カナダ人の入植者で、ルイジアナ軍の司令官であったシャルル・ド・ロングイユ男爵は、チカソー・インディアンの攻撃を受けたニューオーリンズの創設者で知事であるル・モワーヌ・ド・ビアンヴィルを援護するため、フランス・インディアン連合軍を率いて出陣したが、その作戦から非常に奇妙な骨をもち帰ることとなった。一七三九年六月にモントリオールをでてオハイオ川の方へ向かった遠征軍は、この川に沿って進むうち、夏の終わり頃に現在のルイスヴィル市の近くに至り、ある湿地の岸辺で三頭のゾウの遺骸と思われるものに出会った。ロングイユは一本の象牙と、一本の大腿骨と、少なくとも三つの臼歯を含むその遺骸の一部分を収集した。そしてそれらはチカソー・インディアンとの戦いに勝利を収めたあと、軍隊によって運ばれ、一七四〇年にフランスに送られた。

オハイオ川流域で収集された遺骸はどんな動物のものなのか。ロングイユはとりあえずそれをゾウの遺骸と鑑定していたが、この若き士官から臨時ナチュラリストとしての獲物を送り付けられたフランスの学者にとって、問題ははるかに複雑であった。

ロングイユが収集し、パリの王立資料館に送付した骨は、一八世紀末のすぐれた三人のナチュラリストに重大な問題を投げかけずにはおかなかった。その三人とは、地質学者・鉱物学者のジャン・ゲタール（一七一五―八六）、

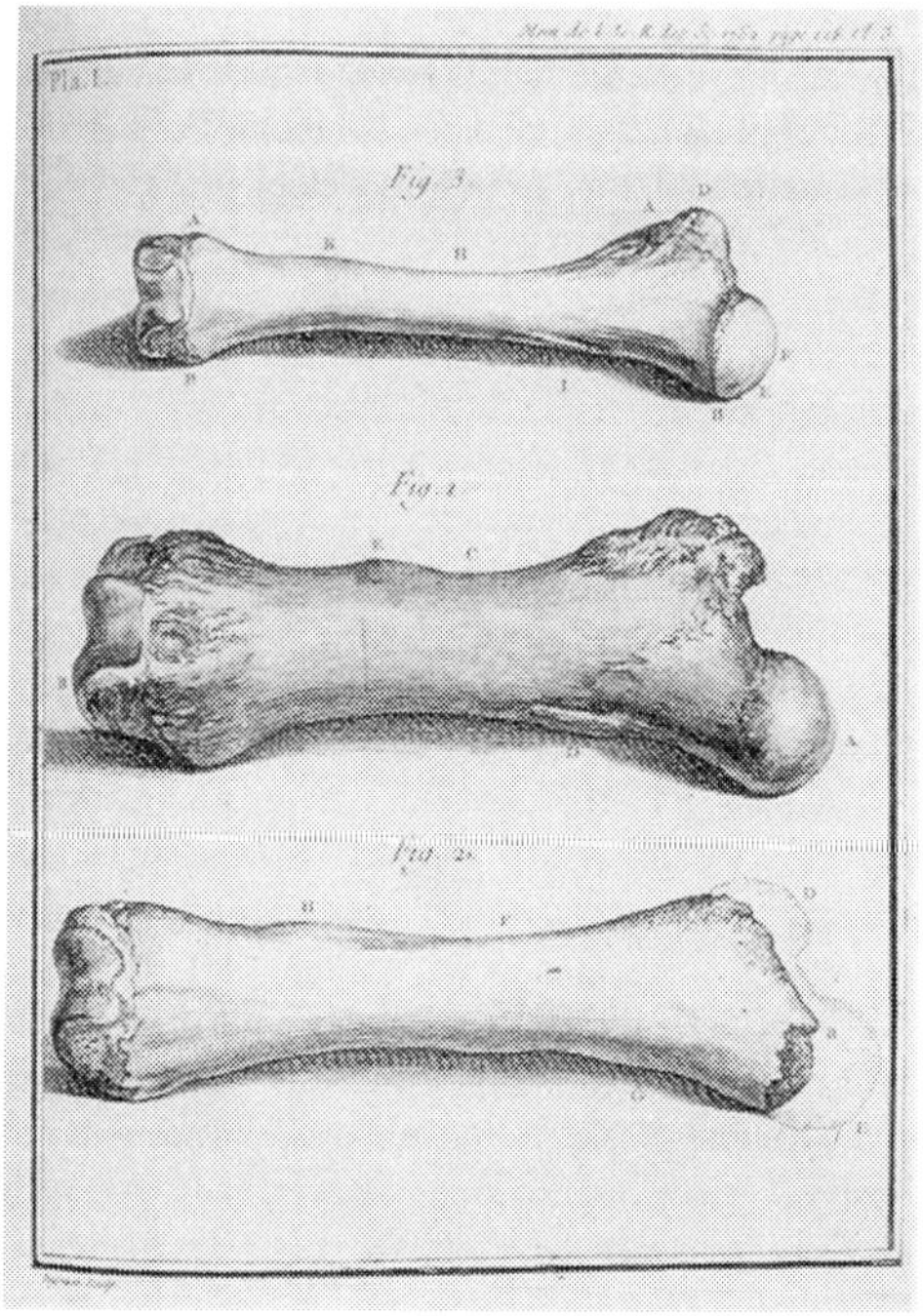

ドーバントンによる、ゾウの大腿骨（上）と、シベリアのマンモスの大腿骨（下）と、「オハイオの未知の動物」の大腿骨（中）の比較研究。この図版は、現生脊椎動物の骨と化石骨を解剖学的に比較した最初の試みの一つを示している。のちのキュヴィエとは異なり、ドーバントンはこの三つの骨が同一の種のものであると結論した。（『科学アカデミー論集』、一七六二年、二二八頁、図一三）

大革命後まで活動を続けた若き解剖学者・動物学者のルイ・ドーバントン（一七一六―一八〇〇）、そして著名な王立植物園園長のビュフォンである。

　一七五二年に科学アカデミーに提出された、アメリカの最初の地質図を含んだ論文において、ゲタールは一つの臼歯の絵を掲載し、それがどこで採れたかを正確に示した。[8] すなわちそれが収集されたのは「ゾウの骨が発見された小郡の名によって、カナダの地図に印をつけておいた場所」[9]である。だがこの臼歯を模写しながらも、ゲタールはそれをもっていた動物の同定は断念した。「これはどんな動物のものだったのだろう。ヨーロッパのさまざまな場所で発見される同じ大きさの化石歯に、これは似ているのだろうか。以上がわたしには解明のできなかった二つの点である」。

　一〇年後の一七六二年にドーバントンがこの遺骸を再調査したとき、彼はまず骨の検討から始めた。この動物の大腿骨を観察するうち、彼はそれをゾウの大腿骨やシベリアのマンモスの大腿骨と比較することを思いついた。論文に添えられた図版が示しているように、三つの骨の比較はすこぶる雄弁であった。サイズの違いにもかかわらず、それらは同じ特徴的な形をしていた。証明は明快であり、一八世紀の中頃にあってこの方法は非常に新鮮であった。これは実質的には比較解剖学であり、キュヴィエは数十年後にこの方法を使って化石種の同定と復元を行なったのである。しかしドーバントンは絶滅という仮説を考慮しなかった。彼にとってこのよく似た三つの大腿骨は同じ種の三頭の動物、同一タイプの三つの変種のものであった。

しかも構造は似ているがサイズと形がいくらか異なる牙の調査によって、大腿骨から得られた結論は確認された。ドーバントンは現生のゾウの牙とシベリアで発見される牙の材質と構造を観察し、さまざまな色の「繊維」と、象牙の「芯」と呼ばれる黒い点から発し、交差して菱形を形成する線の軌跡に着目した。そこからゾウの牙の構造とシベリアのマンモスの牙の構造の完全な類似が結論された。オハイオの動物に関しては、その牙はゾウの既知の種の牙によく似ていた。だが臼歯の調査をするに及んでドーバントンは困惑した。でこぼこした四角いその歯はゾウの歯ではありえない。詳しく調べてみると、磨滅した面に「クローバー形」の模様が見えるという点で、それはカバの臼歯に似ているように思われる。ドーバントンの結論は、それは巨大なカバの歯であり、それが同じ場所で巨大なゾウの骨に混じっていたというものであった。骨と牙と歯が一つの動物のものであったということは、その遺骸を発見した無知な「未開人」の言葉によってしか証明されていない。真の科学的態度はそれらを分離することにあるのである。

ドーバントンの論証は繊細さと洞察力に欠けてはいないが、種の絶滅という彼にとっては考えつくことが難しい、完全に新しい仮説が必要とされる地点で歩みを止めている。ドーバントンは種不変論者であり、彼の目的は何よりも、調査をまかされた遺骸が、現存するどの動物の遺骸に相当するかを鑑定することにあった。このような立場からすれば、種が消滅した動物を想像することは不可能であり、馬鹿げた振る舞いでさえあるだろう。二〇世紀の古生物学者G・G・シンプソンが述べているように、ドーバントンはここでその時代の「科学的想像力の限界」に到達していたのである。

「オヒオ・インコグニトゥム」、ビュフォンの要石

一八世紀の中頃、新たな発見が「オハイオの未知の動物」に関する議論を再燃させた。有名な発掘地点ビッグ・ボーン・リックの「開拓」が始まったのはおそらく一七五〇年代であろう。そこからは、数十年後にアメリカ・マストドンと呼ばれることになる、ある絶滅動物の骨と歯と牙がきわめて大量に掘りだされた。

この発見がなされたのは、今度もこの地域の探検と、白人とインディアンの集団間の争いを背景にしてであった。フランス人によって自分たちの縄張りから追われたイギリス人入植者と商人は、一七六〇年代にオハイオ川の上流域に身を落ち着けた。この地域で最も著名な化石収集家は、一家が一七四一年にペンシルヴェニアに住み着いた、ダブリン生まれのプロテスタント系アイルランド人、ジョージ・クローガン（一七二〇頃—八二）であった。[11] 彼はインディアンのイロクォイ族やデラウェア族と親しくなり、フランスの入植者とイギリスの入植者の間で衝突が起きると、一七六五年から一七六六年にかけ、「フランス人に好意を抱いているインディアンと交渉し、イリノイ地域に対するイギリスの浸透を容易ならしめるよう努める」[12] という任務を与えられた。この遠征の際、彼はオハイオ川南東の「ケヌ砦からおよそ六四〇マイル離れた」「一年のある時期に野生動物が集まってくる大きな塩沼」の近くで、「骨と牙の長さや形状から、ゾウのものであると結論しなければならない、きわめて大きな動物の骨を驚くほど多数」[13] 発見した。インディアンの捕虜になったりもしたさまざまな出来事ののち、クローガンはニューヨークに至り、一七六七年二月、そこからイギリスの政治と科学の権威者に古生物学上の収穫を発送した。アメリカ植民地を担当する大臣であったシェルバーン卿は、「そのうちの一本は完全であり、長さは約七フィートに達する、二本の大きな牙と［……］二個の臼歯が付着した顎の骨一つと、切り離された非常に大きな臼歯数個」[14] を受け取り、それらは大英博物館に預けられた。

この遺骸の大部分は一七六七年の半ばにロンドンに到着し、その後数か月間、イギリスのナチュラリストたちはそれに強い関心を抱いた。一七六八年二月二五日、イギリスのナチュラリスト、ウィリアム・ハンター（一七一八一八二三）は、「オヒオ・インコグニトゥム」（オハイオの未知の動物）の遺骸に関する研究を発表した。牙と下顎と臼歯の調査から、彼はそれらは現生のゾウとは異なる種の単一の動物のものであると結論した。彼の考えでは、それは一種の肉食のゾウであり、ハンターは次のように続けている。「疑問の余地はないとわたしは信じているが、もしこの動物が本当に肉食であるなら、その全世代が絶滅したらしいことを、哲学者としては残念に思うにもかかわらず人間としては天に感謝せざるをえないのである」[15]。

当時ロンドンにいたベンジャミン・フランクリン（一七〇六―九〇）もこの収穫の一部を受け取っていた。一七六七年八月五日、その遺骸を送ってくれたことを感謝するためクローガンに手紙を書いたとき、彼はその遺骸を残した動物の本性について仮説を立てたが、同時にいくつかの謎も指摘した。ハンターと同様に、彼はまずはじめにその動物が肉食性であると考えた。しかしアメリカ大陸では生きた姿を見ることができず、それと似た遺骸はペルーでしか発見されないかくも巨大な動物の骨が、たった一か所にこれほど堆積しているのはなぜなのか。この動物のいくつかの部分（とりわけ牙）が、「冬の存在しない暑い地方にしか現在住んでいない」ゾウのいくつかの部分と同一であるなら、どうしてそのような動物がオハイオ川流域や、さらにはシベリアのような冬のある地域で生活できたのか。「かつて大地は現在とは異なる位置にあり、気候帯もこんにちとは別の配置がなされていたのだと思われます」、これがフランクリンの結論であった。

それでも半年ほどあとの一七六八年一月三一日、シャップ神父（一七二二―六九）に宛てた二番目の書簡で、フランクリンは「オハイオの動物」に関する最初の仮説を訂正する。彼はもはやその臼歯が肉食動物のものとは考えていない。

この国の何人かのナチュラリストは、それはゾウの臼歯ではなく、未知の肉食動物の臼歯だと主張しています。なぜなら歯の表面のこのようなこぶと出っ張りは、ゾウの臼歯にはなく、肉食動物の臼歯にのみ見られるからだと彼らは申しています。しかしわたしには、これほど大きく重い牙をもてる動物はそれ自身が巨大であ

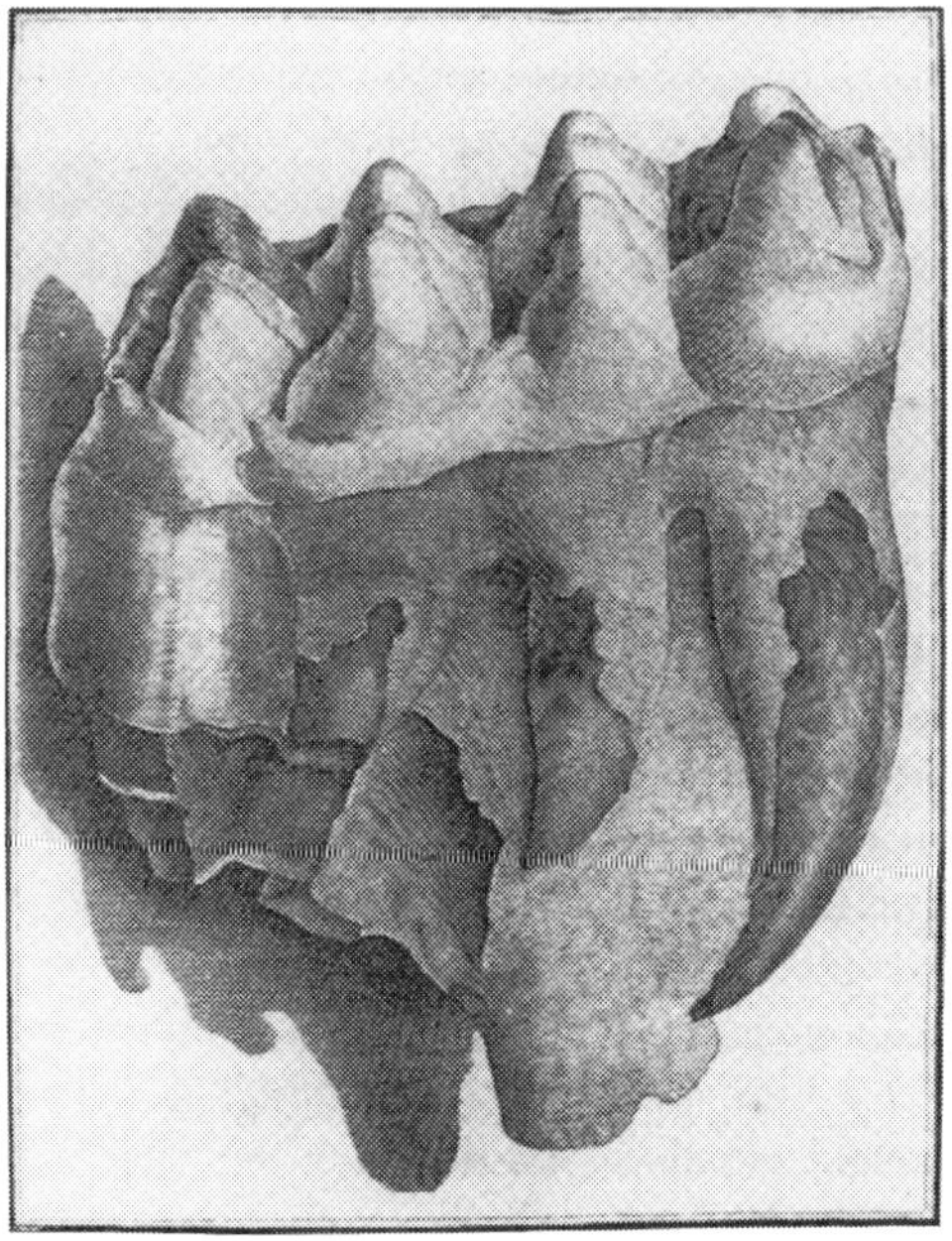

ビュフォンが研究し，『自然の諸時期』（1778年）において提示した「オハイオの未知の動物」のでこぼこのある臼歯．

るに違いなく、獲物を追跡し捕らえるという活動を行なうためにはかさ張り過ぎているように思われます。そこでわたしは、このこぶは小さな変異にすぎないと考えたいと思います。同じ名前をもつ同種の動物でさえそれ以上に違っていることが多いですし、このこぶは肉をかみ砕くためにも木の小枝をすりつぶすためにも役立つでしょう。しかしあなたのご意見をうかがい、これに似たものがシベリアで発見されたかどうかを知ることができれば幸いに存じます。[16]

この動物の食性に関する自説を変更するに際し、フランクリンは歯だけでなく、有機体全体に準拠した推論を進めている。こうしてオハイオのゾウは現存するゾウの、またおそらくシベリアで遺骸が発見されるゾウの「小さな変異」にすぎないことになった。その歯は特殊な食性に適応した結果なのだろう。この点では、フランクリンはもう一人のイギリスのナチュラリストで友人のピーター・コリンソン（一六九四―一七六八）の影響を受けていたと思われる。コリンソンもクローガンが送ってきた遺骸を検討し、一七六七年一一月二七日と一二月一〇日に、この問題に関する二つの論文をロンドンの王立協会に提出していた。コリンソンはその研究から、三つの主要な結論を引きだすに至った。第一に、この遺骸は間違いなくただ一つの動物のものである。なぜならゾウのものによく似た牙や骨とともには、「でこぼこのある」この未知の臼歯以外の歯は発見されなかったのだから。第二に、歯の解剖学的構造から正しく判断すると、この動物は木の葉や枝を嚙むことのできる草食動物でなければならない。第三に、ゾウに近縁だと思われるこの動物は、現在のところ依然として未知の動物に属する。

この結論は、当時この分野においては最高の学問的権威を有していたビュフォンに委ねられた。一七六七年七月三日ロンドンからビュフォンに送った書簡の中で、コリンソンは自分の結論を矛盾の形で提示した。すなわち牙ははるかに大きいことが多いとはいえあらゆる点でゾウの牙に似ているのに、それと同時に発見される臼歯はゾウの歯にはまったく似ていない。「この矛盾をどのように解決したらよいでしょうか。かつてゾウの牙とカバの臼歯をもつ大型動物が存在したとは考えられないでしょうか」とコリンソンは尋ねた。

これは「種が失われた」動物が存在したこと、さらにこんにち知られているすべての動物とは外見が異なっている、怪物じみた雑種的動物がかつて存在したことを、はっきりと仮定する考え方である。他方でアメリカにゾウは生存せず、ゾウは現在アジアとアフリカに生息する暑い地方の動物である。明らかにゾウに近縁の動物の遺骸が、非常に厳しい冬をもつ地域に存在することはどのように説明したらよいのか。コリンソンとフランクリンとハンターは、この遺骸は気候の変化のせいで絶滅したと思われる、ある未知の種の動物のものであるという同じ結論に達していたが、ビュフォンの思弁はかなり異なっていた。

ビュフォンは『自然の諸時期』の「証拠となる注」においてコリンソンの質問を全面的に引用し、それに三様の回答を与えた。まず第一に、歯と牙は同一の動物のものではない。[17] ビッグ・ボーン・リックで発見された遺骸には、ゾウと巨大なカバの遺骸が混じり合っている。ゾウがいたことは牙で見分けがつくが、ドーバントンが明言した通り「すりつぶす面がクローバーの形をした四角い大きな歯は、カバの臼歯のあらゆる特徴を備えている」[18]。さらにこの遺骸の中には、「すりつぶす面が磨耗した大きな突起で構成されている巨大な歯」をもつ、第三の未知の動物の遺骸を識別しなければならない。『自然の諸時期』の第九の「証拠となる注」に添えられた図版からは、この「未知の動物」の歯も「カバ」の歯も同一の動物（のちにマストドンと同定された）の奥の臼歯であることは明らかである。だがビュフォンにとってはこの歯こそ「失われた種」の遺物であった。「したがってわたしはこのきわめて大きな動物種は失われてしまったと、確かな根拠をもって表明することができると考える」[19]、ビュフォンはこう書き記した。

要するにビュフォンは、他の者が一つの動物しか見なかったところに二つの異なった動物を発見していた。彼は遺骸が同じ場所で見つかるという事実を証拠として認めることを拒否する。アメリカとイギリスの多くの発掘者やナチュラリストはその事実を指摘し、ジェファソンは次のように記していたのだが。「臼歯が見つかるところでは必ず牙と骨格も発見される。［……］カバとゾウが常に同じ場所にやってきて、前者は臼歯を、後者は牙と骨格を残したなどと主張することはできないだろう。［……］われわれは、これらの遺骸は互いに相手に所属するものであり、同じ一つの動物が所有していたと考えなければならない」[20]。

最後にコリンソンのいう第二の矛盾が残されている。すなわち冬の寒いこの地域にゾウが生存していたことを（ともかくゾウもカバもいたのだから）どのように説明するのか。この疑問に、コリンソンにおいては暗黙のものであったもう一つの疑問をビュフォンは付け加える。つまりいくつかの種の消滅はいかに説明されるのか。この二重の疑問には性急な回答以上のものが必要である。ビュフォンはコリンソンの言葉として、「シベリアやアメリカにゾウの骨が堆積していることを、ある程度の確からしさをもって説明するには、どのような体系を築いたらよいか」という問いを書きとめている[21]。一七七八年、『自然の諸時期』において提示された「世界の体系」と地球の歴史は、まさしくこの問いに対するビュフォンの回答であったと考えることができる。シベリアのマンモスとオハイオの「未知の動物」の問題は、ビュフォンが七〇歳のときに世に問い、彼の科学的遺言と誰からも認められているこの代表作の、真の「要石」（おそらく鍵そのもの）を構成しているといっても過言ではないだろう[22]。

ビュフォンはコリンソンの質問に、地球とそこに住む生物の転変の歴史という、壮大な歴史を語ることによって答える。

ビュフォンによれば自然は不変ではない。自然は時の流れとともに非可逆的に変化し、歴史家が人間の歴史の「諸時期」を定義するのと同様に、自然の「諸時期」もその変化の連続的位相によって特徴づけられる。したがってその転変をたどる物語を構築することは可能である。『自然の諸時期』が構成する物語において、ゾウは中央の特権的な地位を占めている。「緒論」と「第五期」の中のゾウに捧げられた長い論述のほかに、ビュフォンはこの問題に関する重要な注釈と資料を、各章に付随する「証拠となる注」の中に挿入した。[23]

それらを要約しておくなら、現在の自然界においてゾウはその巨大さと、赤道に近い熱帯の国に分布していることによって人目を引く。しかしその化石化した遺骸は（ビュフォンにとって、シベリアの「マンモス」とヨーロッパや北アメリカで遺骸が発見される巨大な動物を、現生のゾウに似た一つの種の動物と見なすことがいまやぜひとも必要である）、この動物がかつて地球の最北の地に生存していたことを証言している。実際にこの動物が北の地方に恒常的かつ長期間生存したことは、あらゆる事実から明らかである。証拠となるのはこの地域からもたらされた大量の象牙で、それはすでに一世紀近く前からヨーロッパで取り引きされている。「おそらく現在インド諸国に生存するすべてのゾウが供給できる象牙より多くの象牙が、すでに北の国で掘りだされている」とビュフォンは記す。[24]そこで思い切って問い方を変え、パラスやグメーリンが述べたような洪水説を排除し、シベリアの化石ゾウの問題を、特殊な気候に対するこの動物特有の適応という観点から考えてみなければならない。「問題は［……］こんにちでは非常に寒い北の土地に、現在の南の土地の温度をかつて経験させるほど、地球の各部分の温度を変えられる原因ははたして存在するか、あるいは存在したかということを探究することにある」。[25]

着想は単純かつ明快であるように思われる。変化したのは気候であり、動物が北へ移動したわけではないのである。だがそれではこの気候の変化はなぜ起こったのか。この疑問には二つの答えが可能である。一方には、一七一四年にフランスの天文学者ルーヴィル（一六七一―一七三二）が提唱した「黄道傾斜の変化」、すなわち極の位置の変化という仮説が存在する。[26]しかしビュフォンは、黄道傾斜の変化は非常に狭い範囲内に収まるという理由により、この仮説を真剣にとりあげることを拒否する。もう一つのもっと単純な仮説は、地球は融解した天体であった原初の状態から現在の気候まで、徐々に冷却してきたというものである。ビュフォンが採用したのはこの仮説であった。その仮説のおかげで、彼が以前から表明していた二つのアイデアは「凝縮され」、再編成されることとなった。それがすなわち一七四四年に書かれ、一七四九年に補完された『地球の理論』で述べられていた融解した地球という最初のアイデアと、[27] 一七四九年の『人間の自然誌』で初めて示された生物の転変に対する気候変化の影響というアイデアである。

ビュフォンの考えでは、当初非常に熱かった地球は徐々に冷却し、現在も冷却しつつある。太陽光線にさらされることが少ない北の地域はより早く冷却したので、その地域が先に居住可能となった。そこでまずはじめに暑い気候に適応した動物がその地に住みついた。ゾウは北の地方が現在より暑かった時代にそこに生息していた。またその遺骸は「ポーランド、ドイツ、フランス、イタリア」でも発見されるのだから、[28] この動物は北の地域が徐々に冷却するにつれ、「太陽の熱が強く地球が厚いため、地球の内部熱の損失が弱められていた温帯地方へ」移動したと考えられる。[29]

「このときゾウなどの南の動物が北の大地に住みついた」、これが『自然の諸時期』の第五のエピソードの表題である。ゾウは気温が低下するにつれ北から南へ移動した。「生物地理学的な」この理論は、ゾウの化石遺骸がヨーロッパの地中だけでなく、北アメリカの地中にも存在することを説明してくれる。ヨーロッパのゾウは、二大陸がまだ海によって隔てられていないときに北アメリカへ渡ることができた。だがパナマ地峡近くの「非常な高山」にさえぎられたので、ゾウは南アメリカには到達できなかった。「そのような高地では寒気が厳しいため、ゾウはその難攻不落の障壁を越えることができなかったのである[30]」。

地球が非常に暑かった時代に生存していたこの動物のもう一つの基本的特徴は、先に述べた通りその巨大さであった。「怪物じみた」「並外れた」「途方もなく大きい」、太古のこの動物の特徴を示すためにビュフォンが用いた形容詞はこのようなものである。また彼は「巨大な生物はすべて北方で形成された」という法則をうち立てる。ビュフォンは象牙職人や象牙商人に問い合わせ、商人たちが「焼けた象牙」と呼ぶシベリアのマンモスの化石牙と、現生のゾウのものである「生の象牙」の長さと厚さを比較した。どの場合も、その太古の動物は現在の種に完全に似てはいても、それよりはるかに大きいことが証明された。牙の長さは八から一〇ピエもあり、大腿骨についていうならそれは「現在のゾウの大腿骨と少なくとも同じくらい長く、それよりも著しく太かった」。始原のとき以後、類型は存続したが大きさは変化した。このようにビュフォンは世界の最初の住人は巨人であったという伝統的な命題[31]を、宗教の領域から移動させる。ルクレティウス（前九四頃―前五五頃）に示唆されたのだろうが、彼は次のように述べている。「当初自然は活力に満ちていた。地球の内部熱はその作品に、それが受け入れることのできるすべての力とすべての大きさを与えていた[32]」。

ビュフォンは種の絶滅の可能性を信じていた[33]。一七四九年の『地球の理論』においてすでに、彼は多くの海生の種が失われ、その中には有名なアメンの角や、矢石や、「直角石と、レンズ石あるいは貨幣石」などが含まれると主張していた。彼の考えでは、失われた種をいくつも挙げられるということ自体が、海生動物が陸生動物よりはるか以前に出現したことの証拠である。陸生動物の中で本当に絶滅したのは一種だけで、それが「ゾウも含めたすべての種の中で最大の種[34]」、したがって最古の種、「その本性が現在の熱帯の熱より大きな熱を必要としていた」種であった。「摩滅した丸い大きな突起のある、ほぼ四角の巨大な臼歯」をもつ有名な「オハイオの未知の動物」がそれであり、この動物は気温の低下のせいで滅んだのである。

ニュートンの信奉者であったビュフォンは、自然現象を自然の法則によって説明することを望んでいた。彼にとって、自然の歴史を決定する原因は局所的・偶然的なものではありえない。それは過去においても作用していた恒久的な原因であった。「自然をそれ自身と比較し、現在知られている自然の状態から、より以前の状態の諸時期へとさかのぼることができる」。ビュフォンの「現在主義」は、科学的説明から奇蹟や神の介入を排除するものであった。

宗教的教義に対して置かれたこの距離は、ビュフォンが『自然の諸時期』において、実験と計算にもとづいて地球の歴史に割り当てた膨大な時間の中にも示されている。ビュフォンは一七六七年の夏、オハイオの動物の「矛盾」を知らせるコリンソンの手紙を受け取った直後と思われる頃、地球の冷却の時間を計算するため、ディジョン近くのモンバールの自分の製鉄所で、金属の熱と冷却に関する有名な実験を行なった[35]。彼は鉄の球と金属の塊を白くなるまで熱し、火傷をせずにそれに手でさわれるようになる時刻と、それが完全に冷却する時刻を記録した。融けた鋳鉄が冷却する時間も測定した[36]。それらの計算から、ビュフォンは『自然の諸時期』の刊行された版において、地球が誕生してから現在までの期間を七万五〇〇〇年とした。だが手稿では、三〇〇万年というその四〇倍の時間が仮定されている[37]。この変更の原因がどのようなものであれ（おそらく慎重を期したのだろう）、彼が見積もった地球の歴史の期間は、聖書年代学が提案する「六〇〇〇年あるいは八〇〇〇年」とは比べものにならない長さであった。

このように地球の冷却という主題が、地球の誕生から人間の出現まで、七つの段階、ビュフォンの言葉によれば七つの「時期」において展開される、この上なく壮大な歴史の底に流れている。一定の方向をもったこの物語の一連のエピソードをたどるなら、まずはじめに地球は白熱した塊であったが、次いで冷却し、その物質は固化して「ガラス質」となった。化石貝殻が示しているように、この歴史のごく初期に世界は水没し、水が退却すると生物の痕跡が堆積物の中に残された。大型四足動物の出現が次の段階を構成するが、その化石遺骸が旧世界にも新世界にも分布しているという事実は、そのとき両大陸が海によって隔てられてはいなかったことを証言している。この進行の最後から二番目の段階である第六期は、「そのような大陸の分離が行なわれた」時期である。そして第七期でついに人間が登場し、その歴史は地球の歴史を拡大し完成させるだろう。

この物語は「諸時期」を画定するいくつかの段階に分けられており、その段階は「自然の古記録」を解読することによって、「時間の永遠の行路の上の里程石」のように残されている「事実」や「遺物」を発見し解釈することによって復元される[38]。地球の時間は人間の歴史の時間とは異なる規模をもつにしても、ナチュラリスト・ビュフォンは、自然の過去を解き明かす資料（地層という「古記録」や化石遺骸という過去の「メダル」）を収集し解読したり、宗教的「伝承」を再解釈したりすることだけによってではなく、ばらばらな痕跡に意味を与えるために、混沌とした起源から自信に満ちた帰結へと展開する直線的な物語を構成することによっても、まさに歴史家として振る舞っているのである。

『自然の諸時期』は過去の痕跡を収集し、それをある報告にまとめあげる歴史家の作品であると同時に、さまざまな世界の連続的出現に彩られ、人類の登場へと方向づけられた、歴史の有為転変を通して存在の歩みをたどる物語作家の作品でもあり、心地よい言葉のリズムとハーモニーを奏でる詩人の作品でもある。それでもこの著作が、自然の歴史を理解し、その法則を合理的・ニュートン的な全体的枠組みの中で明らかにしたいという、強い意志に支えられていることに変わりはない。断固として「現在主義的な」視点、実験（とりわけ金属の冷却に関する実験と計算）の尊重、奇蹟による説明に対して置かれた距離、絶滅種が存在することの主張、地球の転変が動物種の転変をもたらすという動的な自然観の表明、これらのことが多くの点でビュフォンを改革者にしている。

しかし全体的であろうとする野心において、『自然の諸時期』はそれが書かれ出版されたとき、すでに当時の自然誌の学問的要求を満たすものではなかった。「この体系は現われるのが遅すぎた」とビュフォン研究の第一人者ジャック・ロジェ（一九二〇―九〇）は述べている[39]。「科学者には、ある種の正確な事実に正確な説明を与えることがかつてないほど求められていた」この一八世紀の最後の数十年間に、ビュフォンは化石や地質学や動物学の経験的資料を統合し、地球の形成から人類の登場までの地球の全歴史を、「体系」に組み入れようとする作品を作りあげた。一七世紀末から発展してきた知の総合であり、デカルトとその後継者たちによって構築されてきた世界体系の環の中に加わる『自然の諸時期』は、一つのジャンルの頂点を示すと同時に、「地球の理論」と呼ばれた論述形式の衰退を告げるものでもあった。

一七八八年にビュフォンが死ぬと、ある種の科学的探究の行ない方、論述の仕方だけでなく、ある種の制度的権力の型も彼とともに消滅した。「王立植物園の園長、あるいはモンバールの領主であるビュフォンは、彼が支配していた場所でしか生きられなかった」とジャック・ロジェは記している[40]。ビュフォンは半世紀近く、専制君主としてヨーロッパの科学の中心に君臨した。八九年の革命家たちは、旧体制の他の象徴とともに王立植物園を廃止したときこのことに気づいていた[41]。ビュフォンは自然全体を理解することへのあこがれだけでなく、科学知識を組織し生産する専制的システムをも体現していた。彼とともに科学の一時期が姿を消したのである。

キュヴィエのマストドン、ブルーメンバハのマンムト

三〇年後、謎の「オヒオ・インコグニトゥム」を長鼻目の絶滅した一属、いわばゾウの従兄弟と同定し、この動物に新しい光を当てたのがキュヴィエである。一八〇六年に彼が発表した論文の表題は、『ゾウにきわめて近縁であるが、臼歯には大きなこぶが並び、その骨は両大陸のさまざまな場所で、特に北アメリカのオハイオ川の岸辺近くで発見される、イギリス人や合衆国の住人によって誤ってマンモスと呼ばれている動物、大マストドンについて』である。その中でキュヴィエは詳細な記述を行ない、次のような結論を得た。「大マストドン、あるいはオハイオの動物は、臼歯を除く牙と全骨格においてゾウに非常によく似ていた。おそらくそれには長い鼻があったと思

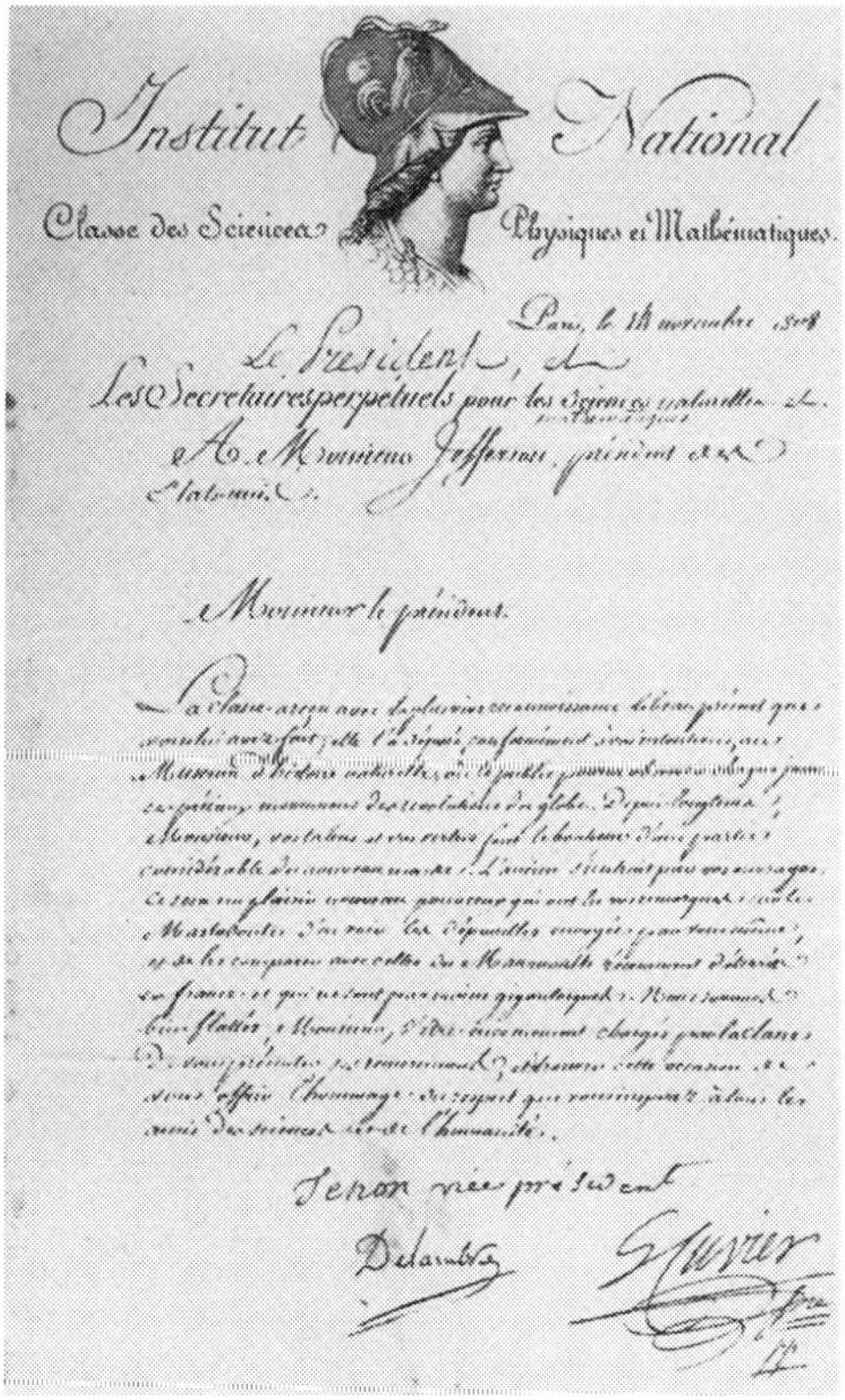
Institut National
Classe des Sciences Physiques et Mathématiques

「アメリカ・マストドン」の骨をパリの自然史博物館に寄贈してくれたことについて，ジェファソンに感謝の念を表明するキュヴィエの手紙（1806年）．

（写真，アメリカ哲学協会図書館，フィラデルフィア）

われる。体高はゾウを上回ることはなかったが、体長はゾウより少しあり、四肢は少し太く、腹部はほっそりしていた」[42]。

この研究において、キュヴィエは大西洋の両側で半世紀にわたって蓄積されてきたすべての議論と観察を継承していたが、他にもドイツのナチュラリスト、ヨハン・フリードリヒ・ブルーメンバハ（一七五二―一八四〇）の仕事から着想を得ていた。ブルーメンバハは一七九九年に、石化した骨が地中で発見される「未知の動物」のリストを作ったとき、「北アメリカのオハイオ川の近くで骨が大量に掘りだされ、その巨大な臼歯の奇妙な形によって［……］他と区別される、過去の世界の途方もなく大きな怪物、オハイオのマンモス（マンムト・オヒオティクム）」に言及した[43]。ブルーメンバハはビュフォンとドーバントンや、オハイオの動物の遺骸とそのでこぼこの歯を研究した、他のナチュラリストたちの著作を読んでいた。こうして彼はロシアのマンモスに「エレファス・プリミゲニウス」、北アメリカの「マンモス」に「マンムト・オヒオティクム」という学名（リンネの命名規則に従った）を与えた最初の人物となった。だが「マンムト」がロシアのマンモスではなくオハイオの動物を指示している以上、これは矛盾した呼び名だった。キュヴィエは一八〇六年に後者を詳しく調査したとき、臼歯の表面に並んだ「乳房」の形の突起にちなみ、この動物に「マストドン」（ギリシア語でマストスが乳房、オドントスが歯）という名称を与えた。しかし先取権を有していたブルーメンバハの学名がその後も使用された。こういうわけでシベリアのマンモスは「エレファス・プリミゲニウス」という学名が長い間使われ、マストドンはこんにちでも「マンムト」という学名で知られているのである。さらに話を複雑にするのは、マンモスとマストドンはアメリカとヨーロッパの第四紀において共存し、ときにはその遺骸は混ざって発見されるという事実がすぐに明らかになったことである。

アメリカはマンモスによって国家となる

こうして「オハイオの未知の動物」の同定がフランスで行なわれたとするなら、アメリカの「マンモス」（とい

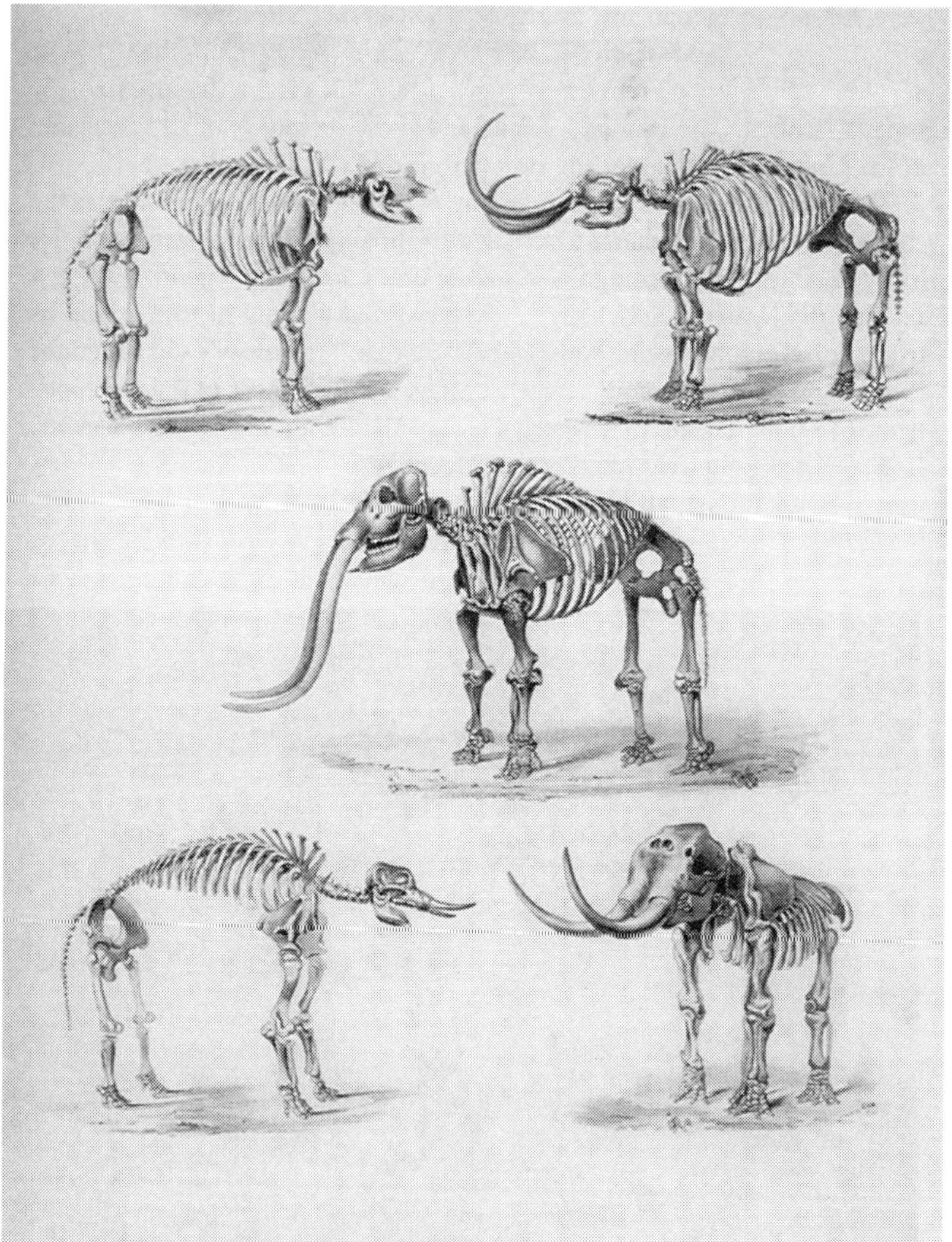

ジョン・コリンズ・ウォレンが例示するマストドンの多様性.
(『北アメリカの巨大マストドンの骨格』, ボストン, 1852年)

ニューバーグ（ニューヨーク州）近くで1799年に発見されたマストドンの発掘．
チャールズ・ウィルソン・ピールによるこの有名な『マストドンの発掘』（1806－08年）は，
1801年から始められた発掘作業の様子を克明に描いている．
（写真，ピール博物館，ボルティモア）

うよりむしろマストドン）事件はアメリカ国民の歴史にとって重要なものだったということができるだろう。「北アメリカにおける古脊椎動物学の始まり」[44]は、領土の征服と、国家の誕生と、その政治的・文化的制度の創設を背景にしてしか理解できないのである。

古生物学的遺物の探究と解読が、国家のアイデンティティの追求とこれほど深く関係していた場所はどこにもない。アメリカ人にとって、大西洋の向こうの国々による植民地支配や、下等で脆弱で退化した「未開人」というヨーロッパ中心主義的肖像から抜け出すことはきわめて重要であった。地下の資源と珍品の探索が、大地に根づきたい（ヨーロッパの植民地主義者と先住民の二重の圧力にもかかわらず）という意志とこれほど結びついていた例はどこにもないだろう。フランスとイギリスの科学者の偏見に対し、アメリカのナチュラリストたちは、かつて彼らの大地を占領していた動物の遺骸について真実を明らかにしようと努めた。インディアンの「神話」とは異なり、科学的「真実」は領土の征服と国家的制度の創設を土台にして機能と意味を見出したのである。

政治的独立を果たしたあとでも、ヨーロッパ諸国（特にイギリスとフランス）は文化と知については依然として参照すべき国だったが、それらからの制度的・文化的独立も徐々に獲得されつつあった。「アメリカのマンモス」事件は、自国の自然資源・文化資源に対する新しい国民の関心と、それを自国の制度の中で研究する彼らの能力を強化することになった。アメリカで最初の自然史コレクションと最初の博物館が創設されたのは、一八世紀の最後の数十年間である。[45]最初の自然史博物館はチャールズ・ウィルソン・ピール（一七四一―一八二七）が「アメリカ・マストドン」のほぼ完全な骨格を発掘した直後、一八〇八年にボルティモアで開設された。[46]

アメリカ最古の学会である「アメリカ哲学協会」は、民族誌学と古生物学の資料の収集、調査、整理、出版の場としてだけでなく、その時代の偉大な科学者たちの交流の場としても重要な役割を果たした。化石探索のための最初の学術調査隊が結成されたのは、この「哲学協会」を中心にしてであった。一八世紀から一九世紀に移る頃、それまで研究の主役であったパイオニアやアマチュアに続いて、この学問分野の真の専門家が登場した。たしかにアメリカの古生物学は、何十年もの間、フランスではすでに自然史博物館に古生物学の教授職が存在していた頃、発掘隊の編成とコレクションの展示を自費でまかなえるか、パトロンに補助金をだしてもらえる研究者によって行なわれ続けた。だが一九世紀のフランスの教育と研究の体制は、国家に強力に管理されたものであった。合衆国では、二〇世紀になるまでこの研究分野の職業化を語ることはできないだろう。[47]

「国民の誕生」と時期を同じくする、科学の形成にまつわるこの波乱に富んだエピソードは、アメリカの正史の中に、英雄時代、建国伝説といった真の神話を作りだし、その反響はこんにちにまで及んでいる。歴史のないこの「新興」国は、旧大陸のものより巨大な「マンモス」の遺骸が領土の中に隠されていることを証明することにより、文化的自治と存在の根拠を獲得したといえるだろう。こんにちサウス・ダコタのマンモスサイト、カリフォルニアのラ・ブレア・タール坑、ニューヨークの国立自然史博物館古生物コレクションを熱心に訪れる騒がしい群衆は、たぶん漠然と気づいているのだろう。自分たちがここへやってきたのは、この国を築いた祖先たちの亡骸に敬意を払うためであるということを。

6

マンモスと「地表の革命」

キュヴィエ、部分から全体を導く錬金術師●起源を探究するナチュラリストは神話に出遭う●ロマン主義の「激変的」想像力

革命暦第四年雨月一日、マンモスは一科学の象徴の地位にまでのぼりつめた。この一七九六年一月二一日に、市民ジョルジュ・キュヴィエ（一七六九―一八三二）はフランス学士院科学部会の演壇で、『数種の現生ゾウと化石ゾウについての論考』を読みあげた。すなわちこれから問題になるのは数種類のゾウである。講演者は、この研究の結論は地球の理論にとってこの上なく重要であり、「地球の革命のきわめて興味深い謎めいた歴史に光を投げかける」ものであると断言した。

演壇でこれほど自信に満ちた弁舌をふるう人間は、一七九五年三月二〇日、一年たらず前にパリにやってきたばかりの若者だった。ジョルジュ・キュヴィエは、プロテスタントからなるフランス語圏の小公国で、その頃はヴュルテンブルク公国に属していたモンベリャールのつつましい役人の家に生まれた。モンベリャールのフランス系学校と、シュトゥットガルトのエリート養成校カールスシューレで学び、そこで当時のドイツの大ナチュラリストたち、特に比較解剖学や地質学や化石研究に関心を抱いていた者たちの仕事に出会った。次いで彼は北フランスのカーンでルター派のフランス人家族、デリシー家の家庭教師になった。一七九二年、フランス革命が明確な形をとりつつあった頃、キュヴィエはノルマンディー地方で政治的・学問的活動に従事し、植物学と動物学の「野外研究」を行なっていた。やがて彼はアカデミー会員のアンリ＝アレクサンドル・テシエ神父（一七四一―一八三七）に注目されるようになり、テシエは彼をジュンユー（一七四八―一八三六）、パルマンティエ（一七三七―一八一三）、当時自然

史博物館の教授であったジョフロワ・サン＝ティレール（一七七二―一八四四）といったパリの友人たちに推薦した。フランス革命直後のこの頃には、科学研究の制度が刷新されつつあった。一七九五年、旧体制下の古いアカデミーの代わりにフランス学士院が国民公会によって創設された。王立植物園にとってかわる国立自然史博物館は一七九三年に設立された。できたばかりのこれらの制度は新しい才能を求めており、キュヴィエは一七九五年、二六歳の若さで科学アカデミーの会員に選ばれ、数年後にはその終身幹事にもなった。

同じ九五年に、彼は動物学者のアントワーヌ・メルトリュが正教授をつとめる自然史博物館動物解剖学講座の代理教授に任命された。ドーバントンやベルナール・ド・ラセペード（一七五六―一八二五）といったすぐれたナチュラリストに対し、キュヴィエは解剖学者として教養と知性と才能にあふれていることを証明した。彼は脊椎動物の比較解剖学の実践とともに、ドイツのナチュラリストたちの思想と方法を導入した。ビュフォンの活動と威光のおかげで飛躍的に増大した旧王立植物園の豊富な動物コレクションが、新しい科学の方法と新しい研究分野を確立するために重要な役割を演じた。

一七九六年の論考は、[1] キュヴィエが初期に発表した科学論文の一つである。それは科学的古生物学の礎石となる論考でもあった。その目的は「生息地と習性と形態によって異なる」少なくとも二種のゾウが存在することを、「非の打ち所のないやり方によって」明らかにすることにあった。西ヨーロッパのナチュラリストたちは、ゾウの解剖学的構造を少し以前からよく知るようになっていた。オランダ人のピエテル・カンペル（一七二二―一八九）は、一七七四年の冬に若いアジアゾウの死体を解剖し、その結果を詳しい挿絵つきで発表していた。[2] 他のゾウの解剖も、クロード・ペロー（一六一三―一八八）によって一七世紀の末に、ブルーメンバハ、メルトリュによって一八世紀の最後の数十年間に行なわれていた。また数個のゾウの骨格がパリの自然史博物館の所蔵品の中に存在したが、それは若きフランス共和国軍がオランダにおいて勝利を収めたため、ハーグ州知事の動物コレクションを手に入れ最近豊富になっていた。ゾウとロシアのマンモスの比較研究において、キュヴィエは一八世紀後半にロシアとドイツで行なわれ、その反響がイギリスやフランスにまで及んでいたすべての議論を引き継いでもいた。

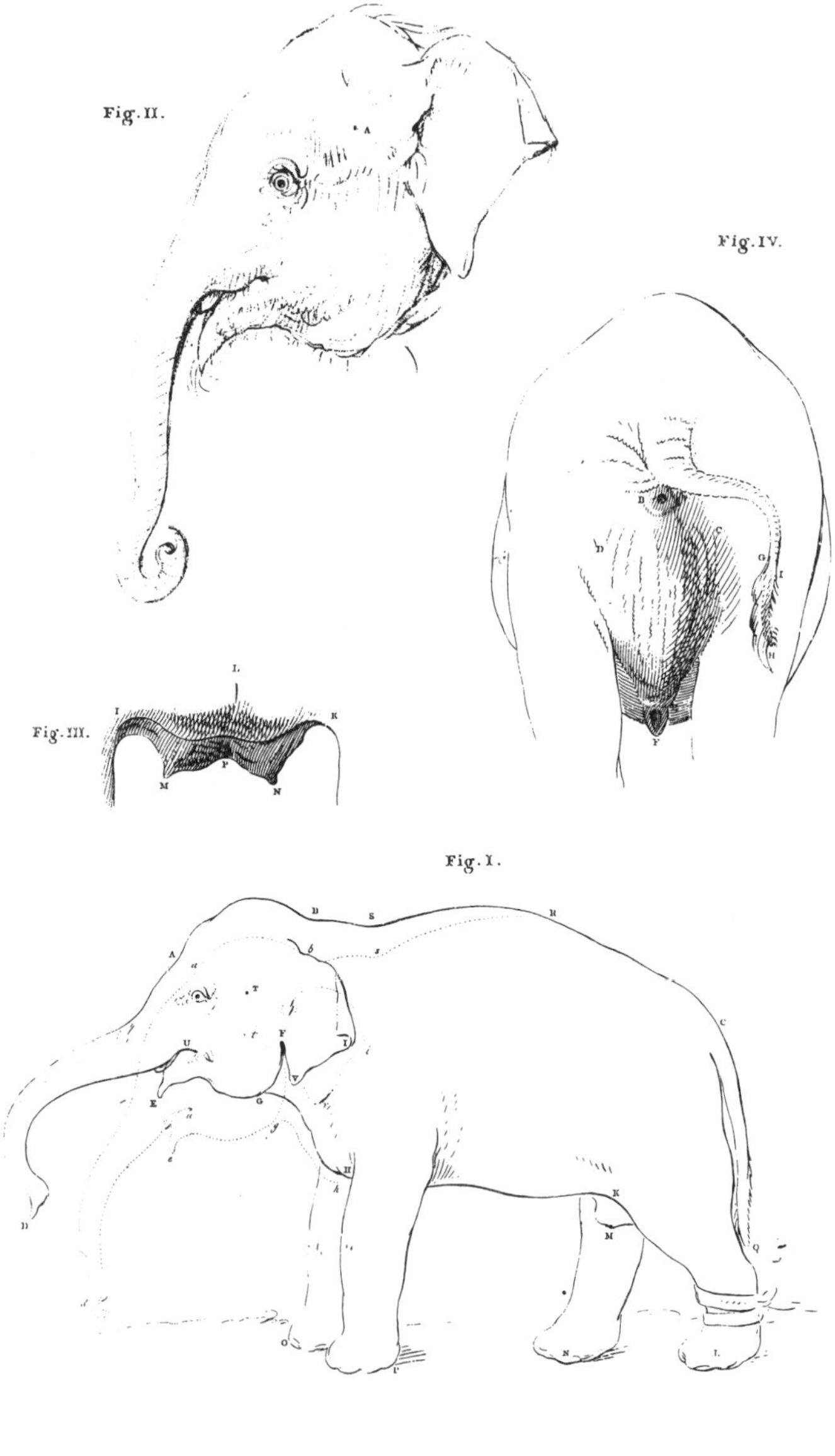

1774年の冬にピエテル・カンペルによって行なわれたアジアゾウの解剖.
(『雄ゾウの解剖学的記述』, パリ, 1802年)

キュヴィエは「数種の現生ゾウと化石ゾウ」を解明することをめざし、まずはじめに現在知られているゾウ（アジアゾウとアフリカゾウ）が、これまで信じられてきたような同一の種に属するものではないことを証明する。この違いを明確にするため、キュヴィエは両者を分ける特徴のカタログを丹念に作成する。アジアゾウは「アフリカゾウよりかなり大きくて強く」、乾燥した高地に住み、飼いならすことができる。それに対し、アフリカの湿原に生息するケープ地方のゾウは決して飼いならされることがない。また頭蓋骨の構造や、歯の形状や、牙の形と長さにいくつかの違いを見ることができる。アジアゾウでは、額はくぼんでおり、臼歯は平行に並ぶエナメル質の薄板で構成されている。アフリカゾウでは、頭部はより短く、額はふくらんでおり、臼歯のエナメル質の線条が菱形を形成している。この重要な違いは気候の影響だけでは説明できないとキュヴィエは述べる。ビュフォンのように、それは種々の状況が引き起こした「連続的退化」の結果であると主張することは、「自然誌そのものを無に帰せしめることになるだろう。なぜならそうすると、自然誌の対象は可変の形態とつかのまの類型だけになってしまうからである」[3]。キュヴィエにとって動物界は不変の世界であり、だからこそそれを科学的に記述し、その法則を決定し、その厳密な分類を確立することが可能なのである。したがって一つではなく、はっきりと異なる二種のゾウが現存すると結論しなければならない。

次にキュヴィエは論証の主要な点に移る。二つの現生種のほかに、こんにちではもはや「実物」を見ることのできない第三の種が存在する。この論文の第二論説は「失われたゾウの種」と題されていた。ここでキュヴィエは一七世紀の末からヨーロッパ中で話題になってきた、有名な「ロシアのマンモス」の問題をとりあげる。「シベリアでは並はずれて大きな骨が、地中のかなり浅い所から、まだあまり変質していない状態で、大量に発見されることは誰もが知っている」[4]と彼は記す。その地方の住人が、それらはモグラのように地下で生活している動物のものであると語り、この「角」を集め利用しているにしても、それは「ゾウの牙に似た牙以外のものではなく、工芸品に利用されるのと同じ象牙質の物質で構成され、［……］グメーリンやメッサーシュミットのようなもっと分別のある旅行家は、この骨はゾウに由来すると考えてきた」。しかし詳しく調べてみると、それは本当に現生のゾウと同

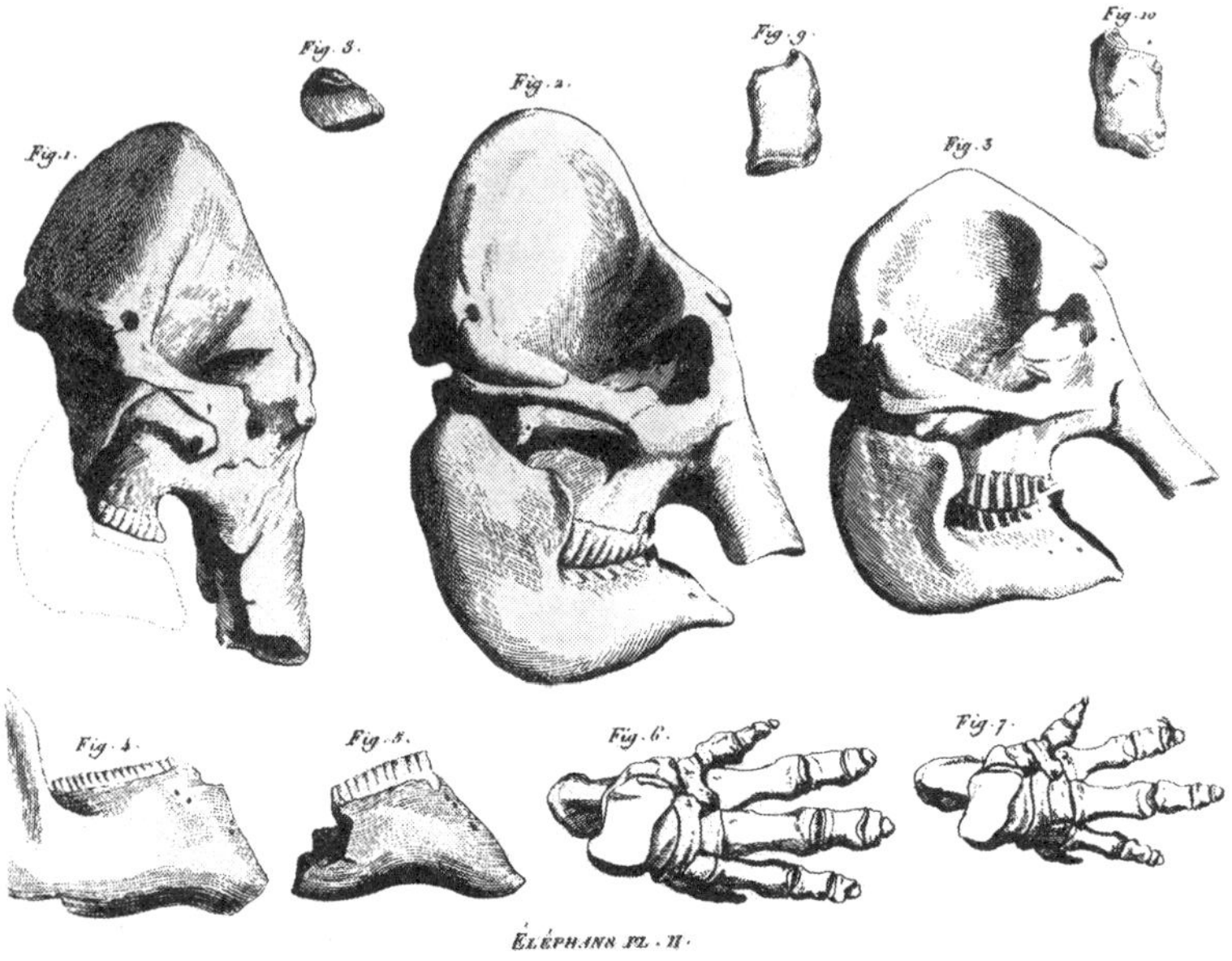

キュヴィエによる，「ロシアのマンモス」（左）と，アジアゾウ（中央）と，アフリカゾウ（右）の
頭蓋骨と四肢骨の解剖学的比較．この図版によって
三種の異なるゾウ（二つは現生種，一つは化石種）の存在が確立された．
『四足動物の化石骨の研究』，第2巻，1812年．
このマンモスの頭蓋骨の絵（左）はメッサーシュミットのデッサンを借用している．（114頁を参照）

様のゾウのものなのか。それを知るために、キュヴィエはマンモスの骨格の構造、牙の形と長さ、頭蓋骨の形状、歯の構造を、現生のゾウのそれらと細かく比較してみた。すると多くの違いが明らかになった。マンモスの臼歯には、アジアゾウの臼歯の帯より薄く近接した「狭い帯」があり、「下顎の先端がより丸くなっている」。頭蓋骨については、キュヴィエは一七四一年にブライネが発表したメッサーシュミットの絵を通してしか知らなかった。[5]だが直観の源泉になったというその絵によって、キュヴィエは牙の小孔が「頭部の大きさの割には、インドゾウのものより二倍長い」ことに気づいた。このような解剖学的比較からすると、シベリアのマンモスは、同一の属のメンバーと見なせるほど現生のゾウに似ているにもかかわらず、それとは「種において」異なっていると結論しなければならない。これは化石ゾウの種、「失われた」種なのである。

このような見事な論証は、一学問分野の出生証書と呼べるものであった。このナチュラリストは神話や伝説ではなく、「観察事実」にもとづいて新しい真実を人々に示した。解剖学的な比較は数種の異なるゾウが存在し、そのうちのいくつかは地上から姿を消してしまったことを明らかにした。それこそがキュヴィエの基本的命題であり、彼の古生物学研究全体の基盤であった。

むろん一八世紀の末において、「失われた種」というアイデアは新しいものではなかった。ビュフォンはそれを認めていたし、キュヴィエはシュトゥットガルトのカールスシューレで学んでいたとき、ドイツのナチュラリストの著述の中でそれに出会っていたのだろう。ヨハン・フリードリヒ・ブルーメンバハは『自然誌便覧』の第六版（一七九九年）において、「石化物」や「化石」を、現存する動物との類似の程度によって分類することを提案していた。[6]「石化物を二つの視点から考察することは、地球形成（ジェオジェニー）論にとって非常に有益かつ重要である。その視点とは第一にそれが現在どのような地層で見つかるかということ、第二に現在の自然界の生物との一致、単なる類似、あるいは完全な相違のどれがそれにあるかということである」。「現在の自然界の生物と石化物との比較」から、もとの生物を明確に決定できる石化物（ペトリフィカタ・スペルスティトルム）と、疑わしい石化物、つまり現存する生物に単に似ているにすぎないもの（ペトリフィカタ・ドゥビオルム）と、まったく未知の生物の石化物（ペトリフィカタ・インコグニトルム）を区別することができる。[7]

「疑わしい」石化物については、ある種のものは「現存する生物となんらかの類似はあるが、途方もない大きさの点でも、特定の部分に見られるわずかではあるが常に存在するさまざまな変化の点でも、それらとは異なっている」。ブルーメンバハはこの分類群の中に、特に「桁外れに大きなゾウの遺骨（われわれの祖先である巨人の骨と言われている）」を含めている。その骨はシベリアだけでなくドイツでも大量に発見されており、ブルーメンバハは動物学者カール・ハインリヒ・メルクの研究と、一六九五年にトナの近くで発掘された有名なゾウの骨格に言及している。[8]

現在の自然界で知られていない生物の石化物について言うなら、それは「以前の世界にいたまったく未知の生物

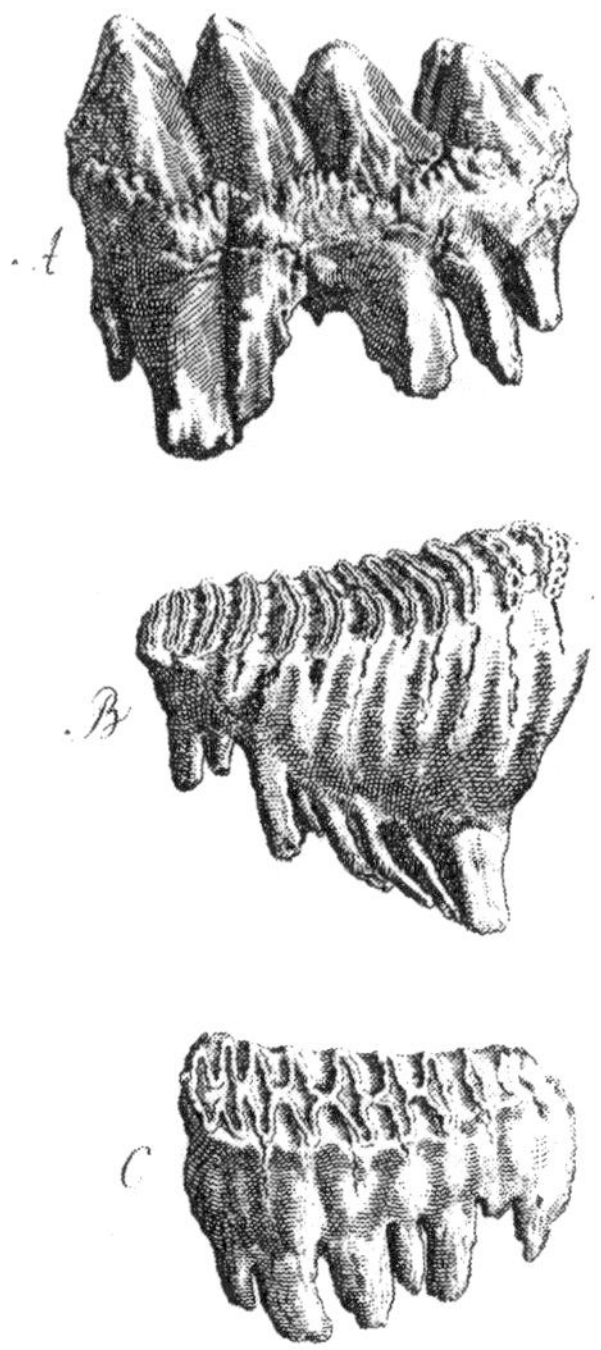

ブルーメンバハによる，既知の動物（C：アフリカゾウ）の臼歯と，完全に未知の動物（A：「オハイオの動物」）の臼歯と，「疑わしい」動物（B：マンモス）の臼歯の比較．（『自然誌便覧』第6版，1799年）

のものである。すなわち現在の世界では、それに完全に似ている生物はもちろん、わずかに似ている生物でさえただの一つも発見されていない」[9]。この文章は一七九九年に発表されたが、一七七九年にすでにブルーメンバハは、こんにちの自然の中には見られない化石種と、激変によって滅ぼされた諸世界と、地層の中で層序学的連続をなす「石化された」生物という三つのアイデアを抱いていた。これらのアイデアを結合したものは、キュヴィエが主張する理論にきわめて近かった。

　一七九六年のゾウに関する論考において、キュヴィエはブルーメンバハの「疑い」を真の確信に置き換えた。化石ゾウ（それに対しブルーメンバハが、リンネの命名法に従ったラテン語の名前、エレファス・プリミゲニウスを初めて与えた）の遺骸は、現生のゾウとの類似が「疑わしい」動物のものではなく、現在では地表から完全に姿を消してしまった動物の遺骸なのである。その動物の遺骸の巨大さそのものが、それらの消滅を証明するのに貢献する。「南北アメリカの地中でその骨が発見される、巨大なマストドンや途方もない大きさのメガテリウムが、現在もその大陸に生存しているなどとどうして考えられようか」とキュヴィエは声を大にして述べる。

　この地方を絶えずくまなく移動する流浪の部族民たちの目を、どうしてこの動物が逃れられようか。彼らは人類が滅ぼされないよう、この動物は偉大な精霊によって殺されたという絶滅についての神話を作りだしているのであるから、それがもはや生存しないことをみずから認めているのである。だが明らかにこの神話は、モグラのように地中で生活しているというマンモスに関するシベリア住民の神話と同様に、またゾウの骨が見つかるすべての場所に設けられている巨人の墓に関する古代人の神話と同様に、骨の発見がきっかけとなって生まれたのである。[10]

たしかにこのような議論には重みがあった。自然がまだパンドラの箱であった一、二世紀前ならこうはいかなかっただろう。その頃自然はまだ新しい生命の形態を隠しもった不透明な未知の世界であり、遠国への旅がヨーロッパ人に驚くべきものをもたらしてくれるのだった。遠く離れた土地には巨人やキュクロプスや一本足の人間、竜やサラマンダーが住んでいると信じることができた。しかしキュヴィエが筆をとっているこの啓蒙の世紀の末期には、大地はくまなく踏破されていた。数世紀前の旅行者たちの驚嘆すべき、ときには潤色された「報告」に代わり、動植物や人間という自然の中の存在に対する体系的・分類学的なアプローチが登場していた。

いくつかの生物種が消え去っただけでなく、すべての化石種が必然的に失われた種であった。キュヴィエによれば、化石とは「われわれの世界より以前の世界の存在、［……］なんらかの地球の革命によって滅ぼされた存在」[11]であった。「化石」という言葉はこれ以後、一六世紀以来もち続けてきた「地中に埋められていた事物」という曖昧な漠然とした意味を失った。またブルーメンバハがまだ「化石学」（地中に埋められていた事物の学）と呼んでいた研究分野は、一八二二年に「古生物学」という名称を獲得した。[12] 古生物学は、デミウルゴスたる古生物学者のペンと鉛筆によらなければ二度とこの世に住みつくことのできない過去の生物の科学であり、このことはゾウの研究において特に見事に証明されたのである。

化石種は現生種とはたしかに異なる。そのことは一七九九年に、ロシアの植物学者アダムスがレナ川河口のツングース族の土地において、凍土の中に完全に保存されていたマンモスの遺骸を発見したとき以前にもまして明確になった。このとき、現生のゾウと異なるだけでなく、極北の地で生存できたことの謎をも解くこの動物の特徴が明らかになった。アダムスのマンモスはもじゃもじゃの毛に覆われ、現在のこの地の気候と同じくらい寒い気候に完全に適応していたのである。レナ川のマンモスの発見は、問題の前提を覆し、はるかに単純なものにした。「最近アダムス氏によってシベリアの海岸の氷の中から取りだされた個体は、二種類の厚い毛に覆われていたようなので、この種が寒冷な気候の中で生活していた可能性はあるだろう」とキュヴィエは記している。[13] これ以後、熱帯の種が現在凍りついている土地に生存したことを説明するために、地球の漸進的冷却や、黄道傾斜の変化を仮定する必要はまったくなくなった。[14]

マンモスがシベリアで生存していたことが容易に説明できる現象になったとするなら、次に解明すべきはその消滅であった。物語の主人公が見出され記述されたからには、この化石生物がぴったり収まる説明の体系を作り上げねばならなかった。「消え去った」生物とその消滅の過程を、信用できる叙述の中に組み込むことが必要だった。キュヴィエは種の連続的消滅を、「地表」に影響を及ぼした「革命」によって説明することを提案する。地球の歴史は、生物を何度も全滅させた大異変に彩られている。「いかなる反証も提示することができない、互いに調和したこれらの事実は、われわれの世界以前にある世界が存在し、それがなんらかの激変によって破壊されたことを証明しているように思われる」。[15]

もっとも激変のアイデアは、キュヴィエがこう記した頃にはすでに新しいものではなかった。一八世紀を通じ、地球を「廃墟」と見なす考え方はある種の人々の心をつかんでいた。ブルーメンバハとスイスの地質学者ジャン＝アンドレ・ドゥリュックは、「失われた種」を、地球の歴史に周期的に生じる激変によって説明していた。彼らにとって化石の研究は、「ジェオジェニー」の問題、すなわち地球の形成の問題と、「われわれの地球が相次いで襲われた多少とも広範囲の種々の激変」[16] の問題を解明するものであった。もっと以前、バーネット、ウッドワード、ショイヒツァーといった「洪水論者」たちは、ずたずたに切られねじ曲げられた地球の起伏の中に失われた楽園の痕跡を発見し、ノアの洪水を典型とする奇蹟的な不意の事件を地球の形成過程の中に導入することにより、彼らの

サンクト・ペテルブルグ動物学研究所のアダムスのマンモス（写真は1900年以後に撮られたもの）．
1799年にレナ川の岸辺で「肉も骨も」ともに発見されたこの標本は，1804年まで掘りだすことができなかったため，肉部分は失われてしまった．サンクト・ペテルブルグ科学アカデミーは，骨格（すでに別個に売却されていた牙を除き）を8600ルーブルで購入した．
牙の配置は1899年に，背中の線は1950年にというように，骨格の組み立ては何度も修正された．
（写真，サンクト・ペテルブルグ動物学研究所史料室）

化石の解釈を聖書に一致させようと努めた。またジョン・レイ（一六二八―一七〇五）のような人物は、聖書の年代記に適合する短い時間枠の観念を保持しながら、地震や火山の噴火や津波を援用した。しかしブーランジェやドルバックのような唯物論的思想家も大異変を仮定していた。一八世紀のはじめには、このような問題のとらえ方はゆるやかな原因によって引き起こされる地球の連続的な転変という観念、たとえばゆっくり行なわれた海の退却、沈殿物の蓄積による地層や山の漸進的形成という観念に対立していた。後者の主張は一般に地球の歴史に膨大な時間を付与する考え方と結びついていた。アマチュア・ナチュラリスト、ブノワ・ド・マイエ（一六五六―一七三八）の理論がその典型であり、彼は『テリアメド』（一七四八年に地下出版されたが、一七二〇年にはすでに手稿の形で回覧されていた）の中で、海中で形成された高山の頂上を海が覆っていた時代から、現在まで続く「海の減少」を推算することにより、地球の歴史に「二〇億年以上」の年月を与えていた。晩年のビュフォンの確信もその例である。彼は白熱していた原初の地球がゆっくり冷却したというアイデアの中に、地球と生物の転変を解明する鍵があると考えていた。多くの点でビュフォンの弟子であり、キュヴィエの同時代人であるラマルク（一七四四―一八二九）も、『水文地質学』（一八〇二年）においてだけでなく、『動物哲学』（一八〇九年）の中で提示された動物界の変移の観念においても、緩慢な転変という説を採用した。このようにこれらの「連続主義的」理論はすべて、地球と生物の歴史を現在も作用しているのと同じ原因によって引き起こされた漸進的転変と見なす、「現在主義的」哲学と結びついているのである。[17]

キュヴィエの見解はまったく異なっていた。すなわち彼は断固たる激変論者であった。マンモスが運動の最中に死んで冷凍されたように思えること、その遺体が完全な状態で保存されていることは、彼の目にはこの動物の死んだのが突然であり、したがって彼らを絶滅させた原因が急激なものであったことを証明しているように見えた。「その原因がどのようなものであったにしろ、それは突然作用したに違いない」とキュヴィエは記す。

シベリアの平原にこれほど完全に保存されている骨と牙は、それらをその場で凍らせたり、それらに対する風雨などの作用を一般に阻止したりする寒さがなければそうはならなかっただろう。もしこの寒さがゆっくりと段階的にやってきたのだったら、これらの骨と、ましてときには骨を覆っている肉の部分には、熱帯や温帯で見られるもののように腐敗する時間があっただろう。即座に氷に包まれ、氷がそれを現在まで保存したのでないなら、アダムス氏が発見したような無傷の遺体が、腐敗せずに肉と皮膚をそのまま保つなどということはとりわけ不可能だろう。したがって地球の漸進的冷却や、黄道傾斜あるいは地軸の位置のゆっくりとした変化を提唱するすべての仮説は、おのずから崩壊の憂き目に会うのである。[18]

この動物の遺骸の保存状態そのものが、突然の出来事がその死を引き起こしたということを示唆している。こうしてシベリアのマンモスの運命は、遺骸が地中に埋められていたすべての絶滅動物（アメリカのメガテリウムとマストドン、マーストリヒトの聖ペーテル山のワニ、モンマルトルの石膏の中のパレオテリウムなど）の運命のモデルとなったのである。

キュヴィエにとって、「現在原因」によってはこんにちわれわれがときに目にする地球の「混沌とした」外観、廃墟のような姿を説明することはできない。「現在もなお地表で」作用しているいかなる原因も、地層の中に見られる「こうした逆転、破砕、亀裂」を作りだすことはできなかった。雨、雪解け、川の流れ、海食、火山活動も、地球のこの外観を説明するのに充分ではない。真の原因は、現在の自然界で作用している原因とは比較できない、激しさと唐突さをもっているのである。

地中で発見されるのは、化石を含まない分厚い堆積物によって分離されていることもある、部分的な、不連続の、分散させられた遺骸であるが、キュヴィエはその観察結果を完全に記述的な方法で説明しようと努める。彼が語る歴史（動物相の突然の消滅の歴史と、その動物相を含む地層の歴史）は、彼が見たものの正確な反映であろうとする。それは急激な変化が繰り返し起こる、分断された、不連続の歴史であり、そこでは継起する化石「世界」の種の不変説的解釈が前提とされている。まず最初に出現したのが海生の軟体動物と脊椎動物であり、次に両生類、爬虫類、哺乳類が現われ、そして最後に人間が登場した。「流れ」が何度も「断ち切られた」この継起、次第に増大するこの生物の複雑さは、瞬間の連なりに圧縮されたような、可能な限り短い期間で実現された。激変が突然ひと塊としてやってきたため、この出来事を連続的な変化の鎖によって結びつけることはまったくできない。

キュヴィエの時間は地質学的激変の不連続な時間であり、動物相の非可逆的継起の時間でもある。ヒエラルキー的段階を追って太古の生物は次々に出現し、「世界」は次々に交代したが、動物相が中間の段階なしに継起するのでこれは連続的な変移ではない。地層の不連続な連なりの中に「中間的形態」が欠如しているという事実は、キュヴィエとその弟子たちが、ラマルクの漸進主義的種変移説を批判するために用いた主要な論拠の一つであった。「種が徐々に変化したのなら、その漸進的な変化の痕跡が発見されねばならない。パレオテリウムと現在の種の間になんらかの中間的な形態が見つかるはずであるが、現在のところそのような事態はまったく生じていない」[19]。大異変に彩られたこのような地球の歴史は、地層の中に隠された種の継起によって知ることができる。そこでキュヴィエとアレクサンドル・ブロンニャール（一七七〇―一八四七）の研究したパリ盆地の地質学が、世界の他の地域の地質形態を理解するためのモデルになるのである[20]。

キュヴィエ、部分から全体を導く錬金術師

キュヴィエは一科学の創始者であることを主張し、こんにちでも彼はそのような人物として讃えられている。「失われた世界」を復元できるという可能性が、新しい知の広大な領域を切り開いた。万有引力の法則を定式化したニュートンの例にならい、キュヴィエは生物の構造と歴史を理解するための法則を確立することに着手する。

この点ではオーギュスト・コント（一七九八―一八五七）の実証主義に近い立場をとるキュヴィエにとって、科学は想像力や神話や寓話を排除し、合理的な法則を作りあげることによって信用を博するものである。シベリア住民の伝説、古代人の神話、アメリカ・インディアンの「寓話」に対し、キュヴィエは比較解剖学に依拠した新しい研究分野の礎を築いた。彼の目には、比較解剖学こそ化石の上に蓄積したあらゆる神話や迷信に取って代わるべきも

のであると見えた。「現在はもはやこのような生物の遺骸が、大地の創造力によって地中で作られた単なる自然の戯れであると、無知を理由に主張できる時代ではない」。

失われた種の復元は、「ほとんど未知の技術、これまでほとんど論じられることのなかった科学、すなわち生物のさまざまな部分の形態の共存を支配する法則の科学」によって可能になるとキュヴィエは記す[21]。この法則は、現生生物と化石生物の比較解剖学的研究から引きだすことができ、ゾウの種についての論考がその見事な例となっている。ある動物がどの種に属しているかを決定する第一の原理は、機能的な生物観と結びついた「生物における形態の相関」である。「ある動物の腸が肉だけ、しかも新鮮な肉だけしか消化できないように構成されているなら、その顎は獲物を貪り食うように、その爪は獲物をつかまえ引き裂くように、その歯は獲物を切り刻むように作られていなければならない[22]」。このように生物を機能的体系と見なすことにより、一つの骨片や一本の歯から「動物全体を再生する」ことが可能になる。「要するに、曲線の方程式が曲線のすべての特性を導くのと同様に、歯の形態が関節丘や肩甲骨や爪の形態を導くのである[23]」。使用された語彙（「方程式」「曲線」「導く」「特性」）によっても、キュヴィエが「相関の原理」を数学の定理のように考えていたことは明らかである。もっと確かなことは、彼が提喩法（部分が全体を表わす）と呼ばれる修辞の技法をモデルにして、古生物学者に与えられたきわめて根強いイメージの一つ、すなわち最も小さなものから出発して最も大きなものを鮮やかに復元する人間、灰の中から蘇るフェニックスや復活する死者の神話とさほど変わらない、驚異を実現する錬金術師というイメージを提示していたことである。

キュヴィエの科学は事物や現象を支配する原因よりも、事物や現象の関係を「閉じた体系」において決定する、構造的法則の考察に向かう。その法則がすなわち「相関」と「機能の従属」の原理であり、「化石骨の歴史」と「地球の理論」の結びつきであり、動植物の遺骸と「それを内に含む鉱物層」の関連である。必然的に結び合わされた地球と生物に関するこの二つの歴史は、解剖学や、鉱物学・地理学の基盤である「地球の自然誌」や、「こう言ってもよいと思うが人間誌[24]」の知識にさえ影響を与えるだろう。

この歴史の中では、四足動物の化石が中心的役割を演じている。なぜならそれは時間の面では無脊椎動物や海生動物の遺骸よりすぐれた層序学的な指標であり、空間の面では水没した陸地の境界を海生動物の化石より明確に指示するからである。「地表を変質させた革命の本性は、海生動物より陸生四足動物に対して完全な作用を及ぼしたはずである」[25]。こうしてガヴィアル、巨大ガメ、プテロダクティロ、イグアノドンといった中生代の大型爬虫類が地中から姿を現わし、パレオテリウム、ロフィオドン、アノプロテリウム、アントラコテリウム、ケロポタムなどの第三紀の厚皮動物がモンマルトルの石膏の中で発見される。またもっと新しい時期の軟らかい地層からは、サイ、カバなどの「巨大厚皮動物」、ウマおよび大型反芻動物、大クマ、ライオン、トラ、ハイエナのような肉食動物が掘りだされる。キュヴィエは時間の奥底から呼びだしたそのような動物の間に、マンモスの肖像を挿入する。

ロシア人によってマンモスと呼ばれたゾウ（エレファス・プリミゲニウス・ブルーメンバハ）は、体高が一五から一八ピエで、赤褐色の粗毛と、背中に沿ってたてがみを形成する黒く長い剛毛に覆われている。巨大な牙は、現在のゾウの歯槽より長い歯槽の中に植わっている。［……］この動物は、何千という遺骸をスペインからシベリアの河岸にまで残し、それは北アメリカ全域でも発見されている。したがってそれは大西洋の両側に分布していた。もっとも当時大西洋が現在と同じ場所に位置していたらの話だが[26]。

古生物学者という「新種の好古家」は、「過去の革命の遺物を修復する」だけでなく、「その意味を解読する」[27]、つまりそれを歴史の中に組み入れることも学んだ。ここでは人間誌を補佐する考古学が、古生物学という学問の方法論的モデルと見なされている。「多くの消滅した民族のほとんど消えてしまった痕跡を、人類の幼年期の中に追い求める気があるなら、なぜすべての民族が存在する以前の革命の痕跡を、地球の幼年期の闇の中に探索しないのか」[28]。

起源を探究するナチュラリストは神話に出遭う

しかしキュヴィエは自分が語る歴史について、大ざっぱな輪郭しか描かず、多くの問題に回答を与えないままであった。激変という「恐るべき重大な出来事」の本性や周期はどのようなものなのか。その原因は何か。そのような問題を提起しそれに答えることを避けたのは、おそらく用心のためだったのだろう。なぜならそれに答えることは、科学と宗教の関係という問題に正面から立ち向かうことになったからである。

それでもキュヴィエは動物相破壊の主要な原因が、洪水や海底の浮上にあるに違いないことを示唆する。「無数の生物がこの激変の犠牲になった。乾いた大地に住む者は洪水に呑み込まれ、海中に暮らす者は海底が突然もちあがったため乾燥させられた[29]」。だが気候の変化も一定の役割を演じたはずであり、たとえば「北の地域で」「氷にとらえられた大型四足動物の遺骸」が見られることはそれによって説明される。遺骸の様子から、「この動物が滅ぼされたのと、それが住んでいた地域が凍てつくような寒さになったのは同時である」とキュヴィエは結論する。彼が「最後の激変」と考える「この出来事」は、「段階的変化のない突然かつ瞬時のものであった[30]」。

他方でキュヴィエは新種の出現を決定するメカニズムについては曖昧なままである。時々彼がほのめかしているように、それは移住によるのだろうか。だがそれでは動物相の不連続性がうまく説明できない。それよりも神の介入によって可能になる新たな創造が問題なのだろうか。何人かの弟子は、動物相が更新されるたびに新たな創造が行なわれたというアイデアを受け入れたが（アルシッド・ドルビニーは少なくとも二七回の「特殊な創造」を想定した）、キュヴィエ自身はこの問題について何も記さなかった。構成が安定し完全である動物相、一回の大異変によっても絶滅させられてしまうほど固定した動物相が、相次いで生命の歴史に登場するという考え方においては、その動物相の更新を説明するためにはなんらかの「救いの神（デウス・エクス・マキナ）」の介入が必要だろう。しかしこの古生物学者は、その過程を解明することよりも、過去の世界の動物相と植物相を丹念に記述することに固執した[31]。しかもキュヴィエは地球の年齢や、彼が語る地球の歴史の時間を算定していない。激変は時間を節約するので、たとえばラマルクの種変移説においては斉一的原因の仮説から必要不可欠となるような、聖書の年代学に反した膨大な期間をキュヴィエは拒否できるのである。

「ある種のナチュラリストが何千という世紀をいとも簡単に積みあげ、それを大いに当てにしていることをわたしは知っている。しかしこのような問題においては、短い時間が生みだす事柄を頭の中で倍加させるという作業を繰り返さなければ、長い時間が生みだす事柄についてなかなか判断を下せないのである」[32]。キュヴィエがその史的構築物の中に導入した種々のパラメーター、すなわち種の不変性や、地球の歴史における現在の原因と過去の原因の基本的不連続性は、宗教的ドグマに対する暗黙の忠誠を示しているのだろうか。「激変的」原因は、たしかにノアの洪水を典型とする奇蹟の次元に属している。キュヴィエはある種の激変に言及するとき、「いくつかの大洪水」というように複数形で記した。だが中世の教父や一七、八世紀の信仰心の厚いナチュラリストも、複数の大洪水を語っていたのではないか。キュヴィエは「大洪水以前の」動物という表現を使用しているし、最後の激変と聖書の中の大洪水のエピソードとの同一視は、少なくとも『四足動物の化石骨の研究』の序文をなす論考、すなわち『序説』の最初の版（一八一二年）では含みをもたせた形でしか行なわれていないにしても、その改訂版（一八二五年）ではははるかに旗幟鮮明である。

『序説』のオリジナル・テキストは、はじめは科学雑誌に別々に発表され、次いで四巻の書物にまとめられたキュヴィエの解剖学的・古生物学的研究に、方法論的・哲学的・叙述的枠組みを提供するものであった。書き直され、増補された『序説』は、一八二五年に『地表革命論』という題の別巻として大々的に出版された。一九世紀の最初の三分の一の間によく読まれたのは、比較解剖学の詳細な研究よりもこの作品であり、キュヴィエの著作の中ではこれだけが現在も版を重ねている。この作品は途中で読者層が変わったという点で異例のものである。当初は科学書の序文であったものが、その後教養のある一般大衆向けの著作になった。改訂されたこの『序説』は、最後の大激変を証明する地質学的証拠のかたわらに、古代の伝承と聖書についての長々しい説明を含んでいる。そこではキュヴィエは地球の歴史を復元するために、もはや解剖学ではなく比較神話学を展開している。この新版の中心に付け加えられたおよそ一〇〇頁のすべてを使って、彼は聖書が伝える歴史だけでなく、エジプト、カルデア、インドの歴史といった古代の歴史を次々と検討する。最後の大異変の年代を決めるために、キュヴィエはこれら伝承の研究に専心するが、すべての伝承の中で彼が最も正確だと判断したのは（むろん）わが聖書が語るものであった。この著作の主要部分を占めるそのような研究から、大洪水はおよそ五〇〇〇年前に実際に起きたという結論が導かれる。この新版でキュヴィエが「洪積世」という用語を復活させていることにも注意を引かれる。それまでこの語は『序説』の英語版の中でしか用いられなかったし[33]、ウィリアム・バックランド師によって自然神学とキュヴィエの主題を結合する枠組みの中で使用されていたのだった。

「洪積世」という用語を『序説』の改訂版で復活させることにより、キュヴィエはある種の曖昧さを維持しようとしていたように思われる。最後の激変、すなわちこんにち遺骸が地表に散らばっている「大型厚皮動物」（ケサイやマンモス）を絶滅させた激変は、聖書の語る大洪水と同一視することができる。「地質学の中に何か確実なものが存在するとしたら」とキュヴィエは語る。

それは地球の表面が大規模な突然の革命に見舞われ、その時期は五〇〇〇年前あるいは六〇〇〇年前よりはるかな昔ではないということである。またこの革命は、人間とこんにちよく知られている動物種がかつて住んでいた土地を水没させ消し去った。その反対にこの革命は、当時の海底を乾燥させ、それをこんにち生物の住んでいる土地に変えた。この革命以後、それを免れた少数の個体が新たに乾燥させられた場所に広がり繁殖した。したがってその時期のあとになって初めて、われわれの社会は徐々に前進を始め、さまざまな施設を作り、大建築物を建て、自然の事実を集め、科学的体系を構築したのである[34]。

「大型厚皮動物」は大洪水によって滅ぼされたが、その事件は人間の出現ではないとしても、少なくとも人間の歴史の始まりを告げるものであった。なぜならキュヴィエによれば、「あらゆる証拠からして、人類は動物の化石骨が現在発見される土地に、革命がその骨を地中に埋めた時期にはまったく生存していなかったと考えられる」からである。これは『創世記』の物語（特に大洪水とノアの箱舟のエピソード）と食い違わないように、当時人間は「かなり狭い地域に居住し、その恐るべき出来事のあとでそこからすべての大地に広がった[35]」という可能性を排除しないでおく慎重な表現である。

キュヴィエは宗教に対する科学の自立を何度も公言し、聖書の物語を字句通り尊重する態度が地質学的探究の方向を歪めてしまったことを強調した。だが実際には、キュヴィエは自分が構築した歴史の中で聖書と妥協している[36]。キリスト教信仰にとって不可欠な点、すなわち種の不変性、不意の（奇蹟的な）原因の介入、人間の起源の新しさ、革命後の新たな動物種の出現の仕方などにおいて、キュヴィエはキリスト教教義と両立しうる枠組みを保持していた。キュヴィエの著作が宗教、およびその物語やドグマととり結ぶ複雑かつ曖昧な関係や、その点に関する彼の態度の変化から、われわれはキュヴィエの「宗教的偽善」を結論しなければならないのだろうか。キュヴィエは「一八〇二年以降、宗教的正統が公式にますます強く奨励されるという風潮に荷担し、そうすることによって自分の行政上の地位を強化するために[37]」、聖書の大洪水や短年代のドグマに与したのだろうか。それともキュヴィエの作品を、最初の科学的古生物学の著作としてと同時に、最後の「地球の理論」、科学的な知と聖書の物語の字句通りの解釈を和解させようとする最終的な試みとして読まなければならないのだろうか。この問題にはまだ決着がついていない。だがキュヴィエの思想において、聖書が語る歴史の枠組みは、自然の歴史を叙述する作業に一定の方向性を刻印していたように思われる。

キュヴィエは過去の生物と地球についての科学を創造しようとした。しかしその物語を作りあげる際に、神学と信仰の問題に直面した。また古生物学者が入手可能な断片的証拠をもとに歴史を復元するときには、ほとんど必然的に虚構や想像力が介入してくるものである。起源の探究はすべて夢と神話に遭遇するのではないだろうか。実証的・合理的科学の全能を信じていたキュヴィエも、その思考の過程から想像力を除去することはできなかった。そして今度は彼の方が、地球と生物の起源と歴史、不変の動物相と周期的激変の継起について神話的物語を構築した。彼自身がさまざまな点で物語や寓話を、さらには正真正銘の神話までも創造したのではないだろうか。もっと根本的なところでは、科学と理性に対する実証主義的な確信と、過去の存在と世界に関する完全に合理的な科学を創造しようという野心も、神話の色合いを帯びているのではないだろうか。

ロマン主義の「激変的」想像力

一八二五年に改訂された『四足動物の化石骨の研究』の『序説』は、その構造、構成、テーマ、文体や語彙において新たな「神話」を育成し、一般大衆の真の熱狂を引き起こすのにふさわしい作品であった。一八三一年、幻想性と当時のパリの社会の鋭く写実的な描写がないまぜになっている『あら皮』の第一章で、バルザック（一七九九―一八五〇）はその世代全体のものであったと思われる賛辞を「偉大なキュヴィエ」に捧げた。

　キュヴィエの地質学的著作を読んだとき、あなたは広大な空間と時間の中に身を投じなかっただろうか。彼の天賦の才に心を奪われ、まるで魔法使いの手に導かれるようにして、あなたは過去の果てしない深淵の上を滑空しなかっただろうか。［……］キュヴィエは今世紀最大の詩人ではないだろうか。たしかにバイロン卿は言葉によってある種の精神的興奮を作りだした。しかしわれらが不滅のナチュラリストは、白骨によって世界を復元し、歯によってカドモスのように都市を再建し、石炭の破片によってあまたの森に動物学のあらゆる謎を再び住まわせ、マンモスの足の中に巨獣の群を再発見したのである。[38]

「地表の革命」を喚起するために、壮大なもの、劇的なものに関係するありとあらゆる修辞が導入されたが、その修辞は「失われた種」や大異変や破壊された世界についての新たな神話を創造し、この著作に正真正銘の文学作品の身分を与えるのにふさわしいものであった。選ばれた対象（巨大な四足動物、「大型厚皮動物」）と、語られる歴史（地表の革命）は当然ながら叙述を誇張されたものにする。たとえばとてつもなく大きな動物を絶滅させた巨大異変の唐突さは、「地層の断裂、直立、転覆」によって知ることができる。「始原山岳」が作りだす荒れ果てた光景は、「そそり立つ鋭峰」、「ぎざぎざに切り裂かれた稜線」、「完全に砕かれひっくり返された巨大な岩床」[39]を誇示する。地層を構成する堆積物と小石の連続の中に、キュヴィエは秩序を打ち立てるだけでなく、さまざまなドラマや宇宙的な悲劇をも読みとる。「大量の水が経験した運動の力は、多くの場所で堅い層の間に置かれている、岩屑や円礫の集積によっても証明される」[40]。そして彼は悲劇的な感傷とともにこう結論する。「こうして生命はこの大地の上で、身の毛もよだつ出来事によって何度も混乱させられた。無数の生物がこの激変の犠牲になった。乾いた大地に住む者は洪水に呑み込まれ、海中に暮らす者は海底が突然もちあがったため乾燥させられた。多くの種族が永遠の眠りにつき、ナチュラリストがかろうじて識別できるわずかな残骸しかこの世に残さなかった」[41]。「身の毛もよだつ」「激変」「呑み込まれた」「突然」(他の箇所では「この恐るべき重大な出来事」)、故意に用いられたこのような深刻で大袈裟な語彙は、読者に強い印象を与え、ナチュラリストを新しい英雄に、自然誌を新種の叙事詩にすることに貢献した。ヴィクトル・ユゴー(一八〇二—八五)の『諸世紀の伝説』に先だって、「諸千年紀の悲劇」が存在したのである。

このような世界の起源と転変の物語によって、キュヴィエは自分自身についての神話も構築する。彼は典拠としたドイツ語文献を黙殺し、この分野で彼に先行していたナチュラリストと論敵を排除し、それまで欠けていた合理性を付与することで化石研究を科学の地位に高めたと主張する。「わたしが発見することのできた事実は、この太古の歴史を構成する事実のほんのわずかな部分でしかないだろう。しかしわたしが発見した事実のうちのいくつかは決定的な結論へと通じているし、わたしが結論を導く際にとった厳密な方法が、その結論は科学において一時期を画する、変更しようのないものであると見なされることをわたしに確信させてくれるのである」[42]、こう彼は断言する。また一科学を創始し、新しいタイプの歴史を構築すると宣言したときと同じ心持ちで、キュヴィエは科学の新しい英雄像を作りあげる。それが「この太古の出来事の広がりと大きさを視野に収める」ことができる唯一の人間、古生物学者であった。古生物学者は「まだ数歩しか踏みだされていなかった道」[43]を踏破した未知の世界の発見者として、また「時間の限界を越える」こと、「観察によってこの世界の歴史と、人類の誕生以前に生起した一連の出来事を再発見する」[44]ことができる、新たな世界創造のデミウルゴスとして名乗りをあげるのである。

当初はある科学的著作の序文として、いわば「方法叙説」として書かれた『序説』は、一つの爪や骨片から動物を復元することのできる世界の再創造者、すなわち古生物学者を主人公とする一種の小説として読むことができる。この帰納的な構築物において、キュヴィエは一つの科学を（師や先人にはそれほど頼らずに）創始したと主張する。自己の発見を誇張して提示することにより、キュヴィエは自分自身について創始者のイメージを、その後科学の歴史の「パンテオン」の中へ移されるイメージを作りだした[45]。彼は新しい言語を発明し、その章句を響きのよい詩的で恐ろしげな新しい語（メガテリウム、マストドン、メガロニクスなど）によって飾った。一九世紀はじめのフランスにおいて、キュヴィエの研究と著作は消滅した世界を蘇らせ、「最後の審判の日」のように生物をはるかな過去から呼び戻すという、古生物学者の神話を確立したのである。

しかし心理学的理由（一個人の尊大な意志と野心）だけではこの時期のキュヴィエの勝利は説明できないだろう。時代の知や夢と一個人の出会いであるキュヴィエの体系は、既知の経験的「事実」だけでなく、世紀が移り変わるこの頃の集団的表象にももとづいた独自の構築物であるように思われる。その数十年間に、科学はフランス革命から生まれた「普遍人」に対し、時間という新しい普遍的な次元を付与するに至った。天地創造の精華である人間は、「穏やかな川が規則的な流れによって豊富な植物を育てている肥沃な平原[46]」に暮している。しかし人間の存在そのものが、それに先行するすさまじい動乱を前提としている。人々は大洪水以前のこの「恐るべき出来事」の中に、最近フランスが経験したこれまた恐るべきものだった革命のこだまを聞くことができた。読者ははじめから次のことを知らされている。こんにちわれわれの住んでいる世界が「戦災や権力者の抑圧によって混乱させられる」のと同様に、「自然も内乱を経験し、地表は革命と激変によって一変させられた[47]」ことを。一八二五年、シャルル一〇世の時代に、過去のこの「恐るべき革命」を特に暗示に富む言葉によって呼び起こすことが、人々の関心を引かないはずはなかっただろう。

キュヴィエが描く世界は、ロマン主義の「激変的」想像力や、フランス革命後の「崩壊した社会」や、帝政後の

「歴史から姿を消した巨人たち」と深く結びついていた。一九世紀初頭には、考古学的な好奇心と探究心や、消え失せた世界に対する関心が、文学の創造にも影響を与えるほど高まっていた。ジャック・ドゥリル（一七三八—一八一三）の『自然の三界』[48]からピエール・ボワタールの『人類以前のパリ』[49]まで、キュヴィエの発見は絶滅した動物相を登場させる空想的な詩や物語をフランスにおいて生みだした。ルイ・フィギエの作品『大洪水以前の地球』[50]を飾る版画のような素晴らしい挿絵も出現した。世紀の変わり目の数十年間には、シャトーブリアン（一七六八—一八四八）からバルザックまで、アルフレッド・ド・ミュッセ（一八一〇—五七）の『世紀児の告白』の序文からジュール・ミシュレやフランソワ・ギゾー（一七八七—一八七四）によるフランス革命の記述まで、崩壊や大異変、「待望された嵐」や大洪水、滅亡した世界についての想像力が一斉に開花した。廃墟や墓地など無気味なものを好む感性は、イギリスの恐怖小説の中にも見ることができる。そしてこの世紀のもっとのちまで、激変と大洪水のイメージはロマン主義的な夢想に取りついて離れなかった。イギリスでは一八六〇年に、「不思議の国のアリス」は自分の涙の海に溺れたのだった[51]。

バルザックが述べた通り、キュヴィエはまさしく「今世紀最大の詩人」であった。彼の著作のテーマは、伝統的神話（巨人、怪物、大洪水、激変）や近代的神話（革命、ナポレオン的な偉人・英雄、科学の力）とつながりをもっていた。その著作は夢幻的世界を作りだし、それがもつ力強い神話的イメージは、古生物学についての現在の通俗的・科学的表象の中にも生き残っている。一八二五年においては、「純粋な」科学の領域から想像的なものを分離することは、少し以前から「実証主義」と呼ばれていたものの一要素であった。そしてそれこそキュヴィエが自分の研究の方法に与えたいと望んでいたイメージであった。しかしこんにちでは、科学と神話の関係を別な風に問うこともできるだろう。キュヴィエが創始したと主張していた科学が、今度はさまざまな物語と神話を創造し、ある時代の想像力と文化の中に深く根を下ろした表象と何らかの点で密接な関係を保つのである。キュヴィエの著作は科学的なものとしてと同時に「詩的」なものとしても読むことが可能である。それはその科学が創始されたまさにその瞬間に、古生物学の論述の中には想像力と合理性が分かち難く共存しているということを明らかにしていた。こうしてマンモスは、一科学の起源に存在したとするなら、キュヴィエの著作の中では新しい起源神話の主人公でもあったのである。

7

ヴィクトリア女王時代のマンモス

プラン、モデル、イデアそしてオーウェンの「原型」●フォークナーは現実を記載し、分類する●オーウェンを訂正するシワリクの成果●マンモスの化石が『種の起源』を否定する

イギリスの地中にはゾウがたくさん埋まっていた。マンモスの歯や牙や骨は、イギリスの西海岸に沿った地域、サフォーク州、エセックス州、テームズ川の流域、さらにはロンドンの通りの下で発見されていた。「ウォータールー広場近くのチャールズ・ストリートの深さ三〇フィートのところで[1]」ロンドンの大下水道を掘っているとき化石ゾウの歯が採集された。また「一八〇六年、ホクストン近くのキングズランドで、とてつもない長さの二本の牙と臼歯の付着したマンモスの頭蓋骨が発見された[2]」。歯や牙や骨はロンドンからハリッジへ向かう途中のイルフォードでも、オックスフォードやアビングドンの砂採取場でも、ウェールズやスコットランドやアイルランドの多くの場所でも掘りだされていた。

オックスフォード大学でイギリス最初の地質学教授をつとめたウィリアム・バックランド師（一七八四―一八五六）は、一八二三年にある著作を発表した。そのラテン語による表題『大洪水の遺物』と、英語による副題『洞窟や亀裂や洪積砂礫の中に含まれている生物の遺骸と、世界的大洪水の作用を証明する他の地質学的現象についての観察』[3]に用いられている語彙は、一世紀前にイギリスの「洪水論者」が奉じていた「自然神学」の伝統を引き継いでいるように思われる[4]。

イギリスの地中で発見された化石遺骸を列挙しながら、バックランドはそれらがキュヴィエの理論と聖書の叙述双方の正しさを証明することを強調する。それらの証拠のいくつかを、バックランドはみずから行なった発掘に

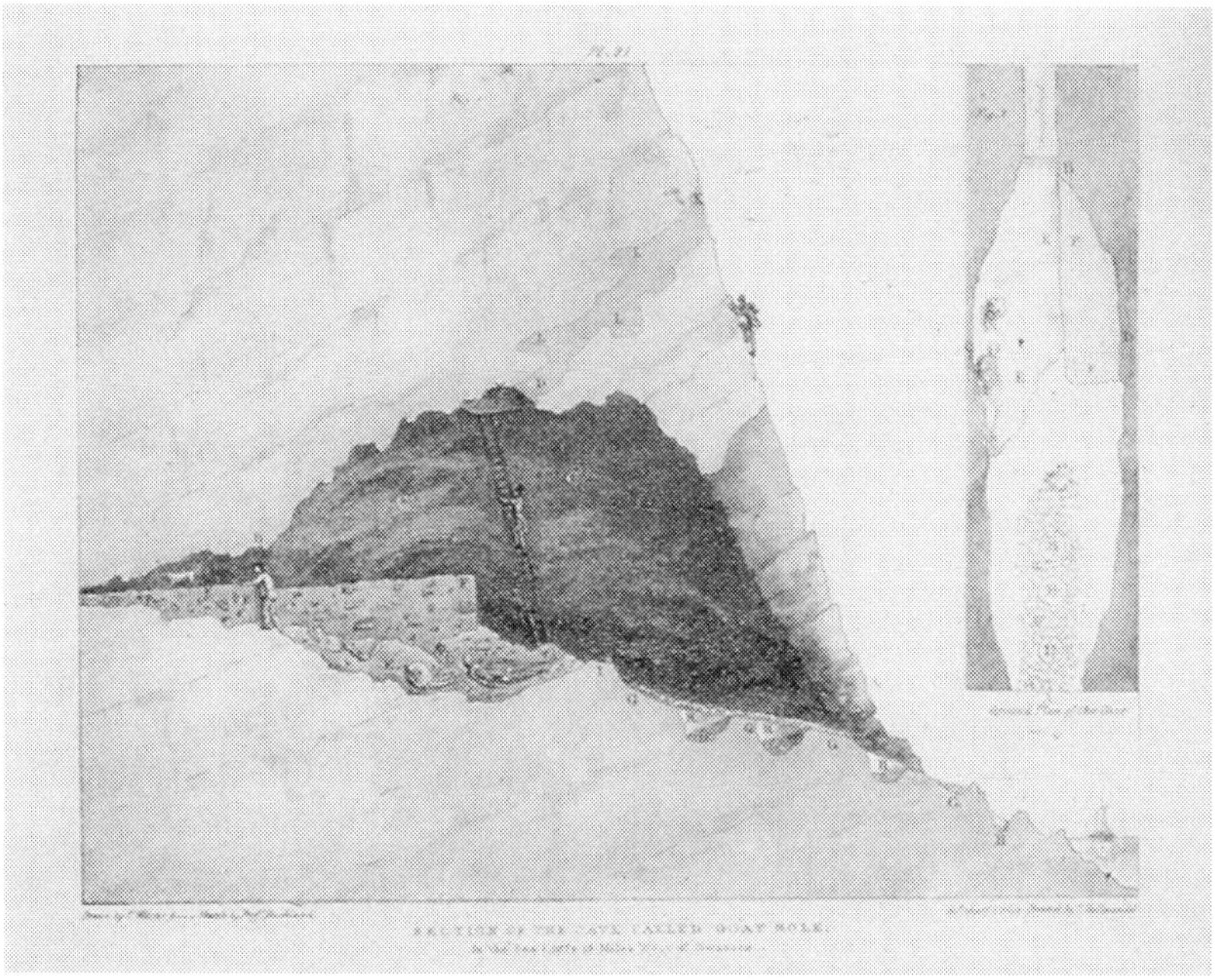

パヴィランド洞窟（ウェールズ地方）の断面図.
化石ゾウの頭蓋骨と人間の骸骨（「パヴィランドの赤い婦人」）が見える.
バックランド『大洪水の遺物』（1823年）.（写真，国立自然史博物館，中央図書館，パリ）

よって発見した。ヨークシャーのカークデイルにある「ハイエナの洞窟」では、小さなゾウの臼歯と、ハイエナやサイやカバや大型反芻動物の遺骸が掘りだされた。デヴォンシャーのトーキー近くのケンツ・ホールでは、絶滅動物の骨と石器が発見された。またウェールズ地方パヴィランド近くのゴーツ・ホール（「ヤギの穴」）という有名な洞窟では、バックランドは化石ゾウの遺骸とともに、黄土に覆われた「大洪水以前の」人間（「パヴィランドの赤い婦人」と呼ばれた）の骨を見つけた。

　バックランド師にとって、洞窟の中に埋もれていたそれらの化石は大洪水の作用を証言するものであった。[5] そこで彼はマンモスなどの巨大動物の骨は、ノアの洪水にほかならない最近の「大異変」によって埋められたと主張しながら、キュヴィエの理論と自分の宗教的立場を和解させようと努めた。[6]

　「激変説の科学的聖書」[7] であるキュヴィ

バックランドはアラスカの化石ゾウの遺骸を，大洪水によって滅ぼされた動物のものと考えた．この図版は，バックランドがその解剖学的・地質学的調査の結果を発表した，ビーチ船長の『太平洋とベーリング海峡への旅行記』（1831年）の付録に載せられている．
（写真，E・ラスムッセン，フェアバンクス図書館，アラスカ）

エの著作を賛美していたバックランドは、なんとしてもキュヴィエの思想の継承者であろうとした。しかしキュヴィエが自己の主張と宗教的教義との一致についてしばしば曖昧であったのに対し、バックランドの目的は明らかに神学的なことにあった。地質学と化石は『創世記』の物語に確証を与える。このようにこの世紀の最初の数十年間のイギリスでは、「記述的科学は再び自然神学に明確に仕えるものになっていた」[8]のである。

だがそのような科学のあり方は急速に時代遅れとなり、一八三二年にキュヴィエが死ぬと、地球と生物の歴史についてのキュヴィエ的説明は、もはやうわべだけ勝利を謳歌しているにすぎなかった。たとえ彼のアイデアがパリの科学アカデミーでドグマになったとしても、またバックランドがイギリスで、ルイ・アガシがスイス、次いで一八七三年にこの世を去るまでアメリカ合衆国で、種の不変性と激変説を擁護したとしても、さらに一八六〇年以後まで師の無謬性の神話が存続したとしても、彼の思想は多くの点で批判された。この世紀の最初の数十年間に開始され、キュヴィエがそこから意気揚々とひきあげた論争は、この世紀の中頃には、基本的に彼の知的敵対者たちの勝利に帰そうとしていた。ライエル（一七九七―一八七五）の斉一主義的地質学や、ジョフロワによって練り上げられた「動物の体制のプラン」の理論や、ジョフロワとラマルクによって提起され、次いでダーウィンによって大幅に改変された生物の種変移説などが、最も明確に発展させられたのはイギリスにおいてであった。一八三〇年にライエルの『地質学の原理』が登場するのを見たイギリスの古生物学者の世代は、キュヴィエの激変説やバックランドの自然神学と訣別するに至った。また人間の古さに関する発見と論争の多くはフランスで行なわれたとしても、ジャック・ブーシェ・ド・ペルトがアブヴィルの「洪積層」の中で発見した遺物にもとづいて、一八五九年に化石人類の存在を初めて正式に承認したのはまたもやイギリスの学者であった。

したがって種の不変と変移、創造の不連続性とプラン、地質学的・生物学的転変の激変と斉一性の間に横たわる矛盾を解決することが、一八三〇年から一八六〇年にかけて活動したナチュラリストたちの責務であった。これらのさまざまな科学的立場は、科学的な知の限界と、社会のイデオロギー的・政治的変化の双方に関連した争点によってもたらされたのだった。

プラン、モデル、イデアそしてオーウェンの「原型」

この世紀のはじめから、マンモスは地球のものでも生物のものでもある歴史の中に組み込まれていた。一八三〇年には、生物に歴史があるということを単に証明することが問題なのではなかった。重要なのは生物の転変の論理と本性を理解し、化石世界をその多様性において知り、説明することであった。一八三〇年から一八六〇年までの間に、キュヴィエが定義した唯一の「化石ゾウ」の種（マンモス、すなわちエレファス・プリミゲニウス）は文字通り多数の新種に急増した。古生物学的発見が増えただけでなく、分類の思想と方式が刷新されたため、キュヴィエが提案した化石動物相の交替の原理は再検討しなければならなくなった。ある種の形態は「中間的なもの」と見なされ、種の転変の問題が焦眉の課題として提起された。存在するのは単なる継承なのか、それとも変移なのか。連続性なのか不連続性なのか。この歴史の中で進行している過程の本質は何なのか。その原因は自然学的なものか、それとも形而上学的なものか。この数十年間を特徴づける疑問とアイデアの百花繚乱は、一八五九年、ダーウィンの『種の起源』の発表によって頂点に達する。

新しい思考方法は経験的知識の増大の結果でもあった。イギリスでは、この時期は産業革命の最盛期、石炭と鉱山の時代や、イギリス植民地主義の勝利の時代と一致していた。化石の広範囲の採集を可能にしたという点で、この二つの要素は古生物学の発展において間接的だが重要な役割を演じたように思われる[9]。この世紀の中頃には、古生物学は若く優秀な人材を引きつける指導的学問と考えられていたのである。

一八四〇年から、リチャード・オーウェン（一八〇四―九二）はイギリスの古生物学界において最も権威のある科学者であった。王立外科医師会会員、王立研究所生理学教授、鉱山学校講師、そしてブルームズベリーにある大英博物館自然誌部門の長であったオーウェンは、キュヴィエの後継者たることを宣言し、『地表革命論』が予告していた古生物学の「ニュートン」を自称するほどであった。一八五八年、オーウェンはリーズにあるイギリス科学振興協会の会長に選ばれ、一八六三年にはロンドンの自然史博物館創設に貢献した。生涯を通じ、彼はトマス・H・ハクスリに「これと比較できるのはキュヴィエの『化石骨』しかない」[10]と言わしめた、化石の記載と研究の膨大な作業に従事した。一八四六年に分厚い四冊の本として出版されたイギリス産化石脊椎動物に関する彼の研究は、一八六六年から六八年にかけて発表された三巻の比較解剖学の書『脊椎動物の解剖学について』[11]と、「解剖哲学」に関する数冊の理論書によって補完されている。

キュヴィエと同様に、オーウェンは博物館や私的なコレクションの中に保存されてきた化石標本を研究する書斎人であり、またキュヴィエと同様に比較解剖学の専門家であった。だが彼はライエルにならって激変を忌避し、地質学的変化に関しては斉一論的自然観を採用した。オーウェンは彼の言う「哲学的解剖」[12]において、ジョルジュ・キュヴィエとエティエンヌ・ジョフロワ・サン＝ティレールという、「フランス学派の二つの偉大な光明」の敵対する理論を和解させようとした。すなわち生体の機能的統一というキュヴィエの構想と、種の変移および全動物界に適用される唯一の体制のプランというジョフロワの構想を調和させようと努めたのである。

オーウェンは種の変移を信じていた。彼はブノワ・ド・マイエとラマルクを読んでおり、後者に対しては一定の関心を示していた。またダーウィンの著作も知っていたが、進化の過程についてのダーウィンのアイデアは拒否した。種の「派生」という彼自身の考え方において、オーウェンはラマルクの「習慣や意志」にも、ダーウィンの「自然選択」のメカニズムにも頼ることはなかった。オーウェンは、生物は種の歴史において変身しようとする「生来の傾向」をもつが、この「派生」の原因を明確にすることはできないと考えていた。

このような生命現象の整然とした継起と前進が、いかなる自然法則や二次原因によって行なわれてきたのかを、われわれはまだ知らないでいる。［……］地球の過去の歴史が教えてくれるところでは、自然は脊椎動物という観念が太古の魚類の外皮の下で初めて具体化されたときから、それが人間という種の輝かしい装いとして整えられたときまで、諸世界の残骸の中を原型の光明に導かれながら、ゆるやかな堂々たる足取りで進んできたのである。[13]

オーウェンは、動物相は自然の連続的な創造力の作用を受けて次々に出現すると信じていた。こうして彼は「継起的なだけでなく漸進的である、自然法則あるいは二次原因の連続的働き[14]」を認めるに至った。オーウェンは「爬虫類、鳥類、四足獣などの各動物綱の創造は、最も古い時代から次々と起こる連続的なものであった[15]」と記している。変化する環境に常によく適応した種の漸進的創造は、神の「未来を予見する知性」の介入を想定しなければ理解できるものにはならない。予定説と先験的形態学、「自然の調和」の表象、種の連続性と不変性を混ぜ合わせたこのような自然のとらえ方は、美的であると同時に神学的である。「派生は［……］その成果の多様性と美の中に創造力の発現を見るのである[16]」。

一八四六年、イギリス科学振興協会で行なわれた講演において、オーウェンは生物の統一性と多様性を同時に説明する「原型」の概念を定義した。彼はあからさまにプラトン（前四二七―前三四七）を援用する。「世界という偉大な動物を創造する者に、いかなる動物がモデルとして役立ったのか。［……］原型として役立った動物は、他のすべての動物を構成要素として自己の内に含む動物である[17]」。ある「プラン」、ある「モデル」、ある唯一の「イデア」が、全脊椎動物の解剖学的体制を支配している。動物の体制の基盤にあるこの理想的な型は、その体制に認められる相同を通して復元することができる。たとえば「運動器官の構造が、プランの一致の見事な証拠を数多く提供している[18]」。

オーウェンが特に力説した例は、全脊椎動物において相同である構造（歯）が非常に広範囲に変異する可能性と、器官が機能に完全に適応することを同時に例証する、マンモスとゾウの薄板状の歯であった。[19] 彼はまたマンモスでも現生のゾウでも、臼歯が特殊な方式で形成され、「水平」交換される事実を強調した。[20]

一八四六年の『イギリス産化石哺乳類鳥類誌』において、オーウェンはキュヴィエやバックランドにならって化石ゾウの研究に着手する。キュヴィエは歯の解剖学的構造にもとづき、長鼻目の中に二つの化石属を識別していた。マストドンにおいては、歯冠は咬頭が横に並んででこぼこになっており、その間に一種の「谷」が掘られている。マンモスと現生のゾウによって代表されるエレファス属は、特に複雑な歯の構造によって定義されていた。すなわちその歯は多数の薄いエナメル質の咬板によって構成され、その間をセメント質が埋めている。キュヴィエの考えでは、第一の属（マストドン）は「三つか四つの種」からなっているが、[21] エレファス属に含まれる化石種はマンモス（エレファス・プリミゲニウス）たった一つである。だがオーウェンの指摘によれば、キュヴィエはこの唯一の種を定義する際、研究対象の化石を直接手にしていない。「キュヴィエはシベリアのマンモスの頭蓋骨を、五つの標本のデッサンによってしか知っておらず、しかもそのすべてが正確ではなかった」。にもかかわらず生前に発表された『化石骨』の最後の版（一八二五年）まで、化石ゾウは一種しかいないというキュヴィエの結論は権威を保っていた。「南ヨーロッパの化石ゾウの歯は、シベリアで発見されたマンモスの典型的な歯より、一般に咬板は長くて少なく、エナメル質は厚いにもかかわらず、キュヴィエは歯が他の点で似ている限り、この違いをあまり重視しなかった。そして彼は全部をエレファス・プリミゲニウスという一つの集団に分類したのである」[22] とオーウェンは述べている。

しかしマンモスのものと推定された遺骸の中に、新種を見出したと考える者たちもいた。一八〇八年、イタリアのアマチュア古生物学者フィリッポ・ネスティ（一七八〇―一八四九）は、トスカーナ地方のアルノ渓谷で発見された化石遺骸の中に新種を認め、それをエレファス・メリディオナリスと命名した。[23] もう一つの化石種エレファス・プリスクスは、アフリカゾウの祖先を示すものとして、一八二一年にゲオルク・アウグスト・ゴルトフース（一七八二一―一八四八）によって記載された。だがキュヴィエはそのような記載に反論を加え、それらは脆弱な論証と不確かな化石にもとづくものであり、ネスティが記載した顎骨は実際にはマストドンの顎骨で、ゴルトフースの化石は偽ものであると述べた。『化石骨』の最後の版でも、キュヴィエは化石ゾウの種は単一であるという見解を変えなかった。

次にリチャード・オーウェンがイギリスの化石ゾウの遺骸を詳しく調査して論じ、キュヴィエと同様に、ヨーロッパの種が一体であることを結論しようと努めた。オーウェンによれば、イギリスで発見されるすべての化石ゾウの遺骸は、エレファス・プリミゲニウスという一つの種に分類されねばならない。それでもオーウェンは、歯の構造の重要な違いによって区別される変種が存在することを認めていた。ある変種の臼歯はエナメル質の帯が薄く、別の変種では厚く、すべての臼歯が同数のエナメル質の帯をもつのではない。この違いを説明するために、オーウェンは変種の間に段階的変化がある可能性を示唆する。「何人かの古生物学者は、この違いを数種のエレファスが存在する証拠だと見なしてきた。しかし三年前からわたしの手もとにあるイギリスの地層からでた多数のマンモスの臼歯は、咬板の数において多くの中間的段階を示しているので［……］わたしには臼歯の咬板が薄い変種と厚い変種の間に明確な線を引くことができなかった」[24]。

そこでオーウェンは、キュヴィエが一種しか言及していないところに複数の種を見ることは控え、この変異は年齢、あるいは「エレファス・プリミゲニウスのきわめて複雑な臼歯が影響を受ける変異能力」のせいだと結論する方を好んだ。彼の考えでは、この多様性は歯だけに関係していて骨格全体にはかかわりがない。ゆえにキュヴィエが述べた通り、化石ゾウは一種しかいないという見解を保持しなければならないのである。

またこの結論は、ゾウの現生種の地理的分布の規則に合致している。アフリカ大陸全体でゾウは一種しか確認されていないし、ゾウの第二の種は南アジアとそれに隣接するいくつかの島だけに生息している。［……］もしも反対に、パーキンソン、ネスティ、クロワゼ、フォン・マイアーなどが主張する通り、マンモスの歯に観察される変異を異なる種のしるしと見るなら、われわれは三つだけでなく六つかそれ以上の種の巨大マンモスが、イギリスの太古の沼と森に出没していたことを認めなければならないだろう。[25]

実際には、化石エレファス属を一種にとどめておきたいという欲求は、オーウェンにおいてはキュヴィエ以上に無知というより哲学的な先入観に由来していた。すなわち生物分布に「自然の調和」があることを信じたい、ゾウの場合なら一つの種と一定の地域を対応させたいという気持ちが彼には強かった。それでも変異能力の問題が提起されていたし、オーウェン自身がイギリスの化石ゾウの遺骸を記述しながら、「過渡的な」形態のことを話題にしていた。さらに彼は化石ゾウが六種まで数え上げられる（彼には不可能と思われる）可能性にも言及していた。キュヴィエ派の古生物学者にとって悪夢であるそのような考えは、もう一人のイギリスのナチュラリスト、ヒュー・フォークナー（一八〇八―六五）の研究の中でまさに現実のものになろうとしていた。

フォークナーは現実を記載し、分類する

古生物学の議論が盛んに行なわれた一八三〇年は、二二歳のヒュー・フォークナーが、東インド会社ベンガル支店の外科医に任命されてインドに向かった年でもある。おそらくイギリス植民地古生物学の最も輝かしい代表者であるフォークナーは、「野外科学者」という新しいタイプの研究者を体現していた。彼は長鼻目の研究に専念し、インドの有名なシワリクの地層で多くの発掘調査を実施し、化石ゾウとマストドンの複数の新種を研究し命名した。[26]

オーウェンとは異なり、フォークナーは思想家でも理論家でもなかった。当時の科学の「体制派」に比べると、彼はまるで「アウトサイダー」であり、ほとんどアマチュアのように見えた。フォークナーはインド北部の都市メーラトにある軍事基地の医師として、植民地での生活の大半を過ごした。一八三二年、彼はサハーランプルの植物園の園長にも任命され、以後二六年間、医師とナチュラリストの二つの活動に従事した。植物学者（中国茶をインドに導入したのは彼である）、古生物学者、地質学者であったフォークナーは、ヒマラヤ山麓に位置するシワリ

ク丘陵が、世界で最も第三紀の哺乳類に富んだ地層の一つであることに気づいた。一八三一年に、彼は早くもシワリクの地層が第三紀のものであると判断し、「マストドンなどの絶滅した大型哺乳類の遺骸が、砂礫の中や、この山地で同じ位置を占める別の堆積物の中から見つかる可能性がある」と結論していた。この仮説は「この丘陵で巨人の骨が発見される」ことを語る、この地域の伝説によっても裏づけを得ていた。[27] 一八三四年一二月一日、化石ゾウの歯と牙が一つずつ彼のもとに運ばれてきたのは、まさしく「恐るべきラムチャンドラによって滅ぼされた巨人の遺骸」としてであったが、それはいずれ絶滅脊椎動物の遺骸が驚くほど大量に発掘されることを予告するものであった。

シワリクの亜熱帯性哺乳類の化石動物相はあふれるばかりに豊かであった。

なんと輝かしい恩恵であろうか。このような絶滅動物が大地に住みついていた太古の時代に、たとえ一瞬なりとも戻ることができたら。広大な自然の動物園に、それらのすべてが集合しているさまを見ることができたら。多くの種のマストドンとゾウが、おびただしい数の群を作り、沼地と葦の林の中を、道々鳴きながらその重い体を移動させていたなら。［……］

たしかにそれは心を揺さぶる光景だろう。しかしその壮大な景観の効果を実際には享受できなくても、われわれにはもっと大きな恩恵が与えられている。われわれは哲学の松明をともし、導きの糸を握り、幻影にとりつかれた預言者エゼキエルのように死の谷を進むだけでよい。そこではわれわれの目の前で墓が開き、その中身がわれわれに委ねられる。乾燥し粉々になった骨が集まり、一つずつつなぎ合わされる。腱がそれに付けられ、肉がそれにもたらされ、皮がそれを覆い、過去の存在が精神の目に対し蘇り始める。[28]

たしかにシワリクの太古の動物相は驚くほど豊富であった。その地での初日に、フォークナーは「六時間で」「三〇〇の化石骨の標本」を採集した。[29] 一八四二年、ロンドンに一度目の帰還を果たしたとき、彼は五トンの化石が詰まった四八個のトランクをベンガルからもち帰り、それは多くの出版物の資料になった。しかし一八四六年から四九年にかけて公刊された『シワリクの古動物相』は結局完成しなかった。フォークナーはインドに二度目の滞在をしたあと、一八五二年からこの世を去る一八六五年まで、第三紀哺乳類に関する数編の重要なモノグラフを発表したが、それは彼の科学研究が充実したものであったことを物語っている。

フォークナーはバックランドの自然神学とも、キュヴィエの激変説とも距離をとっていた。キュヴィエの研究に賛辞を呈し、ときにはオーウェン、ブランヴィル、ラマルクの考えに賛同するように見えたとしても、フォークナーは彼らを批判することも知っていた。フォークナー選集の編纂者、チャールズ・マーチソン（一八二〇―七九）によって発表された彼の数通の手紙は神学に言及しているが、それは理性の領域と信仰の領域を明確に分離するためであった[30]。フォークナーの著述の中には、偉大な哲学的総合も生物界全体に対しての壮大な展望もない。だがその代わり、そこには事実が示す道と形態の論理を慎重に追求しようという地道な努力がある。フォークナーが行なったことは、何よりも記載と分類であった。しかしそれは中立的な、純粋に機械的な作業ではない。それは現実の反映である前に、論証の意志によってつき動かされている。またそれがもたらす現実のイメージによって、それは新しいヴィジョンを呼び起こすことができるのである。

一九世紀の中葉において、「自然界の真の秩序を知る」ための分類は、依然としてそれ自身が目的であったが[31]、地質学にとって不可欠のものでもあった。「化石の状態で発見された哺乳動物を、第一にその種の区別に関し、第二にその地理的・時間的活動範囲に関し、入手できる資料と現在のわれわれの知識の状態が許す限り正確に定義することは、地質学にとってこの上なく重要なことである[32]」とフォークナーは述べている。

『シワリクの古動物相』の序文におけるいくつかの総括的な記述が、フォークナーの考えを知る手がかりになる。彼はシワリクの化石の形態が驚くほど多様であるということに加えて、その動物相と現在の動物相に大きな類似があることを指摘する。だがその頃と同じ属や種がこんにち発見されるとしても、その数は当時よりはるかに少ないのである。「厚皮動物は、現在ではインド亜大陸で四つの属と五つか六つの種に限定されているが、当時は属の数において二倍、種の数において五倍のものが生存していた。ゾウとマストドンを含む長鼻厚皮動物だけを考えても、現在インドの厚皮動物という目全体に含まれる種と同じくらい多くの種がシワリクに生息していた」[33]。

　こんにち生存している動物は、かつて繁栄した動物相の残滓や見本と見なすことができる。まるで動物群が歴史の流れの中で数と多様性を減じたかのようなのである。「インドの脊椎動物が大きな活力をもち発展を続けていた時代は過ぎ去ってしまった。現在われわれが同時代人として見ているのは、かつて大陸がまとっていた豪華な生命の衣装のすり切れた残骸でしかない」、フォークナーはこう結論した。

　この時期（一八四三年）のフォークナーは、動物界が次第に貧弱になるというアイデアをブランヴィルから借りていたように思われる。フランスの解剖学者・古生物学者であり、キュヴィエの激変説の反対者であったアンリ・デュクロテ・ド・ブランヴィル（一七七七—一八五〇）にとって、すべての種は同時に創造されながらも次々に消滅するのであった。発見された化石種は、それが太古に生存していたことを証明するかたわら、現存する動物の系列の隙間をすこしずつ埋めていく。生物界が貧弱になるにつれ種の数は減少する。マンモスやマストドンの遺骸のように、地層の中から大量に発見される化石遺骸は消え去った種のものであり、すべての種は絶滅するよう定められているのである。しかしフォークナーは、ブランヴィルのように生物の同時的創造を信じてはいなかった。生物界には歴史があるという考えからは、おそらく気候への適応に結びついた連続性を彼が想像していたことがうかがわれる。ラマルクや種変移論者のように、生物の階梯は時間の流れの中での

「世界を支え，〈シワリクの古動物相〉の謎を解き明かす，カメの背の上で勝ち誇るゾウ」.
ヒュー・フォークナーのフィールドノートに
エドワード・フォーブズが描いた鉛筆のデッサン.
（マーチソンが公刊したフォークナーの『古生物学論集』，1868年）

漸進的変移を表現していると彼は考えていたのだろうか。それともオーウェンのように、連続的創造が、生物の歴史において原型を修正するように働くと信じていたのだろうか。その点についてフォークナーは慎重であり続けた。

オーウェンを訂正するシワリクの成果

フォークナーが長鼻目の研究を専門とするようになったのは、その遺骸がシワリクの化石の中に大量に存在したからである。その「ゾウ」の遺骸の多くはヨーロッパでも知られており、キュヴィエ以来、化石ゾウは古脊椎動物学の最高の研究対象と見なされてきた。だが一八五〇年頃には新たな難問が生まれ始めていた。

「デイノテリウム、マストドン、エレファスといった長鼻目の各属の遺骸は、中新世から鮮新世後期までの、ヨーロッパ、アジア、アメリカのすべての第三紀の地層の中に豊富に存在する。それらは多くの観察の対象になってきたが、この問題の最高の権威とされる標準的著作の中で、種とその名称に関し一般に受け入れられている見解ほど、不安定で矛盾したものは他に考えられないだろう[34]」、フォークナーは一八五七年に明晰にこう記した。一八四八年、フランスの地質学者アドルフ・ダルシアック（一八〇二―六八）は、マンモスの遺骸がこれまでに発見された地点を列挙していた。それによるとイギリス諸島からヨーロッパとアジアの温帯全域まで、北極海沿岸からベーリング海峡の断崖まで、そしてメキシコを含めた北アメリカ全域である。それにインドで発見された種をつけ加えるなら、「マンモスの活動範囲には、居住可能な陸地の少なくとも半分を割り当てねばならなくなる」とフォークナーは述べる。

さらに「最後の生き残りが死に絶え、北極圏の一年中続く氷壁の中で凍りついたのは、人間の時代との関連でいえばほんの昨日のことでしかない[35]」ので、マンモスは鮮新世のはじめから更新世が終了したのちまで、長大な期間生存していたと思われる。時間的にも空間的にもこれほど広く分布していたことを認めるなら、マンモスはこの膨大な時間の中で途方もない地質学的激変を何度も経験したはずである。すると化石ゾウは一種しかいなかったというキュヴィエの主張は、キュヴィエの体系そのものと矛盾してしまう。

そこでフォークナーは、エレファス・プリミゲニウスという種には空間と時間における過度の広がりが与えられており、それは化石および現生の全哺乳類において比較するものがないほどであると結論した。そのような誇張は誤りであるばかりか危険でさえある。「マンモスが単一の種であるという一般的な信念ほど、イギリスの地質学のこの分野の進歩を遅らせるのに貢献したものはなかった」[36]。なぜならケナガマンモスという名前に伝統的に結びついているイメージは、レナ川の河口で発見された肉も骨も凍結した動物のイメージであり、必然的に氷河堆積物を連想させるからである。キュヴィエとその弟子の層序古生物学の創始者アルシッド・ドルビニー（一八〇二―五七）が示した通り、地層はそれを特徴づける動物相によって特定されるのであるなら、化石ゾウの存在は、結論を前もって決めることで、ある時代について正しい理解を得られなくしてしまう。マンモスの遺骸がきわめて広範に分布していると仮定したため、時代の識別は非常に混乱してしまった。

一八四七年、『シワリクの古動物相』の中で、フォークナーはキュヴィエとオーウェンが認めなかった化石ゾウの新種（エレファス・プリスクス、エレファス・メリディオナリス、エレファス・アンティクウス）の記載に着手し、それらはイギリスの鮮新世と更新世の地層でも発見されることを示した。さらに彼は「キュヴィエがマストドンとエレファス両属に付与した特徴のいりまじっている」[37]インドの種、発見者が示唆的にマストドン・エレファントイデスと命名した種の記述を行なった。この種の歯の特徴は（その名が示す通り）マストドンからゾウへの形態上の移行を表しているように思われた。オーウェン自身もこの種を「過渡的なもの」と呼んでいた。フォークナーの考えでは、この発見は長鼻目の属の従来の定義に疑問を投げかけるものであった。一方ではマストドンとエレファスの属の識別の問題、他方では化石ゾウの種の確定の問題が提起されていた。化石ゾウは何種いたのだろうか、時間と空間におけるその真の広がりはどのようなものだったのか。フォークナーは解剖学的研究によってゾウの分類の新たな根拠を築き、この二つの問題に同時に答えるための鍵を手に入れた。

シワリクで採集した標本と、ヨーロッパ中の博物館の古生物コレクションを研究することにより、フォークナーは一五年にわたり化石長鼻目の分類に光明をもたらそうと努めた。一八五七年にロンドン地質学協会で発表した論考『グレートブリテンにおいて化石の状態で発見されたマストドンとゾウの種について』は、一八四六年にオーウェンがエレファス・プリミゲニウスに関して述べた、『イギリス産化石哺乳類鳥類誌』のある章に対する回答であった。歯の解剖学的構造にもとづく論証を行ないながら、フォークナーは「二つの亜属に所属している複数のヨーロッパの化石種が、一般にエレファス・プリミゲニウスという名前でひとまとめにされてきたこと、それらの種は瑣末で不確実な特徴によってではなく、充分な根拠のある広範な特徴によって区別されうること[38]」を示そうとした。

長鼻目においては各片顎に六本の歯、すなわち三本の乳臼歯と三本の永久臼歯が相次いで出現する。フォークナーは「中間的な臼歯」として知られているこの歯系列の中のいくつかの歯（最後の乳臼歯とはじめの二本の永久臼歯）では、歯冠が一定の数のエナメル質の稜に分割されていることに気づいた。このような「稜式」を使えば、マストドンとゾウを識別することが可能になる。前者では三稜か四稜への臼歯の分割は「等数的」、つまりこの分割は三本の「中間的な臼歯」において繰り返されるのに対し、後者では中間的な臼歯の稜は三つか四つに限定されず六以上もあり、しかも等数的ではないのである。このような分類の原理には亜属を決定できるという利点もあった。その原理によってマストドンにおいてはトリロフォドン（三稜）、テトラロフォドン（四稜）、ペンタロフォドン（五稜）が、ゾウにおいてはステゴドン（でこぼこした屋根の形の稜）、ロクソドン（菱形の稜）、真のゾウ（エウエレファス）（薄板状の歯冠）が区別されるのである[39]。

こうしてオーウェンが一括してマンセスのものであると考えたイギリスの化石の間に、フォークナーはエレファス・プリミゲニウスのほかに三つの異なる種（エレファス・プリスクス、エレファス・アンティクウス、エレファス・メリディオナリス）を数えあげることができた。それらは歯冠にあるエナメル質の稜の形と数と配列によって識別される二つの亜属、すなわちロクソドンと真のゾウ（エウエレファス）に属していた。フォークナーが一八五七年に行なった化石長鼻目の種の分類は、長鼻目の属と種の分布と歴史について新しいイメージを作りだし、そこではいくつかのグループは「中間的な」ものであると見なされている。五稜歯のマストドンは四稜歯のマストドンとエレファス属の間の過渡的段階を示す。エレファス属の内部では、ステゴドンはマストドンとゾウの中間的な形態を表示する。ロクソドンはステゴドンと真のゾウの間の過渡的段階にあり、真のゾウのグループは「厚皮動物の通常の型から最も逸脱した型」を提示している。このように歯の構造の研究により、マストドンのでこぼこした歯からマンモスの薄板状の臼歯という「最も逸脱した型」までの変異を示す樹形図が姿を現わした。そこでは「ステゴドンは、そこから他の種が歯の特徴によって一方ではマストドンへ、他方では典型的なゾウへと分岐していく、長鼻類の中間的なグループを構成しているのである」[40]。

フォークナーの古生物学の業績が、長鼻目の種と属の単なる分類のように見えるとしても、実際にはこの堂々たる仕事はキュヴィエ的分類の狭い枠を打ち破ることにより、化石世界についての新しいヴィジョンに道を開いていた。哺乳類の重要な一科の多様性と複雑さを、体系的に説明することをめざしていたこの研究は、動物種の継起の表象の仕方を一新した。フォークナーが化石長鼻目の分類において明らかにしたことは、多くの形態を通して起こる段階的変化、単に最も「原始的」なものから最も「進歩した」ものへというのではなく、一種の「茂み」のイメージを浮かびあがらせる変化であった。「中間的な形態」を決定することで示される連続性と、そこで記述される形態の多様性によって、この分類は暗黙のうちに生物の新しい歴史を語り、その進化の様式という問題を提起していた。

このように、一八五七年、すなわちダーウィンの『種の起源』が発表される二年前に、マンモスはその解剖学的構造と、時間と空間における広がりによって区別される、多数の異なる種へと「急成長」した。化石ゾウはもはやキュヴィエ、バックランド、オーウェンが主張したような単一の種ではなく、三つの亜属に配属され、連続的な継起によって構成され、あるものは他のものに対し「中間的」であると規定された、かなりの数の種から成り立っているのである。

当時の他の多くの科学者と同様に、フォークナーは「中間的な形態」や過渡的段階を好んで口にした。イギリスやフランスで多くのナチュラリストの間に議論と省察を引き起こした、「中間的」というこのかなり曖昧な概念を

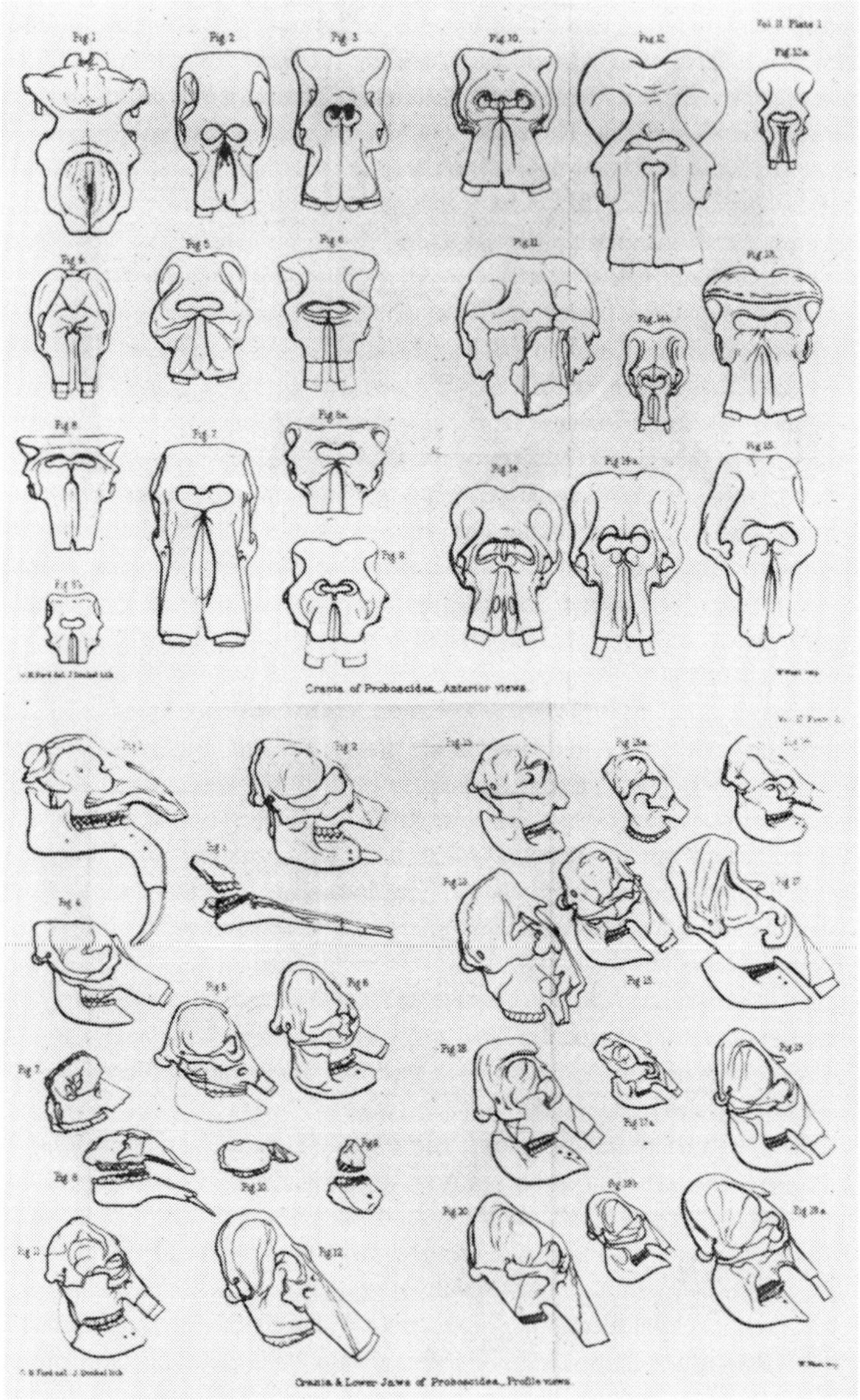

フォークナーによる，長鼻目の解剖学的多様性．
さまざまな種を示す頭蓋骨が並べられているが，進化の順に整理されているわけではない．
『古生物学論集』，第2巻，1868年．（写真，ハーヴァード大学比較動物学博物館図書館）

通して、実際には生命世界の連続性と、生物の歴史の本質そのものが問題にされていた。キュヴィエが中間的な種というアイデアを決して認めなかったのは、そのような概念には種変移説的意味合いがこめられていることに気づいていたからである。中間的な種の存在を受け入れることは、種の連続的系列というラマルク的な表象に門戸を開放することだったのである。

むろん中間的な種を認める者がすべて種変移論者だったわけではないし、たとえばブランヴィルのところで見たように、変移には従わない生命世界の枠内にとどまりながら（種の配列を単なる継起の結果と見なしながら）、中間的という概念を受け入れることは可能だった。しかしその場合でも、「不変の」中間的な種という表象から進化の表象へ移行するためには、ほんのわずかなものしか必要ではなかった。種の継起の固定的な樹形図に転変のダイナミズムを与え、分岐の空間的図式を系統の時間的表現に変化させるだけでよかったのである。[41]

マンモスの化石が『種の起源』を否定する

現生種は長い歴史の流れの中で進化してきた。一八三〇年から一八六〇年までの多くの古生物学者の研究の中に暗に含まれていたこの命題は、一八五九年、ダーウィン（一八〇九―八二）が偉大な著作『自然選択を手段とする種の起源』を発表したとき万人の知るところとなった。ダーウィンによれば、種は変化し、その誕生と消滅は自然選択の原理によって説明される。誕生し繁殖する膨大な数と非常な多様性をもつ生物においては、「生存闘争」が、環境に最もよく適応したものが生き残り子孫を残すという結果をもたらす。

一九世紀中葉には、「中間的な形態」の問題が、進化思想についての多くの議論と疑念の中心にあった。ダーウィンが考えた通り、現在の自然界に「中間的な段階」が不在なのは当然であるとしても、絶滅した動物の遺骸で構成される化石の世界は祖先の形態を明らかにし、そのことによってわれわれは過去に生きていた生物の全体像を復元できるはずである。しかし生存闘争の中で破壊された過去のこの「中間的な形態」を、古生物学はまだ明るみにだしていなかった。そこでこの欠如は、アガシ、ピクテ（一八〇九―七二）、セジウィック（一七八五―一八七三）、バランド（一七九九―一八八三）、フォーブズ（一八一五―五四）といった種の不変性を信じる者たちにとって主要な論拠となっていた。

この欠如に対しダーウィンは二つの原因を考えた。第一は化石痕のもろさである。生物の遺骸は化石になりにくく、その保存は偶然に左右され稀にしかうまくいかない。「ある場合には互いに遠縁の、ある場合には近縁の、少数の環を探すことしかわれわれにはできない[42]」。なぜなら大地の古記録には脱落があり、そこから得られる証言はほんのわずかだからである。そのため化石はダーウィンのこの著作において、中心でもあり周縁でもある場所に置かれている。化石の問題は一四章からなるこの書物の第九章と第一〇章を占めているが、ダーウィンは化石研究から得られる結論を否定的表現で述べている。「地質学的記録が不完全であることについて」、これがこの著作の第九章の表題である[43]。ダーウィンが化石の証言に言及することがあっても、それは「われわれの古生物コレクションの貧しさ」を嘆くためである。「われわれの地質学博物館は、最も充実しているものでさえなんと貧弱な展示をしていることか」と彼は慨嘆する。「非常に多くの化石種は、しばしば破損した唯一の標本や、一地点で収集された少数の標本によって知られ命名されている」。中間的な形態が欠如していることの第二の原因は進化の過程そのものにある。われわれは進化の連続性を単純化した形で想像し、「直接に中間的な形態」を見つけたいと考えがちである。しかしそれは誤りで、化石の証言はそのような期待に応えてくれない。なぜなら祖先から派生した種は必然的にその祖先とは異なっており、その種が消え去った祖先より長生きできたのはまさにその変化のおかげだからである。「祖先の構造と、変化した子孫の構造を注意深く比較してみても、そのとき中間的な環のほとんど完全な連鎖を手に入れていなければ、二つかそれ以上の種の祖先の形態を知ることはできないだろう[44]」。

そこで『種の起源』においてダーウィンは、「中間的な形態」の問題に関しては複雑微妙な思索に終始することになった。一八五九年にこの「ミッシング・リンク」を明らかにすることの難しさを正当化しながらも、古生物学者にはその探索におもむくことを求めていた。これは困難な探索であったが、それというのもダーウィンが構想したような進化においては、ゆるやかな漸進的変移と同時に、祖先と子孫をしばしば異なったものにする「分岐の原理」が働いているからである。

一八六〇年以降、多くの古生物学者が、特定のグループ（ウマ科や長鼻目）の進化を研究するためだけでなく、進化の最も劇的な局面、たとえば海から陸への移動、四足脊椎動物、哺乳類、鳥類、そして人間の起源を解明するためにも、この「ミッシング・リンク」の化石痕を発見しようと努めた。第三紀のサルの絶滅種はすでにインド、アメリカ、ヨーロッパで見つけられていたし、一八六三年にリチャード・オーウェンは、一八六一年にゾルンホーフェンの採石場で発見された「トカゲのような長い尾には各関節に一対の羽毛があり、翼には自由に動く二つの鉤爪がついている奇妙な鳥［……］アルカエオプテリクス」の遺骸、ダーウィンには鳥類の爬虫類起源を証明するものであるように思えた遺骸を調査していた。またダーウィンの熱烈な信奉者であるトマス・ヘンリー・ハクスリ（一八二五―九五）は、彼の考えでは恐竜と鳥類の間の過渡的段階にあるコンプソグナトゥスを研究していた。

むろんフォークナーはダーウィンの「青年親衛隊」の一員ではなかった。ダーウィンとその業績に共感を抱いていたにもかかわらず、彼はその思想に無条件で賛成したりはしなかった。一八六三年、ダーウィンに対する自分の立場を次のように述べている。「以前からチャールズ・ダーウィンと親密な関係を結ぶ特権を与えられ、種の起源に関する彼の見解の段階的な発展に長年親しんできたわたしではあるが、彼の考えでは、わたしは種の形質の持続を熱心に主張する人間の仲間に含められている[45]」。

「中間的な」グループの存在を力説してきたにもかかわらず、フォークナーはその存在だけではダーウィンが定義したような進化は証明されないと断言する。なぜならいかなる「過渡期のしるし」も、生物の解剖学的構造の中に実際に見出されることはないからである。「自然選択を手段とする」進化のメカニズムが化石種の継起の中で証明されるためには、自然選択を呼び起こす「変異」が種の間に存在しなければならないだろう。ところが化石をいくら調査してもそのようなものは発見できないのである。

フォークナーが論証の根拠としたのは今度も化石ゾウの研究であった。たとえばヨーロッパでは四つのゾウの種が相次いで出現した。「地層の中から取りだされた相次ぐゾウは、古い形態から新しい形態への移行のしるしを見せているだろうか」[46]。フォークナーは否と答える。事実そのような種の歯の形態は、漸進的な移行のしるしも、種間の変異もまったく示していないのである。さらにマンモスの例は、ダーウィンが記述したような進化のちょうど反証になっている。すなわちマンモスは形態の安定性を具現している。「化石および現生の哺乳類全体の中で、マンモスほど広範な地理的分布を有し、同時に長大な期間と気候条件の極端な変化をくぐり抜けてきた種はほかに存在しない。もしも［ダーウィンが考えた通り］種は不安定で、そのような影響を受けたら変化するというなら、なぜこの絶滅した種はひときわすぐれた安定性の記念碑のように見えるのか」。

こうしてマンモスはその安定性と、空間と時間における活動範囲の広さによって、自然選択を手段とするダーウィンの系統理論に対して真の異議申し立てになるとフォークナーには思えた。しかし彼は動物種の進化の可能性そのものを否定したりはしなかった。「マンモスと他の絶滅したゾウが、化石遺骸がわれわれに提示しているような姿で突然出現したなどとわたしは考えない。最も合理的な説は、それらはなんらかの点で、古い祖先の変化した末裔であるというものであるように思われる」。だが「自然選択」すなわち「外的影響に由来する変化の過程」によってその進化を説明するよりも、フォークナーは「自然選択」が「単なる補助手段」でしかないような、「もっと根が深い本質的な原理」を求める方を好む[47]。形態の進化を決定すると思われる物理法則を思い起こさせるために、フォークナーは植物学のモデル、植物の茎のまわりの葉の配置をつかさどる「葉序の規則」に言及する。このようにフォークナーは、ラマルクの内的原因やダーウィンの自然選択によって種の変移が説明されるとは考えない。彼はゲーテ（一七四九―一八三二）やオーウェンに範をとり、種の継起的出現の形態学的・論理的原理に頼る方を選ぶのである。

一八六〇年代の古生物学者たちは、ダーウィン理論の登場に対しさまざまな反応を示した。ハクスリとオーウェン、フォークナーとハクスリの間に起こった騒然とした、時に激烈な論争は、二つの知的立場、二つの世代だけでなく、おそらくは二つの社会環境の対立も表現している[48]。ダーウィン派の闘士であるハクスリが労働者の前で講演をするような人物であったのに対し、オーウェンとフォークナーは保守的・神学的価値を擁護する貴族階級や植民地ブルジョワ階級を代表していたと思われる。だがこの対立を、善悪二元論にまで押し進めることは慎まなければならない。古生物学者がダーウィニズムを拒否したのは、哲学的・イデオロギー的・社会政治的な次元においてなのか、それともその学問分野に内在する方法論的理由によるのだろうか。

実際にダーウィンの理論は激しい論争の的となり、この時代の古生物学者にはなかなか受け入れられなかったが、その原因は古生物学の特殊性そのものに内在するのではないかと考えることができる。この頃の古生物学が、ダーウィンの記述した過程を解明するのにあまり向いていないように見えるのは、部分的にはその研究対象に固有の性格が、「自然選択を手段とする種の起源」の証明にはほとんど役立たないものだからである。フォークナーがダーウィンに提起した問題はまさに難問であった。すなわち古生物学的資料のどこに変異能力の痕跡が見つかるのか。生存闘争と「自然選択」の過程を化石資料はどのようにしたら証明できるのか。

この問いに対して与えられた不完全なあるいは不満足な回答を超えて、もしかするとダーウィンの説明の仕方は、このとき古生物学の研究方法の根拠になりえたかもしれない。化石の存在と継起が、ダーウィン的進化のメカニズムに光を投げかけるというより、進化の物語によっていわば外側から解明されるのである。イギリスでもアメリカでもフランスでも、多くの者がダーウィン的進化の偶然的・唯物論的性格を忌避し、自然とその変移について目的論的・生気論的な新たな表象を採用した。当時はかつてないほどに、化石はいかなる歴史も語らず、化石にもとづいて作られた物語と解釈の体系の支えにすぎないと考えられていたのである。

8

マンモスと人間

楽園からの失墜、歴史の改編●新たな創世記を求めて●最初の芸術家たち●「万能の」資源、母権制、狩猟の叙事詩

巨大なマンモスが彼らが通り過ぎるのを眺めていた。堤の下の若いポプラの木の間に単独でたたずみ、マンモスは柔らかい新芽を食べていた。ナオはこれほど大きなマンモスに出会ったことはなかった。丈の高さは一二クデあった。ライオンのようなふさふさしたたてがみが首筋を飾り、毛の生えた鼻は樹木やヘビに似た別の生きもののように見えた。

三人の人間の姿に不安を感じたとは考えられないから、マンモスは単に彼らに興味を覚えたのだろう。そのときナオが叫んだ。

「マンモスは強い。大マンモスは他のすべての動物より強い。トラやライオンを虫けらのように踏みつぶし、一〇匹のオーロックを体当たりで倒してしまうだろう。ナオとナムとゴーは大マンモスの友である」。マンモスは膜質の耳を立てた。マンモスは直立した獣が発する明瞭な音を聞き、鼻をゆっくり揺すって鳴いた。

「マンモスはわかってくれた」ナオがうれしそうに叫んだ。「ウラムル族が彼の力を認めているということを知っているのだ」。［……］

そのときナオはかすかな動きによってマンモスに近づいた。彼は巨像のような足の前、樹を根こそぎにする鼻の下、オーロックの体ほど長い牙の下に立った。まるでヒョウの前のノネズミであった。たった一つの動作

で、巨獣は彼を粉々にできただろう。しかしナオは自分がいま何かを創造しているのだと信じ、期待と霊感に震えていた。マンモスの鼻が彼に軽く触れ、匂いを嗅ぎながら彼の体の上を動いた。ナオは息を殺し、今度は自分がその毛の生えた鼻に触れた。次に草と新芽を引き抜き、友好のしるしとしてそれを差しだした。ナオは自分が何か深遠な途方もないことをしているということを知っており、心は感動でいっぱいになった。

ナムとゴーはマンモスが彼らのリーダーの方にやってくるのを見ていた。人間の小ささがはっきりとわかった。次いで巨大な鼻がナオの体の上に置かれると、彼らはささやいた。

「ほら、ナオは潰されてしまう。ナムとゴーはクザム族や獣たちや洪水の前でひとりぼっちになる」。

それから彼らはナオの手がマンモスの体に軽く触れるのを見た。彼らの心は喜びと誇りに満ちあふれた。

「ナオはマンモスと同盟した」ナムはつぶやいた。「ナオは人間の中で最も強いのだ」。[1]

ロニー・エネの小説『火の戦い』から引用したこの場面は、原始人とマンモスの出会い、巨大動物とか弱いホモ・サピエンスの太古の時代の協約の瞬間を描いている。一九〇九年に書かれ、こんにちまで先史時代の真の原型を伝えている小説のこれはクライマックスである。

マンモスは先史人の肖像にはなくてはならないものである。それは恐ろしい威嚇的な姿をしていたり、温厚で優しい保護者のような存在であったり、敵対する環境の中で人間が生き残るためには欠かすことのできない巨大な獲物であったりする。人類の痕跡の年代を決めるのに役立つという点だけでなく、人間の文化、表象、生活の構成要素をなすという点でも、マンモスは人類の最も古い過去についてのきわめて重要な証人である。したがってそれが人類の先史時代のイメージの中に、われわれの起源と結びついた、威嚇的な、保護者のような、乳母に似た、ぜひとも必要な存在として住み続けるのも驚くべきことではないのである。

楽園からの失墜、歴史の改編

人類が有史以前の時代にも生存し、「大洪水以前の」動物の同時代人であったということは、こんにちでは小学校でも教えられる常識といってよいだろう。しかし一九世紀の前半、特にフランスとイギリスでは、そのことは高度な哲学的・宗教的問題を巻き込んだ重大な論争の的であった。人間がもはやそれまで信じられていたような、究極の存在、天地創造の掉尾を飾るものでないとなると、そのイメージは大幅に価値が下落することになった。一六世紀の人間にとって「コペルニクス革命」がそうであったのと同様に、人間の誇りにつけられた新たな傷であるその表象は、人々のものの考え方に激しい混乱を引き起こした。[2] むろん一六世紀以来行なわれてきた発見旅行や未知の土地の探索は、自分たちとは異なった人間が存在するという夢を育ててきた。一八世紀と一九世紀の分岐点に位置するビュフォンとキュヴィエの壮大な物語的体系は、地球と生物の歴史に長大な時間を付与していた。だが人間の存在は、その拡大された時間の中で本来の場所を占めていなかった。この転変の挿話を語る『自然の諸時期』と『地表革命論』は、地上に種が現われた順序として、実際には『創世記』の中の順序を踏襲していた。すなわち第一の「時期」に魚類や貝類のような下等な動物が誕生し、そののちに爬虫類や巨大哺乳類といった陸生の脊椎動物が出現する。最後の「時期」に、ようやく受け入れる準備の整った大地の上に人間が創造される。ビュフォンにとってもキュヴィエにとっても（両者の理論の構成がどれほど異なっていても）、世界は人間中心的な合目的性をもつという考え、人間は人間のために創られた大地を支配するよう定められた、天地創造の最終目標であるという、宗教的ドグマを継承した観念は手放せないものであった。

しかしすでに啓蒙の時代の哲学者にとって、聖書が語る創世と大洪水の伝統的な物語は、もはや人間の起源をめぐる問いに満足な答えを与えるものではなかった。いつ、どのようにして人間は出現したのか。どんな出来事がその人間を現在のような姿にしたのか。一九世紀の最初の数十年間に、そのような問いがますます頻繁に提起されるようになった。多くの者にとって、聖書から直接着想を得た創造の物語は時代遅れであり、人間の起源を説明するためには新しい歴史が必要であるように思えた。

ここにおいてマンモスが登場する。

一八世紀の末以来、マンモスが現生のゾウとは異なった「失われた」種であることは知られていた。マンモスは最後の激変に呑み込まれてしまった、キュヴィエが「大洪水以前の」と呼んだ巨大動物の一覧表の中に登場していた。化石人類の存在を証明するためには、人間か少なくとも人間がその手で製作し使用した道具が、（キュヴィエの見解とは異なり）それら絶滅した巨大動物と同時代のものであることを示さなければならなかった。同時代であることの証拠は、人間が作った道具や人骨と絶滅動物の遺骸が、同じ地層から発見されることによって得られる。したがってその証明は基本的に地質学的な性格のものであった。

キュヴィエの死後数年のうちに、人間と消滅した巨大「厚皮動物」が、記憶はすでに失われてしまった時代に共存していたことはますます確からしく思われるようになった。「大洪水以前の人間」という観念と用語は依然として宗教的枠組みに結びついており、一九世紀の最初の数十年間には、「洪積層」（最後から二番目の地質時代の終わりに堆積した地層）という呼称と、ノアの洪水という宗教的観念とのある種の混同が盛んに行なわれた。キュヴィエ自身がその混同を、絶滅動物を「大洪水以前」のものと規定し、「最後の突然の革命」（キュヴィエによれば人類の出現に先立つ革命）は「五、六〇〇〇年」前に起こったと述べることにより温存していた。しかし宗教的ドグマに準拠することから解放された、人間とその進化に関する新しい表象は、やがてこの語彙を時代遅れのものにする。一九世紀の末には、もはや「大洪水以前の人間」ではなく「化石人類」が語られるだろう。

古動物学が厳密な論証と明確な証拠にもとづいて創始されたのと同様に、化石人類の存在の証明にも「事実」が必要であった。フランスでは、人間の古さの証拠は、はじめは公的な機関とは関係の薄いアウトサイダー的な、地方在住の、しばしばアマチュアの研究者によって探索された。

モンペリエ大学の地質学・古生物学教授であったマルセル・ド・セール（一七八〇―一八六二）は、一八二九年から南フランスの洞窟で行なわれた何回かの発掘の際に、絶滅哺乳類の遺骸に混じった人間の道具を発見した。モンペリエでマルセル・ド・セールの生徒であったナルボンヌの薬剤師ポール・トゥルナル（一八〇五―七二）は、すでに一八二七年にナルボンヌの北のビーズの近くで、同じ地層の中に土器の破片と絶滅動物の遺骸が含まれている二つの洞窟を見出していた。「異なる地点で複数の人間によって詳しく観察された事実から、人間はいまでは地表から姿を消してしまったいくつかの動物種と、同時代に生きていたという結論が生じる」[3]とトゥルナルは記している。ベルギーの医師フィリップ・C・シュメルリング（一七九一―一八三六）も、リエージュ近くのアンジ洞窟で、先を尖らせた骨片や、燧石を削って作った道具や、化石動物（マンモスとサイ）の骨とともに人間の頭蓋骨数個を発掘した。いくつかは子供のものであったその頭蓋骨は、一〇〇年ほどのちにならなければ、ネアンデルタール人の遺骸であることは明らかにならなかった[4]。それでも一八三五年に、シュメルリングはその発見の重要性をすでに確信していた[5]。

しかし化石人類が存在することに対する多くの人々の確信は、当代の科学の大家たちによって攻撃された。ライエルは一八三二年になってもまだ、人間は神の「他に対するのとは異なる特殊な配慮」によって創造されたのだと主張していた。彼は『地質学の原理』の第二巻で、地層が乱されていたかもしれない洞窟で行なわれたという理由によって、トゥルナルの発見を批判した。ライエルはその著作の第九版がだされた一八五三年まで自説に固執した。フランスでは、フランス地質学会幹事のジュール・デノワイエ（一八〇〇―八七）によって同じ論法が採用された。デノワイエはトゥルナルやシュメルリングが発見した道具と、特にドルメンの近くのような最近の考古学的遺跡で見つかる道具との間に、様式上の類似があることに気づいた。したがってそのような場所で発見された人間の遺骸は新しい時代のものであると彼は考えていた。洞窟の中でそれらが大洪水以前の動物の骨とともに見つかったのなら、それはおそらくそこの堆積物が人間や動物や洪水によって乱されていたためなのだろう。

当時の科学の大家たちが口にするそのような批判に、一八三〇年代の開拓者たちの理論は抵抗することができず、次第に忘れられてしまった。それが復活を遂げるのは数十年後、化石人類の存在の決定的な証拠が、ピカルディー地方のアブヴィルの近くで発見されたときである。例の同時代性が確認されたのは、今度は洞窟の中ではなく、層序が明確に決定できるソム川下流域の段丘においてであった。アブヴィルの若き医師カジミール・ピカール（一八〇六―四二）は、一八三六年と一八三七年に、ソム川段丘の地質と燧石製道具の類型を丹念に研究した。[6] この探究はアブヴィル競争協会（一種の地方アカデミー）の会長とこの町の税関事務所長をつとめていたもう一人の地元の学者、ジャック・ブーシェ・ド・ペルト（一七八八―一八六八）に霊感を与えた。

一八四四年から一八五九年にかけ、石器と絶滅動物の遺骸が同時代のものであることを認めさせるために、ブーシェ・ド・ペルトはフランスの学問の権威者相手に長い戦いを続けたが、その戦いは結局誰もが人間の古さを承認するという形で決着がついた。一八四七年と五七年と六四年に出版された全三巻の大作『ケルト的古代と大洪水以前の古代』において、彼は時代の連続する二つのタイプの道具を区別した。一つはきわめて古い人類の存在を証言するより原始的な、打製石器からなる「大洪水以前の」石器群であり、もう一つは「洪積世」後のより新しい、磨製石器からなる「ケルト的」石器群である。一八四二年にブーシェ・ド・ペルトが「大洪水以前の」人間が存在したという証拠を初めて得たのは、マンシュクール＝レ＝ザブヴィルの段丘の非常に古い地層で、燧石製の打製石器とともにマンモス（エレファス・プリミゲニウス）の顎の骨を発見することによってであった。「一八四二年の六月頃、ある人がわたしに長さは一八センチメートル、幅は一二センチメートルで、縁が鋭利で、形は他とまったく異なった白い燧石製の斧をもってきてくれた。掘りだした人の話では、それは地層の底ではなく、中間の層から出土したということであった。それについていた土は、たしかに粘土と砂からなる三番目の層のものであるように思えた。かたわらで発見された数個の骨片も、同じ粘土に覆われていた。その骨はゾウの顎の一部であった」。[7]

ブーシェ・ド・ペルトが熱心に擁護した考えは、同じ頃英仏海峡の向こう側で遂行された研究によってついに確認されることとなった。そこでの議論は、イギリス南西部で発見され、一八五八年の夏に発掘されたブリクサム洞窟をめぐって行なわれた。[8] ブリクサムでも、絶滅動物の骨とともに七つの打製の斧が見つけられていた。きわだった厳密さと正確さで発掘に従事したのは、アマチュア地質学者のウィリアム・ペンジェリー（一八一二―九四）であった。洞窟の中で行なわれたにもかかわらず、この発見は反論の余地がないもののように見え、イギリス科学界の「体制派」全員がそれに注目し支持を表明した。一八五九年の間に、フォークナー、ジョゼフ・プレストウィッチ（一八一二―九六）、ジョン・エヴァンズ（一八二三―一九〇八）、ライエルがアブヴィルを訪れ、ブーシェ・ド・ペルトの論拠が正当なものであることを認めた。これ以後、人間とマンモスが同時代に生きていたことは誰の目にも明らかとなった。化石人類はマンモスやホラアナグマやケサイが地上を闊歩していた頃にまぎれもなく存在していたのである。

しかしこのときはまだ、ソム川流域の見事な燧石製両面石器を作った職人は、その「作品」によってしか知られていなかった。彼は何に似ていたのだろう。どんな生活をしていたのだろう。その肖像を描こうとすれば、人々はわずかな資料をもとに虚構や仮説を作りあげなければならなかった。ブーシェ・ド・ペルトははじめ現在の人間とはまったく異なった一種の野獣のイメージと、原初の楽園のアダムのイメージの間で逡巡していた。一八五七年、彼は大洪水以前の人間と現在の人間の間に断絶があるという考えを決定的に放棄した。化石人類はまさしくわれわれの祖先であり、われわれと同様に知性と感受性をもち、芸術家でもあった。彼らは道具を作り、狩りをし、便利なものと美しいものを感じとることができたのである。

化石人類の痕跡を発見したあと、ブーシェ・ド・ペルトは彼らの遺骸そのものを見つけたいと考えた。「下部洪積層」から掘りだされたムーラン・キニョンの顎骨（実際には古い地層の中にひそかに埋められた新しい時代の顎骨）が、現代人に似た原初の人間というほとんど神話的なイメージにうまく合致していた。ブーシェ・ド・ペルトが考えだした「大洪水以前の」人間は、既成概念と、想像力と、神話と、合理的体系の奇妙な混合であった。[9] しかし先史人の文化を探究する科学である先史学は、創始者が定めた限界をはるかに超えて進んだ。すぐにフランス、イギリス、および他のヨーロッパ諸国で、教育・研究機関や雑誌や博物館が誕生した。ライエルの『人間の古さの地質学的証拠』（一八六三年）は、その世代全体の探究を要約したもので、この新しい学問の基礎を築いた著作と見なされている。[10] やがて化石人類の遺骸を研究する古人類学が、古動物学と密接な関係をもつ新しい科学の領域として形成されることになる。

だがこの当時議論の的になっていたのは、新しい知と新しい研究分野の形成以上のもの、すなわち世界の歴史についての新しい表象の出現であった。そこにおいては人間はもはや万物を支配するよう定められた天地創造の最後の作品ではなく、その歴史が他の動物の歴史と緊密に結ばれた一つの生物である。ある種の人々がまだ化石人類の探索を、多少とも聖書を尊重した枠組みの中に収めようとしていたとしても、他の人々は人類の起源の問題を新しい言葉使いで提起し始めていた。大きなサルによく似ているのでリンネ（一七〇七—七八）によって霊長目に分類された人類は、その起源を「無からの」創造という点的な時間の中にではなく、人間に動物性を付与した緩慢な進化の中に見出すべきなのだろう。これは一八〇九年にはラマルクの理論であったが[11]、一九世紀中葉以降はダーウィンの見解となるだろう。しかし一八五九年の『種の起源』において、ダーウィンは人間の起源についてほとんど何も語らなかった。「人間はサルに由来する」という学説が明確に述べられるためには、彼の信奉者トマス・ヘンリー・ハクスリの著作（一八六三年）や、ドイツの生物学者エルンスト・ヘッケル（一八三四—一九一九）の著書（一八七四年）や、ダーウィン自身の『人類の起源』（一八七一年）の公刊まで待たなければならなかった[12]。

一九世紀の最後の数十年間には、「人間はサルに由来する」というようなあからさまな表現は驚きと憤慨のたねとなった。ヴィクトリア朝時代のイギリスでは、この思想は非常に衝撃的なものであったため、一八六三年、当時の傑出した二人のイギリス人古生物学者、リチャード・オーウェンとトマス・ヘンリー・ハクスリの間に激しい公開論争が引き起こされたのである[13]。

新たな創世記を求めて

人間がマンモスの同時代人であったと述べても、それは人間の古さを相対的に感じさせることにしかならない。そこですぐに化石人類の絶対年代についての議論が生じた。この問題は科学に対してだけでなく、宗教に対してもさまざまなかかわりをもっていた。ある種の人々が聖書の語る六〇〇〇年という伝統的枠組みを保持しようと努めていたのに対し、他の人々は地質学的観察から得られた計算を根拠に、人間の歴史にもっとずっと長い時間を付与しようとしていた。地球の歴史においては緩慢かつ一様な原因が働いていると信じるライエルは、人類の年齢を一〇万年と見積もったが、プレストウィッチは緩慢な原因と急激な出来事（洪水のような）が交互に作用を及ぼすと考えて二万年を提案した。この議論はほぼ一世紀後、放射性炭素年代測定法が開発される一九五〇年頃まで決着はつかなかったが、それでもこれ以後人間は時間という新しい次元を手に入れることになったのである。

一九世紀後半、先史学者たちは先史時代の年代学を確立することに努力を集中させた。先史人の発展段階はどのようなものだったのか。彼らの身体、知性、文化の変化についてはどうだろうか。フランスの古生物学者エドゥアール・ラルテ（一八〇一―七一）は、「第四紀あるいは洪積世と呼ばれている長い期間に特徴的な」動物相の連続的変化を観察することにより、原初の人間の歴史の段階を区別することができると述べていた。[14]ラルテによれば、ホラアナグマは「アブヴィルの洪積層」の時代より前の第一の時期を証言する動物であり、したがってその絶滅は第四紀の他のすべての種の絶滅より以前に起こった。マンモスは第二の時期を代表する動物である。第三紀の生息地アジアからやってきた（当時はそう考えられていた）マンモス（エレファス・プリミゲニウス）と、全身に毛の生えたケサイ（リノケロス・ティコリヌス）は、ネアンデルタール人が出現した頃ヨーロッパに生存していた。次がトナカイの時期であり、先史時代の最後にオーロックの時期が訪れる。

しかし同時代の動物相の推移によって「人間の時代」の境界を定めるこのような方法は、事実に合わないことがすぐに判明した。はじめの二つの時期を代表するホラアナグマとマンモスの遺骸が、実際には更新世の他の時期の地層からかなり頻繁に見つかったからである。事態をさらに複雑にしたのは、化石人類の遺骸が、「ずっと以前に絶滅したと考えられていたもう一つのゾウの種（エレファス・アンティクウス）」[15]とともに発見されたことである。しかもある場所に化石ゾウの遺骸が存在するか否かは、「土地の起伏、その高度、土壌の性質、海からの距離」といったさまざまな要因に支配される。したがって動物遺骸の量の変化にもとづいて作られた年代学では、人間の先史時代の連続的な時期を正確に識別することはできない。これ以後、人間とマンモスの共存は、ラルテがホラアナグマの時期とトナカイの時期の間に設定した短い期間だけでなく、おそらくヨーロッパの旧石器時代の大部分という、きわめて長い時間続いたことは明らかであるように思われた。

こうしてラルテの古生物学的年代学は放棄されねばならなかった。むしろ化石人類の歴史を、知性の進歩を証言するその「作品」によって間接的にたどる方が好まれた。ブーシェ・ド・ペルトはソム川の段丘で収集した石器群の間に、より新しい「ケルト的」道具と、より古い「大洪水以前の」道具という区分を設けていた。一八六五年、イギリスの人類学者ジョン・ラボック（一八三四―一九一三）は、より古い打製石器の時期（「そのとき人間は、マンモス、ホラアナグマ、ケサイなどの絶滅動物とヨーロッパを共有していた」）を示すためには「旧石器時代」という用語、より新しい磨製石器の時期を示すためには「新石器時代」という用語を作りだした。[16]しかしラボックの分類は人類の先史時代に二つの段階しか認めていない。化石人類の遺骸や、打製石器や、芸術作品による証拠が蓄積し始めると、その歴史はもっと正確に識別できる連続的な「時期」によって構成されていると感じられるようになった。

一八六五年、サン＝ジェルマン＝アン＝レーの博物館に展示するためブーシェ・ド・ペルトのコレクションを整理していたガブリエル・ド・モルティエ（一八二一―一九八）は、先史人の時代を、各時期に特徴的な道具の型にもとづいて命名する新しい方式を提案した。[17]唯物論者・ダーウィン主義者でありたいと望んでいたモルティエは（もっとも、ダーウィンのことはゴードリの著作を通して知っていたにすぎないと思われるが）、人間と文化の進化をそれらの類型の漸進的変化であると考えた。すなわち最も古い時期として両面石器を特徴とする「アシュール期」（アミアン郊外のサン・タシュールでこの石器が初めて発見された）があり、次に剝片を加工した小石器によって特徴づけられる「ムスティエ期」（ドルドーニュ県の谷間の遺跡ル・ムスティエにちなむ）、「月桂樹の葉」の形に作られた精巧な石器によって特徴づけられる「ソリュートレ期」（ソリュートレはブルゴーニュ地方マコン近くの遺跡の名）、そして旧石器時代の最後の時期として、剝片を加工したより精巧な道具と矢尻を特徴とする「マドレーヌ期」（ドルドーニュ県のラ・マドレーヌ遺跡の名をとった）がくる。この分類の方法は、連続的な石器群の類型と、当時知られていたさまざまな先史人の類型を結びつけることができるという利点をもっていた。アシュール期には「ムーラン・キニョンの類型」と、もっとのちの一九〇七年にハイデルベルク近郊のマウアーで発見された下顎、ムスティエ期にはネアンデルタール人、最後の二つの時期、ソリュートレ期とマドレーヌ期には、一八六八年にヴェゼール渓谷（ドルドーニュ県）で発見された有名なクロマニョン人によって代表される「ホモ・サピエンス・サピエンス」が対応するのである。

このように一九世紀後半の先史学は、先史時代における人類の創生について、かなり単純で直線的な年代学的枠組みを作りあげていた。人類の文化的・進化的歴史のさまざまな局面に、当時明らかになっていた環境や地質や気候上の位相を対応させようという試みもなされた（当時は相次ぐ二つの主要な気候上の位相が地質学者によって認められていた。それは寒冷期と温暖期であるが、後者は徐々に温度を上げて現在に至っている）。

だが二〇世紀の最初の数十年間に、このような整序された体系はこっぱみじんになってしまった。ヒト科生物の遺骸、道具類、芸術、環境に関するさまざまな発見と、より広い地理的空間への探究の拡大が、人類進化のヴィジョンを変えてしまった。直線的なシナリオに代わって、錯綜や重複の存在、数種のヒト科生物や数種の文化の共存を強調する理論が登場した。

このような種の急増の中で、人類の「真の」起源はどのようなものになったであろうか。一九二五年にアウストラロピテクスが南アフリカと東アフリカで発見されて以来、人類発祥の地がアジアやヨーロッパではなく、アフリカであることはますます確実であるように思われる。また人類は年をとった。前世紀の末にライエルが人類に与えた一〇万年という値（『火の戦い』のエピグラフで大胆にも使用された値）は、一〇〇万年、あるいはそれ以上にさえなった。注目すべきは、アフリカの初期のヒト科生物の年代が確立されたのも、アフリカの動物相、特に化石長鼻目のいくつかの種にもとづいてだったことである。[18] 実際には、複雑になり期間がとてつもなく増大したこの歴史において、もはやケナガマンモスは、ヨーロッパでは氷河期と温暖期の交代によって特徴づけられる、人類の歴史の比較的新しい時期（中・後期旧石器時代）の代表であるにすぎない。四〇万年前に登場したマンモスは、ヨーロッパの地域において、最後のホモ・エレクトゥス、初期のネアンデルタール人、初期のホモ・サピエンスと隣り合わせの生活をしていた。ホラアナグマ、トナカイ、ホラアナハイエナといった寒帯動物相の他の種と同様に、マ

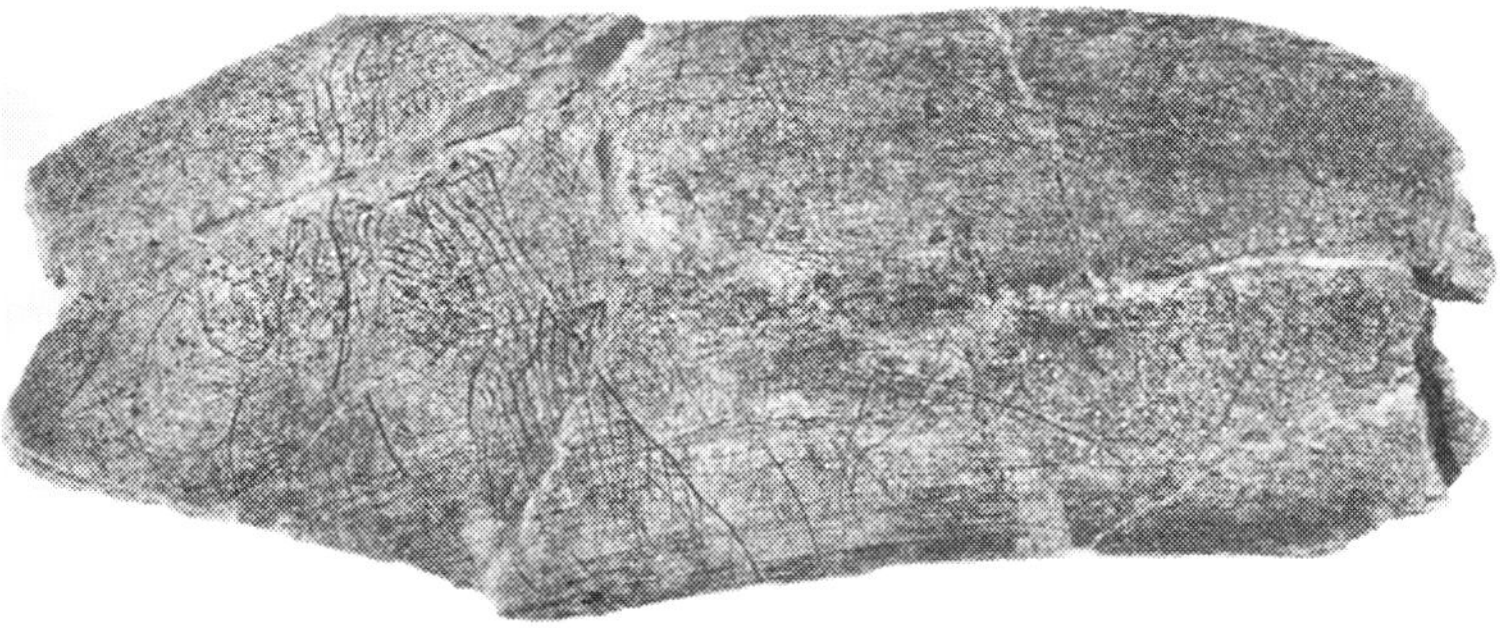

マンモスの牙に線刻されたラ・マドレーヌ遺跡（ドルドーニュ県）のマンモス．
1864年にラルテとクリスティによって更新世後期の遺跡で発見されたこの線刻は，
化石人類の存在のほぼ決定的な証拠となった．
（国立自然史博物館古生物部門，写真，D・セレット）

ンモスは大氷河が解けた時期にこの地域から姿を消したのである。

ケナガマンモスは先史時代全体の象徴であり続けているにしても、実際にはきわめて寒冷できわめて人間的であったこの歴史の最後の局面に関係している。しかしその肖像は、「大洪水以前の」人間を探索していた英雄時代に描かれていたものよりはるかに複雑である。現在ではマンモスはその歴史の流れの中で、ヒト科生物のさまざまな種と共存していたことが明らかになっている。また人類が進化を遂げた期間に、現在では絶滅してしまった数種の化石ゾウが存在していたのである。

最初の芸術家たち

化石人類の肖像を作りあげるある重要な段階で、先史芸術の存在と意味について次のような問いが発せられる。原初の人間は美を感じることができたのか。彼らは現実を模倣するためだけに現実の似姿を制作したのか。それとも彼らの芸術は宗教的思想を表現しているのだろうか。その芸術は彼らの生活様式にふさわしい意味をもっているのだろうか。これらの疑問とそれへの回答が、さまざまに変化する先史人像を明らかにしてくれる。

一八六〇年以降、骨や象牙やトナカイの角に彫刻や線刻を施した、後期旧石器時代の本物の芸術作品が発見されたため、ブーシェ・ド・ペルトが先史時代の彫刻と考えた「象形石」は忘却の彼方に追いやられてしまった。この頃の最も有名な発見は、一八六四年にエドゥアール・ラルテが掘りだした、マンモスの姿が線刻されたマンモスの牙の小板である。当時人間と消滅した巨大「厚皮動物」が同時代の存在である証拠を探していた人々にとって、これはすべての証拠を要約する発見であった。旧石器時代人はマンモスと隣り合わせで暮らしていただけでなく、芸術作品を制作するためにマンモスの牙を利用していたのである。彼らはマンモスの牙の一部分に、この動物の全身像を線刻さえしたが、それはシベリアの凍土からほとんど無傷のまま取りだされた冷凍マンモスの姿によく似ていた。この発見は「原始人」の人間性を証明しており、これ以後彼らには真の思想や芸術を作る能力のあったことが認められるようになった。

ラ・マドレーヌ（ドルドーニュ県）で発掘に従事していた作業員が、この遺跡を訪れたフォークナー、ラルテ、クリスティ（一八一〇—六五）に、彼らが掘りだした「かなり薄い象牙の小板の五つの破片」を手渡したのは一八六四年五月のことだった。ラルテはそのときの様子を次のように語っている。

　縁の細かい割れによって示される、接合の線に沿って破片をつなぎ合わせたあと、わたしには動物の形を示しているように思われた、深くはないが何本も刻まれた細い線をフォークナー博士に見せた。長鼻目を長年研究してきた著名な古生物学者の研ぎ澄まされた目は、たちまちゾウの頭部を識別した。そしてすぐに彼は体の他の部分、特に首の部分に描かれた上昇する線の束を指摘した。それは氷河期のゾウであるマンモスに特有の長いたてがみを思い起こさせた。[19]

象牙に施された他の彫刻や線刻もすぐに発見された。一八九四年から一八九七年にかけ、エドゥアール・ピエット（一八二七—一九〇六）は、ランド地方のブラサンプイで「トナカイの時期の非常に古い地層」（グラヴェット期に相当する）を調査し、下部の地層から大量の象牙を発見した。[20] 西欧の先史時代のこの時期には、針や錐や矢尻のような道具を作るためだけでなく、線刻された小板、小立像、「見事な細工と奇妙なリアリズムをもった小人物像」などの彫刻・線刻された芸術作品の材料としても、象牙が骨の代わりをしていた。象牙が道具や芸術作品に大量に使用されたことを特徴とするこの時期に、ピエットは「ゾウの時期」あるいは「象牙期」という名称を与えた。

象牙期はムスティエ期の大氷河が解けた頃に始まった。気候は和らいでいた。〔……〕まだ無知であった人類は、工具としては燧石の破片しかもっていなかった。そのようなもろい不完全な工具を使って、彼らは骨製の日用品を数多く製作し、マンモスの牙を彫ったのである。小立像によって、彼らは身のまわりの存在を表現した。丸彫りをするには薄すぎる象牙の薄片には、生物だけでなく想像力が生みだした装飾も浮き彫りによって刻んだ。芸術が発展したのは、特に大西洋と地中海に近いピレネー山麓の丘陵においてであった。21

その地層から、ピエットはマンモスやケサイの骨とともに象牙の小像を多数掘りだした。一八九四年、それらの間から有名なブラサンプイの「頭巾をかぶった婦人」が発見された。格子模様の頭巾のようなものをかぶり、繊細な目鼻立ちをしたこの精巧な小さな顔の彫刻は、現在ではサン゠ジェルマン゠アン゠レーの国立考古学博物館に大切に保管されている。ピエットは華奢であったり豊満であったりする女性の体を表現した他の彫刻も発掘している。「女性の体の線に魅せられたこの地域の太古の住人は、女性を表現するのに秀でていた。最初の彫刻家を、愛する少女の表情によって象牙に命を吹き込むよう駆り立てたのは愛だったのだろう。これら小立像の若干のものは、人形より芸術的価値があるわけではないかもしれないが、他のものは見事な造形が施されている。ここにはまぎれもない芸術家が存在したのである」。

これほど大量の動物や人間の彫像が与えられると、次にはその解釈が問題となった。原初の人間に同胞たちを表現するよう促したのは、本能、感情、欲望、義務の目覚めだったのか。この芸術表現は先史人の宗教と関係があるのか。それとも彼らは一八八〇年の芸術家と同様に、「芸術のための芸術」を実践していたのだろうか。

世紀が変わる頃、旧石器時代芸術の別の例が西ヨーロッパで発見された。洞窟の壁に彩画されたり線刻されたりした洞窟芸術は、当初人々を面食らわせ、一八七五年に発見されたアルタミラ洞窟の壁画が本物であると認められるためには、一九〇二年まで待たなければならなかった。それ以後、装飾洞窟は特にフランス南西部で相次いで発見された。ラ・ムート、フォン＝ド＝ゴーム、レ・コンバレル、ベルニファル、ペシュ・メルルなどの洞窟の壁には、動物のシルエットが線描されたり彩画されたりしていた。このような西ヨーロッパの旧石器時代芸術では、マンモスも描かれてはいるが比較的稀である。一つの例外（そして一つの謎）は、壁に線描あるいは線刻された「一〇〇のマンモスをもつ」ルフィニャック洞窟（ドルドーニュ県）である。西欧の旧石器時代洞窟芸術にマンモスの主題は稀であったということが、一九五六年にこの壁画が発見されたとき、その信憑性について論争が行なわれた一つの原因であった。それが本物であるなら（こんにちでは多くの先史学者がそう考えている）、ルフィニャックのマンモスは間違いなく最も数が多く、最も表現力豊かで、最も感動的である。[22]今世紀のはじめから、この動物芸術を、宗教的意味を有するもの、あるいは狩りの儀式の一部をなすものとして解釈しようという多くの試みがなされてきた。アンドレ・ルロワ＝グーラン（一九一一―八六）にとって、「西欧の旧石器時代芸術の図像学的システム」は、性的二元論を秘めた二項分割に従って構成されている。すなわち洞窟の壁に配置される動物像の中で、マンモスはバイソンとウマのカップルにときどき参加する「第三の動物」なのである。[23]マンモスが稀であるということの事実は、東ヨーロッパの先史芸術にその姿が頻出することと好対照をなしている。

「万能の」資源、母権制、狩猟の叙事詩

一九二〇年からロシアとチェコスロヴァキアで行なわれた発見は、マンモスを人類の先史時代の表舞台に再びあがらせ、「ホモ・サピエンス・サピエンス」が登場した三万年前頃、西ヨーロッパの「トナカイの時期」と同時代に、中央ヨーロッパと東ヨーロッパには真の「マンモスの時期」が存在したことを明らかにした。[24]中・後期旧石器時代に氷河に覆われていたヨーロッパのこの地域では、いくつかの場所が驚くほど大量の巨大な骨を埋蔵していることで有名であった。マムトヴァ（ポーランド）、コスチェンキ（ロシア）、プシェドモスティ（モラヴィア）などの地名は、以前からそこで「骨」が発見されていたことを想起させる。コスチェンキの地点は、早くも一八世紀にドイツのナチュラリスト、グメーリンによって注目されていた。彼はロシアとシベリアへの探検旅行の際、ヴォロネジ市からさほど離れていないドン川右岸の場所に、ゾウの骨の膨大な集積があることを指摘した。一八八〇年にはサンクト・ペテルブルグで、イヴァン・S・ポリアコフの『中央および東ロシアにおける人類学の旅』が出版された。[25]この書の第二章でポリアコフは、一八七八年にカラチャロフ村に近いコスチェンキの遺跡を訪問し、発掘を行なったことを報告している。翌年彼は村の大通りで、マンモスの骨とともに旧石器時代特有の削られた燧石が出土する、先史時代の住居跡を発見した。

骨も道具もでたらめに散らばっているのではなかった。ある場所には何もなく、ある場所には集められていた。いくつかの場所では骨と道具が混じり合い、骨があれば道具などの人間の存在の痕跡もあり、逆に道具が少なければ骨も少なかった。このような特徴は際立っていたので、わたしの計画やわたしが言うことをたいてい疑っていた作業員たちも、そのことはすぐに確信するようになった。普段わたしが穴の底から投げあげられた粘土の中に打製石器を探していると、作業員の「ほら、骨があったよ」と叫ぶ声がしばしば聞こえた。叫んだ者はやがて燧石の道具が発見されることを知っていた。そこでわたしは穴の中に降り、すでに集められた遺物と作業員の活動を注意深く見守りながら、自分自身の手で発掘しなければならなかった。再び「ほら、石があったよ」という声があがったときには、それはやがて骨が発見され、穴の中にまた降りて行かねばならないことを意味しているのだった。[26]

このようなマンモスの骨と道具の集合は、西ヨーロッパの遺跡と同様、先史時代のこの地域にも化石人類が生存していたことを証明していた。ポリアコフの研究と発掘の方法は、フランス先史学の方法と理念に影響を受けた（ポリアコフは「アシュール期」を語っている）、ロシア先史考古学の叙事詩的な黎明期を思い出させてくれる。

数十年後、一九二〇年代から一九三〇年代にかけ、ソヴィエト考古学の「マルクス主義化」は、人間の文化の進歩について新しいヴィジョンをもつことを研究者に強制した。一九一九年、内戦のさなかにレーニンは、物質文化史アカデミー設立の命令書に署名した。所長に任命されたのはコーカサス出身の言語学者・考古学者ニコライ・Y・マール（一八六五—一九三四）だった。原始社会の変容に関するルイス・モーガン（一八一八—八一）やフリードリヒ・エンゲルス（一八二〇—九五）の著作に感化されたマールは、原始社会「発展段階」説を作りあげ、それを考古学研究に適用した。「マール主義」は、フランスの先史学者たちが記述した、類型学的基準にもとづく「文化」の継起（オーリニャック文化、ソリュートレ文化、マドレーヌ文化）を、社会経済的段階の継起と解釈し、それは人類史の最初の時代における、生産様式の進歩と労働形式の変化を反映していると規定した。

原始社会の進化の段階についてこのような考え方が勢いを得ると、考古学研究の実践も見直さなければならなくなった。そこでソヴィエトの考古学者たちは、人間とその歴史のこのような見方と結びついた新たな発掘の方法を開発した。そのおかげで連続的な居住層が、「水平剝土」[27]の手法により掘りだされた。連続的な水平層位を調査することにより、先史社会の進化の段階を説明することが可能になった。このような理論的・実践的根拠にもとづき、「先史考古学をマルクス・レーニン主義の原則に一致した歴史科学に変える」ことをめざして、P・P・エフィメンコとS・N・ザミャートニン（一八九九—一九五八）は、コスチェンキI遺跡（ソヴィエトおよびロシアの先史考古学の真の実験室）の発掘を一九二三年に開始した。発掘の目的は「経済的な意味をもつ組織化された複合体を明らかにする」ことにあった。[28]

それ以来コスチェンキでは、水平発掘の手法によりさまざまな「組織化された集合体」が掘りだされた。そのうちの一つでは「完全な、あるいは断片の、若干のものは直立した、およそ二〇〇〇のマンモスの大きな骨が、縦横八×六・五メートル、厚さ約五〇センチメートルにわたって楕円形に集積しており、骨は種類ごとに分けられていた」。[29]この楕円形の集合体は住居跡と解され、その構造と配置は復元することが可能だった。すべての小屋の入り口は、一般に居住域の中心にある炉の方を向いていた。「楕円形の跡地は炉の列によって縦に分けられ、あらゆる大きさと用途をもつ穴や窪みが点在していた。非常に大きく深い穴は、楕円形の跡地の縁に位置していた。そのうちの四つは地下の住まいとして使われ、マンモスの骨で満たされたもっと小さく丸い一二個の穴は貯蔵庫だったと思われる[30]」。

マンモスの牙と平骨は屋根を作るために使用されていた。住居の地面からは、主として女性の姿やマンモスの図案化されたシルエットを表現した、象牙や石灰岩の小像が数多く発見された。この地のグラヴェット期の女性小立像も、西ヨーロッパで発見されるものと同様に豊満な形をしている。マンモスの牙で作ったそのうちの一つは、顔の特徴が巧みに表現されていて、特に表情豊かなものになっている。マンモスを表現した小像は、一般にかなり月並みなやり方で泥灰岩を彫刻したものである[31]。

『オーリニャック期における女性の意味』と題された一九三一年の有名な論考の中で、ピョートル・ペトロヴィッチ・エフィメンコ（一八八四―一九六九）は、原始社会の最初の社会経済的段階の特徴は母権制にあるという（マールの教説に合致した）考えをとりあげた[32]。女性の彫像は、そのような文化における女性の社会的経済的役割だけでなく、「母なる女性」という観念に見られるような精神的役割も具現している。ゾイア・A・アブラモヴァの説明によれば、「小立像に定着された女性の姿は、後期旧石器時代の共同体において母なる女性がもっていた、重要な役割を明示している。それは家と炉と火の主人である女性と、一族の始祖である女性を同時に表現している。またそのような女性は、狩りという生存のために必要な活動を成功に導く、魔力の番人でもあるのである[33]」。

アブラモヴァは（一九七九年になってもまだ）エフィメンコの研究にもとづき、ロシアのグラヴェット期の女性立像は、しばしば非常に小さく定型的なマンモスの彫像と、深い関係をもっていたと述べている。たしかに女性の小立像は、マンモスの骨が大量に見つかる場所で常に発見されている。女性とマンモスは、彫刻などの造形表現に等しく参画している。マンモスの像がこれほど頻繁に見られるのは、定住共同体の生存がこの動物に全面的に依存していたからである。いまに残る定型的な動物の小像は、「先史人の経済の基盤であった狩りの必要性」を象徴している。「日々の生活に占める経済的役割のほかに、先史人の精神生活においてもマンモスがきわめて重要であっ

マンモスの骨で作られたメジリチ（ウクライナ地方）の旧石器時代の住居
（現在より１万8000年前から１万4000年前の間）.
（写真，N・D・プラスロフ）

たことを示唆する証拠が存在する。たとえば葬式にはマンモスの肩甲骨が使用された。［……］ブルノでは、ある人骨はマンモスの牙と肩甲骨に覆われていた[34]」。

狩猟経済、定住生活、母権制といった種々の特徴が、ロシアのオーリニャック期の典型的なある経済的段階において一つのものになる。女性は社会の構造と経済的価値を表現し、マンモスは非常に重要な経済的・象徴的役割を演じるのである。

だが一九五〇年にマルクス主義的考古学の段階理論は、その理論を奉じていた者たちからも批判されるようになった。二人の考古学者エフィメンコとロガチェフの間に深刻な論争が起こり、スターリン（一八七九―一九五三）はマールの言語理論を「マルクス主義の堕落」と決めつける辛辣な論文を『プラウダ』に発表した[35]。一九五三年にスターリンが死去したとき、段階的考古学の理論的枠組みはすでにほとんどが放棄されていた。さらにフランス考古学のために作られた類型学的分類は、東ヨーロッパの文化に対しては意味をもたないことが明らかになった。それでも水平発掘の手法は保持され、いまや民族誌的となった先史文化研究に適用された[36]。エフィメンコが率いる考古学者チームによって発掘され研究されたコスチェンキI遺跡[37]は、ソヴィエトおよびロシア先史考古学の実験室の役割をこんにちまで担ってきた[38]。同じ頃、ウクライナのメジリチ遺跡や、モラヴィアのドルニ・ヴェストニツェ、プシェドモスティ遺跡が調査された[39]。一九四五年には、チェコの先史学者カレル・アブソロン（一八七七―一九六〇）がドルニ・ヴェストニツェで重要な研究を行なった。当初廃物の山か自然災害の痕跡と考えられていたものが、数年後住居跡と確認されることになった。このような骨の集積を住居跡と解釈することも、この遺跡において水平発掘の手法を発展させることによって可能になったのである。一九五〇年には、チェコの考古学者クリマ（一九二五―）の指導のもとに行なわれた新たな発掘により、住居の構造が明らかになった。壁にマンモスの皮が張られていたと思われる小屋は、主としてこの動物の頭蓋骨と下顎骨で作られていた。樹木が稀であるかまったく存在しないこの凍りついた荒野では、マンモスの遺骸はすべてのことに役立ち、その骨は燃料としても用いられた。

　モラヴィアのパヴロフ期の野営地は、まわりにマンモスの下顎骨を山形に並べた小屋で構成されている。その小屋の中には、マンモスの骨や牙で作られた、あらゆる種類の工芸品や装飾品や家具が置かれていた。ウクライナのメジリチでは、黄土で彩色された頭蓋骨が腰掛けや太鼓として利用されていたと思われる。炉の上にあったマンモスの二つの頭蓋骨は、肉を焼く串の支えだったのだろう。またシロホンに似たある楽器はマンモスの肩甲骨でできていた。さらにモラヴィアの旧石器時代の墓では、マンモスの牙と肩甲骨が二人の少女の遺体を覆うために用いられていた。マンモスは「万能の」資源だった。肉は食料として、毛と皮は寝具や衣類として、牙はペンダントやネックレスのような装身具として、あるいは芸術、装飾、建築のために、そして骨は建築と暖房のために使用された。マンモスは生活と生存の基盤であり、この文明は一万二〇〇〇年前頃マンモスとともに消滅したのだから、この地域にはまさに「マンモス文明」が存在したということができるだろう。

　このような発見は、人間とマンモスの関係の歴史とその表象に新たな次元を与えた。中央ヨーロッパには、後期

芸術家とその作品.
ズデニェク・ブリアンの油絵『プシェドモスティの「ヴィーナス」の作者』(1958年).
(モラヴィア博物館人類館, ブルノ)

旧石器時代の最も古い時期から定住先史文明が存在した。したがってオーリニャック期やグラヴェット期の先史人が、流浪する狩猟採集民であったという伝統的考えは再検討しなければならなかった。二万五〇〇〇年以上前の太古の時代、後期旧石器時代のはじめから、われらが種ホモ・サピエンスの代表者たちは、新石器時代に組織的な使用が開始されるおよそ一万五〇〇〇年前、すでに焼成粘土を使いながら野外の住環境で生活していた。そこで研究者たちはマンモス狩りの新しいシナリオを構想し始めた。そのシナリオにおいては、この巨獣の力や、この動物に備わっていると（ゾウから類推して）想像された知性や記憶に人間の策略が立ち向かい、弱者が強者に打ち勝つ。こうしてマンモス狩りは、先史人の生活を描くときにはなくてはならない一場面となったのである。

しかし「どんな武器で、どんな方法でこの巨大な動物の狩りをしたのか」という具体的な問題に話が及ぶと事態は複雑になる。先史人はマンモスに対して「攻撃的な狩り」をしかけたと考えられていた。一九三七年にクルト・リントナーは、その後長く権威を保つことになる書物の中で、「近距離からの攻撃も排除されていなかったと思われる。ゾウと同様に、マンモスの目は小さく、おそらくものがよく見えなかった。背の高い草に隠れた経験豊かな狩人は、獲物のすぐ近くまで忍んで行くことができた」[40]と述べていた。一時期「砲丸」説がある種の流行を見た。リントナーは洞窟の壁に残された後期旧石器時代の線刻や彩画の中に、その証拠を発見したと信じていた。しかしマンモス狩りにおける「砲丸」の使用はいまもって論争の的である。頭蓋骨の大きさと骨の厚さを考えれば、マンモスを打ち殺せる「砲丸」はどれほどのものになるだろうか。別のシナリオでは、ソリュートレの岩山の上からウマが突き落とされたように、マンモスが崖の上から突き落とされた可能性が示唆されている。サンクト・ペテルブルグ地質学研究所の壁には、このありそうもない虚構の狩猟を描いたパネルが長いこと飾られていた。

季節ごとの大移動の通り道で、人間の集団がマンモスの群を追跡するという構図も想像されてきた。多くの人間が協力してマンモスを追いまわし、孤立させ、疲れさせ、目やうなじといった弱い部分をおそらく毒矢で傷つけて仕留める。あるいは追いつめられたマンモスが「落し穴」に落ち、そこで石の塊を雨あられと浴びてとどめをさされたのかもしれない。ズデニェク・ブリアンのいくつかの画布がこのようなイメージを定着させ、それを不朽のも

ズデニェク・ブリアンによる『マンモス狩り』.（モラヴィア博物館人類館，ブルノ）

のとすることに貢献した。しかし「落し穴」説は小さな体の子供マンモスにしか当てはまらないだろう。また「ステップの凍土が簡単には掘り返せない」[41]中央ヨーロッパでは、この説はあまり信頼できるものではない。人間がマンモス狩りをしたということが、かなり多くの考古学的証拠（たとえば若いマンモスの骨の間に突き刺さった矢尻）によって支持されるとしても、先史時代の狩猟というこの叙事詩は、東ヨーロッパの遺跡にある大量の骨が、何千年もかかって蓄積した事実を考慮していない。実際には毎年少数の個体だけが狩られ、しばしば話題になる大量屠殺は存在しなかったのだろう。

アメリカの考古学者ルイス・ビンフォード（一九三〇―）は、死んだ動物の肉を食べるハイエナのような旧石器時代人という挑発的なイメージを提案し、非常に有力な先史時代像の一つを攻撃した。[42]しかしビンフォードのモデルは、人類の先史時代の最も古い時期に関係するものである。後期旧石器時代に関しては、一九世紀と二〇世紀前半に作られた通りのマンモス狩りの神話が現在も生き続けている。

❋

最後のマンモスは人間が居住していた地域の彼方、シベリアの北の島やアラスカへ移住し、そこでついに絶滅し、こんにちその大地を彼らの骨が覆っている。人間とマンモスの関係の歴史は、氷河期が終わる頃、アルタミラやラスコーやフォン＝ド＝ゴームの洞窟の壁に輝かしい記憶を残している、旧石器時代の狩猟家たちの叙事詩が終末を迎えたとき終了した。マンモスの消滅は、人類が経験した波乱万丈の時期、人類が氷河に覆われたヨーロッパと北アメリカの極寒の中で暮らしていた時代の終わりを告げている。こうしてマンモスは現在でも、われわれにとっては人類の原初の歴史と一体になったこの時代の象徴であり続けている。だが人間とマンモスが親しいものであるというイメージは、西ヨーロッパと中央ヨーロッパ、アジア、北アメリカにおいて、人類とその文化の先史時代における起源を探し求めてきた、探索の歴史の中にも深い根が存在するのである。

第四部　シナリオ

9 系統樹の中のマンモス

神の秩序のもと、ゴードリの「生命の樹」が枝を広げる●オズボーンの進化樹は限りなく根を広げる●遺伝学、ネオ・ダーウィニズム、新たな系統樹●ミッシング・リンクは埋められない

ゾウは進化する。種は長大な歴史の流れの中で転変を重ねてきた。ダーウィンの進化論の登場によって、現在の自然の中の生物の配置と、地層の中の化石の継起が、生命の系統的歴史を背景にして意味をもつようになった。「さまざまな生物が類似していることの既知の一つの原因である由来の共通性というものが、[……] われわれの分類によって部分的に明らかにされる」[1]とダーウィンは記している。現在の生物界の多様性が連続的な歴史に起因するなら、現生種と化石種の分類は、種と種の系統関係や、地質時代のその変移と多様化の歴史を説明できるものでなければならない。そこで不連続的な梯子のイメージは、枝を広げる樹木のイメージに取って代わられた。このイメージは、地質時代に進化し多様化したある集団の歴史としては垂直に、この歴史のある瞬間における種の共存を示すものとしては水平に読むことができる。こうしてダーウィンは「自然選択を手段とする」種の進化を記述するために、聖書の中の「生命の樹」という古いイメージを復活させたのである。

同じ綱に属するすべての生物の類縁は、ときに一本の大樹の形で示されてきた。この比喩は大いに真実を語っていると思われる。芽をだしかけた緑の小枝は現生の種を表現している。また過去に毎年作られた小枝は一連の絶滅した種を表している。各成長期に、すべての成長する小枝はあらゆる方向に枝を伸ばし、周囲の小枝や枝を凌駕し滅ぼそうと努めるが、それと同様に種や種の集団は、生存のための偉大な闘争の中で他の種を

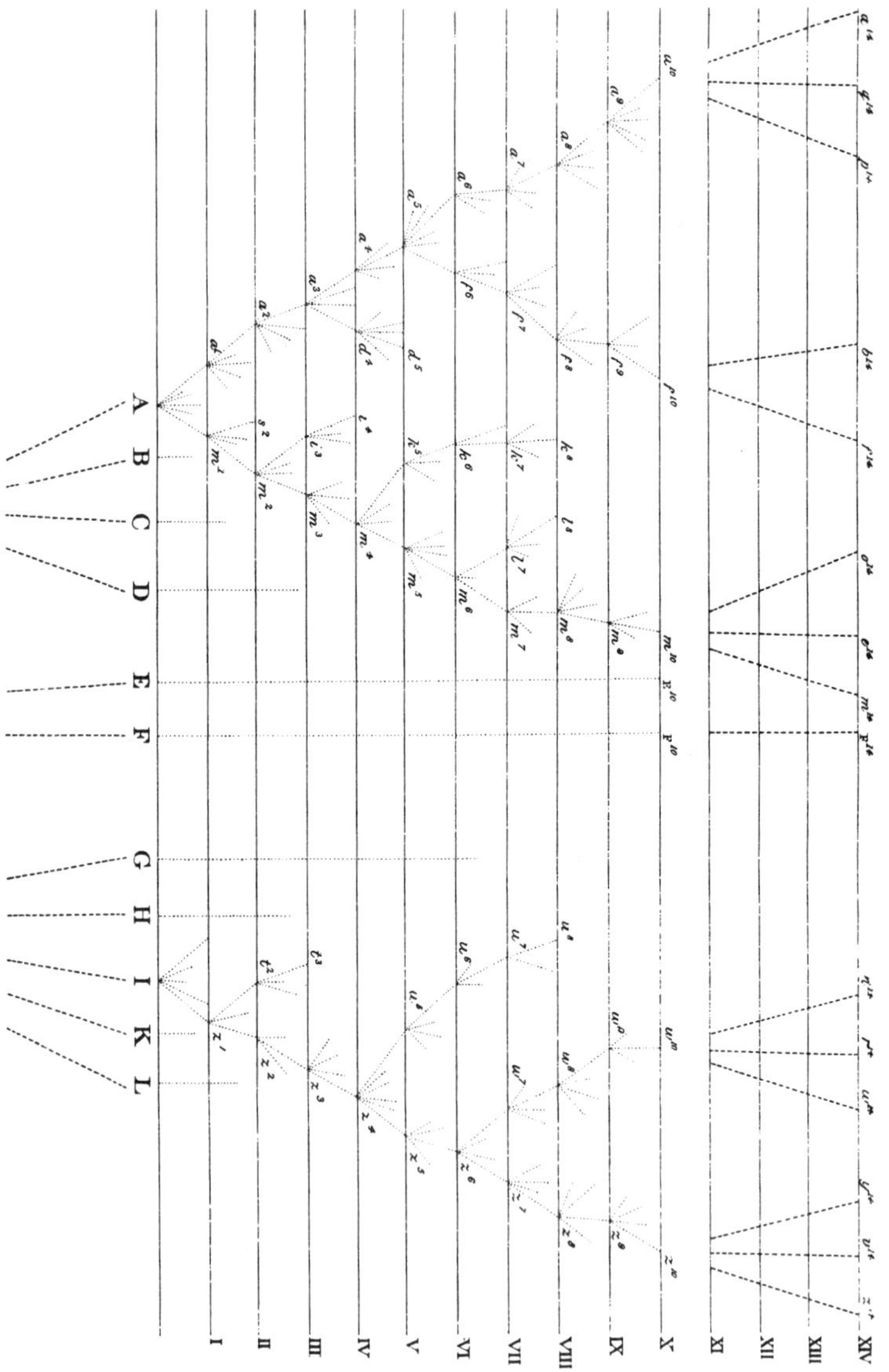

進化樹。ダーウィンが描いた理論的図式。（『種の起源』、一八五九年、第四章）

打ち負かそうとしてきた。大枝に分かれていく幹、次第に小さな枝に分かれていく大枝も、かつて木が小さかった頃には芽をだしかけた小枝にすぎなかった。分枝を媒介にした過去の芽と現在の芽のこのような結びつきは、すべての絶滅種と現生種が、互いに従属した集団に分類されるということをよく表現している。[2]

ダーウィンは『種の起源』の第四章で、系統を示すこのような樹形図を描いていた。しかしそれは抽象的なモデルにすぎず、彼は古生物学者たちに、種の進化の歴史を再構成するのに役立つ、化石遺骸の探索に乗りだすことを求めていた。実際に一八六〇年から、イギリスのトマス・ヘンリー・ハクスリ、アメリカのオスニエル・マーシュ（一八三一—九九）、フランスのアルベール・ゴードリ、ロシアのヴラジーミル・コヴァレフスキー（一八四三—八三）といった古生物学者が、この「ミッシング・リンク」の化石遺骸を熱心に捜索し、それを系統にまとめあげようと努力した。化石記録の欠落にもかかわらず、種の古生物学的歴史は復元され始めた。

ここでもマンモスは重要な役割を演じている。その豊かさと複雑さのため、長鼻目は分類学者にとって格好の対象であった。キュヴィエは「化石ゾウ」一種を定義し、絶滅したマストドンの属は「一種か二種」によって代表されると述べていた。だが一九世紀になると化石長鼻目の種の数は著しく増加した。長鼻目に関して試みられたいくつかの「系統樹」は、とりあげられた形質や、知られていた形態や、想定された系譜や、基礎となる進化哲学に応じて異なる系統図を提起している。この分類法のそれぞれは、さまざまな種を、既知のあるいは仮説的な共通の祖先と関連づけ、一定の地質時代と場所の中に配置している。またそれらは新しい化石の発見を考慮している。そして最後にそれらは、進化の過程についてのしばしば対立する表象に依拠しながら、さまざまな物語を語っている。

神の秩序のもと、ゴードリの「生命の樹」が枝を広げる

フランスの古生物学者アルベール・ゴードリ（一八二七—一九〇八）は、化石種の層序学的位置に配慮しながら、その系統発生史を表現する系統樹を最初に作成した者たちのうちの一人である。すでに一八六六年にゴードリは、

『アッティカ地方の化石動物と地質学』の中に、陸生脊椎動物の若干の科の系統発生を示す図を挿入した。[3]彼の長鼻目の系統樹（おそらくこの分野では最初のもの）は、当時の古生物学の知識の集成であると同時に、生物界の進化に関する彼の哲学の表現でもあった。

「こんにち古生物学は巨大な規模のものになっている。それは有機的自然の発展の歴史そのものである。その歴史を一望に収めるためには、生命が地球上に初めて現れた日から人間の知性が光り輝く日まで、生命の歩みをたどることのできる長い陳列室を作らねばならないだろう」。ゴードリはパリの自然史博物館創立一〇〇周年を祝うために一八九三年に刊行された共著の中の論考、『デュルフォールのゾウについて』の序文にこう記している。[4]ゴードリこそ一九世紀が終わりを告げる頃、この博物館の古生物コレクションを展示する大陳列館の設立に貢献した人物であった。この企画において、彼はロンドンのハンター博物館を訪問したことだけでなく、アメリカの偉大な古生物学者たちによってピッツバーグ、ニューヘイヴン、ニューヨークに創設され、アメリカ西部で発見されたマンモスや恐竜の巨大な遺骸を数年前から保管していた古生物博物館を訪問したこと、特にそこで得た「奇妙」で強烈な「印象」からも影響を受けていた。

パリの古生物陳列館は、一八八九年万国博覧会の公共工事を担当した建築家デュテール（一八四五―一九〇六）のプランにもとづき、この世紀の最後の数年間に建造された。一八九八年七月二一日に落成した陳列館は、ただちに大衆の広い支持を得た。最初の日曜日には一万一〇〇〇人、次の日曜日には一万人の見物客がつめかけ、好奇心旺盛なパリっ子たちはこの陳列館で化石世界の驚異を発見した。大階段を上って巨大なホールに入ると、ゾウ、マストドン、パレオテリウム、トリケラトプス、ディプロドクスといった、褐色の骨と、奇妙な形と、ときには耳障りな響きの名前をもつ化石動物の群が目の前に現れる。現在でも陳列館には、キュヴィエ、オーウェン、ラルテ、ゴードリ、ミルヌ＝エドワール（一八〇〇―八五）、マーシュ、オズボーン、ジェファソンなど、一九世紀のフランス、イギリス、アメリカの偉大な古生物学者の名前がこだましている。そのような場所では、われわれは生物界の歴史だけでなく、誕生してまもない頃の古生物学の歴史にも思いをはせることになる。一八六九年から一八七三年

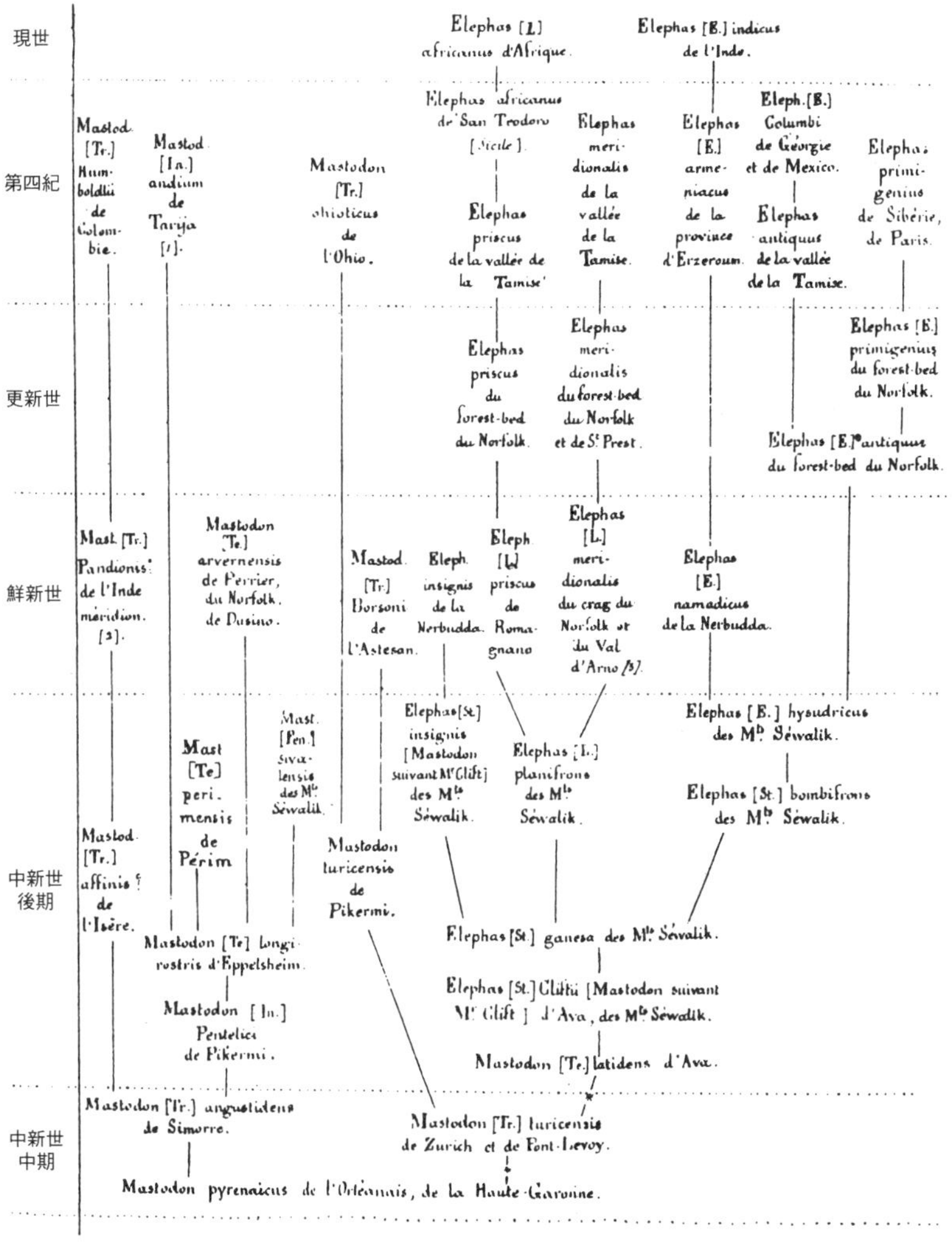
現世
第四紀
更新世
鮮新世
中新世後期
中新世中期
Elephas [L] africanus d'Afrique.
Elephas [E.] indicus de l'Inde.
Elephas africanus de San Trodoro [Sicile].
Elephas meridionalis de la vallée de la Tamise.
Elephas [E.] armeniacus de la province d'Erzeroum.
Eleph. [E.] Columbi de Géorgie et de Mexico.
Elephas primigenius de Sibérie, de Paris.
Mastod. [Tr.] Humboldtii de Colombie.
Mastod. [In.] andium de Tarija [1].
Mastodon [Tr.] ohioticus de l'Ohio.
Elephas priscus de la vallée de la Tamise.
Elephas antiquus de la vallée de la Tamise.
Elephas priscus du forest-bed du Norfolk.
Elephas meridionalis du forest-bed du Norfolk et de St Prest.
Elephas [E.] primigenius du forest-bed du Norfolk.
Elephas [E.] antiquus du forest-bed du Norfolk.
Mast. [Tr.] Pandionis de l'Inde méridion. [2].
Mastodon [Te.] arvernensis de Perrier, du Norfolk, de Dusino.
Mastod. [Tr.] Borsoni de l'Astesan.
Eleph. insignis de la Nerbudda.
Eleph [L] priscus de Romagnano
Elephas [L.] meridionalis du crag du Norfolk et du Val d'Arno [3].
Elephas [E.] namadicus de la Nerbudda.
Mast. [Pen.] sivalensis des Mts Sévalik.
Mast [Te] perimensis de Périm
Elephas [St.] insignis [Mastodon suivant Mr Clift] des Mts Sévalik.
Elephas [L.] planifrons des Mts Sévalik.
Elephas [E.] hysudricus des Mts Sévalik.
Elephas [St.] bombifrons des Mts Sévalik.
Mastod. [Tr.] affinis ? de l'Isère.
Mastodon turicensis de Pikermi.
Mastodon [Te] longirostris d'Eppelsheim.
Elephas [St.] ganesa des Mts Sévalik.
Mastodon [In.] Pentelici de Pikermi.
Elephas [St.] Cliftii [Mastodon suivant Mr Clift] d'Ava, des Mts Sévalik.
Mastodon [Te.] latidens d'Ava.
Mastodon [Tr.] angustidens de Simorre.
Mastodon [Tr.] turicensis de Zurich et de Pont-Levoy.
Mastodon pyrenaicus de l'Orléanais, de la Haute-Garonne.

アルベール・ゴードリによる長鼻目の進化樹．（『ピケルミの化石動物に関する一般的考察』，1866年，38頁）

にかけガール県で発掘された「デュルフォールのゾウ」は、陳列館の奥で巨大な足を広げて立ち、肉を剝がれた怪物の群をその大きさによって支配している。それに比べると、陳列館の入り口で訪問者を迎える北シベリアのマンモスもほとんど小さいと思えるほどだ。[5]

古生物陳列館における古いものから新しいものへという化石の配列は、ゴードリの進化思想によれば「有機的自然の発展の歴史」を例示するものであった。まだキュヴィエの種不変説に執着していたフランスの多くのナチュラリストとは異なり、ゴードリは生物界が進化することを信じていた。彼が研究を始めた一九世紀の中頃には、ゴードリは種の変移を確信することにより、ソルボンヌでも自然史博物館でも孤立を感じていた。[6]それでも彼はダーウィンに対する賛辞を表明し、一八七三年、自然史博物館における古生物学講座の開講の辞を次のように締めくくった。

連続する時代の種に相違が見られるにもかかわらず、多くの類似点がそれらのつながりを明らかにしているように思われる。古生物学は、昔日の生物と現在の生物を結びつけながら、地質時代を通じて均衡を保ってきた、有機的存在の偉大な連鎖をかいま見始めている。この連鎖の多くの環はわれわれには永遠に失われてしまったが、いくつかの環はすでに発見されたかこれから発見されるだろう。われわれは情熱をもってともにそれを探索しよう。なぜならあるプランが自然の歴史を支配しているのであり、わたしは古生物学的連関の研究が、いまだ謎に包まれたそのプランを理解することの助けになるだろうと確信しているからである。[7]

ゴードリが一八六二年にすでに生物の進化を信じると表明していたとしても、それはダーウィンの「自然選択を手段とする種の起源」という原理を援用してというよりは、生物は必然的に進歩するという考えにもとづいてであった。ゴードリにおいては中間的な環の探索は唯心論的色彩を帯び、存在の階層的「連鎖」という伝統的な観念と、万物が仲むつまじく結ばれる世界の調和という牧歌的なヴィジョンに支えられていた。ダーウィンを引き合い

20世紀初頭，パリの自然史博物館古生物陳列室におけるデュルフォールのゾウ．
（国立自然史博物館古生物部門，写真，M・レネ）

にだしながらも、彼は神の「プラン」によって決定された進化、人間を頂点とする必然的な進歩と見なすことのできる進化という、形而上学的なヴィジョンに依然として執着していた。

それまでは別物であった属と属を結ぶ、「中間的な」種の存在を明らかにする可能性が生じたのは、多くの発掘が行なわれ、化石種についての知識が増大したからであった。一八七六年にゴードリは、ピケルミの中新世の化石に関し、一八五五年からギリシアで行なってきた発掘の成果を発表した。[8] その動物相において、彼は哺乳類の属と属、科と科をつなぐ真の中間項を構成すると思われる新しい型の生物に遭遇した。二番目の著作『リュベロン山の化石動物』（一八七三年）は、ピケルミと同時代に属する南東フランスのある動物相を研究し、異なる種を生みだすのに充分と思われる変異能力が化石種の中に存在することを強調した。このような野外研究にもとづいて彼の偉大な総合的著作が誕生した。『動物界の連関』（一八七八―九〇年）において、ゴードリは種変移説的方法を、古生代、中生代、第三紀の動物に適用しようと努めた。

『哲学的古生物学試論』と題された一八九六年の気品のある著作が提示した「進化哲学」では、ゾウとマンモスは特別な場所を占めている。長鼻目をマストドンとゾウに分ける伝統的な分類を踏襲しながらも、ゴードリはこの二つの属の歴史において、両者のつなぎ目の役割を実際に果たした「中間的な」種が存在することを明らかにした。「ヨーロッパのいくつかの場所で、確かにゾウのものであるが、隆起の数が少ないこと、幅が広いこと、エナメル層が厚いことによってまだマストドンらしさを残している歯が発見されている。それらは鮮新世後期に特有のものである。われわれはマストドンの特徴が消え失せ、隆起が増加・拡張し、エナメル層が薄くなった他の歯も見出している」。[9] たとえばピケルミで発見された「中間的な形態」、マストドン・トゥリケンシスは、マストドンとゾウをわかつ溝を埋め、長鼻目の歴史において断絶のない形態のつながりを拡大するだろう。

では「かくも巨大な被造物」であるデュルフォールのゾウはどうだろうか。長鼻目の進化の歴史の中でそれにはどのような場所を与えなければならないのだろうか。ゴードリはエレファス・アンティクウス、エレファス・メリディオナリス、エレファス・プリミゲニウスなどの、すでに知られているゾウの化石種との関連の中にそれを置こうと努める。彼は解剖学的研究にもとづき、それはエレファス・メリディオナリスの仲間だが、その「変種」に属すると結論する。「非常に古いエレファス・メリディオナリスに比べると、牙はより湾曲し、脚の骨はより薄い［……］ように思われる。その点でもデュルフォールのこの動物は、第四紀ゾウへの傾向を示している」。デュルフォールのゾウは、種になろうとしている「より進化した」変種なのだろう。このゾウと同時代の動物相・植物相の研究と復元から、それが中間的な性格のものであったことが確認された。それは「第三紀から第四紀への過渡期を構成する」時期に属していたのである。

当時の自然を復元してみると、この時期には「壮大で平和な光景」が広がり、この動物の遺骸も「これまでに発見された最も堂々とした哺乳類骨格」であるように思われた。ゾウは第三紀末の動物相の王であった。巨体のせいだけでなく、「脚を円柱のようにまっすぐに」保ち、天に挑むように頭を高くもちあげているため、この動物は威厳に満ちた外見をしていた。長い鼻のおかげで、「ゾウは食物を取るとき有蹄類のように身をかがめる必要がなかった」。したがって動物界において長鼻目は、人間の直立姿勢を予告するような姿勢をもっていたとゴードリは結論する。

まるで地質時代の各時期には、一定の型の完成と威光が存在したかのようであった。中生代のジュラ紀末と白亜紀はじめは、「すべての陸生四足動物の中で最も巨大」だが、おそらく「愚鈍な動物」であった恐竜がはびこっていたため「暴力の治世」を示している。第三紀の末には、大型哺乳類がもっと高い水準の別の型の完成を実現した。「動物界の最高の存在は、［……］第三紀末の中新世と鮮新世の頃、すなわち人類が登場する直前に出現した」。それが四足動物の中で「最も美しく、最も活発で、最も知的な」、こう言ってよければ最も人間的な第三紀ゾウである。次の時期はホモ・サピエンスの登場によって頂点を迎えるだろう。

このように鮮新世末のゾウは、長鼻目の、さらには動物界全体の最も完成された型として出現した。そのあとを継ぐ第四紀のマンモス、ヴェゼール渓谷のトナカイの時代の地層の中で「稀な遺骸」が発見されるマンモスに関していうなら、それは「小型化し」、すでに衰退の道をたどり、いずれ消え去るべき運命にあったと考えることができる。したがって大型厚皮動物の絶滅は、その「性向」の当然の帰結と見なされなければならない。「過ぎ去った時代の巨大動物は［……］生存闘争の中で打ち負かされたのではない」のである。ダーウィンの自然選択の原理は、捕食者をもたなかったこの巨獣も消滅したという事実と明らかに矛盾している。生物界の転変は地球の転変と同様に、破壊や暴力によって支配されているのではない。このようにゴードリは平和に満ちた詩的な自然観を唱道するために、キュヴィエ流の激変もダーウィン流の選択も退ける。各時代の「自然界の王」は、破壊を加速させる肉食動物ではなく草食動物であった。マンモスは「破壊者ではなく［……］まして同時代の動物の犠牲者になることはなかったとしても」、その歴史と性向の必然性のみによって絶滅したのである。「種の不変性などもはや語ってはならないことを古生物学は教えている。すべての生物は、どれほど強大なものであろうとつかの間の存在であった。変化の法則こそ世界を支配する偉大な法則である」[10]。

ダーウィンが種は生存のための競争と闘争を通じて形成され、滅亡すると考えていたのに対し、ゴードリは生物の平和的な共存を強調する。「地質学的世界は殺戮の舞台ではなく、壮麗で静謐な舞台であった」[11]。恐竜たちの恐るべき闘いは大いに誇張されていると彼は述べる。中新世末の世界では、「猛獣」は餓死寸前の草食動物の苦痛を短縮するためだけに殺し、「愛のための闘いを除いたら」、動物は「喧嘩の種をほとんど」もっていなかった。このようにこの歴史のそれぞれの瞬間は、進歩への傾向と同時に均衡の完成を表現している。したがってゴードリがダーウィン的な系統樹のイメージを採用するのは、ダーウィンのように偶然の枝分かれを示唆するためというよりは、この転変の最後の完璧な成果である「花」や「実」を喚起するためである。「生物界の歴史は、種子が花と実に覆われた見事な樹木になったり、卵が複雑かつ魅力的な生物に変貌したりする連続的な変移のような、すべてのものが組み合わされている進化をわれわれに見せてくれる」[12]。樹木のイメージに、対立も系統のプロセスの説明もまったくない連続的な変移の夢から誕生した、個体発生的成長のイメージと、「和声」や「和音の連関」の音楽的イメージが重ねられる[13]。この古生物学者の思考の根底にある楽観主義的・進歩主義的な哲学、いっさいの対立が取り除かれた牧歌的な自然観は、「存在の連鎖」というライプニッツ流のイメージを再び取りあげ、種変移説の用語と連続した物語の形式によって蘇らせるものであるように思われる。

それはしばしば知覚できない推移に従って種が継起し、連関し、「万事が最善である」秩序を形成するにいたる連続性の世界であり、普遍的な善に支配された世界の夢である。ゴードリは世界の秩序と運命を、それを超越した神の「プラン」によって説明する。これは創造者が世界に施した恩恵に絶えず驚嘆しながら、神にはこの歴史の各段階に調和を行き渡らせる力があると考えることによって悪の観念を反駁する、正真正銘の弁神論であった。

ダーウィンは、ゴードリが「化石動物間の関係を系統の観点から検討しよう」としたことに賛辞を呈したとき、自分の体系とこのフランス人古生物学者の体系との相違を強調しようとは思わなかったのだろう。[14] だが初期の著作から、ゴードリの進化論が唯心論的哲学に深く根を下ろしていることは明らかであった。

フランスの他の古生物学者たちはもっと先まで進み、ダーウィンの用語よりラマルクの用語（獲得形質の遺伝、努力と習性の適応的価値）の方にしばしば近い唯心論的用語によって進化を考察した。世紀が変わる頃、古生物学者の世界ではダーウィン理論の批判が頻繁に行なわれ、この時期に関してはまさにダーウィニズムの「失墜」を語ることができる。[15] フランスでも、イギリスでもアメリカでも、化石記録の欠落に関連した反論が、特に哲学的な根拠にもとづき、ダーウィンの唯物論を拒否する者たちによってもちだされた。生存闘争や自然選択のような、ダーウィンが記述した進化の過程の証拠はどのようにしたら化石の中に発見されるのか。進化や適応という創造的な過程を説明するために、どうして自然選択の破壊的な力が引き合いにだされるのか。それよりむしろ自然界の創造的な力、「生の飛躍」、超越的な変化の法則を援用する方が正しいのではないか。一八八〇年から一九二〇年にかけ、多くの古生物学者が提起した疑問はこのようなものであった。進化的転変を表現する系統樹の姿も、やがて大きく変えられることになるのである。

オズボーンの進化樹は限りなく根を広げる

アメリカでは、「マンモス」という語は巨大なもの、並外れて大きなものを示すために頻繁に用いられる。つまり「マンモス・ブック」は「桁外れに大きな本」である。長鼻目に捧げられたヘンリー・フェアフィールド・オズボーン（一八五七—一九三五）の二巻からなる壮大な著作には、まさにこの言葉が似つかわしい[16]。この厚皮動物的なモノグラフ二巻が出版されたとき、著者はすでにこの世を去っていた。しかしこんにちでも彼の思い出はニューヨークのアメリカ自然史博物館に生きている。今世紀のはじめ、彼はそこに古脊椎動物部門を創設し、四〇年にわたってそれを指導した。ふくよかな顔と格好のよい口ひげ、チョッキと懐中時計の鎖からなる彼のブロンズの胸像が、博物館の一〇階に復元された彼の書斎の片隅に鎮座している。そのかたわらでは、振り子時計がゆっくりと無限の時間を刻んでいる。ニューヨークの自然史博物館では、オズボーンは一部門の創設者であったのみならず、脊椎動物化石を探索する大規模な探検隊をアメリカ西部やアフリカや外モンゴルに派遣し、古生物学研究に活力を付与した寛大なパトロンでもあった。

『長鼻目』（一九三六—四二年）と題された彼の著作は、実際にはノートや論文を同僚たちが編纂したものである。オズボーンの業績の頂点はおそらくこのモノグラフにあり、見かけはむらがあり未完成であるにもかかわらず、この書においては進化論的分類の問題に特別の関心が払われている。進化をどう考えるかについて、オズボーンはドイツの形態学の伝統と、研究をはじめた頃に師事した大古生物学者エドリード・ドリンカー・コープ（一八四〇—九七）の思想に強い影響を受けていた。彼は化石の研究方法において、器官の発達や萎縮とその使用頻度には関連があるとする「運動発生」の原理のような、ラマルクの遺産とされるさまざまな進化の原理をコープから借用した。

一八九五年から、オズボーンは「ネオ・ラマルク主義者」や「ネオ・ダーウィン主義者」とは距離をおき、自分自身の進化観を練りあげることに努めた。彼の考えでは、進化は遺伝、環境、個体発生、選択の四つの基本的要因の相互関係にもとづくものであった。ここでは、「選択」は数ある要因のうちの一つにすぎず、主として絶滅を引き起こすもので進化を誘発する要因ではない。この進化の「四形成」理論が、脊椎動物集団の進化の図式の基盤に置かれる。またオズボーンは種の進化を定向進化へ向かわせる多くの「法則」を導入する。進化は適応放散と並行進化と形態の分岐によって進行する。オズボーンの定義によれば、適応放散とは「非常に異なった環境に対する身体的適応の結果、系統が同一あるいは同族である動物の中にきわめて多様な形態が発達すること」[17]である。化石哺乳類の集団の大半は、進化の歴史の初期の段階に仮説的な共通の祖先から分岐し、次いで並行的・定向進化的な系統の線に沿って進んできたのである[18]。

この頃、このような原理を主張したのはオズボーンだけではなかった。フランスでは、古生物学者のシャルル・ドゥペレ（一八五四―一九二九）も、進化を体軀が増大・縮小する傾向といった、進化を超越した「法則」に支配される「定向進化」と見なした。ドゥペレにとって、異なる系列の種が共有している形質は独立に獲得されたものであり「並行現象」にほかならなかった。特殊化していない「原初の」形態だけが新たな系列を生みだすことができる。構造がある程度特殊化した「分枝」は、同一方向に進化し続けてさらに特殊化した形態になるか、絶滅するかしかない。厳密に適用すれば、このような原理は進化の枝分かれをほとんど不可能にしてしまう。

ゴードリの大作の表題をもじったように見える表題の『動物界の変移』（一九〇七年）において[19]、ドゥペレは「進化の非可逆性」の原理を援用し、化石属間の「連関」を明るみにだすという試みを否定する。人々が想定する系統は、見せかけの類似にもとづいており、彼らは間違って分類された属の間にしばしば「移行形態」を見てしまった。「ダーウィン以来なされてきたように、古生物学的資料の不足を弁護するのはもはやまったく不充分である。属と属の間の移行形態は、現存しないだけでなく過去にも存在したためしがない。観察事実から証明されるのは、それぞれの分枝は独自の進化と歴史をもっていたということである[20]」とドゥペレは述べる。

鮮新世のゾウに捧げられた一九二三年のモノグラフの中で、ドゥペレとリュシアン・マイエ（一八七四―一九四九）はそのような進化の原理に従って長鼻目の系統発生を記述した[21]。彼らは「そのうちのいくつかは二つあるいは数個の分枝から構成される、並行した五つの進化の大集団」を明らかにした。各集団は独立した進化の歴史を有するので、この化石系列はそれぞれが異なった祖先から出発し、別々に進化してきたと推測できるだろう。マンモス（彼らが挙げた長鼻目の集団の三番目のもの）は、「大きく渦を巻いた牙と、前方から後方へ圧縮された頭蓋骨と、［……］平らな額と、規則的なエナメル質の縞をもつ大きな臼歯を特徴とする」。さらにこのマンモスの集団においては「二つおそらくは三つの並行的分枝」を識別しなければならない。すなわち子孫を残さずに第四紀のはじめに絶滅したエレファス・トロゴンテリイの分枝、「鮮新世後期から第四紀末まで変化せずに存続した」エレファス・アステンシス・プリミゲニウスの分枝、そして「シベリアで発見された凍結した遺骸と、旧石器時代末の人類が描いた素描によって明らかな、ふさふさした長い体毛」を特徴とするシベリアマンモス（エレファス・プリミゲニウス・シビリクス）の分枝である。ゴードリや他のダーウィン派の古生物学者のように、そのうちのある種は他の種から誕生したとか、「臼歯の咬板の数が徐々に増加し、咬板はより密に、エナメル質はより薄くなっている」ことにもとづき、「シベリアマンモス」は「通常のマンモス」から派生したとか考えるのは誤りである。そのような仮説は、ゾウの臼歯の変化の「法則」を追認するとはいえ、シベリアマンモスだけがふさふさした毛に覆われている事実をうまく説明できない。ドゥペレとマイエにとって、南ヨーロッパで生活していた「通常のマンモス」が、寒冷な気候帯に移住して毛皮を獲得したなどということはありえなかった。「そのような説明はまったく子供じみていて受け入れることはできない。無毛のマンモスが漸進的寒冷化のもとにおかれ、その寒さがヨーロッパの第四紀の歴史が示しているほど強烈になるなら、次の二つのうちのどちらかが起こるだろう。すなわちこの動物はその場で絶滅するか、毛で覆われることなく南へ移住するかである」と彼らは記す。特殊化は新たな形質の獲得を禁じている。そこでこの著者たちによれば、シベリアマンモスの起源は未知の独立したものであり、おそらくユーラシア大陸の北部に求めるべきであると結論しなければならない。

したがって組み立てることが可能なのはもはや系統「樹」ではなく、その起源は知ることができない並行的系列の中に、種の名前が次々と出現する「図表」だけである。これは並行的系列は増加させながらも、系譜を想像することは不可能にしてしまった逆説的な進化の表象であった。

オズボーンの場合も事情は同じであり、彼が構想した長鼻目の系統発生は、その進化思想のとりわけ明快な適用であった。二〇世紀の初頭には、長鼻目の系統樹の「根」について重要な発見がもたらされた。一九〇一年四月、大英博物館の古生物学者チャールズ・W・アンドリューズと、地質学者のヒュー・ビードネル（一八七四―一九四四）は、エジプトのエル・ファイユームの地層できわめて原始的な長鼻目の二つの種を発見した。一つは始新世後期のモエリテリウム、もう一つは漸新世前期の河川・海洋堆積物から掘りだされたパラエオマストドンである。[22]アンドリューズは、これは長鼻目の二つの祖先種であり、古い方の種（モエリテリウム）が新しい方の種（パラエオマストドン）のもとになっている、また後者は中新世前期のヨーロッパのマストドンの祖先であると考えた。一九〇七年にオズボーンはエル・ファイユームに調査隊を送り、この二つの化石種の新たな遺骸をもち帰らせた。解剖学的および行動上のいくつかの特徴から（前者は水辺に、後者は水中に生息していた）、これらは異なった系列に属しているとオズボーンは結論した。モエリテリウムをパラエオマストドンの祖先と見なすことはできないだろう。両者は同一の未知の祖先に由来するのだろうが、異なった進化の道の上に置かれなければならない。ドゥペレと同様にオズボーンは、ごく初期の段階にこの長鼻目の二つの種を分かつ、「多系統性」が存在すると考えていた。

オズボーンの一九三六年のモノグラフにおいて、長鼻目の進化「樹」はその根が途方もなく広げられ、その樹には実際のところ独立した平行の分枝しか含まれていない。[23]三つの上科（ゾウ上科、ステゴドン上科、マストドン上科）は、多くの並行的分枝に細分されるが、分枝は始新世と漸新世の株の中に入り込まない限り結合しない。オズボーンは第三紀にマストドンが多数存在したことは認めたものの、系統が可能であるとする仮説を考慮することは拒否し、第四紀ゾウは仮定的な祖先種から誕生したと考えた。ドゥペレの場合と同様、系統樹はほとんど枝分かれをしておらず、各集団は始新世前期か白亜紀後期の仮定された未知の祖先から、既知の中間的段階をまったく経ずに別々に出現する。「適応放散」は多数の系列を急激に生みだし、その系列はそれらすべての源泉である非常に古い時代の共通の祖先の中でしか一つにならない。進化の過程は直線的・合目的的であり、進化の形態学的法則に支配された定向進化、「直線漸進」である。この長鼻目の分類は、体軀が次第に増大する法則のような、他の「定向進化的な」傾向も強調する。ゾウはますます大型化し、次いで矮小になり消滅する。種の進化は、成長、老化、死という個体の発達のあとをたどるのである。[24]

今世紀のはじめアメリカで影響力をふるったオズボーンの研究は、一九三〇年から急速に時代遅れのものとなっ

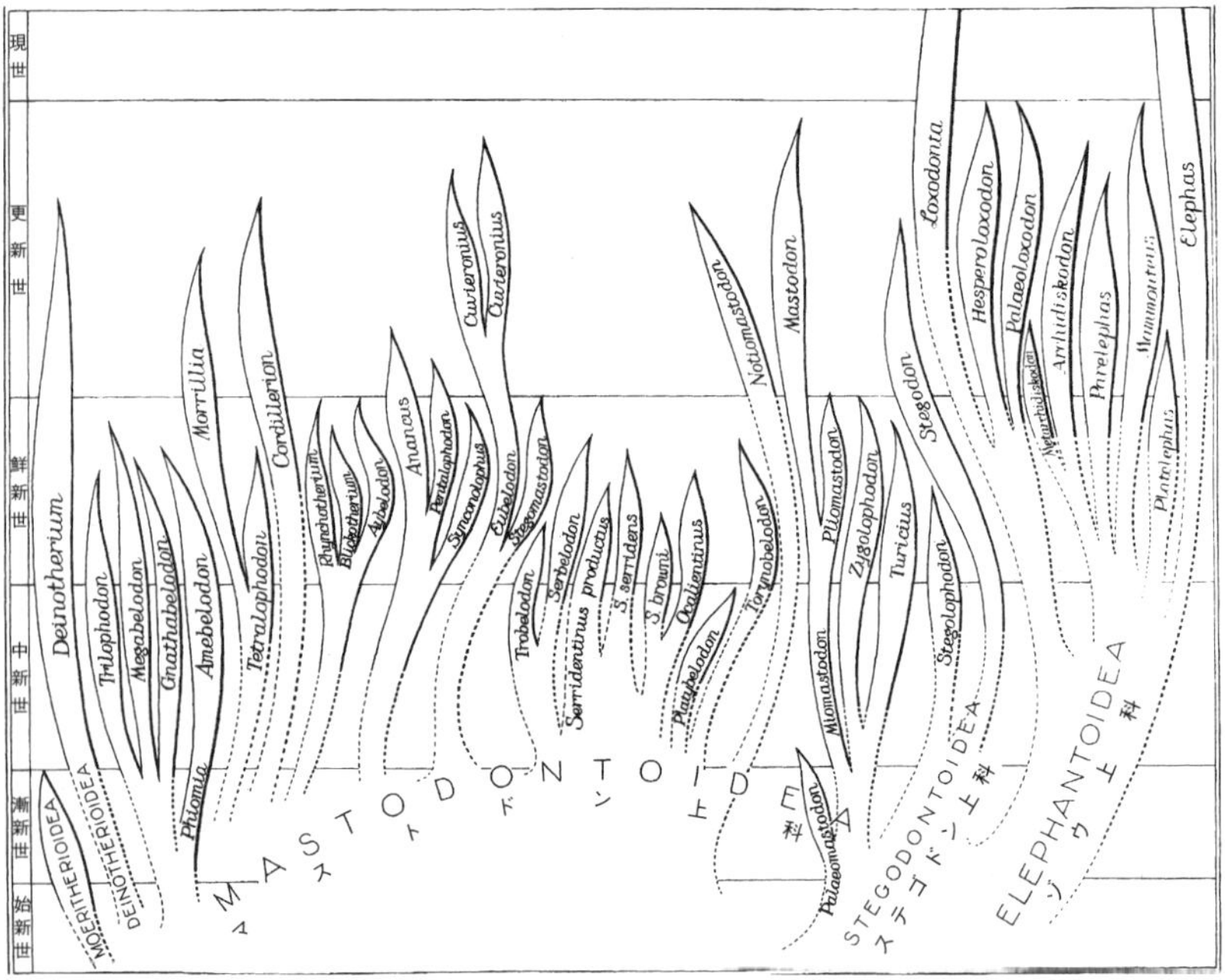

H・F・オズボーンによる，長鼻目の進化の図（上）と，マストドン上科の放散の図（次頁）．（『長鼻目』，1936年）

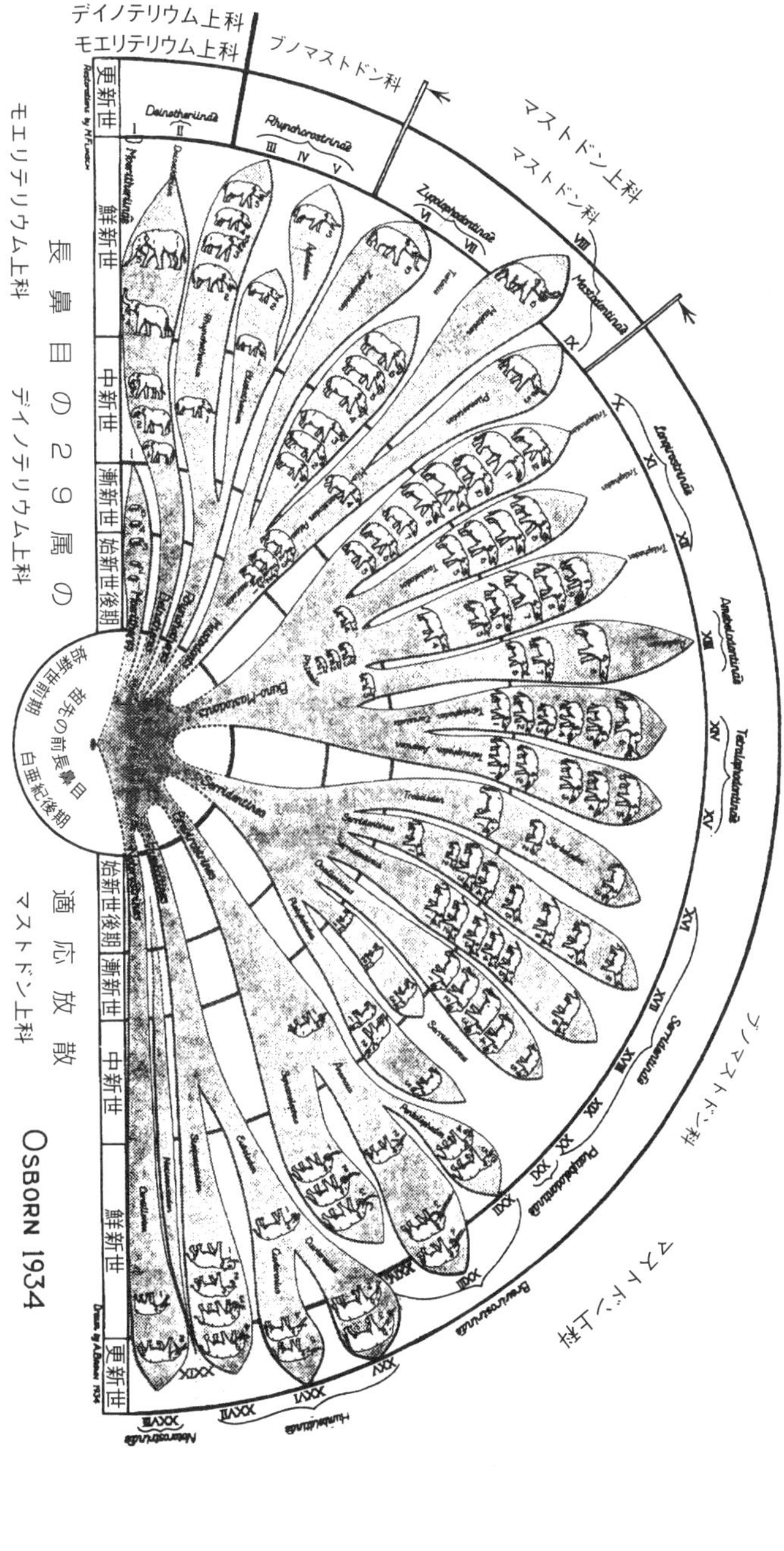
デイノテリウム上科
モエリテリウム上科
ブノマストドン科
マストドン上科
マストドン科
長鼻目の29属の適応放散
モエリテリウム上科
デイノテリウム上科
マストドン上科
更新世
鮮新世
中新世
漸新世
始新世後期
Deinotheriinae
Rhynchorostrinae
Zygolophodontinae
Mastodontinae
Longirostrinae
Anancinae
Tetralophodontinae
Serridentinae
Platybelodontinae
Brevirostrinae
Humboldtinae
Notorostrinae
Bunomastodon
Serridentinus
OSBORN 1934

た。定向進化的現象と分類群の増加に固執し、遺伝学を拒否したため、彼の理論は当時の主要な科学的関心に対応しないものになってしまった。だがニューヨークの自然史博物館における「企業家」としてのオズボーンの活動は、アメリカの古生物学（この自然史博物館を中心とした）の威信を高め、二〇世紀前半の古生物学研究に大きな活力を与えた。次の世代は自分たちの科学思想を、彼の業績に対する批判的反応として（したがってそれとの強いつながりをもって）形成することになるだろう。

遺伝学、ネオ・ダーウィニズム、新たな系統樹

二〇世紀になり、種の系統発生的歴史の観念に重大な変革が生じたのは、まさしく古生物学と遺伝学の出会いからであった。遺伝の法則とメカニズムの発見が多様化の原因と過程に新たな解答をもたらし、それ以後進化はもはや生物の形態の変移の中にだけ読み取られるものではなくなった。世代間の遺伝を支配するメカニズムは、統計学的法則に従い、その解明は遺伝子のレベルで行なわれるのである。

一九〇〇年は生物学思想に真の革命が起きた年として記憶される。この年、フーゴ・ド・フリース（一八四八―一九三五）、カール・エーリヒ・コレンス（一八六四―一九三三）、エーリヒ・チェルマク（一八七一―一九六二）の三人の植物学者は、チェコの修道士グレーゴル・メンデル（一八二二―八四）のエンドウの交雑に関する研究、すなわち形質遺伝の統計学的法則を定式化するもとになった研究を別々に再発見した。彼らが主に再発見したのは、生物学に数量化をもちこんだメンデルの「態度」そのものであった。「メンデルとともに、生物学の現象は突如数学の厳密さを身につけるようになった。方法論と統計的処理と記号表現が遺伝に課したのは内的論理であった」[25]とフランソワ・ジャコブ（一九二〇―）は記している。ド・フリースやウィリアム・ベイトソン（一八六一―一九二六）のような初期の遺伝学者は「突然変異論者」であった。彼らは新種が重大な「突然変異」の引き起こす急激な変化によって出現し、その「突然変異」は発達の機構に固有のさまざまな制約の中で、一定の方向性を与えられていると信じていた。このように、自然選択を誘発する小変異の蓄積によって進化が徐々に起こることを否定した「突然変

異論者」は、ダーウィンの思想の失墜をはかり、ダーウィニズムの「死」さえも宣言した。[26]

次の世代はこの理論に関し活発な議論を展開した。一方では、遺伝学者の研究によって突然変異の概念が修正された。たとえばモーガン学派は、非常に多数の異なった突然変異が、たった数年間で種内に蓄積しうることを証明した。すなわち遺伝子に影響を及ぼす突然変異は数多くあり、それらは互いに結合し、ほとんど探知できないこともしばしばなのである。トマス・H・モーガン（一八六六―一九四五）の新しい「突然変異」観は、ダーウィンの変異の概念にきわめて近いものであった。一九三〇年から、ロナルド・A・フィッシャー（一八九〇―一九六二）、シウォール・ライト（一八八九―一九八八）、J・B・S・ホールデーン（一八九二―一九六四）の研究が、自然選択の数学的理論の基礎を築いた。着想と方法が異なるにもかかわらず、この三人の遺伝学者は、自然選択には個体群の遺伝子頻度を変える力があること、突然変異にもそのような変化を生みだす能力があることを認めた。ド・フリースやベイトソンとは異なり、この遺伝学者たちは進化が小さな遺伝的相違の選択的蓄積によって生じることを承認したのである。

このような問題のとらえ方は、自然選択の役割に新たな重要性を付与し、生物の遺伝を支配するメカニズムと、ダーウィンの進化の原理を統合する道を開いた。またこのような結論から、実験室の生物学者と野外のナチュラリストの協力が初めて可能になった。それまで着想の仕方が異なっていた二つの研究者グループの間に、新しい協調の空間が誕生した。この点では、今世紀のはじめの数十年間に、ロシアの遺伝学者セルゲイ・チェトヴェリコフ（一八八〇―一九五九）の実験室で訓練を積んだ、遺伝学者テオドジウス・ドブジャンスキー（一九〇〇―七五）の研究が非常に大きな影響を与えた。その著作『遺伝学と種の起源』（一九三七年）において、ドブジャンスキーはまるまる一章を自然選択に割き、それを抽象的な理論としてではなく、実験によって証明することのできる過程として示した。他方では、この研究は「集団」という新しい概念を世に送りだすこととなった。「進化とは集団の遺伝的構成における変化である」[27]とドブジャンスキーは記している。実験遺伝学においてそれまで使用されていた類型学的な種の概念は、集団の概念に変更すべきであるとされた。エルンスト・マイア（一九〇四―）が述べているように、「自然選択、種分化、適応の真の理解は、集団の概念が類型学的な種の概念に取って代わるまでは可能ではなかった」[28]。

遺伝学者とナチュラリストとの出会いは「現代的総合」という名称を獲得した。この呼称は基礎を築いたジュリアン・ハクスリ（一八八七—一九七五）の著作『進化、現代的総合』（一九四二年）の表題において初めて登場した。遺伝学者、発生学者、古生物学者、分類学者の非公式の会合からアメリカで誕生したこの学説は、一九三〇年から一九四〇年にかけ、種々の進化学者の共通の基盤を構成した。これは「ネオ・ダーウィニズム的総合」とも呼ばれるが、それはこの学説がダーウィンの進化の概念の大半を引き継ぎ洗練するということ、だがダーウィンが認めていた獲得形質遺伝の原理はアウグスト・ヴァイスマン（一八三四—一九一四）に従って拒絶するということを示していた。このダーウィニズムの理論的再生の主役たちは、エルンスト・マイア、グレン・ジェプセン（一九〇三—七四）、ジョージ・ゲイロード・シンプソン（一九〇二—八四）といったアメリカの生物学者やナチュラリストであった。異なった領域から訪れた専門家たちの協力により、生命科学の重要な知的・制度的再編成が遂行され、その出会いの成果は数多くの共同著作、特に一九四七年にプリンストン大学で行なわれたシンポジウムの記録の出版（一九四九年）によって具体化された[29]。同じ一九四七年には、パリのソルボンヌ大学でも「古生物学と種変移説」と題された重要なシンポジウムが開催され、ヨーロッパとアメリカの古生物学者・遺伝学者の対話が実現した。

「現代的総合」は進化のすべての側面に適用される遺伝的変化の理論として登場した。種の漸進的進化は、遺伝子のレベルで偶然の小変化である「突然変異」が起こり、それが自然選択によって選別されるということによって説明された。進化のすべての現象は同一の遺伝的メカニズムの結果である。そして地質学的な尺度では化石がこの転変の証人である。アメリカの古生物学者ジョージ・ゲイロード・シンプソンは、「現代的総合」の原理を古生物学に適用した大理論家であった。一九四四年に発表された彼の『進化の速度と様式』は、「大進化」に特有の過程を、集団遺伝学の数量的手法にもとづいて初めて考察した著作である。シンプソンは進化の率を計算することを提案する。「実際のところ、自然の中で動物はいかなる速度で進化するのか。これは進化のテンポに関する基本的な観察の問題である。これこそ遺伝学者が古生物学者に発する最初の質問である」[30]。「進化決定因子」（変異、突然変異、集団のサイズ、世代の長さ、自然選択）の研究も数量的評価を行なうきっかけとなった。スティーヴン・ジェイ・グールド（一九四一―二〇〇二）が述べているように、『速度と様式』には三六の図表が含まれているが、動物を描いたものは一つしかない。「……」その他はグラフや頻度分布や模式図である。いかなる古生物学的革新もこれほど衝撃的ではなかっただろう」[31]。

このような計算にもとづき、シンプソンは三種類の過程をとる、種の進化の三つのモデルを提案した。第一は「集団の平均的形質の方向性をもった（だが必ずしも直線的ではない）不断の変化」からなる系統の連続性。第二は「もっと大きな集団の中の二つ以上のグループの局所的差異化」である種分化。第三は「不均衡な生物集団が以前の条件とは明らかに異なる均衡へ比較的急激に変化すること」によって進行する「量子的進化」である[32]。

進化が物質的なメカニズムと数量化できる原理に還元され、もはや生の飛躍とか「進歩への傾向」とかいった、いくぶん形而上学的な概念に支配された形態学的変化の「法則」ではなくなると、それまで古生物学者によって発展させられてきた観念を再考することが可能になった。再検討された第一のものは、ある目標へと階層的に構成されている生物界という目的論的な表象である。それは久しい以前から、動物界の進化を問題にするときその進化に「方向」を与えてきたものであり、進化は自然界の王である人間において頂点に達する運命にあるとしばしば見なされてきたのである。さらには「定向進化」、すなわち直線的進化の現象を、自然選択以外のメカニズムをもちださずに説明することが可能になった。

進化的変化のもう一つの「法則」と称される、ルイ・ドロ（一八五七―一九三一）の有名な「進化の非可逆性説」も批判の対象となった。古生物学者のアルフレッド・ローマー（一八九四―一九七三）は次のように記している。「この教義への執着は、大量の化石資料が発見される種々の集団についても、合理的な系統発生を発展させることを困難にし、また多くの場合、連続して出現するある集団の代表例に、系統関係は存在しないという仮定を生みだしてきた」[33]。ドゥペレとオズボーンのところで見たように、このような教説はつまるところ並行する「梯子」の形をした系統発生を構築させたのである。

盛んな枝分かれが種の系統関係を表示する、新しい系統発生図を提案することも可能になった。予測できない複雑な枝分かれをしたこの「系統樹」の有名な例は、ウマ科の進化の図の中に見ることができる。一九世紀末にE・D・コープが描いた直線的進歩とは異なり、シンプソンの系統樹は次々と起こる「放散」によって分岐する一束の線を示している。それは「進化的変容の率と質と方向の違いが明白である」[34]種の進化の複雑な様式を表現していた。

一九四五年、シンプソンは長鼻目の系統樹を作成し、マストドンとゾウの二つのグループは「微妙に相互浸透している」ことを明らかにした。[35]彼はオズボーンが主張していた細分を廃止し、この二グループをゾウ上科という一つの「上科」にまとめることを提案した。この新しい長鼻目の分類は、一九六九年にオーストリアの古生物学者エーリヒ・テニウスによってとりあげられた。[36]彼が構成した長鼻目の系統樹は四つの大きな集団（モエリテリウム上科、バリテリウム上科、デイノテリウム上科、ゾウ上科）を定義し、ゾウ科の想定しうる根は第三紀のマストドン科の株の中に下りていた。進化の過程の新しい表象のおかげで、その複雑さは依然として古生物学的研究によって発見されなければならない、生命の樹の系統的枝分かれが描かれるようになったのである。

ミッシング・リンクは埋められない

第二次世界大戦直後に、マンモスは過去の生命の復元に一致協力する、生物諸科学の集まりの中心に位置していた。化石遺骸は不完全で断片的であるというその性格のため、解決できる以上の問題をしばしば提起するが、それだけが生物の継起と多様化と複雑化を通してその歴史を明らかにすることができる。時間的に見た種の多様性はそれ自身が進化の証拠であり、化石はこの歴史を認識し理解するためには欠かすことができない。なぜなら化石の研究によって進化の系列と、その系列によって明らかになる進化の過程と傾向が確認されるからである。「この進化の系列は、あらゆる理論的帰結をそれに照らして確かめなければならない、事実にもとづく資料である」[37]とローマーは述べている。化石が進化の唯一の「証拠」とはもはや見なされず、化石によっては進化の微細なメカニズム

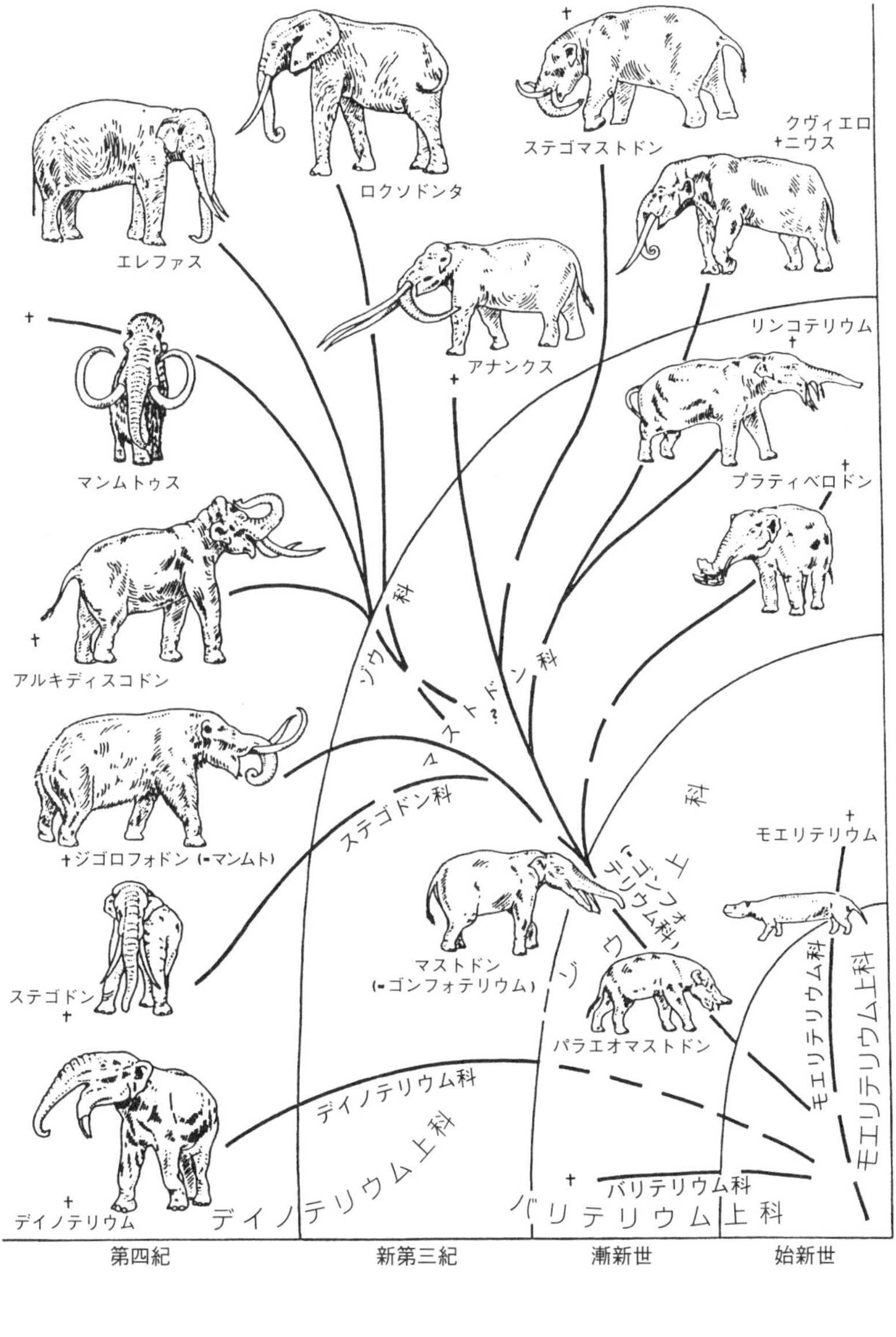

E・テニウスによる長鼻目の進化樹.
『哺乳類の系統発生』,『動物学便覧』所収, 1969年, 196頁.
（デ・グロイター, 1969年, ベルリン）

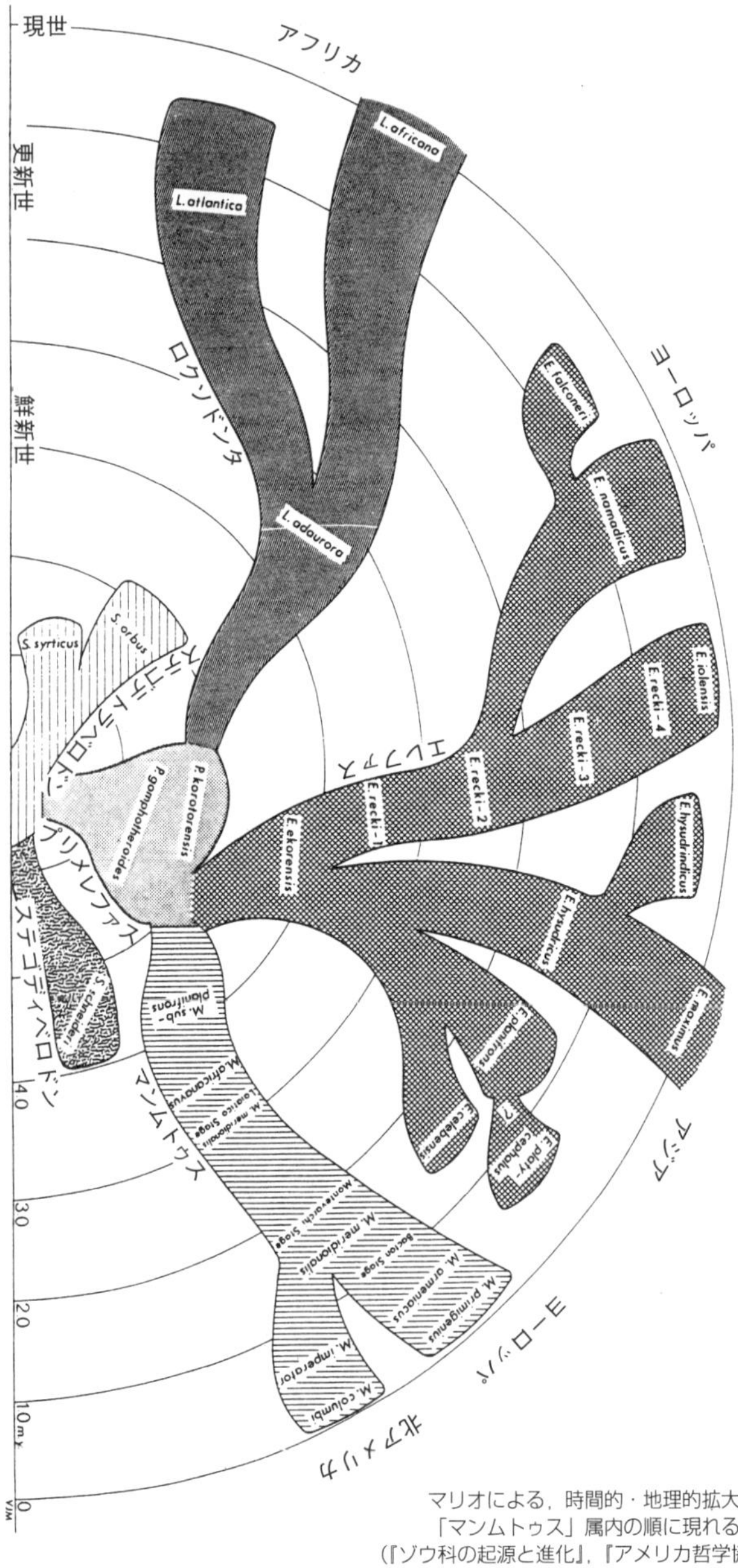

マリオによる，時間的・地理的拡大をたどるゾウ科の進化の図．
「マンムトゥス」属内の順に現れる種は「系統的連続」を示す．
（『ゾウ科の起源と進化』，『アメリカ哲学協会紀要』，第63巻，1973年）

の知識は得られないにしても、化石は生命そのものを、その多様性と複雑さにおいて、生物の解剖学的構造やその継起、生活条件や環境の細部において知るためには不可欠である。キュヴィエの時代と同様に、現在でも生命の歴史を理解するためには過去の生物の遺骸を収集し、その姿を復元し、その地理的分布を突きとめなければならない。種の起源と進化はその歴史の細部において知られるのであり、一般的原理に還元することはできないのである。

「そこにいる」マンモス、ある時間と空間の中のマンモスの存在を把握するためには、発掘と記載と復元と分類が必要である。絶対年代決定の技術によって支えられた地質学的・層位学的アプローチや、進化の一般的方向を決定する発生についての知識や、動物相と絶滅種の生活環境を復元する化石学的・生態学的アプローチも必要である。だが結局のところ化石研究だけが、「小進化」と「大進化」の相互作用という本質的問題を提起することができる。地質学的な尺度による種の進化の歴史は、細胞レベルの進化のメカニズムを研究するだけでは明らかにならない。それには固有のリズムと様式があり、そこでは他の問題、他のパラメーター、他の因果関係の形式が作用しているのである。

一九七〇年代以降、アメリカの新しい世代の古生物学者が、古生物学が提起する問題の特異性を主張し、地質学的な尺度における進化の取り扱い方を改革した。これらの研究者たちは、「現代的総合」に影響を与えてきたライエルやダーウィンの漸進主義に批判的検討を加え、生命の急激な変化、真の「革命」の可能性に言及しながら、「大進化」のシナリオの構造を再考した。ダーウィンにおいてさえ、「自然は飛躍しない」という観念は、ヴィクトリア朝イギリスの社会的価値によって奨励された「漸進的」歴史観と、古い哲学的信念に根を下ろした偏見だったのだろう。

「断続平衡」論の宣言となった一九七二年の論考において[38]、スティーヴン・ジェイ・グールドとナイルズ・エルドリッジは、種の古生物学的変化を漸進主義的なものと見なす偏見について次のように述べた。「古生物学における種分化の概念は、〈系統発生的漸進主義〉の描像に支配されてきた。そこにおいて新種は集団全体の緩慢かつ一様な変化によって出現するとされる。そうした概念の影響のもとでは、われわれはダーウィン的過程を唯一完全に反映するものとして、微細な推移によって二つの形態を結びつける、破壊されていない化石系列を探し求める。すべての断絶は記録が不完全なためとされてしまうのである」[39]。

グールドとエルドリッジによれば、進化は系統発生の連続（ある種から別の種への緩慢かつ漸進的な変化）によってではなく、進化の可能性が急増する特定の時期の継起的種分化（生殖的隔離によって祖先種とは異なる種が形成されること）によって遂行される。その場合、変化は急激で、この現象を表現する中間的な形態は短期間、小集団においてしか出現しない。したがって中間的な「環」が欠けているなら、それはその「環」が存在しないかきわめて稀だからである。グールドとエルドリッジはさらにこう記している。「周辺部に隔離された局所的小集団の中に新種が急激に出現するなら、微細に推移する化石の系列を期待しても無駄である。新種は祖先の支配域では進化しない。それは祖先がゆるやかに変化して誕生するのでは決してない。化石記録に多くの断絶が見られるのも当然である」[40]。しかも進化は適応が絶えず改善され、よく適応した種は生き残りそうでない種は死滅するといった、「楽観主義的」（そして人間中心主義的）な方向に必ずしも進むのではない[41]。種の進化と絶滅は、不慮の偶発的出来事によって決定されることもあるのである。

このような考え方は、一九世紀の伝統を引き継ぎ、「現代的総合」の信奉者によって広く受け入れられていた、小変異が徐々に蓄積して緩慢な変化が起こるというイメージへの挑戦であった。この新しい知的枠組みの中では、直線的・漸進的な進化の観念は異議を申し立てられた。ダーウィンが嘆いた地質学的記録の「欠落」は生命の歴史そのものの姿なのであり、それは進化が環境の予想外の急激な変化と結びついた、長期の停滞と突然の開花の連続によって進行するということを表現しているのだろう。こうして長鼻目の系統樹の構成を修正することがいまや可能になった。マンムトゥス属の古典的な系統図では、更新世の前期から後期にかけての三つの形態、すなわちメリディオナリス、トロゴンテリイ、プリミゲニウスの継起が漸進的な変化と解釈されていた[42]。マンムトゥス・メリディオナリスがトロゴンテリイに、そして最終的にプリミゲニウスに進化したというわけである。この三つの種が継起する間には、体のサイズが変化し、頭蓋が上昇・短縮し、臼歯のエナメル質が薄くなり、咬板の数が増加するなど、いくつかの解剖学的傾向が顕著であった。このような事実を考えると、ヨーロッパ種の継起は、ケナガマンモスという「超特殊化した」形態で頂点に達する、ゆるやかな漸進的進化となっているように思われた。

しかし進化がこうした直線的な図式に従って起きたということに、われわれはどれほどの確信を抱いているのか。空間的にも時間的にも遺骸が分散している以上、別の仮説を構築できる可能性は残されており、たとえば漸進主義を前提としない遺骸の別の解釈を提示することもできるだろう。イギリスの古生物学者エイドリアン・リスターが、マンムトゥス属の分類を見直す中で指摘しているように[43]、現在研究者が入手できる化石証言は時間的に分散しているのであるから、系統発生を確定しようとする際には大いに慎重でなければならない。「トロゴンテリイには形態の面で中間的な性格が数多くあるため、変化はこの系列の全体を通して漸進的であるとしばしば考えられてきた。［……］しかし三つの主要な標本は五〇万年から一〇〇万年離れており、この変化の図式はごく大ざっぱに描くことしか許されていないのである」。

化石の系列を進化の連続性を示すものと考えさせ、古生物学者を誤った漸進主義的解釈へとしばしば向かわせる偏見や心の習慣には警戒しなければならないのである。リスターは次のように述べている。

マンモスの系列全体に漸進的変化が見られるという強固な信念は、次のような要因の組み合わせにもとづいていた。第一に、証拠がないときでも進化は漸進的であったと仮定すること。［……］第二に、プリミゲニウスの変異性の下限に位置する標本を「中間的なもの」として選択すること。第三に、「原始的」な標本と「進化した」標本は、それぞれ古いものと新しいものでなければならないと考えること。第四に、体の大きさを考慮せずに咬板の数を解釈し、その結果大きな標本はより原始的、小さな標本はより進化していると見なしてしまうことである[44]。

漸進的変化の仮説がたとえ信頼に値するものだったとしても、「二つの標本の間に、最新の標本は生殖的に隔離された種として進化し、以前の標本は絶滅したという種分化が起こった」可能性は残されなければならない。こうすれば系統図は直線的連続の図から枝分かれの図に変貌するだろう。

いまやわれわれは、生命の漸進的歴史の中に神の「プラン」が働いていることを明らかにするという、ゴードリの計画から遠く隔たったところにいる。生命進化の研究は、進化の法則の必然性と、進化を決定する事件の偶然性を同時に考慮しながら、過去の出来事を一定の時間と空間の中で、還元不可能な偶発性の中で復元するということ以外の目標をもっていない。それを達成するためには、この歴史は、外側からイメージを強制する抽象的あるいは論理的な一般的モデルの形ではなく、もっと慎ましい「シナリオ」の形で、のちの研究によって確証される（またはされない）叙述的仮説の形で語られなければならない。生命の歴史をその思いがけない出来事や、その偶然性と多様性や、その枝分かれの具体的な連続を尊重して表現するには、樹のイメージを変形した茂みのイメージが（樹のそれよりも）適していると思われるのである。

10 アフリカからアラスカへ――マンモスの旅程

ゴールドラッシュ／ボーンラッシュ●冷凍マンモスは先史時代の生命を語る●大旅行家・マンモスは北半球を踏破した

「金！　金！　金！　金！」

一八九七年七月一七日の『シアトル・ポスト』紙は、一面全体にこのような見出しを掲げ、アラスカから戻った二隻の船、エクセルシアとポートランドの到着を報じた。シアトル港に接岸したポートランドには、クロンダイク鉱床の金を袋いっぱいに詰め込んだ、六八人の男が乗船していた。その三日前、エクセルシアはサンフランシスコに到着し、ひげの伸びた、鉱夫の身なりをした一五人の乗客が、金の重さを量ってもらうため銀行まで群衆に囲まれて進んだ。「桟橋で彼らを迎えた何千という人々は、突如クロンダイク熱にとりつかれ、その晩クロンダイクという名前はこの街のすべての老若男女の口にのぼった」、『サンフランシスコ・クロニクル』のジャーナリストはこう記している。[1]

ジャック・ロンドンの『野性の呼び声』[2]とチャールズ・チャップリン（一八八九―一九七七）の『黄金狂時代』が、この「極北」への二度目のゴールドラッシュの英雄伝説と悲壮な物語を語っている。「極西」へのゴールドラッシュの半世紀後、「極北」の金が何千人もの冒険家や貧民を、アラスカの苛酷な大地、凍りついた道路、泥だらけの川へ、ユーコン、クロンダイク、コッパー・リバー流域の新たなエルドラドへ呼び寄せた。十字軍より多くの人間が参画したこの熱狂的な探索から、この地方とその景観に重大な変化が生じた。それはそれまでインディアンとエスキモーの原住民しかほとんど住んでいなかった奥深い土地の探検を加速した。それによってテント村、次いで丸太小屋が建てられ、数か月のうちに街が突然出現し、現在でもそうして作られたドーソン、ノーム、フェアバンクスなどの街の名前には神話的な響きが感じられる。またユーコン川や隣接した河川には蒸気船の交通網が張られ、アリス、サラ、スージーといった愛らしい名前の船が行き交った。非常に厳しい条件のもとで、道路や鉄路の基本施設を建設しなければならなかった。スカグウェイとカナダのホワイトホースを結ぶ線路である有名なホワイトパスは、貴重な採金場がある奥地に入り込みたいという強固な意志の現われである。そして最後にクロンダイクのゴールドラッシュは、北アメリカの極寒の地における大規模な地質学的探検とマンモス探索がこれから始まることを告げている。

西ヨーロッパとロシアでは、採鉱は数世紀前から化石の発見と研究において重要な役割を果たしてきた。アメリカでは、一九世紀の中頃、極西への「ゴールドラッシュ」のあとに、大量の恐竜化石が発見される正真正銘の「ボーンラッシュ」が続いた。何千という人間に、大地を穿ち、河川の堆積物をふるいにかけるため、ロッキー山脈の彼方への旅を促したこの金への欲望から、アメリカの古生物学が得た恩恵はいくら強調してもし過ぎることはないだろう。古生物学者コープとマーシュが雇っていた化石調査員と発掘人のうちの何人かは、元「金鉱探し屋」であった。またこの国の端から端までを貫くように作られた有名な大陸横断鉄道は、ユタ州やネヴァダ州で発見されたトリケラトプス、ティラノサウルス、ブロントサウルスなどの貴重で巨大な遺骸を、尊敬すべき学者たちが収集と研究の情熱に身を委ねようとしている、ニューイングランドやニュージャージーのより文明化された地域へ送るためにきわめて重要な役割を演じた。

アラスカのゴールドラッシュも、多くの古生物学的探検のきっかけとなった。今世紀のはじめに行なわれた集中的な採鉱は、この地方の地質学と古生物学の研究に決定的な影響を及ぼした。探検の主要な目的は、「経済的に大きな価値」を有するとは考えられていたがまだよく知られていないこの土地の鉱物資源を調査することだけでなく、[3]化石遺骸が豊富に出土するこの地域の先史時代をもっとよく理解することであった。

謹厳な学者たちに率いられた探検隊は、河床で金を探すサワー・ドウやチカークウォウ†の足取りを追っていった。

世紀が変わる頃、カナダとアメリカからいくつかの探検隊が派遣されたが、それには金などの鉱物資源の眠っている土地を科学的に突き止めることと、化石の出る場所を調査し、できればマンモスの骨やそのミイラ化した遺骸を持ち帰ることという二つの目標があった。

†アラスカでは、この地方に定着した、発酵したパンを食べていた古い開拓者はサワー・ドウ（英語で「酸っぱいパン生地」）、金の餌に誘われてやってきた新参者はチカークウォウ（インディアンの言葉で「弱い足」）と呼ばれていた。

ゴールドラッシュ／ボーンラッシュ

アラスカでの西欧人によるマンモスの遺骸発見の初期の歴史は、かの有名な「北西航路」探索の歴史と交差している。一九世紀のはじめ、北極圏の混沌とした氷塊と、迷路のような氷海の中にヨーロッパへの道を探し求めていた西欧の探検家たちは、アラスカの西海岸に顔をのぞかせていたマンモスの骨や牙を目にした。オットー・フォン・コツェブー（一七八七―一八四六）は、『一八一五年から一八一八年にかけて行なわれた南の海とベーリング海峡での発見の旅』において、この記念すべき発見のことを初めて語った。

一八一六年八月八日、われわれは激しい雨と風のため眠れない夜を過ごした。午前中は天候が回復しそうになかったので、わたしは母船に戻ることにした。しかし半分も行かないうちに、南西からやって来た激しい嵐にとらえられてしまった。ボートはひどく浸水し、われわれは離れてきたばかりの上陸地点に引き返さなければならなかった。［……］幸運がこの嵐を運んできたようにも思われる。というのはエッシュショルツ博士のおかげで、われわれは実に注目すべき発見をなしえたからである。

その場所に滞在していた間われわれは方々に登ってみたが、本物の氷山の上にいるのかどうかは分からないままであった。探索の範囲を広げていた博士は、斜面の一部が崩壊している場所を見つけ、驚いたことに山の内部が純粋な氷でできていることに気づいた。この知らせを聞くと、われわれは全員がその事実をもっと詳し

アラスカのコツェビュー湾におけるマンモスの牙の採集．
1850年頃のトマス・ウッドワードの石版画．（写真，アンカレッジ歴史美術博物館）

く調べるために、シャベルとツルハシをもって出発した。［……］われわれは一〇〇フィートの高さの所に、コケと草に覆われたきわめて純粋な氷の塊を見つけた。それはなんらかの恐るべき異変によらなければ作られないはずのものだった。何かの偶然で崩壊したその場所は、現在では大気と日光にさらされて解け、大量の水が海に流れでている。それが本物の氷であったことの動かし難い証拠は、解氷によって目にすることができた数多くのマンモスの歯と骨である。その中からわたしも非常に美しい歯を発見した。[4]

その探検航海を称えて、エッシュショルツ（一七九三—一八三一）の名前はこの湾に、コツェブーの名前は近くの湾に与えられている。一八一六年、イギリスの探検家フレデリック・ビーチ船長（一七九六—一八五六）も、ベーリング海峡を航行していたとき、エッシュショルツ湾のアラスカの岸でゾウの化石骨を発掘した。探検隊の外科医によって収集されたこの骨は、検査のため地質学者で牧師であるウィリアム・バックランドの手に委ねられ、彼の分析は一八三一年、ビーチ船長の旅行記の付録の中で発表された。バックランドはこの遺骨を、キュヴィエが「化石ゾウ」と命名した動物のものであると鑑定し、キュヴィエ派の正統的見解にのっとって、マンモスを滅ぼした原因は激変的なものでしかありえないと主張した。すなわちマンモスは寒さのため突然死亡したのである。極地気候への首尾よい適応と、毛の覆いの厚さは誇張されているとバックランドは述べる。それでも彼は、化石が氷山の中に閉じ込められていたという考えを認めない。

骨を含んでいた崖は、コツェブーとエッシュシュショルツによればコケと草に覆われた氷山であるということだが、実は純粋な氷によって構成されているのではなく、北極海沿岸の多くの場所で見られる泥と砂利の通常の堆積物の一つであるにすぎない。それはヨーロッパ全体と、北アジアと北アメリカの大部分にまき散らされている洪積世堆積物と年代や性格において等しいことが知られているのである。[5]

西アラスカの探検は一九世紀を通じて行なわれ続けた。一八八一年には、『一八八〇年のアメリカ密輪監視汽船コーウィンによる北氷洋横断の報告』が、コツェブーが主張していた「氷河」説をまだ論じ、「バックランド川からおよそ一五マイル離れた、エッシュシュショルツ湾の」エレファント・ポイントと呼ばれる場所で、多数のマンモスの骨や牙と、おそらくオーロックやジャコウウシのものと思われる数個のより小さな骨を発見したと述べている。同じ年ナチュラリストのウィリアム・H・ドール（一八四五―一九二七）は、アラスカ西海岸のこの地点を調査し、化石が含まれている堆積物の性質を研究した。彼の報告によれば、堆積物には腐敗した動物性物質の発する強烈なアンモニア臭があり、その生物の遺骸がよく保存されていたのは明らかに氷の中に保護されていたためなのである。[6]

世紀が変わる頃、新たな遠征隊がアラスカの地質学的歴史を理解するのに役立つ新しい要素を提供した。一八八九年から数年間、A・G・マドレンはアラスカの地質学の研究に専念し、ユーコン川流域と、ベーリング海沿岸、東シベリア、ボーフォート岬までの北極海のさまざまな地点を調査した。一九〇四年、スミソニアン協会の地質学部門は、この地域で多くの遺骸がすでに収集されているマンモスや他の絶滅動物の完全な骨格を見つけるために、ある遠征隊の指揮をマドレンに委ねた。[7] マドレンはいくつかの素晴らしい標本、中でも一対の見事な牙が付着したマンモスの完全な頭蓋骨を探し当てたが、彼の調査は主に北アラスカの更新世の堆積物、およそ一〇〇年前、コツェブーの探検隊が初めてマンモスの化石遺骸を発見した堆積物の地質学的研究に向けられていた。とりわけ化石が含まれている更新世の堆積物と、もっと新しい氷河堆積物を区別するという問題に焦点が合わされていた。

チャールズ・W・ギルモア（一八七四—一九四五）に率いられた第二の遠征は一九〇七年の春に開始された。その移動証明書には「消滅した大型脊椎動物の遺骸を収集し、それを絶滅に追いやった原因を探るために、ここに記された地域を探検するべく、一九〇七年五月二二日頃アラスカに向けて出発することを許可する」[8] と書かれていた。

ワシントン州を出たナチュラリストたちは、シアトルに立ち寄り、スカグウェイからホワイトホースまでの道をたどり、次いで多くの化石が発見されたため「納骨場」と呼ばれていた地域までユーコン川を下り、さらにそこからカナダ領の奥地まで進んだ。旅の間中、彼らは鉱夫たちに問いただし、採掘地を調査し、ボナンザ・クリーク（そこからは多くの既知の標本が得られていた）のような有名な採金地で発見された先史時代の遺物を検分しようとした。

更新世哺乳類の散らばった遺骨が一般にこの地域の採掘地で発見される。しかしここで行なわれた採鉱作業のときに、完全なあるいは部分的な骨格が見つけられたかどうかを丹念に調査してみても、芳しい結果は得られなかった。ただ一つの場合だけ、骨の集積が発見されたという話であり、そこでは完全な骨格か一個体の骨格のかなりの部分が見つかっていたと考えられる。その唯一の例とは、一九〇四年三月にクォーツ・クリークで縦坑を掘っていたとき、マンモス（エレファス・プリミゲニウス）の遺骸が掘りだされたというものである。頭蓋骨と牙は無傷のまま取りだされたが、周りを囲んでいた他の多数の骨はまったく保存が試みられなかった。

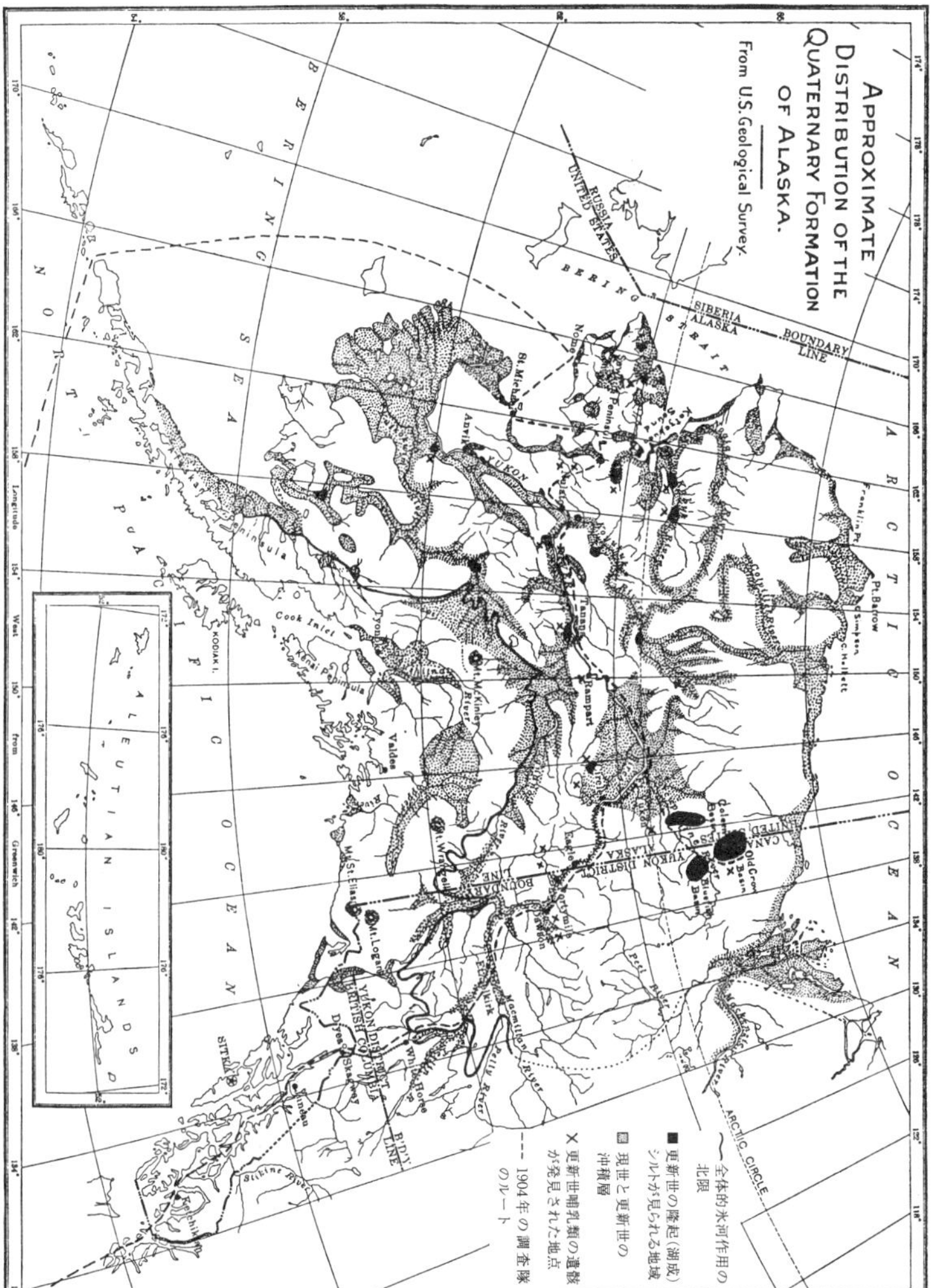

第四紀の地層と，更新世の化石哺乳類の分布を示すアラスカの地図．
アメリカ地質調査所によって作成されたこの地図は，
1904年にマドレンが行なった地質調査のルートも描いている（点線の部分）．

探検隊のメンバーは、水の浸食作用や採鉱活動によって露出させられた、牙や歯や骨の断片を発見した。「更新世動物の散らばった遺骨は、アラスカとそれに隣接するカナダ領の非氷河地域全体に存在する」とギルモアは述べている。それらは峡谷と河床の黒泥土や、ユーコン川流域の細かな隆起粘土や、もっと新しい河川堆積物・沖積物の中に集積している。しかし「その場」で埋められたことが確認されるような、マンモスの骨の集積が見られることはきわめて稀だった。「わたしはクロンダイク地域のかき乱されていない河床面から突き出ている骨や、ユーコン川流域の隆起シルトに埋められていたという標本を見せられたことがある。それらはいずれも解体され、散らばり、見つかった部分と部分が結びつく証拠はまったく存在しなかった」[9]とギルモアは記している。

帰路、探検隊は蒸気船とカヌーでランパートからフォート・ギボン、さらにアラスカ西端のノームまでユーコン川とその支流を下った。だが季節はめぐりすでに九月になっていたため、初雪が降る前にエッシュショルツ湾、コツェビュー湾、バックランド川といった太平洋岸の地点の探索を続けることは不可能だった。

したがってこの注目すべき学術探検の報告書が生き生きとしていて正確で、素晴らしい写真に彩られていたにもかかわらず、その全体的成果は少々期待外れであったと言わざるを得ない。科学者たちはそれまで知られていなかった多くの場所を探検し、化石を発見・採集したが、アラスカの正確な地質学的歴史を確立することや、完全なマンモスの骨格、まして冷凍マンモスをもち帰ることはできなかった。この地域の地質について総合的な知識を得るためには、さらに数十年待たねばならなかった[10]。

採金地の準産業開発が行なわれたので、二〇世紀中葉の三〇年ほどは脊椎動物化石を収集するにはきわめて好都合であり、数万の標本が集められた。たとえば古生物学者のオットー・ガイスト（一八八八―一九六三）は、一九三八年だけで八〇〇八の標本の目録を作り、およそ八トンの獲物を彼が仕事をしていたニューヨークの自然史博物館に送付した。こんにちでも彼のコレクションはパトロンのチャイルズ・フリック（一八八三―一九六五）によって作られたこの博物館の九階のウィングに置かれている。一九三九年からガイストはフェアバンクス大学博物館のためにフェアバンクス地域と北アラスカを調査した。一九四八年にはフェアバンクス近くの更新世後期（アメリカでは

ウィロウ・クリーク（アラスカ）の金採掘者たち．
水の噴射が永久凍土層を解かし，ときには更新世哺乳動物の遺骸を露出させる．
（写真，アンカレッジ歴史美術博物館）

ウィスコンシン氷期と呼ばれている）の凍結した泥の中から、若いマンモスのミイラ化した遺骸を掘りだした。頭や首や鼻や前脚の形をした、ほとんど無毛の乾燥した褐色の皮膚からなるこのミイラの断片は、現在ではニューヨークの自然史博物館の哺乳類陳列室に展示されている。

こんにちのアラスカでは、金鉱探しはもはや過去の異常な出来事の一つであるにすぎない。古生物学者と地質学者の関心は希少鉱物探索者の関心とは異なっており、プラドウ湾からヴァルディーズまでアラスカ横断パイプラインによって運ばれる黒い金は、まだときどき地中から掘りだされる金塊よりはるかに儲けになる資源である。しかし採金者たちが噴射した水によって平らにされた大地と、巨大な浚渫機の錆びた骨組み、貴金属を取りだすために川底から砂利を集めていたこの関節で接合された怪物がいまも残っている。その動かぬ残骸の化け物じみた姿が、ビーバーのせわしない動きだけがさざ波を作る穏やかな澄んだ湖面に映っている。浚渫機がたてる金属的な耳を聾せんばかりの喧騒は止んだ。最後の浚渫機は一九六〇年代に動きを止め、現在ではそれは観光客の好奇心の対象でしかない。

ユーコン州で作られたマンモスの化石牙製美術品.（写真，C・コーエン）

夏になると永久凍土を解かし、金を含んだ石英の層にたどりつこうとするいまも残っている何人かの金鉱探索者は、まだ発見することができるわずかな金塊より、第四紀の地層の中に突き出ているマンモスの牙からしばしば金銭を得ている。

大昔からこの地域の住民は化石象牙を多くの目的に利用してきた。伝統的にエスキモーとインディアンは、一八八〇年にドールが記している「象牙から一塊で彫りだされた子供の頭ほどもある大きなひしゃく」のような、種々の道具をマンモスの牙によって作ってきた。ユーコン川ではインディアンが象牙の断片を、サケ漁の網につける重りとして使うことがあった。マンモスの牙の断片は、等間隔に穴が開けられ、木の枠に縛りつけられ、橇の板としても用いられた[11]。牙はまたネックレス、ブレスレット、イヤリングなどの装身具や、彫刻し黒や赤の塗料で彩色した伝統的な「細工物」にもなった。

二〇世紀のはじめに白人が大量に訪れるようになると、象牙細工師は文鎮や小立像のような土産物の製作に向かい、なかでも湾曲した牙と長い毛の「スカート」をもつマンモスがお気に入りのテーマだった。

「この種の品物はノームの骨董品店で見ることができる」と今世紀のはじめにギルモアは述べている。「スカグウェイの商人はほとんどの牙をクロンダイク地域で手に入れているのに対し、ノームの商人は牙をエッシュショルツ湾やバックランド川やコブク川周辺で獲得している」。北極圏の人々は、セイウチの牙とともに、通常は黄ばんでいるがときには黒ずんでいたり暗い色調の縞がついていたりするマンモスの牙を彫刻・線刻することにより、自分たちの芸術を表現し続けた。現在でもマンモスの骨や牙の彫刻師にはノーム、フェアバンクス、アンカレッジなどで出会うことができる。原住民の伝統的手仕事だったものが、観光業と結びついた、白人「植民者」も手を染める実入りのいい活動になったのである。

しかし腐食や退色や剝離の進んでいることが多いアラスカのマンモスの牙は、シベリアのそれとの比較にはあまり耐えられない。春の終わりから秋まで、シベリアの原住民も貴重な牙の「採集」に出かけ、それを使ってあらゆる種類の細工品を製作する。ロシアの美術コレクションや修道院では、化石象牙を削った古い小像や工芸品を目にすることができる。「わたしはヤクーツクのある職人のところで、マンモスの牙で作られた、コサックの古い要塞、ヤクート族の夏のテント、ウシやトナカイをつないだ橇などの模型を見つけた。櫛、指輪、繊細な透かし彫りの施された小箱などもあった。火打ち金《がね》、ナイフの柄、ウマやトナカイやイヌにつける装具の一部、その他多くのものもマンモスの牙でできている」[12]と二〇世紀のはじめにフィッツェンマイヤーは書いていた。

マンモスがこの地域の人々の美術と手仕事において重要な役割を演じてきたのは、その遺骸がベーリング海峡の両側で大量に発見されたからだった。「アメリカの象牙は、少なくとも一世紀前から、はっきりとはわからないがおそらくもっと以前から、ベーリング海峡の両岸に住むチュクチ族の間で交易品となっていた。したがってこの海峡のアメリカ側の墓場に埋まっているマンモスの数を、計算してみようなどというのは無謀なことである」[13]と、一八五四年にリチャードソンという名のイギリス人旅行家は記している。

遠い昔からマンモスの牙は北アメリカの原住民と北アジアの原住民の間で取引されていた。シベリアの化石象牙が九世紀から中国やペルシアやトルコに運ばれていたことには確かな証拠がある。こんにちではさらにゾウの牙の

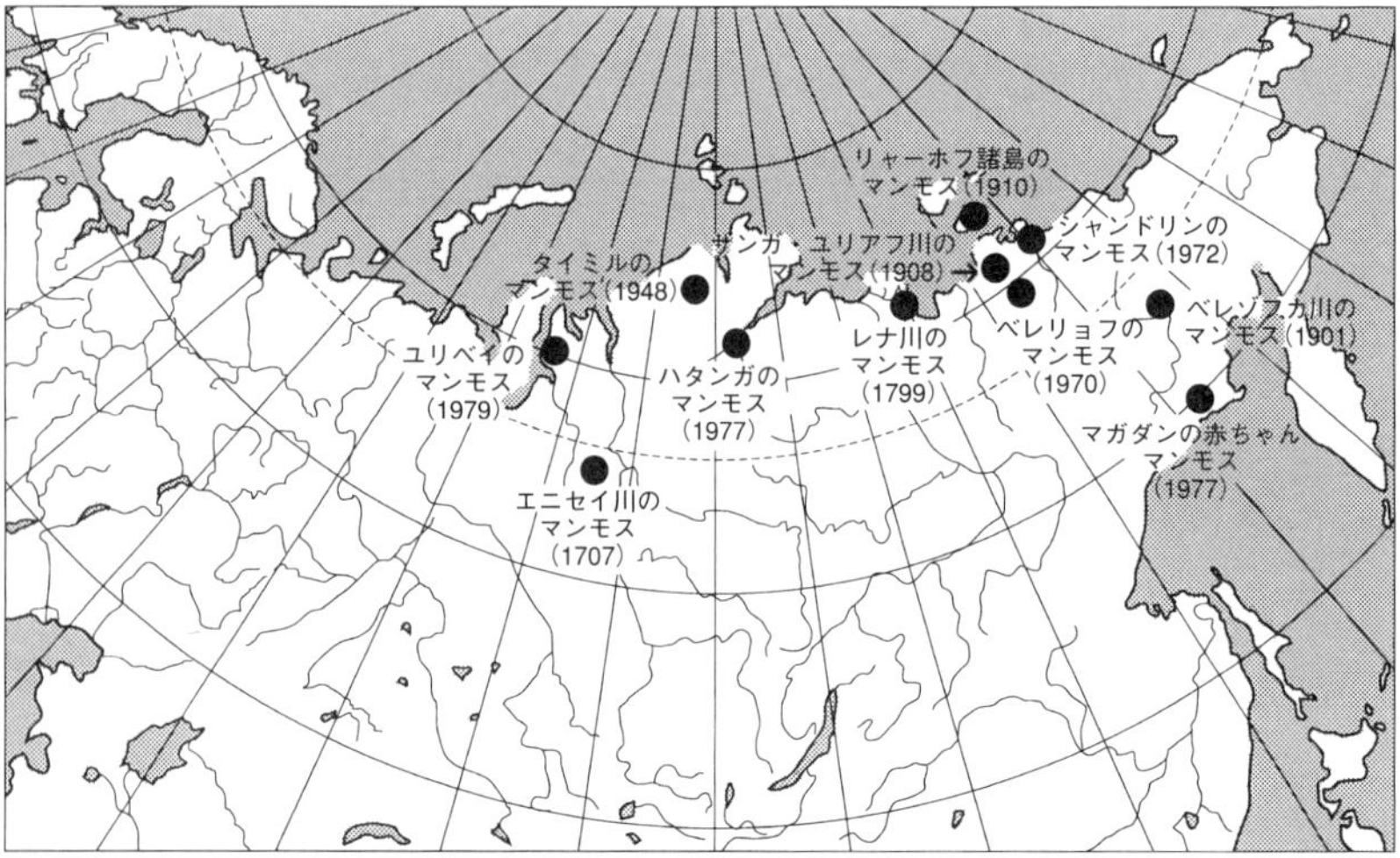

18世紀以後にマンモスが発見された主な場所を示すシベリアの地図.
（N・ヴェレシチャーギンによる）

売買が禁止されたため、貴重なシベリアのマンモスの牙は日本やヨーロッパ諸国に輸出する利益のある商品になっている。

冷凍マンモスは先史時代の生命を語る

アラスカと同様シベリアでも、マンモスの遺骸を捜索する学術探検は一九世紀にその数を増した。ブラント、ミッデンドルフ、トル男爵を含む多くのナチュラリストが北シベリアの地質と古生物を探索した。だが最も有名な探検隊は、一九〇一年にサンクト・ペテルブルグを出て、ベレゾフカ川の岸辺で冷凍マンモスの遺骸を発見したものだろう。ヤクーツクの知事がサンクト・ペテルブルグの科学アカデミーに、現場におもむいたコリムスク地区長の話によれば非常に保存状態のよい、マンモスの凍結した遺骸が発見されたということを知らせてきた。その遺骸は北極海に注ぐコリマ川の支流、ベレゾフカ川の崩壊した崖の高さ約三五メートルのところで見つけられた。一九〇〇年の八月、この地域で狩りをしていたシメオン・タラビキンという名のラムート族の猟師が、「肉のにおいに引かれてマンモスの死体の方へ向かう」[14]犬に導かれてその場所に着いた。発見されたとき、マンモスの頭部と肉の部分はまだほとんど無傷で、鼻と牙が露出していた。オオカミが背中と鼻の数箇所から皮膚と肉の断片をもぎ取っていたので、頭部と背中はしばらく前からむき出しになっていたのだと思われた。八月の終わりに、猟師たちは斧で牙を切り取り、コリムスクでそれを商品と交換した。だが牙を手に入れたコサックのヤフロフスキーは、サンクト・ペテルブルグのアカデミーが、この先史時代の動物の完全な遺体を発見した者に報償金をだすことを知っていたので、当局にこの場所を通報した。

科学アカデミーはこの標本の回収をすぐに決定し、遠征のための補助金一万六〇〇〇ルーブルを政府から受け取った。昆虫学者オットー・F・ヘルツ（一八五二—一九〇五）に率いられたナチュラリストの一行は現地に急行した。いまでは伝説化しているこの遠征については、剝製師として重要な役割を果たしたオイゲン・W・フィッツェンマイヤーが一部始終を語ってくれる。

一九〇一年五月三日、探検隊はサンクト・ペテルブルグを発ち、ヨーロッパとアジアの北域を横断する長旅にでた。中央シベリアの中心地イルクーツクで、旅人たちは「食堂車のほかに、ピアノの置いてある喫

1901年の秋，発掘直前のベレゾフカ・マンモス．（W・E・ガルットの個人コレクション）

ベレゾフカの発掘地点における，サンクト・ペテルブルグ科学アカデミー探検隊のメンバー．
マンモスの遺骸がそのために作られた丸太小屋の中で解凍されている．
（W・E・ガルットの個人コレクション）

煙・読書・サロン車と、風呂のある車両と、おまけにロシア正教徒のための礼拝堂車両までついた[15]」豪華な急行列車を降り、そこからは交易用の小さな蒸気船、次にはウマ、最後にはトナカイが引く橇でこの旅を続けなければならなかった。原住民の村や、苦行者の部族や、採金者たちや、ヴェルホヤンスクの流刑囚などとの興味深い出会いに満ちたこの長旅の終わりに、彼らはついに掘り出し物のあった場所に到着した。「マンモスの遺体が目に入るかなり前に、わたしはそこから発する臭いに気づいていた。それは手入れの悪い馬小屋の悪臭に死体の腐臭が混じったような、あまり好ましくない臭いだった。次いで小道を曲がると、高くそびえたマンモスの頭蓋骨が目に飛び込んできた。われわれは更新世の巨獣の墓場の上にいたのだ。胴体と手足はまだ一部が土の中に埋まっていた。マンモスはその土とともに氷層の大きなクレバスに落ち込んだのだった[16]」。

マンモスの姿勢そのものが、死の原因と思

われる出来事を明らかにしていた。転落したクレバスから、その動物は体の重さのため抜けでられなかったのである。「立ち上がろうともがいたかのように、前足が曲げて前にだされていた。しかし力が足りなかったのだろう。［……］転落したとき何箇所か骨折しただけでなく、崩れた土の塊にすっぽり覆われてしまい、マンモスは窒息死したのだった[17]」。

この動物を掘りだすためにはまず解凍しなければならなかった。ヘルツのチームはマンモスの遺体の上に、ヤクート式暖炉二つと煙突を備えた小さな丸太小屋を建造した。マンモスの頭が小屋の屋根の上に突きでてしまうので、頭蓋骨と下顎をつないでいる筋肉の束を切断して頭部を解体することにしたが、すると「臼歯の間と舌の上によい保存状態で残っていた、半分咀嚼された食物」が目の前に現れた。マンモスは徐々に解凍されたため、さまざまな部分を一つずつ取り分ける本格的な解剖が可能になった。最初は皮膚、次に肉の塊、次いで内蔵。「黒っぽい褐色の」胃壁が見えたが、内容物はぱっくり開いた胃壁の穴から外にあふれていた。口と胃からはおよそ一五キロの草くずが集められ、それによってマンモスの食生活と当時のシベリアの植生を研究することができた。肝臓、心臓、肺は肉食獣に食われてしまったのか、まったく残っていなかった。前足や腿や骨盤から次々に取りだされる肉の塊には厚い脂肪の層がはさまっていた。

「凍っていた間の肉は、繊維ははるかに太いがウシやウマの冷凍肉に似ており、濃い赤い色を呈し新鮮でおいしそうであった[18]」。しかし解けるとあまり食欲をそそらない、強いアンモニア臭のある灰色のぶよぶよした肉になった。「われわれがこの厚皮動物の腿肉や肩肉を食してみようという気にならなかったことを、読者諸氏は理解してくれるだろう。マンモスの焼き肉はどんな味がするかをわれわれは何度も話題にしたが、誰も敢えて試みようとはしなかった」とフィッツェンマイヤーは記している。このような証言は、この品位のある古生物学者のチームがマンモスの肉を彼らの献立表に載せたという、根強い伝説に終止符を打つものである。

この動物の発掘には新鮮な驚きが伴っていた。それまで知られていなかった解剖学的構造が明らかになった。たとえばマンモスの足の指はそれぞれ四本で、他の長鼻目の動物のような五本ではないことが判明した。またマンモスは寒さに適応した構造であると思われる「肛門の弁」をもっていた。さらに腹の下からは、完全な状態で保存されていた勃起した陰茎も発見された。

われわれは三日前、左うしろの足の裏の下から、ぶよぶよしているがしっかり凍結した器官をすでに掘りだしていた。同じように凍結した腹の皮膚の下にいくらか突きでているそれが、何であるかを決めることはできなかった。そのときわからなかったこのものが、のしかかる体重のためぺしゃんこにされてしまった陰茎であることがいまや明らかになった。それは完全に露出しており、長さは一・〇五メートル、幅は尿道の口より一〇センチメートル上のところで一九センチメートルであった。勃起が呼吸困難のために引き起こされたのなら、それはこの動物が氷のクレバスに転落したあと窒息したことのもう一つの証拠である。[19]

マンモスの解剖からも、それが死に至ったシナリオを確かめることができた。上腕骨は真ん中で折れ、筋肉と結合組織と脂肪の間に血腫があった。骨盤にも同じような血の拡散を伴う二重の骨折が見られたので、骨折はこの動物が転落したときに起きたのだと思われる。

こうしてマンモスは科学的研究に必要なためと、二頭のトナカイが引く橇という輸送手段に合わせるために断片に切り分けられた。「のちに行なわれる解剖学的調査の妨げにならないように、わたしは二本の前足を肘のところで切断した」[20]とフィッツェンマイヤーは記している。断片は「毛を内側にしたウシとウマの皮で」くるみ、大気にさらしてもう一度凍結させた。「このようにしてわれわれは、シベリアの伝説的な寒さがもたらす恩恵により、すべての肉の部分を保存することができた。ペテルブルグの同僚たちはわれわれの出発前、最良の保存方法についてずいぶん頭を悩ましたものだったが」[21]。そして「ほとんどすべてが解体され、適切に梱包された」マンモスは、夜にはヤフロフスキーのイヌに忠実に守られていた。

マンモスの発掘は一九〇一年九月二一日から一〇月一〇日にかけて行なわれた。その結果まだ凍結している貴重

発見されたときのままの姿で剥製にされ，サンクト・ペテルブルグ動物学研究所の
ガラスケースの中に納められたベレゾフカ・マンモス．
（W・E・ガルットの個人コレクション）

な遺骸をシベリアの奥地から、イヌ、トナカイ、さらにウマの引く橇によってイルクーツクで待っていた「冷凍車」まで運び、冬が終わる前の一九〇二年二月一八日サンクト・ペテルブルグにもち帰ることができた。一週間後、ひとまず復元されたマンモスは、サンクト・ペテルブルグ動物学研究所の大きな玄関ホールを飾った。それは「多くの随員を従えた皇帝夫妻」の検分を受けたが、皇帝ニコライ二世が所長の説明にいくらかの興味を示している間、臭いに辟易した皇后は鼻にハンカチを当て、「この博物館にほかに面白いものはありますか、でもここから離れたところで」と尋ねたのだった。

遠征の成果は二巻からなる大部のモノグラフにおいて発表された[22]。研究所では、骨格と歯についての通常の古生物学的調査だけでなく、三万五〇〇〇年以上前の動物に対してはまさに驚くべきことだったが、皮膚の構造、毛の密生の具合、血液の血清学的状態、この動物の食生活、したがって彼と同時代の植生の調査までもが行なわれた。

現在でもベレゾフカのマンモスはサンクト・ペテルブルグの動物学研究所で見ることができる。皮と毛をつけた姿で剝製にされ、一九〇〇年にラムート族の猟師によって発見されたときの姿勢のまま、ガラスケースの中に慎み深く座っている。

ほかの冷凍マンモスも相次いで発見された。一九〇八年には、サンガ・ユリアフというシベリアの別の川の堤で発見されたマンモスを回収するために新たな探検隊が組織された。その動物の肉の部分は不完全な状態だったが、貴重な遺骸のいくつかの断片は保存されており、なかにはそれまでよく知られていなかった鼻が含まれていた。一九一〇年、ナチュラリストのヴォロソヴィッチがリャーホフ諸島からもち帰ったマンモスの遺骸は、現在では骨格とミイラ化した一本の足と皮膚の断片がパリの自然史博物館に保管されている。一九七七年六月二三日には、シベリア東部のマガダン半島で、凍結した堆積物の中に完全に保存されていた生後およそ九か月の赤ちゃんマンモスが発見され、ニコライ・ヴェレシチャーギンが率いるチームによって

飛行機に乗るマンモス．1949年，タイミルから戻る探検隊．
（W・E・ガルットの個人コレクション）

サンクト・ペテルブルグに運ばれた。[23] この遺体は四万三八〇〇年前（誤差四二〇〇年）のものであると考えられた。この素晴らしい発見のおかげで、マンモスの成長とその生活史、生態環境、化石化の過程を研究し、組織に対し分子生物学的実験を行なうことが可能になった。現在では、発掘や保存の方法が改善され、この動物の太古の遺骸はもはやトナカイやラバによってではなく、飛行機やヘリコプターを使って運搬される。それでも冷凍マンモスの発見が日常茶飯事になったわけではない。それは毎回特別な出来事であり、先史時代の生命と自然について新しい知識をもたらしてくれるのである。

大旅行家・マンモスは北半球を踏破した

今世紀の最初の数十年間、シベリアやアラスカでマンモスが捜索されている間に、アフリカではその起源が探索されていた。イタリア、フランス、イギリス、ドイツなど、ヨーロッパ中に散在しているこの動物の遺骸が、マンモスと長鼻目の発祥の地という問題を提起していた。多くの者がその起源をアジアに求めた。一方には、キュヴィエがマンモスはインドゾウに近縁であると見なしたという解剖学的な理由が存在し、他方にはエデンの園はアジアに位置し、動物と人間の誕生の地はアジアであると考えられていたという多少とも神話的な理由が存在した。だがマンモス（と人間）の発祥の地は、実際にはアフリカであることが明らかにされようとしていた。

一九〇一年四月、大英博物館の古生物学者チャールズ・W・アンドリューズと、地質学者のヒュー・ビードネルは、エジプトのエル・ファイユームにおいて非常に原始的な長鼻目のものと思われる遺骸を発見した。一つは、彼らの考えでは水陸両生の種であるモエリテリウム、もう一つは漸新世前期の河川・海洋堆積物の中で見つけられ、パラエオマストドン・ベアドネリと命名された種である。こうしてわれわれは長鼻目の起源の間近までたどりついたように思われる。一九〇七年には、ウォルター・グレインジャー（一八七二—一九四一）とジョージ・オルセンの指揮する新たな探検隊がアフリカにおもむき、アンドリューズたちの発見を確認し、長鼻目の別の祖先種を明らかにした。

第三紀長鼻目が単系統であるかどうかについては議論が続けられたにもかかわらず、それはおよそ六〇〇〇万年前の第三紀のはじめに、姿はバクに似た小ウマほどの大きさの動物として、アフリカで誕生したことはいまや明白になった。およそ二〇〇〇万年前の中新世にそれはアフリカで分岐し、次いでヨーロッパ、アジア、アメリカに移住した。唯一の属だったエレファスは、それぞれが別個の歴史を有する三つの異なった属、ロクソドンタ、エレファス、マンムトゥスに分割された。[24]

狭義のマンムトゥス属はそれまでは南ヨーロッパでしか知られていなかったにしても、その根がアフリカ大陸にあることはますます確実であるように思われた。一九七八年、フランスとアメリカの古生物学者のチームは、アフリカの哺乳類の古生物学的研究に捧げられた著作の中で、最近発見されたアフリカの種にもとづいてマンムトゥス属の祖先を決定しようと努めた。「この属は一般に北方のマンモスの観点から考えられているが、他のすべてのゾウのグループと同様にその起源はアフリカにある。アフリカで出現したこの属の初期の種は、出現順にマンムトゥス・スブプラニフロンス、マンムトゥス・アフリカナヴス、マンムトゥス・メリディオナリスである」[25]。最も古い種（マンムトゥス・スブプラニフロンス）は、南アフリカと東アフリカの鮮新世前期と中期（五〇〇〇万年前から四五〇万年前）の地層から発見された、大部分は歯からなる数ダースほどの化石遺骸によってしか知られていない。マンムトゥス・アフリカナヴスはこの属の最初の明確な種であり、その遺骸はアルジェリアと東アフリカの鮮新世中期と晩期（およそ三二〇万年前）の地層から掘りだされている。第三の種マンムトゥス・メリディオナリスは、ヨーロッパではアフリカにおけるよりも古い時代から生存し、その遺骸はスペインやシチリアや南フランスの三〇〇万年前から二五〇万年前の鮮新世後期の地層で発見されている。それではこの種が第四紀のはじめの更新世前期に北アフリカに生存していたことはどのように説明されるのか。ヨーロッパのメリディオナリスは、鮮新世の間に地中海の向こう側から移住してきたアフリカのメリディオナリスは、ヨーロッパの種と並行してアフリカで遂行された、アフリカナヴスの進化のある段階を示しているのだろうか。それともアフリカのメリディオナリスは、アフリカでアフリカナヴスが絶滅したあと、ヨーロッパからメリディオナリスが逆

鮮新世はじめから更新世終わりにかけ，アフリカから北アメリカに向かう「マンムトゥス」属の道程．
（マリオ，『ゾウ科の起源と進化』，『アメリカ哲学協会紀要』，第63巻，1973年，116頁より）

移住してきたものなのだろうか。いずれにせよ、マンムトゥス・メリディオナリスはアフリカでは更新世中期まで生き残らず、当時の支配的な種であるロクソドンタ・アトランティカに席を譲った。これ以後、マンムトゥス属の歴史はヨーロッパとアジアだけで続けられることになる。二五〇万年前の鮮新世の終わり頃に南ヨーロッパで（マンムトゥス・メリディオナリスから）始まったその歴史は、中央ヨーロッパにおいて（マンムトゥス・トロゴンテリイ）、次いで北ユーラシア全域（マンムトゥス・プリミゲニウス）と北アメリカ（マンムトゥス・インペラトール、マンムトゥス・コルンビ）において繰り広げられた。マンモスはイタリアと南スペインに移住し、そのあとイギリス、フランス、ドイツといった西ヨーロッパ全域に、また中央ヨーロッパ、北ロシア、アジア、そしてそこから北アメリカ大陸全体へと広がっていった。

中生代における世界的発展が大陸移動によって説明される恐竜の場合とは異なり（恐竜はローラシア大陸とゴンドワナ大陸に分離する以前のパンゲアを占領していた）、マンモスは大陸がすでに分離していた第三紀と第四紀に出現し多様化した。マンモスが北半球全域に生存していたのは、彼らが大旅行家だったからである。移住の際にマンモスは北ヨーロッパの広範囲の平原を踏破したが、それはおそらく彼らの生活様式にもっと適した植生と気候を求めてのことであり、またおそらく人間という最も恐るべき捕食者から逃げるためだったのだろう。途方もない長旅が彼らを東アフリカから南ヨーロッパへ、中央ヨーロッパから中国へ、シベリアから日本や北アメリカへと導いたのだった。

この旅行、この大移動はいつどのように行なわれたのか。それぞれのシナリオが、生物の歴史と地球の歴史に関連した古生物地理学的仮説を援用している。マンモスの祖先はどのようにしてヨーロッパにやってきたのだろうか。ジブラルタル海峡を通って北アフリカから南ヨーロッパに移住したのだろうか、それとも中東を経由したのだろうか。彼らがアメリカ大陸に渡ったのは、過去二万年間に何度か陸橋になったベーリング海峡を横断してであったことが知られている。しかしいつ、なぜマンモスは北アジアから北アメリカに移ったのか。アメリカでは、マンモスはマンムトゥス・インペラトールとマンムトゥス・コルンビという二つの分枝を作りだし、前者は北アメリカ北部にとどまっていたが、後者は中央アメリカ近くの北アメリカ南端まで移動した。メキシコの国立人類学博物館には、マンモス（マンムトゥス・インペラトール・レイディ）のほぼ完全な骨格が、古代都市テオティワカンにほど近いサンタ・イサベル・イツァパンで一九五二年に発掘されたときのままの姿で展示されている。いまから一万一〇〇〇年前のものであるこの化石遺骸は、近くで発見された人間が製作した道具と並べて陳列されているが、この動物はおそらく狩りによって殺され、その場で解体されたのだろう。博物館の同じ部屋には、紀元前一万年頃のアメリカの動物相を描いた壁画が飾られ、そこでは螺旋状の牙をもつ褐色の重々しいシルエットが他のすべての動物を圧倒している。

マンモスの旅は初期人類の旅に不思議なほどよく似ている。人類と同様にマンモスは大旅行家であった。人類と同様にマンモスは揺籃の地アフリカをでて、ヨーロッパ全域と北アジアを踏破してアメリカ大陸に広がった。人類がマンモスの捕食者であったということが本当なら、マンモスの歴史は旧石器時代人の歴史と結びついてさえいるだろう。およそ一万一〇〇〇年前、アジアから訪れ、ベーリング陸橋を渡ってアメリカに侵入した先史人は、マンモスの群を追跡することに導かれてこの移住を行なったのではないだろうか。そう考えると、マンモスの絶滅の問題は最初のアメリカ人の起源の問題と直接関係するだろう。[26] いくつかの「シナリオ」は、充分な武器をもつ、巧み

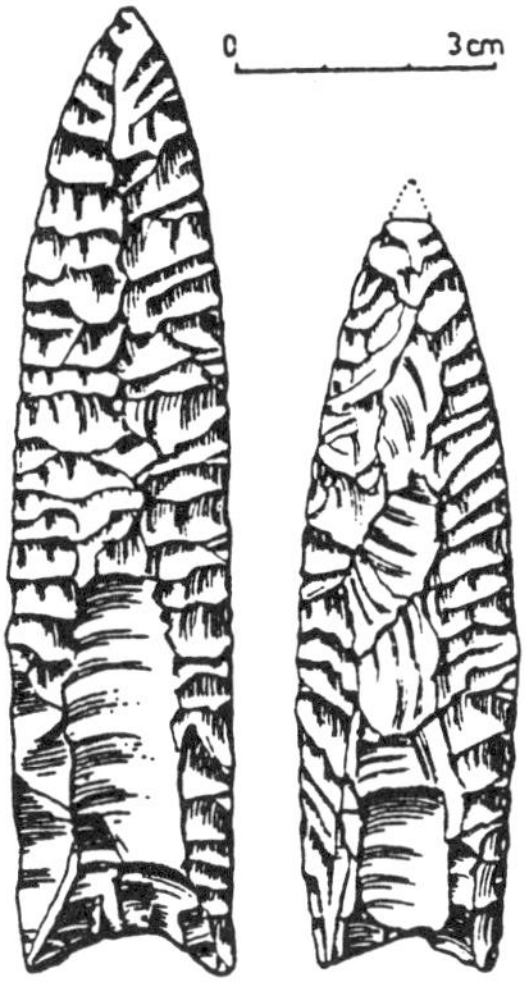

クローヴィス型尖頭器．アメリカの最初の住人によって作られたこの溝のついた尖頭器は，マンモスを狩り，解体するために使用されたと思われる．
（M・ブレジヨン，1977年による）

な狩人としてアジアからやってきたホモ・サピエンスが、この巨大な哺乳類に対して行なった容赦のない「虐殺」、「電撃戦」の物語を作りあげている。実際にクローヴィス人の文化の痕跡はアラスカからメキシコまで見ることができ、いくつかの狩猟跡で発見された彼らの有名な溝のついた尖頭器は、アメリカ大陸に住みついたこの先史人の生活を如実に証言している。最近考古学者たちは、アラスカと北アメリカ西海岸の非常に古い遺跡で発見された矢尻に、乾いたマンモスの血のあとがあることを明らかにした[27]。

＊

マンモスの旅を説明するシナリオは、こんにちではもはやハンニバルやアレクサンドロス大王の遠征にも、グメーリンやパラスが主張したようなこの動物をアフリカからシベリアへ押し流した大洪水の水にも、極地方から暖かな熱帯地方へ動物を移住させた地球の漸進的冷却（ビュフォンが想像したような）にも準拠することはない。

種の歴史において、種の生物学的進化はその移住や旅程と密接な関係を保っている。古生物地理学は、化石種の地理的分布にもとづいて移住についての仮説を構築する（シナリオを作成する）。それは生命の歴史と地球の歴史を結びつける。マンモスの彷徨が南アフリカから東シベリアやアラスカにまで向かう長旅であったなら、この旅程の復元は、大地や気候、横断路や海峡、島や大陸棚、関連する動物相、種の連続的適応などの歴史を考慮したものでなければならない。このような生物地理学的研究は、移住や適応や種分化や進化のメカニズムを理解する上できわめて重要である。だからこそ現在ではかつてないほどに、この消滅した大型厚皮動物の長大な旅のあとに残された、化石遺骸を探索し調査することが必要なのである。

11 マンモスの生と死——絶滅のシナリオ

「突然の死の冬」はあったのか●大地の新たな支配者がマンモスを滅ぼした?●個体が努力しすぎて種は生命力を失う?●ダーウィン回帰——絶滅のシナリオは可能なのか●温暖化か「電撃戦」か●マンモスはわれわれの同時代者か●人間は絶滅の物語を作り続ける

ブリザードの中で、マンモスが子供を自分のそばに引き寄せている。吹雪で白くなった黒っぽい腹毛の近くに、寒さで凍え丸くなった黒い毛の球が見える。遠くに、秩序を乱されたマンモスの群が散らばっている。画面全体がかすんだように見える。凍りついた荒野に風が吹き荒れ、湿った大きな玉となって降る雪は、やがて彼らを覆ってしまうだろう。

もろい巨獣であるマンモスは滅びる運命にあるのだ。

チェコの挿絵画家ズデニェク・ブリアンの多くの絵がマンモスの最期を描写している。[1]『ブリザードの中のマンモスとその子供』(一九六一年)は、今世紀のはじめにアメリカのナチュラリスト、ジョージ・ライトによって発展させられた「シナリオ」の一つを描いたものである。「気候がますます寒冷に、夏がますます短くなるにつれ、この大地を渡り歩く動物の無気力は続き、マンモスの大きな群は、現在北シベリアの初秋の頃によく見られるような恐ろしいブリザードにときどき襲われ、寒さと飢えによって滅びたのである」。[2]別の絵は別のシナリオを示唆している。たとえば飢え。わずかな食料を方々探しまわり、曲がった牙を使って凍った地面を砕いているマンモス。あるいは事故。クレバスに落ち、そこから出られないでもがく瀕死のベレゾフカのマンモス。さらには人間。群を追跡し、マンモスを罠に追い詰め、死体を切り分ける人間たち。

古生物学者ヨゼフ・アウグスタの書を飾る有名な挿絵の中で、画家ブリアンは氷原の巨獣に降りかかるさまざま

ズデニェク・ブリアンの『ブリザードの中のマンモスとその子供』(1961年).
この絵は，今世紀はじめに提唱された，マンモスの絶滅を説明する
「シナリオ」の一つを例示している．(モラヴィア博物館人類館，ブルノ)

な脅威を描いている。[3] モラヴィアの旧石器時代の住居跡で発見された途方もない量のマンモスの骨が、この動物の大量殺戮を暗示していたからなのか、それとも戦後の東ヨーロッパの暗い政治的雰囲気を反映しているのか、ブリアンのマンモスは、その数十年前にアメリカでチャールズ・ナイトが描いたような、意気揚々とした征服者の様子をもはや見せていない。今世紀の中頃には、絶滅の問題に異常なほどの関心が寄せられていた。マンモスは消滅したが、その骨は中央ヨーロッパの大平原や、北シベリアの海岸や島に、ときには文字通り大地を覆い尽すほど大量に残されている。そして最北の地でときおり発見される凍結した遺骸は、その死をより現実味のあるドラマティックなものにした。

いまからおよそ一万年前のマンモ

スの絶滅は、六五〇〇万年前の恐竜の絶滅と同様に、現在の科学にとっても多くの点で謎である。いくつかの体系や物語がもっともらしい説明を提案したが、そのもっともらしさにも歴史があり、一九世紀に問題を解決するものと見なされていた多くの仮説が現在では批判の的になっている。種の絶滅は大異変であれ緩やかな変貌であれ、ともかく環境の変化に起因するのだろうか。それは種の誕生、存続、死を規定する生命の「法則」、運命の結果なのだろうか。それとも生き残るための種間の競争や、人間の破壊的活動に関係しているのか。自然界で作用している時間と原因の捉え方によって異なるこれらの仮説は、さまざまな思想体系、世界と人間についてのさまざまな表象の仕方をもとにして多くの物語を作りだしている。

こんにち絶滅の問題は、古生物学において最も広く熱っぽく議論が行なわれているものの一つである。それは危険にさらされた多くの種と、われらが惑星の生態学的均衡に対する関心に関連している。そのためこの問題には、感情的、神話的な激しい衝撃をもたらす力が含まれている。なぜならここで問われているのは死、われわれの死、われわれの種に起こるかもしれない、いやたぶん起こるだろう絶滅だからである。恐竜の絶滅ほど派手ではないが、マンモスの絶滅はわれわれにとってより身近であり、人間という種の運命に対してもかかわりをもっているのである。

「突然の死の冬」はあったのか

種はどのようにして死ぬのだろうか。なぜマンモスは消え去ったのか。

絶滅こそ古生物学が科学的探究を行なった最初の問題であった。一五八〇年、すでにベルナール・パリシーは『感嘆すべき話』の中で「失われた種」について語り、サントンジュで彼が採集した未知の魚と貝の化石は、人間が採り過ぎたため絶滅した動物の遺骸であるという仮説を立てた。[4] 一世紀後にライプニッツは、未知の化石貝殻（その中で当時最も有名だったのが「アメンの角」つまりアンモナイトである）の本性を問題にしたが、彼にとって神は完全かつ不変の世界を創造したのだから、種の消滅などありえないことだった。[5] ビュフォンは気候の寒冷化によっていくつかの種が消滅することもあるが、それは絶滅というより「退化」であり、種の「内的鋳型」は別の形態で存続すると主張した。[6] 一八世紀の末に、キュヴィエは「失われた種」の問題を自分の物語的構築物と科学的体系の中心に据えた。[7] 大洪水以前の大型厚皮動物の絶滅の中に、キュヴィエは次々と動物相を全滅させた大異変の影響を見た。種は死すべきものであり、遺骸が連続する地層の中に発見される動物は二度とこの世に現れることがないという事実から、地球の歴史の観念を前進させ、地質学的事件を年代順に並べることが可能になった。数十年後に地質学者のアルシッド・ドルビニーは、彼が鑑定した化石無脊椎動物の種によって二七の連続する地質学的な「階」を定義し、絶滅種を知ればそれを含む地層の年代が正確に決定されることを示した。[8]

動物相全体が「大異変」によって滅ぼされたと主張しながらも、キュヴィエはこの激変的事件の本性そのものについてはある種の曖昧さを残していた。「何かの運動の最中に」凍土の中に閉じ込められた、シベリアのマンモスの遺骸から推測されるように、激変の本性は気候の急激な変化、突然の冷却なのか。それとも水の運動、激しい津波、要するに「大洪水」なのか。キュヴィエは実際のところこの問いに答えていない。一八二〇年頃のイギリスでは、自然神学を信奉する地質学者ウィリアム・バックランドとその弟子たちが、大洪水による激変という仮説を断固として主張していた。[9] そのため第四紀の地層はその後も長い間「洪積層」と呼ばれ続けた。しかし地球の歴史を聖書の物語のエピソードに一致させようという試みは次第に放棄された。奇蹟と神罰は世界の歴史を説明するにはもはや充分ではなかった。一八八七年にヘンリー・ハワースが『マンモスと大洪水』という著作の中で、まだ大洪水による激変の理論を利用してマンモスの消滅を説明したとき、彼の態度はひどく時代遅れであるように見えた。[10] その間に新説が提案されていたからである。

一八三二年にパリの自然史博物館で化石魚類の研究をはじめた、キュヴィエの熱烈な信奉者であったスイスのナチュラリスト、ルイ・アガシ（一八〇七―七三）は、一八七三年にこの世を去るまで激変説を擁護し続けたが、新解釈である氷河理論のために伝統的な「大洪水」信仰は捨てていた。一八四七年にアメリカに移住するまでアガシが前半生を過ごしたスイスは、氷河現象を観察するにはうってつけの場所であった。一八三〇年代に、スイス自然科学協会のメンバーであった二人のナチュラリスト、ヴェネツ（一七八八—一八五九）とシャルパンティエ（一七八六—一八五五）は、氷河の周辺にあるものと瓜二つの「大きな迷子石」と巨大なモレーン（氷堆石）が、現在の氷河から離れたアルプス山麓の谷間やジュラ山脈のスイス側斜面に存在することに気づいた。こうした岩石はかつて氷河がその場所に、さらにはジュネーヴの湖の岸辺にまで張り出していたことを示していた[11]。現在の氷河からときには遠く離れた場所にそのようなモレーンや迷子石が存在することをもとに、当時この名誉ある学会の若き会長であったアガシは、かつて氷河は現在よりはるかに広範囲に、「北極から地中海やカスピ海の沿岸まで」広がっていたと結論した。スイスだけでなくヨーロッパと北アメリカ全体の氷食谷に、いまもその痕跡が残されているのである。

同じ頃アガシはウィリアム・バックランドにこう書き送っている。「氷河を見て以来、わたしはすっかり雪に包まれたような気分でいます。地球の全表面はかつて氷に覆われ、以前のすべての被造物は寒さで死んだとわたしは考えています。というのもヨーロッパの地表に起きた最近のすべての変化は、氷の作用によって完全に説明できると確信しているからです[12]」。

シベリアの氷の中の冷凍マンモスの遺骸が証言しているように、大地を襲った「突然の厳しい冬」が太古の動物相を破壊した原因なのだろう。「それまでは豊かな植物に覆われ、現在ではインドやアフリカの暖かな地域に住んでいるのと同じ大型哺乳類が生息していた世界に、シベリアの冬が根を下ろししばらくの間続いた。死がすべての自然を経帷子でくるみ、最高潮に達した寒さはこの氷塊に、極度の圧力を加えて可能な限りの固さを与えた[13]」とアガシは記している。

この仮説を用いれば、普遍的な体系、地球の歴史の新しい物語を構築することが可能だった。アガシは地球の歴史を、生命と均衡の暖期のあとに破壊と死の寒期が続く、個体の生の発展に似たものと考えた。地球の歴史は、突然の氷期を典型とするような、不意の「変動」を間にはさむ緩慢な冷却の歴史である。キュヴィエが識別したさまざまな「時期」は、温暖化と安定した均衡と突然の冷却という、継起する気候の相に正確に符合している。

以前は熱帯の植物に飾られ、巨大なゾウ、カバ、肉食獣の群が住んでいたヨーロッパの地表は、平原や湖や海や台地をも覆う広大な氷の外皮の下に突然埋められてしまった。豊かな被造物の生と運動の上に死の静寂が訪れた。春は中断し、川は流れるのをやめ、凍った岸辺の上に昇る日の光（もし本当に地表まで届くなら）が出会うのは、北から吹く冬の風と、氷海の表面に口を開けるときのクレバスの轟音だけであった。[14]

アガシはこの「氷河理論」を、不連続な生命の歴史というキュヴィエ的観念と調和させながら発展させた。不意の氷期は周期的にすべての生命を破壊するキュヴィエの激変そのものであった。一八四六年、カナダのハリファックスにおいてアメリカ大陸に到着すると、彼は「街をでたあとの最初のかき乱されていない土地で［……］わたしにはなじみの指標、磨かれた地表、溝と擦痕、氷河の線刻」[15]を発見した。一八六六年には『地質学的スケッチ』の中で、アガシは更新世の終わりに巨大四足動物相を全滅させた「突然の厳しい冬」に、力強い詩的な言葉遣いで再び言及している。

長い夏が止んだ。長期間熱帯の気候が地球の大部分で優勢を占め、現在では赤道の下に住みかのある動物が、はるか南の地域から北極圏のへりまで世界中を徘徊していた。マストドン、ゾウ、トラ、ライオン、ハイエナ、クマなど、ヨーロッパでは南の岬からシベリアやスカンディナヴィアの最北端まで、アメリカでは南の国からグリーンランドやメルヴィル諸島まで、いたるところで遺骸が発見されるこれら巨大四足動物は、いわばその時代の大地の主人であった。しかし彼らの支配は終わりを告げた。これも長期間続くことになる突然の厳しい冬が地球を占領した。それはこれら熱帯の動物が住みかとしていた地域に広がり、不意に彼らを襲ったので、彼らは死のあとに続く腐敗の時間さえもつことなく、雪と氷の塊の下でミイラとなってしまったのである。[16]

ツェルマットの氷河.
ルイ・アガシ『氷河の研究』, ヌーシャテル, 1840年より.
(写真, ハーヴァード大学比較動物学博物館)

このように氷河作用の理論は当初から種の絶滅の問題と関連しており、一九世紀の間からこんにちまで、多くの著述家がマンモスの絶滅は気候の急激な寒冷化のせいであるという神話を語り続けた。一九六一年になってもまだウィリアム・R・ファランドは、アメリカの大科学雑誌において、マンモスは「たった数時間で凍結した」という考えを論破するために綿密な論証を展開している。[17] また現在のアメリカの創造論者が書くものの中には、マンモスの消滅は大異変の結果であると主張する論文や著作が周期的に出現する。[18] 激変は聖書が語る時間に一致した短年代によって地球の歴史を説明することを可能にするし、種不変説的表象とも結びついているのである。

チャールズ・ライエルが絶滅を激変によって説明したがらなかったのは、まさしく地質学的時間の長さを再考したためであった。[19] 一八三〇年に発表された『地質学の原理』の第一巻において、ライエルはこんにち知られている原因に還元することが不可能な「激変的」原因を、科学的に考察しうる合理的現象とは見なせないことを示した。[20]「現在」は「過去」を解く鍵である。これが地質学を科学として成り立たせるための公理であった。地球の転変の原因が認識され法則として定式化されるのは、それが現在も作用しているのと同じ緩慢で連続的で斉一的な原因だからである。それが目に見える効果を生みだしたのは、長大な期間作用したからにほかならない。

激変を拒否したため、ライエルは絶滅を新しい方法によって説明しなければならなかったが、ここでもマンモスは議論の中心にあった。「大異変」の支持者にとって、シベリアのマンモスは特に好都合な例であった。しかしライエルの考えでは、絶滅は気候と環境が徐々に変化したために生じる連続的な過程であり、現在の自然界においても絶えず進行している。そこでライエルは一八四〇年から氷河理論を認めるようになったものの、マンモスが他の絶滅種と同様急に消滅したと信じることは拒否していた。シベリアにある大量の遺骸は、マンモスが寒冷化に耐えて長期間生存したことを示している。「マンモスの骨は、多くの世代によってしか供給されないほど大量に、氷山や凍土の中から発見されている」[21]。

この巨大哺乳類の絶滅の原因と思われる「きわめて緩慢な」気候変化は、年平均気温の低下というよりも、夏と冬の気温の差が徐々に大きくなるというような性格のものであった。こうしてマンモスの極端な事例が、漸進的で緩慢な絶滅の観念を支える証拠となる。マンモスの絶滅について「斉一説的」[22]説明を提示することは、激変説の最も得意な分野でそれに戦いを挑むことだったのである。

大地の新たな支配者がマンモスを滅ぼした？

一九世紀の中頃、輝かしい将来を約束された新しい役者が絶滅のシナリオに登場する。それが人間であった。一八五九年からは、イギリスでもフランスでも、第四紀の大型哺乳類と隣り合って生活していた化石人類の存在が認められるようになった。これ以後、いくつかの種の消滅を説明するために数十年前にラマルクが提案し、キュヴィエが勇んで嘲笑した仮説は信用を回復した。人間はそれらの動物と同時代の存在であり、ブーシェ・ド・ペルトがソム川下流域で発見した有名な「斧」のような恐るべき武器をもっていたのだから、人間が「大洪水以前の」動物を滅ぼしたのかもしれなかった。旧石器時代のもっと新しい時期には、それらの道具はラルテとクリスティがヴェゼール川流域の遺跡で発掘した「矢尻」「刀身」「ナイフ」のような、もっと完成された精巧なものになった。[23]それは新しい解釈と疑問を豊富に生みだす仮説だった。マンモスを狩る人間はその動物の消滅に責任があったのではないか。ライエルも生涯の最後の頃には、人間の古さとブーシェ・ド・ペルトの理論の正しさを認めたのち、この可能性に賛意を表明した。一八六三年、絶滅の原因は「人間の行為よりもっと全体的で強力なものである」ことを再度強調しながらも、「人間の増大する力は鮮新世後の［第四紀の］多くの種を滅ぼす原因として貢献したかもしれない」ことを承認している。[24]一九世紀の後半には、人間の行為によって第四紀の大型動物が絶滅したという新しい考えは、神学的前提と結びつくことがあった。それは特にイギリスにおいて、人間は世界創造の目的であり、大地を支配するよう神によって定められていると信じ続ける人々によって発展させられた。そのためダブリン大学の地質学教授サミュエル・ホートン（一八二一―九七）は、一八六〇年頃、地上に出没する大型哺乳類を滅ぼすことによって自然を完全に近代的なものにすることは、いまだ不完全な大地に置かれていた原始人の責務だったと考えたのである。[25]

個体が努力しすぎて種は生命力を失う？

同じ頃、種の絶滅の原因としてまったく別のものを想像する人々もいた。彼らはそこに種の構造に固有の運命が働いていると考えた。リチャード・オーウェンは、エレファス・プリミゲニウスと他の第四紀の種の最終的消滅を、あらかじめ決められていた原因、神が前もって定めておいた一種の運命の結果と見なした。「種が個体と同様に外界の変化とは独立した、原初の組成に固有の死の原因をもち、また種の命が尽きる時期やその繁殖力が底をつく時期が、それぞれの種のはじまりの時から決定されているかもしれぬと考えることは、道理に合わないことではないのである」[26]とオーウェンは記している。

いくつかの種の消滅は、自然の秩序の名において説明されねばならない。均衡を維持するため、自然は過剰な部分を除去しなければならない。したがってマンモスはそれ自身の傾向により徐々に「消え去った」のかもしれない。それぞれの種に対し、固有の活力に応じた一定の生存期間、その種に特有の寿命を決めることも可能だろう。このような「非暴力的な」絶滅理論は、多かれ少なかれ形而上学に根ざした生気論的思考法から生じている。個体と同様に科や目は、超えることのできない一定の量の生命を託されている。それぞれの種に固有の寿命は、それぞれの個体と同様にあらかじめ決められているのだろう。種の出現と消滅の過程は、成長、衰退、老化、絶滅といった生命の自然な曲線をたどるのである。

世紀が変わる頃、フランスとアメリカの多くの古生物学者がこのような説を唱えた。「一般に種の衰弱はその開花が見事なものであればあるほど完璧であった」[27]とアルベール・ゴードリは書いている。アメリカの古生物学者オズボーンにとっては、この観念は定向進化のアイデアを導入しながら、生命進化の「法則」を作りあげようという意志と結びついていた。[28]

ロシアの地理学者I・P・トルマチョフの著述にはこのようなものの見方が明確に表現されている。トルマチョフはロシアにおいて古生物学者として活動を始め、ベレゾフカのマンモスを回収し研究した一九〇一年の遠征に参加した。一九一七年の革命の際にアメリカに亡命し、当時ニューヨークの自然史博物館で古生物学と進化論の学問的権威であったオズボーンの弟子になった。「シベリアのマンモスの遺骸」に捧げられた一九二九年のモノグラフにおいてトルマチョフが提示した学説は、著者の思考の背景と無関係ではない。[29] オズボーンと同様に、トルマチョフは一般的な絶滅の現象を合理的に説明する方法として、生命の進化と生物の形態学的変化の「法則」を明らかにしたいと考えた。トルマチョフは人間や気候や地質に原因を求めるすべての仮説、すなわちノヴォシビルスク諸島の分離、マンモスの定期的通路における氷の崩壊、気候の寒冷化あるいは温暖化などを注意深く検討した。彼の目には、マンモスが環境に適応していなかったとする仮説は成立しないように見えた。ある者はマンモスに充分な食物がなかったと考えていた。しかし遺骸が発見されたマンモスはたっぷりと食事をし、ときには太り過ぎてさえいた。フランスの先史学者アンリ・ヌーヴィルのように、皮脂腺が欠けているので、マンモスの皮膚の構造は寒さを充分に防げるようにはなっていなかったと主張する者もいた。[30] だがマンモスの皮下組織を調査すると、そこには脂肪の厚い層のあることが明らかになった。しかもマンモスの被毛は北極圏の他の動物のものと同様に、密生した細かな「綿毛」と長毛の覆いの二層で構成され、素晴らしい防寒具となっていたのである。

「われわれは、充分に適応していた広大な地域で、おそらく繁栄を極め多数生活していた動物が、地質学的に見ればきわめて短期間に絶滅したという事実を説明しなければならないのである」[31] とトルマチョフは記している。これまでは、問題の設定の仕方が局地的あるいは個別的であり過ぎたと彼は指摘する。明らかにしなければならないのは絶滅を説明する一般的原理である。絶滅の原因は環境に対する不適応ではなく、進みすぎた特殊化の中に求めなければならない。「過特殊化」の概念を用い、トルマチョフはケナガマンモスの絶滅を個別的な例とする、種の絶滅の一般理論を展開する。極端な寒さに特によく適応したこの動物は、極端に特殊化した特徴を有している。たとえば多くの咬板と非常に薄いエナメル層からなる臼歯、実際にはほとんど役に立たない渦を巻いた巨大な牙、(ゾウのような五本ではない)四本の指をもつ足、毛皮の覆い、尻尾の形、肛門の弁など。トルマチョフの考えでは、マンモスは特殊な生活条件に適応しようとして過度の「努力」をし、それに成功した結果、活力を使い果たしてしまったのである。燃料の切れたランプのように、種は「生命力」がなくなると徐々に消え去っていく。したがって「個体の大成功は種にとっては有害なものになることがある」[32]。「過特殊化」の概念によって、トルマチョフはオズボーンから、きわめて「原始的な」種だけが進化し、「適応放散」によって多様化する能力をもつというアイデアを借用した。逆にある系統は独自の特徴をもっていればいるほど、進化して新しい生活様式に適応することが困難になる。それは極端に推し進められた固有の傾向に従って、定向進化的に発展するしかないのである。したがって一般に種の最期に先立って「過特殊化」が出現する。この「種族を維持しようとする個体の英雄的努力」から種の活力の喪失が生じる。現生のゾウにも見られる傾向であるが、マンモスの繁殖率は非常に低下していたのであり、種はこうして闘争も激変もなく気づかぬうちに消滅する。この説明の仕方には、環境に適応するための個体の努力というラマルクの思想の変形を認めることができるが、そこにはオズボーンやマディソン・グラント（一八六五—一九三七）にとっては親しいものであった「優生学」理論の色合いも感じられる。彼らは「高等な」人種のもろさと、「過特殊化」のためその人種が直面する絶滅の危険について、エリート主義的・人種差別的見解を表明していたのだった[33]。

このように今世紀のはじめの数十年間には、「生命力」や、適応のための努力や、生物の継起と絶滅の論理を進化の一般的「法則」によって支配する定向進化などに、重要な役割を与える理論が発展した。

ダーウィン回帰——絶滅のシナリオは可能なのか

絶滅を考える上でのこのような生気論的・目的論的枠組みは、ダーウィンの思想とはかけ離れたものである。ダーウィンにとって、絶滅は激変的な地質学的原因や、外部から規定された法則や、生物の神秘的運命がもたらすものではなかった。生物とその環境との関係、種の内部における自然選択、生存のための競争と適応が劣る者の除去、これらが進化を決定する要因であった。生存闘争はより適応した者に恩恵を施し、与えられた環境の中で生き残る備えが劣っている者を滅ぼす。新しい種によって加えられる穏やかで緩慢な圧力が他の種を絶滅へ導く。「新しい形態がゆっくりと連続的に生じるにつれ〔……〕多くの形態は必然的に消え去らなければならない」[34]。ダーウィンは木の株に打ち込まれる「くさび」の比喩を用いている。もしも株の表面がくさびに覆われていたら、新しく打ち込まれたくさびは以前からあったくさびを追いだすだろう[35]。「新しいくさび」が進化の流れの中に新たに登場した種を示しているとすれば、なぜ「より恵まれていない形態の絶滅」が進化の「不可避の結果」であるかが理解できる。「単独の種や種の集団全体の絶滅の仕方は、自然選択の理論によく一致している」[36]とダーウィンは結論した。

一九三〇年代に、「現代的総合」の理論家たちは、オズボーンの世代の定向進化や生気論的思想を批判するためにダーウィンの概念に回帰した。彼らの見解では、道徳的判断を加えて絶滅をおとしめること、たとえば系統の末端にある者は醜悪な「老衰」、「種族の老化」、生命力の枯渇による衰弱を示しているなどと考えることは馬鹿げている。このような問題の設定の仕方は、個体の歴史と種の歴史の間に、合理的根拠のない対応関係を打ち立てるものである。

「個体の器官と原形質はどのみち老化するだろうが、地球の歴史のある段階では、ある動物の型が他の型より古いことがないのはよく考えてみれば明らかである。動物の生命が何度も誕生したのでない限り、各系統は他のすべての系統と同じ長さの系譜を有し、他のものより老衰しているはずはないのである」[37]とアルフレッド・ローマーは記している。絶滅は老衰や「過特殊化」や神秘的な宿命ではなく、生物同士や生物と環境との関係だけによって決定される。種が消え去るのは、動物が生き延びることも繁殖することもできない条件に遭遇するからである。食料の欠如も一定の役割を果たすかもしれない。食料をめぐる他の種との競争は種全体の飢えを招く可能性があるし、ある集団が普段食べていた動植物種の消滅はその種の絶滅の主要な原因になるだろう。動物は病気によっても大量死するかもしれない。「このような種々の要因は、その生物が適応できないほど大きすぎるか急激な、環境の変化として要約することができる」[38]とローマーは述べる。この文脈では、適応の概念はもはや転変の定向進化的法則と結びついてはいない。絶滅は大型の、数の多い、そして陸生脊椎動物の場合肉食より草食の種にしばしば起こるが、それは大きな体が「過特殊化」の徴候や「系統の末端」の特徴だからではなく、体のサイズは新しい条件に適応する動物の能力をある程度まで制限することがあるからである。肉食動物より一般に数が多く、食物の採集と消化のメカニズムが特殊化している草食動物は、環境の変化に適応するのが概して困難なのである。

新たな装いを得たこのような考え方は、絶滅を生命の進化の枠の中に置くために多くの点でダーウィンに依拠している。しかしダーウィンは『種の起源』において、ライエルの地質学的変化についての見解に従い、「大量絶滅」の問題を完全に無視したわけではないがいわば脇へのけておいた。ライエルにとって、現在観察できる小変化が何千世紀も蓄積すれば、神秘的な「激変」に頼らなくても進化は地質学的な時間尺度において充分に説明されるのであった。「種と種の集団は、最初はある地点から、次に別の地点から、最後に世界中からというように、一つずつ徐々に消滅するのである[39]」とダーウィンは説明している。生物は徐々に少なくなり、次いで絶滅する。だが歴史の規模という点ではちっぽけなものであるわれわれの経験によって、われわれは地上に変化を作りだすすべての過程を知ることができるのだろうか。人間にはその規模も頻度も観察不可能な現象が、世界の歴史の中に生起しているのではないだろうか。一七世紀の末にフォントネルが述べているように、「バラの記憶の中に庭師が死ぬ姿は存在しない」。人間の記憶の中に、島に立ち寄った水夫たちによって皆殺しにされてしまったモーリシャス島の巨鳥ドードーや、北アフリカで滅びたコビトゾウの姿はあったとしても、六五〇〇万年前の白亜紀末や一万年前の更新世末に多くの動物相を絶滅させた原因を、われわれはわれわれの「あまりにも人間的な」尺度によって考察しなければならないのだろうか。

一九八〇年代から、大量絶滅に新たな関心が向けられるようになった。ある種の古生物学者の間では、それは適応の劣る生物種を途中で除去しながら徐々に進行する進化という、ライエルとダーウィンから受け継いだ古典的な表象を見直そうとする意志と結びついていた[40]。絶滅は与えられた環境で生き延びることに適した種を、常に保存する傾向があるわけではない。適性の劣る種を次々に除去し、結果としてよりよい適応と進歩がもたらされる漸進的進化という古典的な表象には、偶発的原因という考え方を対置することが可能だろう。

「大量絶滅」は生命の歴史において何度も起き、多くの動物相が驚くほどの規模で急激に交替させられた。「五大」絶滅事件の中で最も有名なのは、六五〇〇万年前の白亜紀と第三紀の境界の時期に、恐竜と海生および陸生動植物の多くの種を全滅させたものである。この「五大」絶滅に比べると、いまから一万年前の更新世末にマンモスをこの世から消し去った絶滅は小事件に思えるかもしれない。われわれがそれになんらかの重要性を付与しているのは、たまたまそれがわれわれの仲間の哺乳類に起こったからなのだろう。それでもマンモス、ケサイ、ホラアナグマ、オオツノジカ、サーベルタイガーといった、ある動物相全体の消滅を説明しなければならないのは事実である。またヨーロッパでは消滅したがアメリカではそうでなかったジャコウウシや、アメリカでは滅んだがユーラシアとアフリカでは生き残ったトナカイ、ウマ、ラクダのように、ある大陸では絶滅した種が別の大陸で生き延びた例もある。「絶滅への傾向は種に固有の特性、種を構成する弱さなのだろうか、それとも絶滅は偶然の気紛れにのみ依存し、世界は危険に満ちているのだろうか[41]」と、統計古生物学の専門家であるデイヴィッド・ラウプ（一九三三―）は述べている。絶滅はいくつかの種にとっては「激変的」な、偶然の外的状況がもたらしたものなのかもしれない。そのような偶発的原因はいくつかの集団に選択的に作用したが、だからといってそれに特別の適応的な意味とか、「生存闘争」の過程における役割とかがあったわけではない。「周知のように絶滅は進化にとって必要であり、生物の適応度にはほとんど盲目である選択的絶滅が［……］これまで優位を占めてきたと思われる[42]」とラウプは結論している。

激変的シナリオに新たな関心が生じたのは、一九八〇年にルイス（一九一一―八八）とウォルター（一九四〇―）のアルヴァレズ父子が、恐竜は小惑星が地球に衝突したために絶滅させられたという、革命的な説を地質学的証拠にもとづいて提唱して青天の霹靂のような効果を生んだからである。この種の仮説の中に、一九世紀の「激変説」への回帰を見なければならないのだろうか。それともそれは人間中心主義的になりすぎた地質学的因果関係の表象を打ち砕くため、生命の歴史の不連続性を、進化論を背景にして説明しようとする試みと見なすべきなのだろうか。

温暖化か「電撃戦」か

こんにちでは、マンモスの絶滅を解き明かす二つの主要なモデルが存在する。一つは更新世末の気候の温暖化という、環境に原因を求めるもの。もう一つは旧石器時代人が種全体を短期間で殺戮し絶滅させたという、人間に原因を求めるものである。

気候要因説の支持者にとって、キュヴィエやアガシの時代のように、気候の急激な寒冷化を援用することはもはや問題ではない。更新世末（一万四〇〇〇年前から一万年前）の温暖化のために、氷床が解けて海水準が上昇し、氷河湖が干上がり、大型哺乳類には耐えることのできない生態学的混乱が生じた。更新世から完新世に移る頃に何度か起きた寒暖の急激な交代は、周囲を沼沢性ツンドラに作り替え、マンモスはその環境に適応できなかった。このような気候の変化は、北シベリアの「ツンドラステップ」の植生を、マンモスがもはや食料を見つけることのできない、湖沼が点在する湿ったツンドラや森林の植生に移行させた。[43] 北アメリカでも、一万五〇〇〇年前から一万年前にかけ、気候が温暖になり、マンモスが生活の糧を得ていた草と木のモザイク状植生が沼沢性ツンドラと針葉樹林に置き換えられたとき、マンモスはその地に住めなくなり絶滅した。フェアバンクス大学の古生物学者デイル・ガスリー（一九三六―）は、アラスカ中央部における更新世と現代の生態学的相違を詳細に研究した。[44] このような植生の変化に、ブリザードや氷が解けて引き起こされる泥流のような現象が付随したため、大型哺乳類の死は加速されたのだろう。[45]

第四紀動物相の急激な絶滅を人間によるものと考える対抗的仮説は、三〇年ほど前から熱心な擁護者をもち、有力なだけでなく「公式の」説と見なされてきた。絶滅を人間の行為によるとするこの説は、いくつかの魚類の種の消滅を人間が捕り過ぎたためと考えたベルナール・パリシーの旧説に新しい栄誉を与えるものである。一九二六年にすでにジョージ・バセット・ディグビ（一八八八―?）という名のイギリスのアマチュア・ナチュラリストは、有史時代のアメリカのバイソン狩りをモデルに、シベリアにおけるマンモス狩りの勇壮なシナリオを作りあげていた。[46] しかしこの仮説が大成功を収めたのはとりわけアメリカにおいてであった。アメリカの先史学者ポール・マーティンは、一九六七年から、更新世哺乳類が人間によって全滅させられたという「過剰殺戮」説の断固たる擁護者であった。[47] マーティンによれば、このシナリオは絶滅がきわめて急激であったときだけ、すなわちマンモスが「電撃戦」のうちに滅んだときだけ意味をもつ。実際にマンモスがアメリカで絶滅した特に短いその年代（一万一〇〇〇年前から一万八〇〇〇年前）は、アメリカ大陸に人間が到着した時期に一致しているように思われる。すでに充分な武器をもちすぐれた狩人であったわれわれと同じホモ・サピエンスは、獲物が豊富な地域に侵入すると、「タブーも慎みもなしに」皆殺しに耽ったのだろう。

しかし対峙する説を近年再検討した結果では、二つのシナリオには多くの欠陥と不確実さがつきまとっているということである。長い間有力であった「電撃戦」説は、証拠を見つけることが困難なため、こんにちでは袋小路に陥ってしまっている。一九八四年にここ二〇年間の論争を回顧したドナルド・グレイソンは、この説にはすべての反論を自己の理論の中に組み込み、反駁の余地を残さないという残念な傾向があることを指摘している。[48] たとえばポール・マーティンは、「実際にそうであったと思われるように、絶滅が突然のものであったなら、化石記録が多くの細部を明らかにできなくても驚くべきことではない」[49] と記していた。ある説の正しさを立証するために消極的証拠を拠り所とするこのような論法は、真の科学的一貫性を有していると言えるだろうか。北アメリカにおけるマンモス狩りを証言する、クローヴィス文化の少数の考古学的痕跡は、多数の個体と多数の種の絶滅を証明するのに充分であろうか。その痕跡がかかわりをもつのはマンモスとバイソンだけであって、更新世末に同時に消滅したすべての種ではない。そしてバイソンは絶滅しなかったのである。

「マンモス文明」[50] と呼ばれるものが発達した中央ヨーロッパのいくつかの地域、チェコスロヴァキア、ポーランド、ドン川とヴォルガ川流域のロシア、ウクライナなどでは、大規模な狩りが、すでに衰弱し数も少なくなっていた種の絶滅に決定的な役割を果たした可能性もある。マンモスは一万四〇〇〇年前頃から衰えを見せ、一万二〇〇〇年前頃にこの地域から姿を消した。しかしこれらの遺跡にあるマンモスの骨は、長い年月をかけて少しずつ堆積したのだろう。それではどうして「電撃戦」などと言えようか。結局のところシベリアやアラスカの氷原では、マンモスの消滅に責任を負うのははたして人間なのだろうか。そこでは殺戮の証拠も、狩りと解体が行なわれた場所の跡も、人間の活動を示す考古学的痕跡も稀なのである。

マンモスの絶滅が、アメリカ大陸に最初の人間がやってきたと考えられている時期に起こっているにしても、他の大陸ではその年代は異なっている。中央ヨーロッパでは一万四〇〇〇年前から一万二〇〇〇年前、中国では一万四〇〇〇年前、シベリアでは九〇〇〇年前というように、マンモスは異なった時期に滅んでおり、そこには数千年の隔たりさえある。ヨーロッパでは人間が長いことこの動物と共存していたという事実は、急激な絶滅という考えと折り合えるのか。とすると物語は地域に応じて変化しなければならないだろう。これらのシナリオのうちの一つが現象の複雑さを解きほぐしてくれるのか。本当にどちらか一つを選ばなければならないのだろうか。「マンモスが非常に多様な自然条件を含む広大な範囲に生息していたことを考慮するなら、唯一の自然の要因が絶滅を引き起こしたと主張することは不可能である」[51]と、ロシアの古生物学者ニコライ・ヴェレシチャーギンは述べている。

ある者は種々の仮説を組み合わせようとした。最初の攻撃は人間に由来したのかもしれないが、マンモスは極北の生活しにくい土地に閉じ込められてついに絶滅した。あるいは逆に、気候の変化がこの動物を衰弱させ、人間による集中的な狩りがそれに致命的打撃を与えた。絶滅は急激であったのか段階的であったのか。激変主義か漸進主義か。人間の行為か環境変化の影響か。シナリオは以前より明確になり、豊かになり、ある種の事実はよく知られるようになったが、問題は依然として決着しておらず、古生物学の最初の疑問は現在までもちこされているのである。

マンモスはわれわれの同時代者か

しかし新たな発見が議論を華々しく再燃させた。一九九三年、ロシアの研究者たちは、東シベリアの海岸から二〇〇キロメートル離れたウランゲリ島で、三七〇〇年前、すなわち紀元前わずか一七〇〇年に絶滅したマンモスの遺骸が発見されたことを報告した[52]。これは更新世末に地上から姿を消したと信じられていたこの種の生存期間を、六〇〇〇年以上も延長するものである。更新世の象徴であり、旧石器時代の狩猟家たちの叙事詩の証人であったマンモスが、「エジプトのファラオの同時代者」[53]となるまで生き延びていたという事実は、その絶滅の問題に新たな光を投げかけることになった。ウランゲリ島のマンモスは、一九三八年にマダガスカル島の沖合で発見されたシーラカンスと同様に、「生きている化石」と呼びうるものである。この長命の原因について再び論争が行なわれたが、ここでも二つの仮説が対立する。「虐殺」説の支持者たちは、マンモスが大陸から離れたこの島で生存できたのは、捕食者である人間がいなかったためであると考える。ウランゲリ島には、人間が居住していた痕跡はまったく存在しなかった。これは人間の破壊的行為説に有利に働く新たな論拠（消極的な）であった。だがこれほど最近までマンモスが生存していたという事実は、「気候と環境」説を強化するものでもある。ウランゲリ島のこんにちの植生は、更新世のツンドラステップの「遺存種」で構成されている。これは恵まれた環境でなら、マンモスは有史時代まで生きられたことを証明している。それでもなぜこの動物が絶滅したのかという疑問は残るだろう。人間の介入を持ちださなければならないのだろうか。シベリアやアラスカからやってきた古エスキモーが海峡を渡り、肉や牙を利用するためにマンモスを狩り、一つか数個の島に閉じ込められて衰弱し、数も少なくなっていた動物群を皆殺しにしたのだろうか。それとも単に厳しい条件のもとで生活していたこのマンモスは、「他のすべての場所でと同様に」ここで絶滅したと考えるべきなのか。ロシアの研究者チームが採用したのは後者の仮説である。

圧迫され小型化していたとはいえ、ケナガマンモスはウランゲリ島で少なくとも三七〇〇年前まで生存していた。人間に狩られた証拠は存在しない。驚くべき事実は、そのマンモスが他の場所でと同様にウランゲリ島でついに絶滅したことではなく、ツンドラステップ植物相のいくつかの遺存種とともに、この北極圏の島の避難所で完新世初期の環境変動を乗り切ったということである[54]。

肩高が一・八メートル、体重が「たった」二トン（一般に平均的マンモスの肩高は三、四メートル、重さは六トンと考えられている）のウランゲリ島の小型マンモスはか弱い生存者であった。その矮性は環境と生物地理学要因によって説明することができる。体軀の縮小は、条件が厳しく、食物資源が限られた島での生活にしばしば関連している。[55] この説明の正しさは、同じ場所で発見される一万二〇〇〇年前というもっと古い時期のマンモスの骨が、「正常な」大きさをしていることによって立証される。矮小化は気候の温暖化と海水準の上昇により、島が大陸から切り離されたときに始まった。

ウランゲリ島は一万三〇〇〇年前にはまだ大陸と結ばれていたが、一万二〇〇〇年前までにこのつながりは断たれたのだろう。更新世に属するウランゲリ・マンモスの歯が正常な大きさであることは、この見積もりに合致している。一万二〇〇〇年前まで、この地の動物群は大陸の動物群から切り離されていなかったと思われる。その後小型化がすでに始まっていた七〇〇〇年前まで、島のマンモスの記録には空白が存在する。この期間は六〇〇〇年以下で生じたジャージー島（イギリス）のアカシカの小型化のような、島特有の小型化が起こるのには充分な長さであったと考えられる。[56]

最後にウランゲリ島のコビトマンモスは、予想外の新たな疑問を引き起こす。北シベリアやアラスカの原住民の間に伝わる「マンモス神話」や伝説は、生きたこの動物との実際の遭遇から生じたのではないだろうか。現代の人間がもつイメージや物語は、この先史動物の生活の直接の記憶を反映しているのではないだろうか。これがわれわれの心をかき乱す疑問であるのは、それによって先史時代が現在とはまったく異なった「時期」で構成されていたという、伝統的な考え方（キュヴィエから受け継いだ）が混乱させられるからである。廃棄された時代、氷河時代の象徴であったマンモスは、これ以後こうしてわれわれの歴史に属するものでもあるのである。

ベレリョフ（東シベリア）の「マンモスの墓場」を見つめる古生物学者．
（写真，N・ヴェレシチャーギン）

人間は絶滅の物語を作り続ける

絶滅の問題は、ほんの少しの確かな「事実」と仮説や空想的体系が組み合わされた物語を語ることでしか解決されない。一世紀近く前から、多くの物語が同じ疑問や同じ構図を繰り返してきたように思われる。気候の激変、環境の緩やかな変化、人間の行為、体質のもろさなど。だが絶滅のシナリオは、どれほど真実らしく論理的であるように見えても、検証することは不可能である。過去に関して実験はできないし、とりあげられている時間はわれわれが経験する時間に比べてあまりにも長大である。これらのシナリオは、提示される時間の流れや、登場させられる種々の「役者」や、組み入れられる時間性、因果関係、運命の形態において、ある点で虚構（さらには悲劇）の構成に類似している。ある種の「シナリオ」の構築は、デカルトが「世界の体系」を述べるにあたり、「仮説を作りあげる」と呼んでいたこととさほど異なってはいない[57]。

こうして現在では、極端にまで推し進められた抽象的「モデル」や論理的虚構が対立している。

それらはたとえ「電撃戦」の短縮された時間であれ、時間の中で展開するゆえ必然的に物語である。擬人主義が問題のとらえ方や、援用される要因の性質をしばしば支配しているが、他にどんな方法があるだろうか。マンモスの消滅を説明することは、種の不可避の死、人間の歴史の大部分において人間と同時代の存在であった、強く巨大な哺乳類の絶滅を解明することである。マンモスの絶滅がそれに固有の生物学的傾向によるのであれ、生態学的原因によるのであれ、人間の行為の結果であれ、あるいはそれらの複合的影響のためであれ、それぞれの仮説はわれわれにおのれの運命について思いをめぐらすよう促す。こんにちこの問題が強迫観念のようにわれわれにとりついているのは、われわれ自身の生存について深刻な不安が存在するからだろう。人類の終末はどのようなものになるだろうか。それはわれわれの「過特殊化」（胴体と手足が萎縮し、純粋頭脳となった人間）や、生態学的激変と関連しているだろうか。それは人間が自ら呼び寄せるのだろうか。問題はまだ決着していない。しかしマンモスの最期や、恐竜の絶滅や、われわれの兄弟であるネアンデルタール人の消滅について際限なく作り替えられる物語は、科学的動機から誕生したにせよ、依然としてわれわれが抱える疑問や恐怖の曖昧な影に覆われているのである。

12

マンモスのクローニング？――ゾウとコンピューターと分子

コンピューターが用意する新しい樹とシナリオ●進化が実験室で解読される●
復元の夢ふたたび――クローニングの可能性

エルミタージュ美術館をあとにし、ネヴァ川にかかる宮殿橋を渡ると、ヴァシリエフスキー島の河岸にパステルカラーの豪華な建物の列が見える。その中の一つが世界一有名なマンモスのコレクションを有する、サンクト・ペテルブルグ科学アカデミーの動物学研究所である。丸天井の優雅な広間では、一九〇一年にクレバスから掘りだされたときのままの姿で、ベレゾフカ川のマンモスがガラスケースの中に鎮座している。広間の中央では堂々たる骨格が行列を作っている。凍結しまだ毛に覆われた状態で、一七九九年に西欧の科学者によって発見された最初の標本であるレナ川のマンモス、ベレゾフカ川の近くで発掘されたもう一つのマンモス、そして博物館に保存されているものとしては世界最大のマンモスであるアルキディスコドン・メリディオナリス。だがこのコレクションの至宝は間違いなく、一九四八年の秋に東シベリアのタイミル半島で発見されたマンモスだろう。この貴重な、やや小ぶりの骨格（肩高が二・六五メートル）はほとんど無傷である。これは一九五〇年に、化石長鼻目の解剖と分類の専門家である、サンクト・ペテルブルグ動物学研究所教授ワディム・エフゲニエヴィッチ・ガルットの指導のもとで非常に見事な復元がなされた。[1] そして一九九〇年にはマンモスが所属する属の「新模式標本」、すべての解剖学的研究と分類が準拠しなければならない「基準マンモス」として認定された。[2] 一六九五年にブルクトンナの近くで発掘され、一八世紀の末にブルーメンバハが化石種エレファス・プリミゲニウスの最初の定義を行なう際に依拠した骨格から、このマンモスは模式標本の地位を奪い取ったのである。

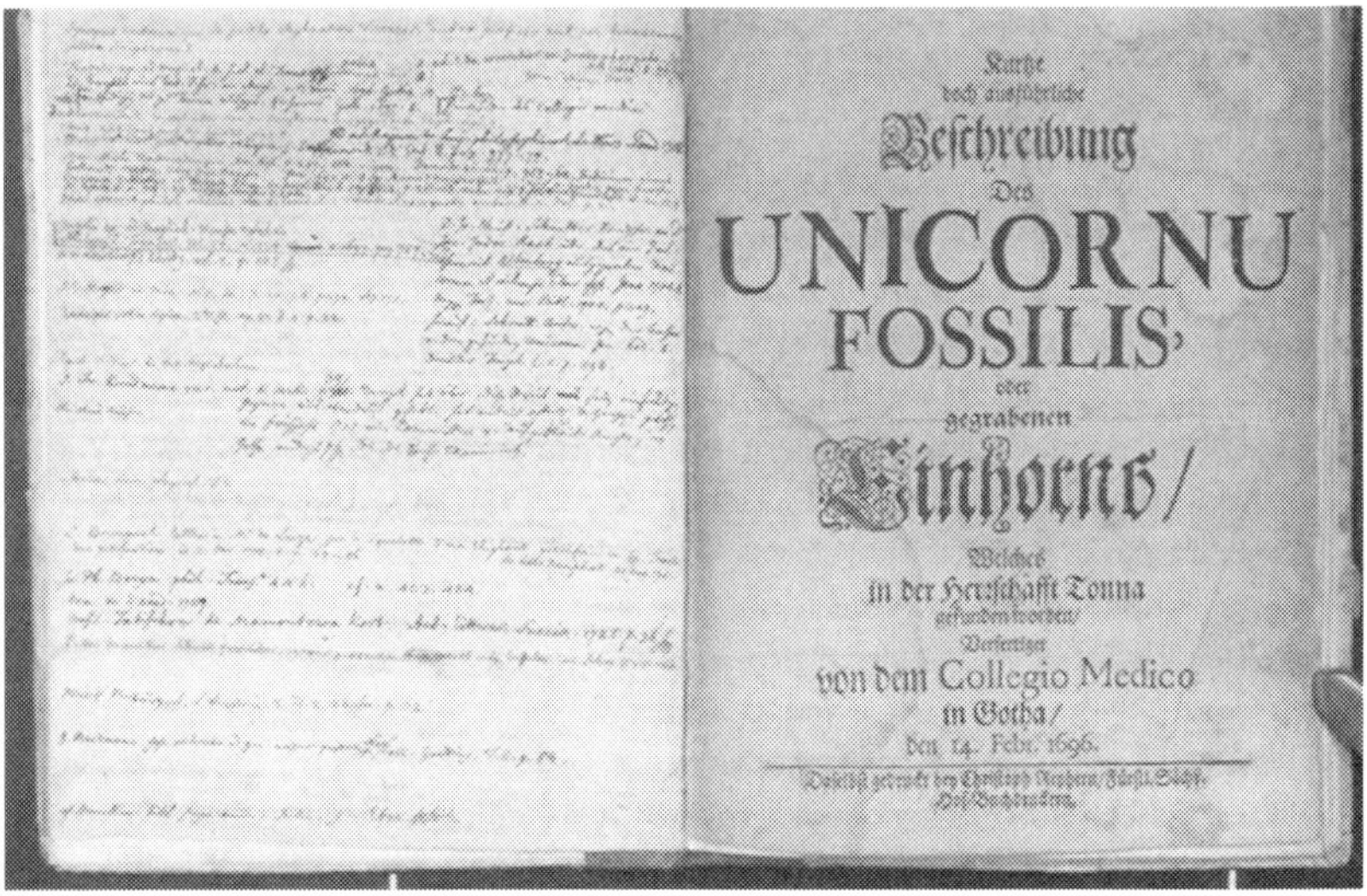

マンモスの「誕生」.
化石ゾウの遺骸の解釈を論じる小冊子の合本に，手書きで記入されたブルーメンバハの注釈.
(S・J・グールドの許可を得て．写真，C・コーエン)

一七九九年、リンネ式命名法の規則にのっとり、マンモスにラテン語の名を初めて与えたのがブルーメンバハであった。[3] エレファス・プリミゲニウス（「最初に生まれたゾウ」）という名前により、彼はプリミゲニウス種をエレファス属の中に含め、ドイツの大地から大量に骨が発見される「途方もなく大きな動物の遺骸」はその種が残したものであると考えた。その遺骸を「自然の戯れ」、一角獣、化石ゾウと見なすさまざまな解釈を注意深く検討したのち、彼はトンナのゾウを模式標本として採用した。[4] 一七世紀の小冊子をまとめたものの余白に手書きで記入されたブルーメンバハの注釈は、彼がこの化石に抱いていた関心のほどを物語っている。[5] ブルーメンバハが合本にして注釈を書き加えたこの貴重な書物は、現在ではすぐれた進化理論家で寛大な愛書家である、ハーヴァード大学の古生物学者スティーヴン・ジェイ・グールドが所有している。[6]

その後豊富になった化石ゾウの知識に照らして再調査したところ、トンナの標本はもはやマンモスの系統（マンムトゥス）ではなく、アジアゾウの系統に属するエレファス・アンティクウスであると考えられるようになった。新模式標本が公式に選定されたのはその

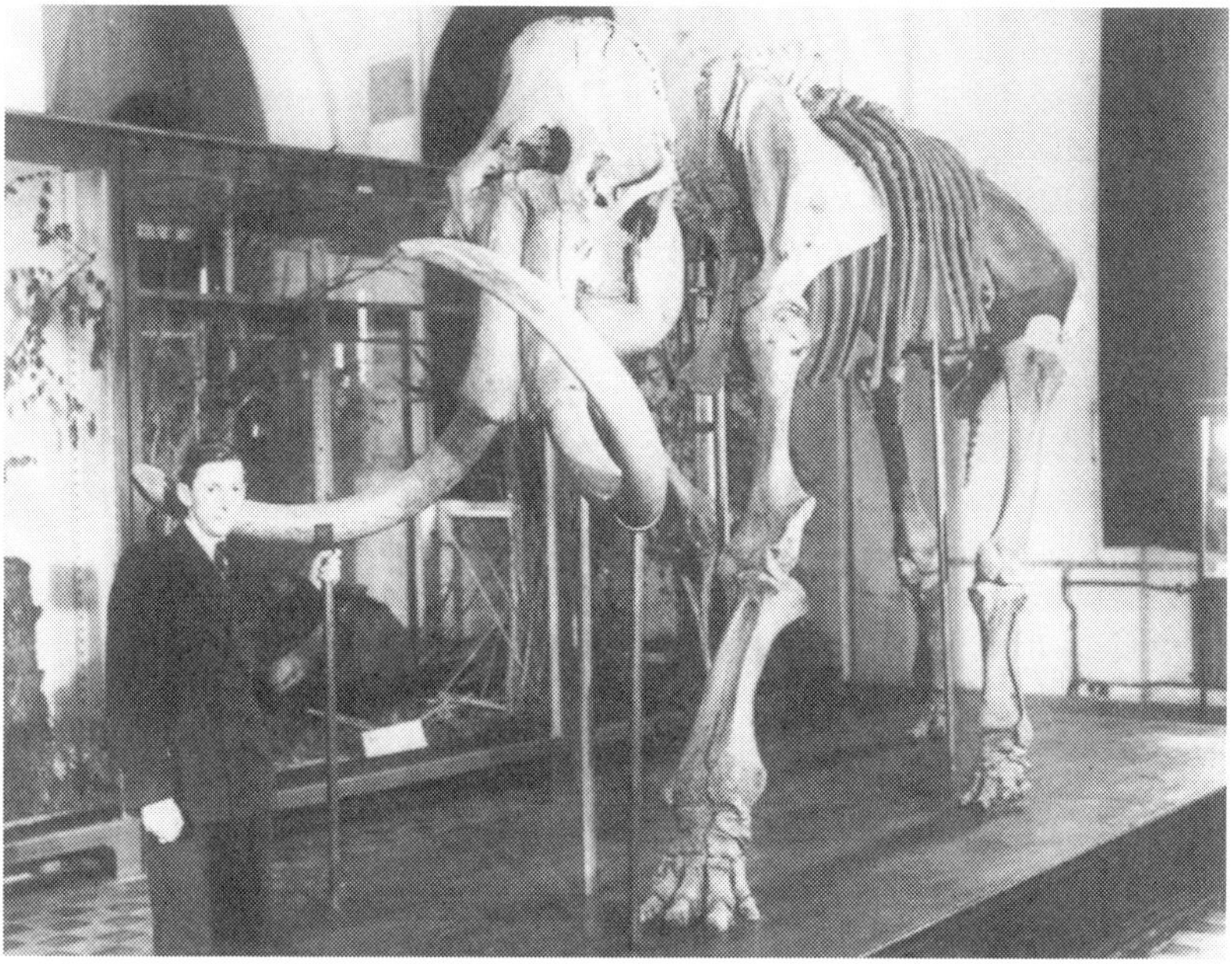

サンクト・ペテルブルグ動物学研究所のタイミル・マンモス．
かたわらに立つのは，この骨格を復元したワディム・エフゲニエヴィッチ・ガルット（1950年頃）．
（W・E・ガルットの個人コレクション）

ためである。国際動物命名規約の厳しい規則によれば、ある動物は最初の研究者から与えられた種名を保持し、その研究者の名前と最初の発表の年号がそれに付せられなければならない。[7] そのためマンモスは長い間「エレファス・プリミゲニウス・ブルーメンバハ・一七九九」として知られ、同じくブルーメンバハによって初めて命名されたマストドンは、マンムトという逆説的な名前をもち続けたのである。[8]

コンピューターが用意する新しい樹とシナリオ

化石種についての知識が増すにつれ、長鼻目の分類はより複雑になった。こんにちでは、キュヴィエのいうエレファス属の三つの種は、それぞれが別個の歴史を有する三つの異なった属（ロクソドンタ、エレファス、マンムトゥス）になっている。ケナガマンモスはゾウ科の他の属とは別の固有の歴史をもつ、マンムトゥス属という絶滅してしまった属の末端の分枝の一つにすぎない。[9] 一九世紀と二〇世紀に、フォークナー、ゴードリ、ドゥペレ、オズボーン、シンプソンなどの研究により、多くの異なる進化樹が作られるに至った。

しかしここ数十年間、絶滅動物を分類し系統樹を構築する伝統的な方式は根本的な批判を浴びてきた。このような分類は、どれほど手の込んだものであろうと、ある形質（通常は歯の形質）を恣意的に強調することが多く、他の形質を無視したり二次的なものと考えたりするので、厳密さに欠けることが指摘されてきた。大部分の古生物学者は、化石長鼻目の種を主に歯の形質によって、しかもその中の他を支配する一つの形質をしばしば使用しながら分類した。ある者は摩耗面の稜の数（フォークナー）、ある者は稜の解剖学的構造（ヴァチェク）、またある者は切歯の数（コープ）に力点を置いた。オズボーンにとっては「臼歯のほんのわずかな隆起にも意味があり」、彼はそれを頭蓋骨や骨格の特徴より重視した。[10] さらに種間の関係は形質そのものより層序的連続から推論されることが多かった。「古いものはすべて原始的である」という原理がこのような分類を暗黙のうちに支配していたように思われる。ある場合には祖先は既知であり、したがって祖先種は完全に研究されていると仮定されているのに、他の場合には祖先は仮説的であり、祖先のグループは子孫に見られる形質が欠如しているという消極的証拠によって定義されているにすぎない。また系統樹は種の系譜と層序的連続とさらには進化の過程を示すと想定されている。この樹形図は地理的隔離や「適応放散」による種分化のような、進化の過程のいくつかの様式を記述することもめざしている。

多くの先験的推論が含まれている一つの図にあまりにも大量の情報を詰め込もうとしたため、伝統的な系統分類は輪郭のぼやけたものにならざるをえなかった。そのためここ数十年間、ある種のナチュラリストはコンピューターによるデータの記号化と操作を利用した新しい方法を使用するようになった。そこで示唆されているのは、系統樹を作るために、既知の形質全体を組み込んだ新しい分類法である。この新しい分類学者のうちの何人かは、このような分類の形式化の中に、叙述的論説の必要性を排除することにより、古生物学を真に「科学的」なものにする手段を見ていた。

分類は計算することであり語ることではない。これが基本的に統計的処理にたずさわる「表形分類学者」のモットーだろう。あまりにも「印象主義的」と思われる伝統的分類法への反発から一九五〇年代に生まれた「数量分類学」（あるいは「表形分類学」）は、ア・プリオリな進化論的考察をすべて拒否した。[11]表形分類学者は形質の統計的研究にもとづいて作業を進め、先行するすべての理論、すなわち進化の過程に関するすべての前提を拒否する数量的方法によって種間の「総体的類似」を確立しようと努めた。骨と歯という古生物学の研究対象の性質が、コンピューターを利用した研究法にたまたまよく適合していた。

形質の記述と計算と統計的処理に自己を限定することにより、数量分類学は古生物学的分類をついに真に科学的な、「数量化された」方法に変えたと主張する。それは種が共有する形質の数にもとづいて、種間の類縁と距離を評価することに専念する。だが数量分類学は古生物学の「科学的」身分を保証すると主張できるのだろうか。形質のリストのために、叙述や生物そのものまでも廃棄しようという意志の中には、実証主義者の錯覚のようなものは存在しないだろうか。このとき古生物学はその分類の中に時間のパラメーターを表示せず、形質だけで生物を考慮しない、逆説的な進化の科学になるだろう。進化の観点から種を比較するために、表形分類学者は「総体的類似」の概念を導入したが、ほとんどの古生物学者にとってその概念は受け入れることが困難だった。

別の分類学者（分岐分類学者）は、逆に系統分類はどれほど形式化されていても、依然として進化の「シナリオ」の形をとった物語の基盤であると考える。彼らの方法は、分類を形式化することと、列挙された形質と種を進化の文脈の中に位置づけることとの双方をめざしている。この新しい分類法は一九五〇年に、ドイツの昆虫学者ヴィリ・ヘニッヒ（一九一三―七六）によって創始され、一九六六年から古生物学者の間に浸透し始めた。[12]数量分類学とは異なり、分岐分類学の目的は形質のではなく生物の系統発生を構築することにある。その分類は系譜と、ある程度まで時間を顧慮している。

分岐分類学者は、厳密な分類においてすべてのパラメーターを表現することは不可能であることを認める。彼らは形質の統計的研究をもとに方法を形式化することは必要と考える一方、時間とともに変化する種の由来も考慮し

	0　10　20　30　40　50　60　67
Sirenia	000000000??0100??11000?????000000000000000000000000000000000000000000
Desmostylia	00011000100010000000000001000010000000000000000??000000000000000000000
anthracobunidés	??0?000??????????????0
Numidotherium	11?11111110101011100 1?001100??000000100000?000??000000?000001001 1100
Barytherium	?????????10111??1???1?0????0?1????????????????????0?000???????????1?00
Moeritherium	1111111111001000 1?0000001?000000000000000010000?000000000000001100000
Deinotheriidae	111111111111111111111111111111110000000 1000?0000??00020000000000000100
Palaeomastodon	1?111??1???111?1????11?1111???11????????????????102000??0??????00?00
Phiomia	111111111111111?11111111?111??11121110000000000?101000?0000000000000
Hemimastodon	???
Mammutidae	111111111111111111111111111111112211111111 10000?0101000000000000000000
Amebelodontidae	11111111111111111111111111111111 10221111111111211?111100000000000000000
Choerolophodon	1111111111?111111111111111111?1022111111111111??111000??000000000011
gomphothères1	11111111111111111111111111111111102211121111121111111000000000000000000
gomphothères2	11111111111111111111111111111111102211121111121 1?11110000000000000000000
Tetralophodon	1111111111111111111111111111111110221112111112 11??1111000000000000000000
Anancus	111111111111111111111111111111110022111211111 2111?01101000000001000000 0
Paratetralophodon	11111111?1???????1111????????002111121111 12??????1?????00001000?00?
Stegolophodon	11111111?1???????1111????????002211121111?2????01?01????00110000000
Stegodon	1111111111111111111111111111111100221112111112?1??01101000000110000000
Stegotetrabelodon	111111?11?111111???11???111?1?00??1??????????1???11120???????10?00?00
Primelephas	??0??11????????1??????0
Stegodibelodon	??01101????????????0??0
Loxodonta	1111111111111111111111111111111100201112111112111101111011000110000000
Elephas,Mammuthus	111111111111111111111111111111110020111211111211110111111111111110000000

パスカル・タシによる長鼻目の形質の配列．
（『長鼻目の系統発生と分類』，『古生物学年報』，1990年による）

ようと努める。しかしその観点に立っても、彼らは進化の過程そのものは分類学者の目を逃れてしまうことに同意する。環境要因も、自然選択も、遺伝的過程も系統樹の中に直接表現されることはない。その構成要素が生物学的な、生態学的な、あるいはその他のものであれ、系統樹の中に進化の「シナリオ」や進化の原因を表現すると主張することはできないのである。

分岐分類学者は進化をその過程ではなくその所産に焦点を当てながら記述する。彼らは分類を形式化し、「共通の祖先」ではなく二分岐（「姉妹群」）を明確にする。二つの分類群（AとB）は、他の任意の分類群（C）より互いに緊密に結ばれていれば「姉妹群」と定義される。AとBの系統関係の証拠は、それらだけが共有する形質の存在である。このようにして、厳密さなしに定義された仮説的な祖先群は排除される。分類群の近縁は形質の共通性によって厳密に定義され、その共通性は共通の祖先に由来する示差的特徴を数え上げることによって確立される。この研究法は古生物学の方法と論説から、近似や曖昧さをできるだけ除去しようとするものである。唯一の「鍵となる」形質にもとづく分類とは反対に、分岐分類法は関連するすべての示差的形質を、それらの間に階層性をうちたてずに使用しようと努める。形質の極性や継起的出現や「共有派生形質」の研究にもとづく分岐分類学は、進化の過程には最小限の言及しかしない分類を作りあげる。

一九九〇年の論文においてフランスの古生物学者パスカル・タシは、それ以前に古生物学者が指摘したすべての示差的形質を組み入れた、「一二六の形態形質の分岐分析」にもとづいて長鼻目の全体的分類を提案した[13]。この論文においてそれまでの分類を総括した部分は、博識をひけらかすためのものでも、以前の概念を拒絶するためのものでもない。そこでは分岐分類学者がその分類を発展させるときに考慮しなければならない、種々のパラメーターが提示されている。分岐分類学の方法論的原理に従って作られた分類は、過去のすべての形態学的記述を総合するものであるように見える。「この型の分析は、実際には一世紀半前から提案されてきたすべての試みの論理的帰結である。そのような試みはどれも一つの形質か、形質の階層の萌芽にもとづいていた。こんにちでは最節約分析によって、できるだけ多くの形質を対照させることが可能になっている」[14]とタシは記している。

特殊なソフトウェア[15]を使ったコンピューターによる分析のおかげで、多数の形質をとりあげ、その形質を共有する生物を、系統のつながりを表現する系統樹にまとめることが可能になった。こうしてこの分類は、「長鼻目を構成する主要な分類群に明確な定義を与え」、類縁の度合いを確立しながらこの集団に含まれる二一の端位分類群を明らかにした。

分岐図は依然として「樹」に似ているが、その二叉分枝が表現しようとするのは、もはや進化のパラメーターの全体ではなく、種の関係と種の継起の道筋だけである。ホルヘ・ルイス・ボルヘス（一八九九—一九八六）の短篇小説『八岐の園』が叙述のさまざまな可能性を例示しているように[16]、分岐図は二分法的分割によって生じる種の進化のメカニズムを具現している。分岐図の枝は二つずつ分かれていく。「樹」は二叉分枝によって進化を記述する。それは叙述の形態や、進化の過程における生物の連続的生成を、空間的図形によって具体化する。重要なのは「群」と呼ばれる「葉」（二つずつ分化していった端位分類群）である。曲線ではなく直線で描かれた枝が示すのは、論理的関係であってもはや曖昧な派生ではない。

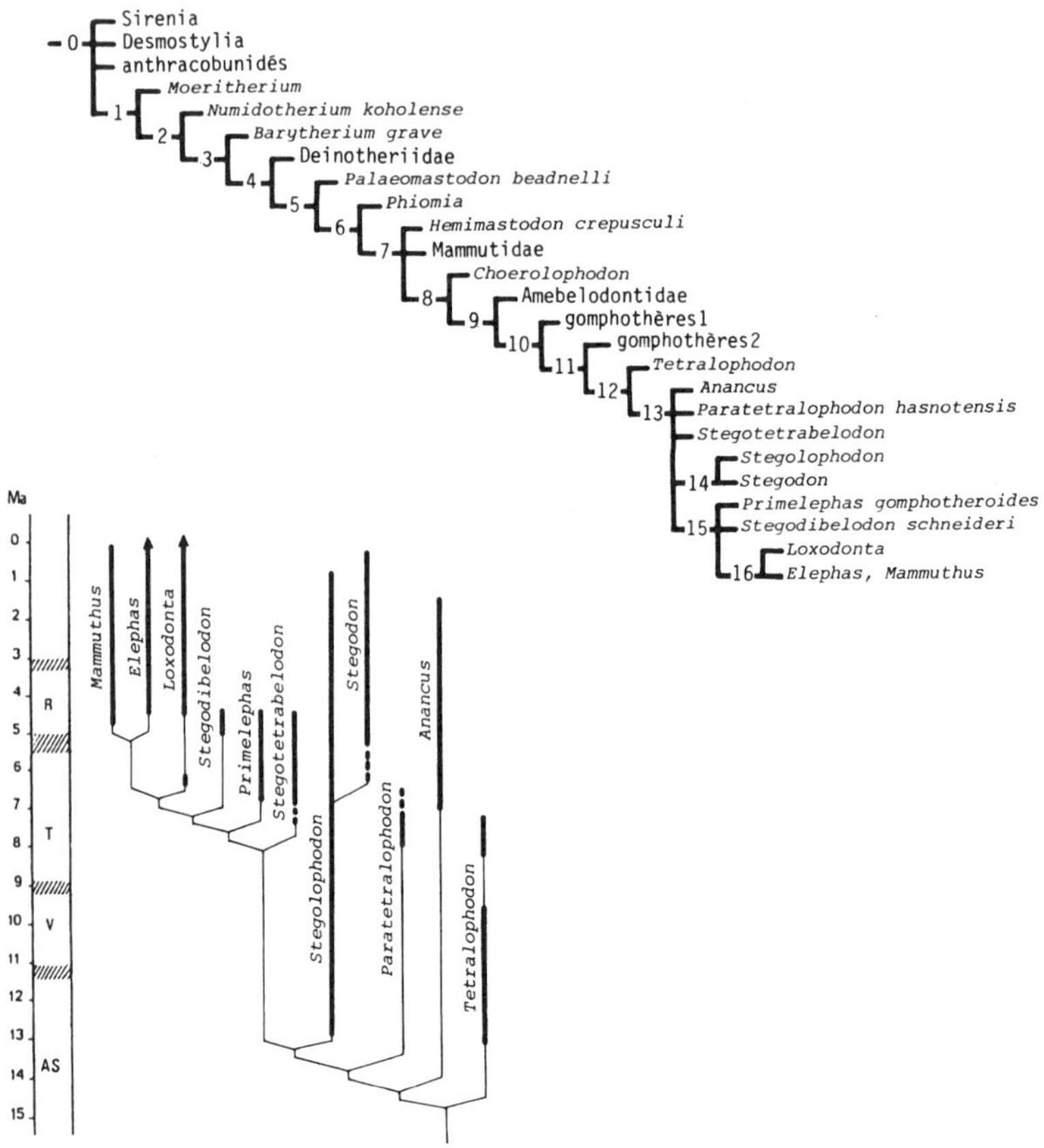

長鼻目の形質の配列にもとづいた，分岐図と「最節約分析」樹．
（パスカル・タシ『長鼻目の系統発生と分類』，『古生物学年報』，1990年による）

このように構成された進化樹に、二叉分枝が生じる場所である樹の連続的な「節」、すなわち分化した群が共有する特徴的な形態形質を、正確に記述する本文が付け加えられる（あるいは重ねられる）。叙述的というより記述的・列挙的であるこの本文は、種を識別する形質の一覧表を作成する。系統樹が表現するのは期間ではなく、形態学的「距離」と進化の「段階」だけであるとはいえ、種の系統的連続は暗黙のうちに時間の次元を示唆している。このように分岐分類法は、古生物学における進化の次元を、生命の歴史を復元するためには不可欠のパラメーターと見なすのである。

分岐図において系統樹の暗喩は保たれている。非常に様式化した樹ではあるが、それには「節」と「葉」と「根」が備わっている。それでもその樹が実際には幹をもっていないのは、そこにあるのは「姉妹群」だけで、「ミッシング・リンク」や「共通の祖先」を復元しようという意図は存在しないからである。

このような「樹」の構成はきわめてわずかな進化の原理にもとづいている。この分類の基本原理は、稀に起こる「収斂」の場合を除き、一般にある形質は進化の歴史において独立に二度出現することはないという、最節約原理すなわち仮説倹約の法則である。「方法論的観点からすれば、最節約分析は、共有派生形質の最重要視という、単純な論理的基盤にもとづいて検証することができる唯一の系統発生図をもたらす。この論理的基盤は、変化をともなう系統という種変移説モデルの適用にすぎない。なぜならそのモデルは、系統に由来する変化の最重要視を要求しているからである」[17]とタシは述べている。

したがって分岐分類は、祖先から伝えられた、二つの種に共通の解剖学的形質を重視しなければならない。だがこの分類法は、ある特徴がある種に独立に出現することを排除しはしない。その場合には「収斂」が語られなければならない。たとえば長鼻目のいくつかの集団に見られる下顎の牙はその歴史の中で五度失われた。しかし「収斂」の発生は、この方法を全体として無効にすることはないほど稀である。

長鼻目の歴史はその複雑さゆえに、この分類法の有効性を証明するすぐれた例であるように見える。この方法は反論に対して開かれているため厳密であり、新しい形質が発見されればそれを勘案することができる。

長鼻目の研究におけるタシの結論は、属の連続的分化に対応した、一六の「節」をもつ（最後のそれはロクソドンタと、エレファス・マンムトゥスの分離である）分岐図によって表現された。この図から、マンモスはアフリカゾウよりアジアゾウと多くの形質を共有することが明らかになる。だがタシは次のように述べている。「分岐図は特定の系統発生を、伝統的な系統樹以上に表示するわけではない。それは形質という基本データの客観的な（いずれにしろ反駁可能な）表現でしかない[18]」。

ジヒスケル・ショシェイニをリーダーとするアメリカの生物学者チームによって行なわれたもっと限定された分岐分類学的研究は、マンムトゥス、エレファス、ロクソドンタ三属の分岐樹を詳細に復元した[19]。「マンムトゥス分枝の六つの共有派生形質と、合体したエレファス・マンムトゥス分枝の三八の共有派生形質と、マンムトゥスとロクソドンタの系譜に分け与えられた二八の共有派生形質が確認された。進化率を計算すると、調査したゾウ科の属の中ではロクソドンタが最も保守的であることが明らかになる。マンムトゥスとエレファスの単系統分枝は、ロクソドンタの一・六倍の速さで進化した[20]」とショシェイニは記している。

このように分岐分析はマンモスとアジアゾウの近縁を確証する傾向がある。この結論は骨格と歯の特徴にもとづく古典的仮説に確かな証拠を提供する。またそれは野外や博物館のコレクションで出会う未知の骨を特定するための道具にもなる。

この分類の過程は三つの連続的段階で構成されている。第一に、分岐図が二つずつとられた種間の関係とその系図的つながりを論理的図式によって表現する。第二に、系統樹によって分岐図は層序的連続の中に置かれ、こうして確立した分類の中に時間のパラメーターが再挿入される。第三に、シナリオがこの一種の系図を生物と環境の変化の過程として解釈する。したがってシナリオは最初の段階にあるのでも分類に先行するのでもなく、最終的産物として登場するのである。このようにして進化論的・生態学的・生物地理学的メカニズムの分析が最後に導入される。

一九六六年に動物学において初めて使用された分岐分析は、一九八〇年以降コンピューターが広く普及したため、古生物学研究の中で大いに利用されるようになった。デイヴィッド・ハル（一九三五―）はこの新しい方法が科学の世界に与えた衝撃と、この方法をめぐるしばしば激烈な論争と、この方法に対し投げかけられたあらゆる悪評を研究した[21]。分岐分類学は伝統的表象に異を唱えたためだろうか、軽薄なばかりか危険だとまで非難された。その論理的な分類体系は目的論や生気論と完全にたもとを分かつものであった。分岐分類学者の系統樹は進化の傾向を説明しない。それは形質を記述するだけである。それは進化のシナリオから出発する伝統的方法とはともかくも関係を絶つ。もはや仮説的な共通の祖先を（たとえ消極的証拠によってであれ）復元することではなく、樹の分枝、進化の所産そのものを表現することが重要なのである。

生物間の類縁を明確にすること、形質の分布を統計的に研究すること、科学を数量化すること、「共有派生形質」を表示すること、どれもが伝統的分類から遠ざかることに通じていた。このような分類の成果は時にはまったく思いがけないものになる。分岐分類学は伝統的な大分類群（魚類、鳥類、哺乳類、爬虫類）を破壊し、たとえば鳥類とワニを恐竜とともに、同じ祖先種に由来するという理由で「主竜類」と呼ばれる一つのグループの中に収める。かつてこのような分類法は許されぬものと考えられた。たとえば大英博物館では、分岐分類法を使った恐竜の展示の仕方が物議をかもし、一九八〇年と一九八一年にイギリスの有名な雑誌『ネイチャー』のコラムにおいて長期間論争が行なわれた。しかし多くの生物学者がこんにちでは、分岐分類（系統分類）を生物多様性の進化をよりよく理解するための道具と見なしている。この観点からすると、化石の研究と分類は、古生物学における記述的・形態学的な伝統と関係を絶ったわけではなく、逆に前者にとって後者は不可欠なものになっている。数量化とコンピューターの使用にもかかわらず、化石に適用された分岐分類は骨格や歯の形態の研究を必要とする。それは記述されたすべての形態的特徴を総合し、論理的であると同時に系統的である分類の中に配置することにより、古生物学的資料の最善の使用を第一にめざすのである。形式化されてはいるが、それは叙述を排除せず、説明に役立つ仮説であるシナリオの発展を奨励する。「シナリオの主な効用は、われわれの想像力を広げるアイデアや［……］検証可能なもっと低いレベルの仮説を提供してくれることにある。［……］このように、発見を援助する手段としてシナリオは有用であるように思われる。単なる系統樹や無味乾燥な分岐図を作るより、シナリオを作成する方が楽しいのは確かである」[22]とエルドリッジは記している。シナリオは、古生物学的な知のきわめて形式化された表現の中にも、虚構が依然として生き残っていることを告げているのである。

進化が実験室で解読される

ここ二〇年足らずの間に、分子生物学の技術のおかげで、生物の系統関係を研究する新しい可能性が開けた。この実験室研究は、生命の歴史に対するわれわれの取り組み方を根本から変化させた。現在では、種のゲノムのレベルで変移の過程を知り、ＤＮＡや骨に含まれているアルブミンとコラーゲンを調べることによって種間の距離と近縁の度合いを見積もり、さらにはその歴史における分岐の時期を決定することさえ可能である。こうして分子生物学は生物の進化のメカニズムを研究することだけでなく、生物間の進化の関係を特定することも可能にしている。この技術のおかげで、ＤＮＡ配列を読むこと、すなわち四つの化学物質（ヌクレオチド）の数限りない組み合わせでできた遺伝情報を解読することができるようになったのである。[23]

生物の細胞の核に書き込まれた情報を読みとり、近縁の種間のＤＮＡ配列を比較してその違いを数量化するなら、生物学者は彼らが「分子系統発生」と呼ぶものを復元することができる。「ある個体を種や属やもっと上位の分類群のメンバーにしているすべての情報は、ＤＮＡにコード化されており、進化的変化の様子はそこに記録されている。したがって種と種の関係や種の進化の遺伝的過程は、遺伝子構造と生物の体制を直接比較することによって解明される」。

必要なのはもはや分岐の説明を、伝統的な古生物学のように解剖学的・形態学的な（巨視的な）レベルで行なうことではなく、「細胞の中心における遺伝的相違の蓄積」を研究し、相同な構造を比較することにより微視的なレベルで行なうことである。このようなＤＮＡ配列を比較する手法は、いくつかの遺伝子は四〇億年という生命の全歴史を通じ、構造を変えなかったという事実によって可能となっている。[24]この手法のおかげで進化の分子的復元が、生物界の歴史という巨大な規模においてだけでなく、一つの属や種というもっと小さな規模においてもできるようになっている。そこで遺伝的距離にもとづいた研究を行なうことにより（すなわち二つずつとった種と種の間のヌクレオチドの相違を数えることにより）、種と種を結ぶネットワークを再現し、それを使って進化を表現する系統樹を作成することが可能である。

最近まで、生化学的手法は現生生物の研究にだけ適用されていた。しかし一九八〇年代以降、何人かの生物学者は蛋白質の痕跡が非常に古い化石の中にも残存することを確信し、その手法を化石生物にも適用しようと努めてきた。ここでもマンモスは特別な研究の対象であった。化石動物の歴史においては例のない方法で、マンモスは分子生物学に貴重で魅力的な材料を提供した。凍りついていたり乾燥していたりするこの動物の遺骸が、それまでは現生の動物からしか得られなかったデータの収集を可能にした。マンモスによって絶滅動物の系統の分子的研究が、現生動物に対するのと同様に初めて行なわれるようになった。この場合にはまさしく古分子生物学を語ることができるだろう。

むろん冷凍マンモスが（少なくとも科学的に調査できるものが）発見されるのは非常に稀である。一七九九年にレナ川の河口近くで発見されたアダムスのマンモスは、当初は完全なものだったが、学者たちがサンクト・ペテルブルグから到着したのは遅すぎ、動物学研究所は骨格しか回収できなかった。一九〇一年にベレゾフカのマンモスをもち帰った学術探検隊は、凍ったまま藁にくるんで肉部分を首尾よく保存した。結果としてこの動物の遺骸に関する三巻の研究書が日の目を見た。ヘルツのチームはマンモスの組織や毛の顕微鏡検査を実施し、さらには咀嚼された植物が口内に残っていたのでこの動物の食習慣まで知ることができた。しかし肉部分は発掘と輸送の間に何度も解凍・再凍結されたので、この遺骸に対し分子研究を行なうことはこんにち困難だろう。

遺骸を保存するもっと洗練された方法が開発されると同時に、年代が一万年前（ユリベイ）から四万年前（マガダン）と五万三〇〇〇年前（ハタンガ）までにまたがる新たな標本も発見された。一九七七年には、ほとんど無傷のマンモスの子供が、極東シベリアのマガダン半島にあるコリマ川の小さな支流、ディム川の近くで発見された

（のちにこの川の名前をとって「ディーマ」と名づけられた）。アレクセイ・ロガチェフという人物が金鉱の屑鉱の山をならしていたとき、ブルドーザーの刃の中に奇妙な動物を見つけた。体は柔らかく毛に覆われていたが、完全にやつれ、体脂肪がまったくなかった。ごく最近死んだように見えたが、実際にはそれは生後六か月か一〇か月で死んだ赤ちゃんマンモスの遺体で、四万年近く永久凍土の中に埋もれていたのだった。体高はおよそ九〇センチメートル、体重は九〇キログラムを少し越える程度で、器官と皮膚と体毛はまだすべて残っていた。遺骸はブルドーザーによって裂かれてしまった右わき腹を除いて完全だった。ロシアのマンモスの偉大な専門家である、サンクト・ペテルブルグ動物学研究所のニコライ・ヴェレシチャーギンは、古生物学者のチームを連れて現地に急行し、この驚くべき標本の研究を始めた。

科学者はなぜそれほど「ディーマ」に興奮したのか。完全なマンモスを彼らが手に入れたのはこれが最初だったからである。また子供らしい特徴が、それまであまり知られていなかったマンモスの成長についてきわめて貴重な情報をもたらしたからでもある。ディーマはその発見者たちに多くの謎も与えた。どのような状況でそれは死んだのか。いくつかのシナリオが提案されてきた。あるシナリオでは、この赤ちゃんマンモスは母親の監視を逃れ、よじ登れないほど深い穴に落ち、閉じ込められ消耗して死んだのである。このシナリオは死んだときディーマが極端にやせ、皮下脂肪がまったくなかった事実を説明してくれる。他のシナリオはこの小さなマンモスには、死ぬ少し前に尖ったものでつけられたと思われる傷が右足にあったことを指摘した。ディーマとその母親は狩人に追われ傷つけられたのだろうか。この地域ではその時代に人間が活動していた証拠は発見されていないが、それも考えられない仮説ではない。

地質環境や植生とともにディーマの器官と組織は詳細に調査され、広範囲にわたる報告が発表された[25]。だがこんにちでは、ディーマの体は発見直後にパラフィンに漬けて保存されたため、その組織を分子レベルで研究することはできない。毛はその作業の間に抜け落ち、この赤ちゃんマンモスのもので残されたのは黒いゴムのような遺骸だけである。しかしその「防腐」処置の前に、ロシアの科学者は凍った筋肉のサンプルをいくつか取っていて、それが一九七八

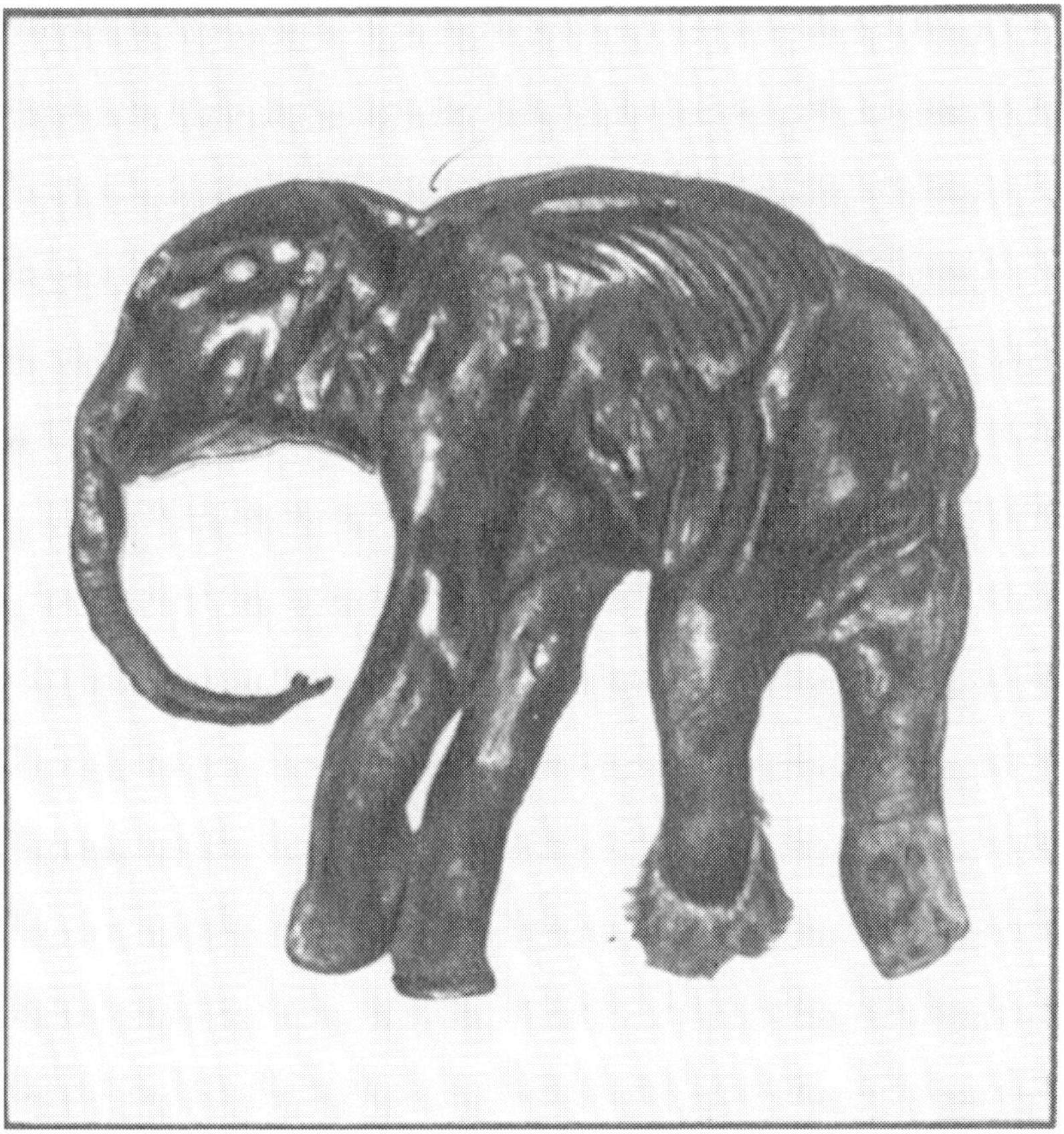

1977年６月23日にマガダン（東シベリア）で発見された，
生後６－10か月の赤ちゃんマンモス「ディーマ」．
体重は90キログラムでおよそ４万年間そこに埋まっていた．
マンモスのDNAに関する最初の研究がその腿の肉を使って行なわれた．
（W・E・ガルットの個人コレクション）

年にカリフォルニア大学バークレー校に送られ、そこでディーマは古分子生物学の最も初期の研究の対象になった。一九八一年にジェラルド・ローウェンスタインは、一方でマンモスとアジアゾウ、他方でマンモスとアフリカゾウの類縁の度合いを調べるため、ディーマの右腿の筋肉から採取したアルブミンを検査した。[26] 実験室では、生物学者は絶滅哺乳類の凍ったり乾燥したりしている組織から貴重な物質（遺伝物質）を取りだし、それを近縁の現生動物のものと比較するために「料理」をとり行なう。ローウェンスタインの記述によれば、蛋白質を取りだすために、肉と骨を切り刻み、粉砕機と遠心分離機にかけ、塩と化学物質に漬け込み、放射線を当て、さまざまな温度にさらし、そして電子顕微鏡でその写真を撮る。ローウェンスタインの研究は、マンモスはアフリカゾウとアジアゾウ双方に関係をもち、この三つの分枝は三〇〇万年前から五〇〇万年前の間に分化し、それは古生物学的データに一致することを明らかにした。こうして絶滅種の分子分類学が初めてその目的を達成した。マンモスの組織に含まれていた蛋白質は、現生のゾウという他種との系統関係を確立するのに充分なほどもとの構造を保持していた。このような免疫化学的研究全体は、マンムトゥスの組織は構造的にも化学的にも非常によく保存されるということを示したのである。

マンモスのＤＮＡと現生ゾウのＤＮＡとの比較にもとづく類縁の研究によって、ゾウ科の進化の歴史はもっと明確に復元されるだろうか。マンモスがアジアゾウに近いのかアフリカゾウに近いのかは正確に決定されるだろうか。長い間、科学者は非常に一般的な結論に満足しなければならなかった。マンモスのＤＮＡを初めて抽出し、それと他の現生長鼻目のＤＮＡを比較したカリフォルニアのチームはこう結論している。

これまでに得られた免疫化学的な成果にもとづく系統関係は、伝統的仮説の正しさをわずかに示しているが決定的ではない。古生物学的証拠はゾウ科のメンバーがおよそ四五〇万年前に分岐したことを明らかにしているので、分子進化の率は小さいと解釈できるだろう。利用できる資料にもとづき、ゾウ科内部の適切な系統関係を確立する努力が続けられている。だがこれは非常に困難である。というのもわれわれは、進化に関して保守的であり、しかももとの状態では保存されないと思われる蛋白質分子（主としてコラーゲンとアルブミン）を相手にしているからである。[27]

たしかに蛋白質にもとづく当時の研究は、マンモスはアジアゾウに近く、二種は最近分化したという形態学的研究の結論に確証を与えるほど洗練されていなかった。

マンモスのＤＮＡに関する新しい研究が、主に日本、ロシア、アメリカ、フランスで行なわれてきた。一九九九年に、ロシアと日本のチームによって開発された技術を用い、[28]主にミトコンドリアＤＮＡを対象にし、レジス・ドゥブリュイヌという名のパリ自然史博物館の博士課程の学生が、リャーホフ諸島で発掘され、現在は自然史博物館古生物館に保管されているマンモスの遺骸について注目すべき実験を行なった。このマンモスは一九一〇年にロシアの古生物学者Ｋ・Ａ・ヴォロソヴィッチによって発見された。蓄えのなかった彼は裕福な友人のスタンボック・フェルモール伯爵から金を借りたが、返すことができず、代わりにこのマンモスを伯爵に渡した。伯爵はマンモスの一部（骨格と主に足の軟組織）をパリに運び、レジオンドヌール勲章授与を当てにしてそれをフランス政府に献呈した。スタンボック・フェルモールが勲章を手に入れたかどうかは伝えられていないが、ほぼ一〇〇年後に、分子生物学的研究が彼のマンモスの遺骸を使って遂行された。はじめドゥブリュイヌは皮膚からＤＮＡを抽出しようとしたが、はかばかしい成果は得られなかった。最後に彼は足根骨からＤＮＡを抽出し、精製し、その配列を決定することに成功し、マンモスは系統的にアジアゾウよりアフリカゾウに近いという予想外の（革命的とまでは言わないが）結論に達した。[29]

このように、古いＤＮＡの抽出・精製・配列決定は、古生物学が以前に確立した分類に反すると思えるような、人を困惑させはするが興味深い成果をもたらした。これによって古生物学的系統発生と、分子研究によって得られた分類との一致・不一致という問題が引き起こされる。解剖学者と生物学者がその成果を比較するとき、最善の場合にはお互いが確証を提供する。しかし特に時間の見積もり、進化の過程の期間についてしばしば意見の相違が生じる。古生物学者は地質学的な「深遠な時間」を取り扱い、化石遺骸の層序的連続の中に進化の「具体的」証拠を探すことができるのに対し、生物学者は進化の率と速さという「分子時計」に思考を集中させる。分子生物学者と古生物学者の意見の不一致は、種の歴史に関する結論の中にも存在するかもしれない。他の多くの場合と同様にこの場合にも、さらなる研究と、二つの分野の専門家の緊密な協力だけが生命進化の謎を解く助けになるだろう。

復元の夢ふたたび――クローニングの可能性

古分子研究には、化石DNAのクローニングができるようになるかもしれないという輝かしい未来もある。そうなれば、マンモスのDNAの配列の決定と、それと他の哺乳類のDNAとの直接の比較が可能だろう。

マンモスの組織の生化学的分析に関する将来の研究の最も有望な側面は、DNA組換えなどの分子遺伝学の技術を、マンモスのDNA配列のクローニングや分析に適用することである。［……］その結果、絶滅哺乳類の遺伝子構造を初めて直接調べる機会が与えられ、進化生物学のいくつかの基本的問題を探究する可能性が開けるだろう。[30]

マンモスのDNAのクローニングは、遺伝物質が五万年以上生き続けることの証明になる。それは絶滅動物のDNAに関するわれわれの知識を遠い過去にまで拡大し、あらゆる種類の夢と幻想に扉を開くだろう。大々的に宣伝されたヒツジのドリーのクローニングが成功して以来、マンモスのDNAを雌ゾウの核を取り除いた卵細胞の中に挿入することにより、完全なマンモスをクローニングするというアイデアは広く普及した夢となっている。

一九九七年にシベリアのツンドラで、凍結したマンモスの全身が発見されたらしいと知ったとき、遺骸を回収しようと決心した人々の主たる動機は、マンモスのクローニングを試みるというものであった。その地方の遊牧先住民ドルガン族の人々が、北シベリアのタイミル半島にあるハタンガ市当局に、冷凍マンモスが存在することを知らせていた。極地観光探検隊を計画していたフランスの冒険家で飛行狂であるベルナール・ビュイグは、すぐにこの事件に関心を抱き、やがてマンモスに魅了された。

ビュイグは自費でアマチュアと技術者と数人のフランス、ロシア、アメリカの科学者からなるチームを結成し、「ヤルコフ」と名づけられたマンモスを氷の棺から発掘する探検隊を組織した。ビュイグとその友人たちは、二万三〇〇〇年間永久凍土の中で凍結していた動物の遺骸から、「遺伝物質をよい状態で」抽出したいと考えた。そうすれば「ツンドラやパリのヴァンセンヌの森で跳ねまわる赤ちゃんマンモス」がすぐに得られるだろう。そもそもビュイグの科学顧問の一人は、ビュイグがシベリアからもち帰った骨片の中に、細胞壁を電子顕微鏡によって識別したと主張していたのではなかったか。

結局のところ器官と遺伝物質を無傷のままに保つ「寒さの連鎖」を中断しないよう、その動物は丸ごと氷の中に保存されることが決定された。にもかかわらずチームのあるメンバーがヘアドライアーでうっかり毛を解凍し、そのため毛穴の中に残っていたかもしれない貴重な遺伝物質は、永久に分子研究に適さないものになってしまった。

この標本は氷塊にくるまれたまま、スターリンが住民のための核爆弾シェルターとして冷戦の頃に作らせたハタンガの洞窟の一つに運ばれた。組織のサンプルは世界中のさまざまな研究所にすでに送られていたが、クローニングの話は立ち消えになり、実現の見通しはないように思われる。現在までのところ、どれほどよく冷凍されていても、無傷であるマンモスの細胞は一つも発見されていない。死後非常によく保存されてきたように見える動物からでさえ、生物学者は劣化した化石ＤＮＡのわずかなサンプルしか抽出できていない。ヤルコフの遺骸のまわりに参集したチームのもう一つの野心であった、マンモスのゲノム解読に関していうなら、それは莫大な量のＤＮＡを必要とするため見込みのない夢のように思える。「せいぜいマンモスのミトコンドリアのゲノム（およそ一万六〇〇〇のヌクレオチドからなる）の配列決定が期待できるくらいだろう。その有用性について確かなことは言えない。血統の歴史の基礎研究には役立つだろうが、一般人にとってあまり益はないだろう」[31]とレジス・ドゥブリュイヌは述べている。

シベリアのタイミル半島で発見されたマンモス「ヤルコフ」.

ヤルコフ発掘に乗り出した一九九九年の探検隊が残したのは、世界中の新聞やテレビに登場したこの北方の土地の啓発的なイメージであった。ビュイグはマンモスのクローニングには成功しなかったかもしれないが、飛行家としては夢をついに実現した。氷のケースに閉じ込め、ケーブルの端に吊りさげて、ヘリコプターによってマンモスにシベリアのツンドラの上を飛行させたのだから。[32]

マンモスを「復活させる」他の真剣な計画もたてられている。一九九〇年以来、動物の生殖の専門家である鹿児島大学教授の後藤和文（一九五〇―）は、ケナガマンモスの精子を雌ゾウの卵子の中に注入し、雑種の赤ちゃん「マンモス＝ゾウ」を作ることによってケナガマンモスを復活させようと考えてきた。生まれた新生児の中から雌を選択し、成長させたあとこの操作を繰り返せば、ついにはゾウよりマンモスにはるかに似た動物が得られるだろう。日本では、「マンモス復活協会」という名の団体がこの計画に資金を提供するため特別に設立され、『ニュー・サイエンティスト』を含む多くの出版物が後藤のアイデアを世に広めた。しかし彼の野心的計画は、科学界では一般にあまり熱のない受けとめ方しかされていない。雌ゾウの子宮は長さが一・二メートル以上あり、人工授精を困難にさせるように曲がっているので、雌ゾウを受精させることにはまだ一度も成功していない。またいままでのところ、このような実験を可能にするほどよく保存されたマンモスの精子は一度も発見されていない。氷の中で数千年を過ごしたあとでは、精子がよい状態を保ったり、無傷のDNAをもつ細胞が生き残ったりする見込みは非常に少ないのだろう。

それでも後藤は睾丸に無傷の精子を含んでいる冷凍マンモスを見つけるため、シベリアにおける「マンモス狩り」の計画を推し進めている。だが「マンモスの祖国」ヤクーティア（サハ共和国）で彼が組織したハイテク探検は行き詰まってしまった。これは馬鹿げた夢なのか、それとも成功するためには時間だけが必要なのか。結局のところ、人間は月へ行き、哺乳類の人工授精の技術は急速に進歩しているのである。現在世界中のいくつかのチームが化石DNAを抽出し研究するため全力を尽くしている。「マンモスが再び地上を闊歩する姿をわれわれは期待してよいのだろうか。分子生物学者は、マンモスのクローン化したDNAを、成長するゾウの初期の胚の中に注入する技術を開発しさえすればよいだろうが、その結果がどうなるかは誰も知らない」[33]とイギリスの古生物学者マイケル・ベントンは記している。いずれにせよ、こんにちこの夢はかつてないほど活気づいている。一九九九年六月、著名な古生物学者の一団は、サウスダコタ州のマンモスサイトでマンモスの絶滅を悼む追悼式を行ない、失われた氷河時代の大型動物相を蘇らせるため、それに最も近縁の現生動物をアメリカ西部に再導入したいという希望を表明したのである[34]。

こうしてマンモスはもう一度、過去を再現する最も進んだ科学技術と最も突飛な空想の最先端にある。マンモスのDNAのクローニングと配列決定の可能性が、絶滅動物の生きた姿を再び目にするという古来の夢を、灰の中から再生する不死鳥という錬金術のテーマを、死者の復活という宗教的神話を蘇らせる。消滅した種に生命を付与することにより、古生物学は自己の能力を超え、死者の科学であることから、あらゆる意味で生者の科学であることへ真に移行するだろう。それは永遠の時間の円環的イメージを再発見し、そこではマンモスが赤みがかった毛の塊の中に深遠な目を埋め、心配そうに、考え深げに、永遠を通してわれわれを見つめているだろう。

結論——古生物学史のために

科学史、特に古生物学史は、英雄と発見の歴史、思想と問題と方法の発展の歴史と通常考えられてきた。特別な対象（マンモスの骨とそれを所有していた化石種）に焦点を合わせることにより、本書はその歴史を探索する新しい道を歩んできた。準拠点として規範的対象、古生物学のトーテム的動物の一つを選ぶことにより、本書は歴史の流れの中の科学的視野の変貌に光をあて、方法と理論の変化を測定し、議論と論争を跡づけようと試みてきた。このアプローチのおかげで、さまざまな人間と彼らの発見、思想とそれを生みだした状況、発掘と野外研究の実践、そして研究の物質的、制度的、政治的（経済的はさておき）条件を調査することや、化石遺骸にもとづいて構築された体系や物語を三世紀以上にわたって記述することが可能になった。

むろん古生物学の歴史はマンモスの歴史の中に完全に含まれるわけではない。種々の特殊な問題が、化石植物や化石無脊椎動物、中世代の巨大爬虫類、初期哺乳類などの研究や、先史人とその文化の研究によって提起される。だが本書がたどった道筋は、ルネサンスの末以来重大な変化を経験してきた知の一分野の発展について、かなり明確な描像を与えてくれる。一七世紀が終わる頃、化石の起源の問題は神学的論争から分離し始め、多くのナチュラリストに長大な時間と、人間が存在する以前の地球の歴史という次元を提供した。一九世紀の初頭には、化石は「失われた種」のものであることが認められ、古脊椎動物学はそれ自身の概念と方法をもつ制度化された科学の一分野になった。しかしフランスとイギリスで行なわれた激しい議論が、生命と地球の歴史の連続性と不連続性という問題を生みだした。一八三〇年から一八六〇年にかけ、生物の進化の問題が大きく浮上し、人類の起源についての発見が注目を集め始めた。一八五九年は決定的な年である。この年ダーウィンの進化論が明確にされると同時に、化石人類の観念が受け入れられた。二〇世紀のはじめの数十年間にアメリカでは、進化の総合理論が化石の研究と新しい遺伝学を、次いで分子生物学を結びつけた。一九六〇年代には、可動論的地質学の登場とプレートテクトニクス理論の受容が、古生物学の探索と知に新たな領域を作りだした。

この歴史の各段階において、生物界と地球の表象は根本から変化させられた。知の変貌は、理論的パラダイムや実践や科学の制度の変化によって明示される。またそれはそれを生みだした社会の文化的・経済的・政治的変化と関連しているが、逆にそれはそのような人間集団の世界観を変えてもいるのである。

しかし古生物学の歴史は断絶と不連続性だけで構成されているのではない。数世紀の間に、生命と地球の歴史についての知識は、発見と発掘の増加や、自然誌陳列室・博物館・進化展示館への化石コレクションの普及[1]や、復元された絶滅属・絶滅種の数の増大や、多くの出版物・専門的定期刊行物・モノグラフ・総合的著作の出現などによって非常に豊かにされてきた。その進歩は問われる問題の深化によっても示されてきた。「失われた種」を復元する能力は、種変移説が化石動物相の連続を進化論的観点から考察するはるか以前に確立されていたし、進化そのものもその生物学的メカニズムが解明される数十年前に着想され記述されていた。このように、古生物学の歴史はそれ以前の知識を拡張し凌駕する連続的段階によって特徴づけられるのである。

想像力の歴史

古生物学の歴史を理解するためには、発見や実践や理論だけでなく、想像力が構築したものも考慮しなければならない。なぜなら虚構の役割は、この科学の発展と、それと大衆との関係においてきわめて重要だからである。想像力は絶滅生物の発見や解釈や復元の際に常に機能している。それは仮説を立てたり史実の欠落を埋めたりして理論の仕上げに貢献するし、科学知識を普及し一般大衆の要求に応えるためには必要不可欠なのである。

科学（あるいは科学と称されているもの）の論述や、もっと広く普及し通俗化した知の形態の中に突然出現する、共通のテーマやイメージの貯蔵庫というものはあるのだろうか。古生物学の歴史では、過去の生物が巨大であったという確信、激変に彩られた地球と生命の歴史という表象、人類の登場によって頂点に達する直線的進化の模式、同一の事象が反復される循環的時間のモデルなどのような、古い信念が持続したり再登場してきた。このようなイメージは、われわれの生得的な「心的構造」に由来すると考えられるにせよ、文化的伝統の所産と見なされるにせよ、不活発な静的なものではなく非常な活力に富んでいる。それは辺境の地の探検、起源の探究、「ミッシング・リンク」についての思索など、決して終わることのない探索へと通じている。

想像力も歴史を有している。それは観想的なだけではなく、実際の探索によって検証され、新しいデータにもとづいて変えられたり作り直されたりもする。先史時代の遺物や、過去の時代の生物が新たな想像の世界を開き、いわば新たな神話を創造することさえある。マンモスの人気は、一部にはそれがゾウと縫いぐるみのクマの特徴をあわせもっていること、一部にはそれが想像力と感受性の古風な図式、もろさと力強さのイメージを具現していることに由来するのだろう。しかしその人気は、マンモスが大地の果てへの移住や、氷原とブリザードや、先史人とのかかわりや、狩りと絶滅の叙事詩的・悲劇的なシナリオなどから構成される、独特の宇宙の中に置かれていることにもよるのではないだろうか。同様に恐竜は怪物や竜や海蛇など、神話的な集団の中にしっくりおさまっている。しかし恐竜がそのような神話的集団にのみ属すると言ってしまうと、恐竜のイメージは貧弱になってしまうだろう。恐竜は他と明瞭に異なるそれ自身の神話的位置、それ自身の英雄物語、それ自身の想像上の個性をもっているのである。

先史学が現代人の想像力の中で特別な場所を占めているのは、それがまさにこのようなイメージを示唆し喚起するからである。イメージに支配されることがますます多くなった時代に、このような科学は太古の時代のイメージを作りだし、その光景を再構成する。生物界の先史的過去を研究する学問分野は広く普及し、小説、映画、漫画、広告といった大衆化のさまざまな形態が、それを大衆にとって生き生きとしたものにしておくため重要な役割を演じている。すべての社会において神話は起源を語るものであるなら、先史学的な知はわれわれの起源神話として機能してきたし、これからもそのようなものとして機能するだろう。神話の働きは神話を信じる心情と正確に結びついているのではないだろうか。先史学は多くの点で夢に現実味を与え、神話に取って代わり、神話を創造する。そして神話と同様に、それは起源と転変の問題、すなわち絶えず更新されながら、神話と同様に社会的結束を強化するのに役立つ問題を提起する。

多様性・独自性の知は未来に開かれている

古生物学者は空間と時間の中を旅するゆえに二重の意味で探検家である。キュヴィエは自分が礎を築いたと主張していた科学の威信のために、そのようなイメージを利用した。こんにち古生物学者は小説や映画の主人公になり、最後の真の冒険家でさえあるだろう。しかしマスメディアが知の普及に決定的な役割を担う時代においては、科学者が単なる神話的人物になり、非在や絶滅の危機にさらされるほど、伝説の中に入り込んでしまう危険性がある。

一九世紀前半に日の出の勢いだった古生物学も、ダーウィンの著作の中ではむしろ副次的な場所しか占めていなかった。現在では地球物理学や分子生物学に影響された探究の新しい方向が、伝統的な自然史の方法を圧倒しつつある。化石が進化の証拠として以前ほど必要不可欠ではないかもしれない時代にあっては、絶滅生物に対する伝統的な記述的・分類的アプローチは、種間の遺伝的距離に関する実験室の研究によっていずれ置き換えられてしまうのだろうか。古生物学は現代科学の中にまだ位置を占めているだろうか。それともこんにちでは化石は夢の象徴、廃棄された過去の物質化にすぎないのだろうか。

学問分野としての古生物学（その制度、研究者の数と養成機関、野外と実験室における研究の可能性）は、世界中のほとんどすべての場所で基盤を脅かされている。だが古生物学だけが、生物界の進化をその多様性において取りあげ、かつて存在した個々の生物の外観と歴史を、その還元不可能な独自性において知ることを可能にする。化石は地球の歴史を復元するためには必要不可欠の情報を提供する。それは種の生物地理学的な歴史や、絶滅の原因や、進化の傾向や、生物界の転変の問題を提起する。そのような研究を通して、地質学的規模における、生命と人類の運命の意味が問われ始めるのである。

これらすべての理由により、科学の一分野としての古生物学は、過去だけでなく未来も有していると言わなければならない。マンモスに関し、あすはどのような新しい物語が語られるだろうか。われわれがここでたどってきた旅は、決して終わりを迎えたわけではない。

いまは本を閉じ、マンモスに自分の運命を歩ませなければならない。

ウマに引かれた橇に乗り，旅の宿駅の一つに着いたベレゾフカ・マンモス.
（W・E・ガルットの個人コレクション）

訳者あとがき

もうずいぶん長いことゾウに会っていない。最後に見たのは十数年前、シドニーのタロンガ動物園でだった。ゾウを見るために何もそんな遠くまで行く必要もないが、この動物園にはカモノハシやエミューなど、オーストラリア特有の動物に会いたくてでかけたのだった。タロンガのゾウは堀で囲まれただだっ広い砂地にちょっと薄汚れた姿で立ち、ときどき鼻を振り回して甲高い声で鳴いていた。日本と違ってあたりには誰もいず、どことなく寂しげだった。寂しげと感じたのはもちろんこちらの思い込みにすぎないのだが、この印象はたぶんその頃読んだコルバート『脊椎動物の進化』の次のような一節に影響されていたのだろう。「現生のゾウ類というのはやがて死に絶えようとしている一つのグループの最後の代表者なのであり、破壊的要因として人間から干渉されることがたとえ全くなくても、数千年以内に絶滅する運命にあると考えざるを得ない」。現在残っている（そしてまもなく自然に「絶滅する運命にある」）長鼻目はアフリカゾウ（ロクソドンタ・アフリカーナ）とアジアゾウ（エレファス・マクシムス）の二属二種だけだが、世界中からは一六〇種もの化石が掘りだされているという。長鼻目は現在の生き残りからは想像できないほど繁栄をきわめたグループだった。牙の形をとっても、三、四メートルもまっすぐに延びたアナンクス、平らなシャベルのようになったプラティベロドン、螺旋状にねじれているクヴィエロニウス（この名はキュヴィエにちなんでいる）、下に向かって直角に曲がったデイノテリウムなどと多様だった。体のサイズもブタほどの大きさのモエリテリウムから、体高四・五メートル、体重一〇トンに達するマンムトゥス・トロゴンテリイにまで及んでいた（本書二四九頁に小さいけれどこれらの種の図が載っている）。付け加えておくなら、長い鼻の長鼻目だけでなく、その鼻を使って歩行する「鼻行目」さえ存在したのである（この愉快な動物の真偽については、シュテュンプケ『鼻行類』、平凡社ライブラリー、一九九九を参照していただきたい)。

かつて長鼻目が豊かだったのと同様に、マンモスをめぐる過去の科学も豊かだった。マンモスの骨を巨人の骨と考えたアウグスティヌスやアビコたち。化石を鉱物界が作りだした模造品とする「自然の戯れ」論。マンモスの骨とサイの骨から一角獣を組み立てたライプニッツ。シベリアのマンモスの遺骸を説明するためにもちだされた「ノアの洪水」仮説。アメリカにマンモスが生存していることを固く信じていたジェファソン。種の絶滅をかたくなに認めなかった多くの者たち。そして人間はマンモスほど古い時代には生存していなかった、人間は動物とは同列の存在ではないとする議論など。現在から見れば珍妙なアイデアが次々に出現するが、それらを非科学的な馬鹿げたものとして一笑に付してしまうのは正しくない。これらはその時代においては立派な「科学」だったのであり、われわれもその時代に生きていればいずれかの理論を採用せざるを得なかっただろうから。たとえばもし山の上で貝殻によく似た石化物を発見したら、われわれはそれをどのように説明するだろうか。時代は一七世紀か一八世紀、むろん小学校以来教え込まれた近代科学の知識は皆無としての話である。われわれはまずその実体が石なのか生物なのかを問うだろう。完璧に貝の形をした石と考えれば、「自然の戯れ」論がそこから直接導かれる。生物とした場合、山の上に貝は生息していないからよそから運ばれてきたのでなければならない。運ぶ媒体を人間として、「旅人の食事の跡」と解釈しようか。風によって海から吹き上げられたのか。水を媒体とした場合でも、貝の「種子」が水蒸気に混じって山の上に到達したと考えるのか。山の中の水路によって運搬されたと想像するか。かつて山頂も水没していたと仮定するか。一八世紀のナチュラリスト、ラッザロ・モーロは、「山の上の海の物体」を説明する方法として一二通りのものがあると述べていた。だがたとえそれが生物起源としてうまく説明できたとしても、もっと面倒な問題がかたわらに控えていた。その貝が現在どこにも見られないものだったらどうするか。どこか遠くの海か、人間の手の届かない深海にいまも生存しているとしなければならないのか。

われわれは一見稚拙に見えるこのような説明を現在の「正しい知識」によって裁断するのではなく、むしろ注意深く観察し説明しようとした情熱と、与えられた解答の巧みさ・豊かさに感嘆すべきなのだろう。われわれはまずその時代の地平に立ち、当時の人間に深い共感を抱き、その時代の思考の枠組みを丸ごとつかみ取ろうと努めることから始めなければならない。ちょうどシワリクの豊かな化石動物相を知ったときのフォークナーのように（本書一八七頁。ここは本書の中で訳者が最も感銘を受けた箇所なので、長々と引用することをお許しいただきたい）。「このような絶滅動物が大地に住みついていた太古の時代に、たとえ一瞬なりとも戻ることができたら。広大な自然の動物園に、それらのすべてが集合しているさまを見ることができたら。多くの種のマストドンとゾウが、おびただしい数の群を作り、沼地と葦の林の中を、道々鳴きながらその重い体を移動させていたなら」。フォークナーは太古の動物をこの目で見ることを希求するが、むろんそれは叶わぬ夢である。それでも真摯に望むなら、「哲学の松明をともし、導きの糸を握り、幻影にとりつかれた預言者エゼキエルのように死の谷を進む」なら、「われわれの目の前で墓が開き、その中身がわれわれに委ねられる。乾燥し粉々になった骨が集まり、一つずつつなぎ合わされる。腱がそれに付けられ、肉がそれにもたらされ、皮がそれを覆い」、そして「過去の存在が精神の目に対し蘇り始める」。

先ほどはわざと触れなかったが、実は山の上の貝殻化石の問題を一刀両断のもとに解決する確かな「事実」が存在した。当時の思考の枠組みの中では確固不動の歴史的事実、それが聖書によって真実性を保証された「ノアの洪水」である。キルヒャーが世界が誕生してから一六五七年後、すなわちキリスト誕生以前二三九六年に起きたと断定し、ショイヒツァーが五月と月まで特定していた「ノアの洪水」によれば、山上に貝があることは容易に説明できた。説明できたというより山上の貝そのものがノアの洪水の具体的証拠であった。しかしその貝が現在どこにも見られない種類のものだったとき、「ノアの洪水」時には生存したが現在は生存していないと主張することはできない。なぜならそう答えることは、その貝を絶滅種と指定することにより、「神は不変の種を創造された」と断言するキリスト教教義に抵触してしまうからである。こう見てくると、「ノアの洪水」をもちだし、種の絶滅を拒否することで、キリスト教は「正しい知識」の発展を阻害した、近代科学は宗教的迷妄との闘いの中から誕生したと感じられるかもしれない。しかし実際にはそう単純ではない。人は時代のある大きな思考の枠組みの中で思索するのであり、一七、八世紀のヨーロッパではキリスト教がその枠組みを提供していた。キリスト教は「理性」ではなく「理性」を超えたものにもとづくにせよ、自然を体系的に説明していた。それがあったからこそ、その枠組みが種々の要因で崩れ去ろうとしたとき、以前の解釈に異議を唱え、新たな解釈の体系を打ちだすことができたのである。

かつての長鼻目の豊かさを知ることにより、われわれは絶滅に瀕する現生のゾウを慈しみ、種の（とりわけ人間という種の）繁栄と絶滅についてさまざまな思いをめぐらすことができるかもしれない。しかし過去の科学の豊かさを知ることが現在の科学に直接の影響を及ぼすことはない。なぜなら現在の科学は絶滅しそうなどころか王者のごとく振る舞っており、その荒い鼻息の前ではか弱い過去の科学は吹き飛んでしまいそうだから。そこでは過去の科学は単に現在の科学を準備するためのものであり、神話や宗教や哲学などの夾雑物を抱え込んだ、科学の名に値しないものと見られがちである。だが過去の科学の弱点と見なされるそのことこそ、現在の科学を考えるときの大きな武器になるのではないだろうか。自覚しているか否かにかかわらず、現在の科学も時代の大きな枠組みの中で思考しており、その枠組みを決めているのは科学以外のさまざまな要素、ある場合には神話や宗教や哲学であるだろう。少々古めかしい言葉を使うなら、エドウィン・バートのいう「近代科学の形而上学的基礎」をこそ過去の科学はわれわれに教えてくれる。科学が「形而上学的基礎」に支えられているなら、現在の科学がさしだす最新の理論も現代の「ノアの洪水」仮説にすぎないかもしれないし、時代と場所によってさまざまな「科学」が存在したなら、現在の科学が唯一絶対のものではありえない。過去の科学の豊かさを知った者は、シワリクの古動物相に沈潜したフォークナーがキュヴィエやオーウェンとは異なった視点で長鼻目の分類を論じられたように、あるいは遠く異国を旅してきた者が故郷を以前とは違った目で眺められるように、現在の科学に対しこれまでとは異なったまなざしを向けることができるのではないだろうか。

＊

著者クローディーヌ・コーエン（一九五一―）は、哲学、文学、生物学と地質学を修めたのち、『テリアメドの起源、啓蒙黎明期における地球の理論と自然史』（*La Genèse de Telliamed : Théorie de la terre et histoire naturelle à l'aube des Lumières*, Vrin / EHESS から近刊の予定）によって博士号を取得、現在はパリの社会科学高等研究院助教授の職にあり、「生命と地球についての科学史」を専門としている。著作はほかに古生物学者ジャン＝ジャック・ユブランとの共著『ブーシェ・ド・ペルト、先史学のロマン的起源』（*Boucher de Perthes : Les Origines romantiques de la préhistoire*, Blin, 1989）、『起源の人間、先史学の知と虚構』（*L'Homme des origines : Savoirs et fictions en préhistoire*, Seuil, 1999）がある。またライプニッツの『プロトガイア』の初の英訳をアンドレ・ウェイクフィールドとともに準備中とのことである。なお本書はフランスでロベルヴァル賞とジャン・ロスタン賞を受賞している。

本書（*Le Destin du Mammouth*, Seuil, 1994）の翻訳に取りかかったのはもう五年も前のことだった。仏語原版からの訳はそれから二年ほどでほぼできあがったが、何か意に満たないものを感じて原稿を出版社に渡すのを躊躇していた。ぐずぐずしているうちに昨年の二月に英訳（*The Fate of the Mammoth : Fossils, Myth, and History*, Translated by William Rodarmor, The University of Chicago Press, 2002）が刊行された。この英訳はすぐれたものであり、それを参照してようやく発表できる形にまでこぎ着けた。英訳版による補正を取り入れられたこと、そこに付されたグールドの序文を本書にもつけることができたのは、完成が遅れたための「怪我の功名」である。なお第12章は、著者の指示により、新知見を盛り込んで全面的に書き直された原稿を訳出している。

本書の表記などについて付記しておくと

一　本文中の（　）内は著者による補足、引用文中では（　）内はその文の筆者の補足、［　］内は引用者コーエンの補足である。

二　小見出しは二、三を除いて原書にはなく、本訳書だけのものである。これは編集担当の吉住亜矢さんの創意工夫によっている（責任は訳者にあるが）。
三　本書には地質年代表を付さなかったが、二四二頁や二四三頁の図を参照していただきたい。念のため絶対年代（その値は『新版地学事典』、平凡社、一九九六による）をつけて繰り返しておくなら、新生代第三紀が暁新世（六五〇〇万年前から）、始新世（五六五〇万年前から）、漸新世（三五四〇万年前から）、中新世（二三三〇万年前から）、鮮新世（五二〇万年前から）によって、第四紀が更新世（一六四万年前から）、完新世（一万年前から）によって構成される。なお恐竜が絶滅したのが中生代白亜紀末（六五〇〇万年前）、長鼻目の誕生したのがそれから一〇〇〇万年後の始新世なので、本書四四頁の「マンモスと恐竜の予期せぬ出会い」はありえない。もっとも、ゴジラが恐竜に分類されるのかどうか定かではないが。

＊

以下に本書を読む上で参考になりそうな比較的平明な本を（編集部の要請もあり）挙げることにしよう。ただしこれらは訳者がたまたま出会ったものであり、ほかにも良書はたくさんあるだろうことをお断りしておく。
①　進化論、古生物学、およびその歴史を知ることの楽しさを教えてくれるのは、なんといってもスティーヴン・ジェイ・グールドのエッセイ集である。これまでに邦訳が刊行されている八冊の本は『ダーウィン以来』（一九八四）『パンダの親指』（一九八六）『ニワトリの歯』（一九八八）『フラミンゴの微笑』（一九八九）『がんばれカミナリ竜』（一九九五）『八匹の子豚』（一九九六）『干し草のなかの恐竜』（二〇〇〇）『ダ・ヴィンチの二枚貝』（二〇〇二）。それともう一つ、やはりグールドの『ワンダフル・ライフ』（一九九三）は、「奇妙奇天烈」なバージェス動物と「進化の偶然性」の主張によって（少なくともわたしにとっては）きわめて刺激的であった。以上の本の出版社はすべて早川書房。
②　進化論の歴史については、ピーター・J・ボウラー『進化思想の歴史』（朝日選書、一九八七）が最も詳しい。

③　エイドリアン・リスターとポール・バーンの『マンモス』（大日本絵画、一九九五）は本書の記述を一部補完してくれる。図版も豊富で読みやすい。

④　（副題の通り）西欧と日本の自然史（博物学）の歴史については、西村三郎『文明のなかの博物学――西欧と日本』（紀伊國屋書店、一九九九）がとても詳しい。

⑤　本書第4章で論じられる「ノアの洪水」仮説や「洪水論者」については、ノーマン・コーン『ノアの大洪水――西洋思想の中の創世記の物語』（大月書店、一九九七）が類書はないため貴重である。

⑥　第5章の主人公ビュフォンとその『自然の諸時期』については、自分の訳で恐縮だが同書の翻訳（法政大学出版局、一九九四）を挙げさせていただく。解説書をいくつも読むより直接原典にあたる方が苦労はあるが得るものは大きいと思う。

⑦　第7章と関連するヴィクトリア朝の自然史については、リン・バーバー『博物学の黄金時代』（国書刊行会、一九九五）がさまざまな逸話を紹介していて楽しい。

⑧　第8章に登場する先史遺跡や先史芸術については、横山祐之『人類の起源を探る――ヨーロッパの発掘現場から』（朝日選書、一九八七）『芸術の起源を探る』（朝日選書、一九九二）が、フランスの遺跡で実際に年代測定にたずさわる著者のものだけに臨場感に富む。

⑨　第11章のテーマであるマンモスの絶滅に関しては、ピーター・D・ウォード『マンモス絶滅の謎』（ニュートン・プレス、二〇〇〇）という本が出ている。

⑩　第12章で言及されている分岐分類学はなじみのない者には難解だが、馬渡峻輔『動物分類学の論理――多様性を認識する方法』（東京大学出版会、一九九四）が参考になる（訳者も大いに参考にした）。

⑪　ロバート・サベージ著、マイケル・ロング図『図説　哺乳類の進化』（テラハウス、一九九一）の過去の哺乳類（もちろん長鼻目も含む）を描いた図版は素晴らしく、眺めているだけでも楽しい。

⑫　長鼻目の進化と並行して行なわれた人類の進化については、河合信和『ネアンデルタールと現代人――ヒトの

五〇〇万年史』（文春新書、一九九九）がコンパクトにまとめられている。

❋

新評論編集部の山田洋氏には、翻訳することが決まってから原稿の完成まで、何かと気遣って下さったことにお礼を述べ、にもかかわらずなかなか完成せず心配をおかけしたことにお詫び申し上げる。実際の製作を担当した吉住亜矢さんには、丁寧な編集作業を進めていただいた。その熱意にあと押しされて神経を使う文章の推敲などを乗り切ることができた。心から感謝したい。

さて校正も終わり、「あとがき」も書き上げた。近くの動物園へゾウを見に行こうか。

二〇〇三年二月

菅谷　暁

㉚　ラマルク『動物哲学』，高橋達明訳，朝日出版社，1988
㉛　ライプニッツ『プロトガイア』，『ライプニッツ著作集』第10巻所収，谷本勉訳，工作舎，1991
㉜　レオナルド・ダ・ヴィンチ『レオナルド・ダ・ヴィンチの手記』，杉浦明平訳，岩波文庫，1954－58
㉝　ロンドン『荒野の呼び声』，岩田欣三訳，岩波文庫，1954
㉞　ライエル『変遷学説は人間の起原とどんな関係があるか……』抄訳，『ダーウィニズム論集』所収，八杉龍一編訳，岩波文庫，1994
㉟　マイエ『テリアメド』抄訳，『ユートピア旅行記叢書』第12巻所収，多賀茂・中川久定訳，岩波書店，1999
㊱　プリニウス『プリニウスの博物誌』，中野定雄［ほか］訳，雄山閣，1986
㊲　ラウプ『大絶滅』，渡辺政隆訳，平河出版社，1996
㊳　ロニー・エネ『人類創世』，長島良三訳，角川書店，1982
㊴　スターリン『マルクス主義と言語学の諸問題』，『弁証法的唯物論と史的唯物論：他二篇』所収，石堂清倫訳，国民文庫，大月書店，1953

邦訳のあるもの

① アペル『アカデミー論争』，西村顯治訳，時空出版，1990
② ビュフトー『博物史の謎解き』，土屋進訳，心交社，1993
③ ゴオー『地質学の歴史』，菅谷暁訳，みすず書房，1997
④ グールド『時間の矢・時間の環』，渡辺政隆訳，工作舎，1990
⑤ ジャコブ『生命の論理』，島原武・松井喜三訳，みすず書房，1977
⑥ ロジェ『大博物学者ビュフォン』，ベカエール直美訳，工作舎，1992
⑦ ルドウィック『化石の意味』，大森昌衛・高安克己訳，海鳴社，1981
⑧ アウル『狩をするエイラ』，中村妙子訳，評論社，1987
⑨ アウグスタ，ブリアン『原色・マンモス』，浜田隆士訳，岩崎書店，1967
⑩ リスター，バーン『マンモス』，大出健訳，大日本絵画，1995
⑪ フィッツェンマイヤー『シベリアのマンモス』，井尻正二校閲・三保元訳，法政大学出版局，1971
⑫ ヴェレシチャーギン『マンモスはなぜ絶滅したか』，金光不二夫訳，東海大学出版会，1981
⑬ アウグスティヌス『神の国』，服部英次郎・藤本雄三訳，岩波文庫，1982－1991
⑭ バルザック『あら皮』，小倉孝誠訳，藤原書店，2000
⑮ アグリコラ『近世技術の集大成：デ・レ・メタリカ』，三枝博音訳著・山崎俊雄編，岩崎学術出版社，1968
⑯ ボルヘス『八岐の園』，『伝奇集』所収，鼓直訳，岩波文庫，1993
⑰ ビュフォン『自然の諸時期』，菅谷暁訳，法政大学出版局，1994
⑱ ダーウィン『人類の起原』，『世界の名著』39所収，池田次郎・伊谷純一郎訳，中央公論社，1967
⑲ ダーウィン『種の起原』，八杉龍一訳，岩波文庫，1963－1971
⑳ デカルト『デカルト著作集』，三宅徳嘉［ほか］訳，白水社，1993
㉑ ドブジャンスキー『遺伝学と種の起原』，駒井卓・高橋隆平訳，培風館，1953
㉒ フーコー『知の考古学』，中村雄二郎訳，河出書房新社，1981
㉓ フーコー『言葉と物』，渡辺一民・佐々木明訳，新潮社，1974
㉔ フーコー『言語表現の秩序』，中村雄二郎訳，河出書房新社，1995
㉕ フロイト『精神分析に関わるある困難』，『フロイト著作集』第10巻所収，高田淑訳，人文書院，1983
㉖ グールド『ワンダフル・ライフ』，渡辺政隆訳，早川書房，1993
㉗ ゲーリケ『マグデブルグ市の真空実験』抄訳，『少年少女科学名著全集』5所収，柏木聞吉訳，国土社，1965
㉘ ハクスリ『自然における人間の位置』，『世界大思想全集，社会・宗教・科学思想篇』36所収，八杉龍一・小野寺好之訳，河出書房，1955
㉙ ジェファソン『ヴァジニア覚え書』，中屋健一訳，岩波文庫，1972

Roger, Jacques. "Buffon, Jefferson et l'homme américain." *Bulletins et mémoires de la Société d'anthropologie de Paris*, n.s., 1, nos. 3–4 (1989): 57–66.

———. "Leibnitz et la théorie de la Terre." *Leibnitz, 1646–1716. Aspects de l'homme et de l'œuvre*, 137–44. Paris: Aubier-Montaigne, 1968.

Romer, Alfred Sherwood. "Time Series and Trends in Animal Evolution." In *Genetics, Paleontology and Evolution*, ed. Glenn L. Jepsen, George G. Simpson, and E. Mayr, 103–20. Princeton: Princeton University Press, 1949.

㊳ Rosny Aîné, J. H. *La Guerre du feu* (1909) in *Romans préhistoriques*. Paris: Laffont, 1985. Trans. by Harold Talbott as *Quest for Fire*. New York: Ballantine, 1982.

Scheuchzer, Johann Jakob. *Herbarium diluvianum*. Zurich, 1709.

———. *Physica sacra*. Vols. 1–8. Ulm, 1730–35.

Schmerling, Philippe C. *Recherches sur les ossemens fossiles découverts dans les cavernes de la province de Liège*. Liège, 1833.

Schnapper, Antoine. *Le Géant, la licorne, la tulipe*. Paris: Flammarion, 1988.

———. "Persistance des géants." *Annales ESC*, no. 1(January–February 1986): 177–200.

Scilla, Agostino. *La vana speculazione disingannata dal senso, Lettera risponsiva . . . circa i corpi marini che petrificati si trovano in varii luoghi terrestri*. Naples, 1670.

Simpson, George Gaylord. "The Principles of Classification and a Classification of Mammals." *Bulletin of the American Museum of Natural History* 85 (1945): 1–350.

———. *Tempo and Mode in Evolution*. New York: Columbia University Press, 1944.

Solinas, Giovanni. "La *Protogaea* di Leibnitz ai margini della rivoluzione scientifica." In *Saggi sull'illuminismo*, 7–70. Cagliari: Instituto di filosofia, 1973.

㊴ Stalin, Joseph. "Marxism and the Problems of Linguistics." *Pravda* (June 20, 1950).

Steno, Nicolaus. *Canis Carchariae Dissectum Caput et dissectus piscis ex Canum genere*. Florence, 1667.

———. *De solido intra solidum naturaliter contento dissertationis Prodromus*. Florence, 1669.

———. *The Prodromus of Nicolaus Steno's Dissertation concerning a Solid Body Enclosed by Process of Nature within a Solid*, trans. J. G. Winter. New York: Macmillan, 1916.

Thenius, Erich. "Phylogenie des Mammalia: Stammesgeschichte der Saügetiere (einschliesslich der Hominiden)." *Handbuch der Zoologie* 8, no. 2 (1969).

Toll, Baron de. "A Geological Description of the Islands of New Siberia: Major Problems in the Research on Polar Regions" (in Russian). *Memoirs of the Saint-Petersburg Imperial Academy of Science*.

Tournal, Paul. "Observations sur les ossements humains et les objets de fabrication humaine confondus avec des ossements de mammifères appartenant à des espèces perdues, par M. Tournal fils, de Narbonne." *Bulletin des sciences naturelles et de géologie* (1831): 250–51.

Des Unicornu fossilis oder gegrabenen Einhorn Welches in der Herrshafft Tonna gefunden worden Berfertiget von dem Collegio Medico in Gotha den 14 febr. 1696.

Velikovetz, L. P. *Johann Georg Gmelin*. Moscow: Nauka, 1990.

Weidenreich, Franz. *Apes, Giants, and Man*. Chicago: University of Chicago Press, 1946.

Wilson, A.C. "The Molecular Basis of Evolution." *Scientific American* 253, no. 4 (October 1985): 164–73.

Witsen, Nicolaas. *Noord en Oost Tartaryen* (in Dutch). Amsterdam, 1692–1705. Reprint, 1785.

Wright, George Frederick. *Asiatic Russia*. New York: McClure, 1903.

Murray, Tim, ed. *Encyclopedia of Archaeology*. Vol. 1, *The Great Archaeologists*. Santa Barbara, Calif.: ABC-Clio, 1999.
Orbigny, Alcide d'. *Cours élémentaire de paléontologie et de géologie stratigraphiques*. Paris: Masson, 1849–52.
Osborn, Henry F. *The Age of Mammals*. New York: Macmillan, 1910.
Owen, Richard. *Geology and the Inhabitants of the Ancient World*. London, 1854.
———. *A History of British Fossil Mammals and Birds*. London, 1846.
———. *Lectures on Comparative Anatomy and Physiology of the Vertebrates Animals*. London: Longmans, 1843.
Owen, Rev. R. S. *The Life of Richard Owen*. Including T. H. Huxley, "Owen's Position in the History of Anatomical Science." 2 vols. London, 1894.
———. *On the Anatomy of Vertebrates*. 3 vols. London, 1866–68.
———. *On the Archetype and Homologies of the Vertebrate Skeleton*. London, 1848.
———. *On the Nature of Limbs*. London, 1849.
———. "Présidential address, British Association for the Advancement of Science." London, September 22, 1858.
Palissy, Bernard. *Discours admirables de la nature des eaux et fontaines, tant naturelles qu'artificielles, des métaux, des sels et salines, des pierres, des terres, du feu et des émaux*. Paris, 1580.
Pallas, Peter Simon. *Commentaries of the St. Petersburg Academy for 1772*. Vol. 17.
Paré, Ambroise. *Discours de la mummie, de la licorne, des venins et de la peste*. Paris, 1582.
Peintres d'un monde disparu. La Préhistoire vue par des artistes de la fin du XIXe siècle à nos jours (catalogue d'exposition). Musée départemental de préhistoire de Solutré. June 22–October 1, 1990.
Pekarski, P. *Naouk i littératoura v Rossii pri Pietre Viélikom*. Vol. 1. Saint-Petersburg, 1862.
Pewe, Troy L. *Quaternary Geology of Alaska, Geological Survey Professional Paper 835*. Washington, D.C.: U.S. Government Printing Office, 1975.
Piette, Edouard. *L'Art pendant l'âge du renne*. Paris: Masson, 1907.
———. *L'Epoque éburnéenne et les races humaines de la période glyptique*. Saint-Quentin, 1894.
㊱ Pliny the Elder. *Histoire naturelle*. Book 7. Reprint, Paris: Les Belles Lettres, 1977.
Poliakov, Ivan S. *Antropologicheskaia poiezdka v tsentral'nuiu i vostotchnuiu Rossijou, Ispolniennaia po porucheniiu Imperatorskoi akademii nauk* (Anthropological travels in central and eastern Russia) 37, no. 1 (Saint-Petersburg: Zapisok Akademii Nauk, 1880).
Prindle, L. M. *The Yukon-Tanana Region of Alaska: Description of the Circle Quadrangle*. Washington, D.C.: U.S. Government Printing Office, U.S. Geological Survey, 1906.
Prokop, Vladimir. *Zdenek Burian a paleontologie*. Prague: Vydal Ustredni Ustav Geologicky, 1990.
㊲ Raup, David M. *Extinction: Bad Genes or Bad Luck?* New York: Norton, 1991.
Rigal, Laura. "Peale's Mammoth." In *American Iconology*, edited by David C. Miller, 18–38. New Haven: Yale University Press, 1993.
Riolan, Jean. *Gigantologie, discours sur la grandeur des géants, où il est démontré, que de toute ancienneté les plus grands hommes, & géants, n'ont été plus hauts que ceux de ce temps*. Paris: Adrien Perier, 1618.
———. *Gigantomachie, pour répondre à la gigantostéologie*. Paris, 1613.

㉚ Lamarck, Jean-Baptiste. *Philosophie zoologique*. Paris, 1809.

Lartet, Edouard. "Nouvelles recherches sur la coexistence de l'homme et des grands mammifères fossiles réputés caractéristiques de la dernière période géologique." *Annales des sciences naturelles*, 4th series, 15 (1861).

Lartet, Edouard, and Henry Christy. *Reliquiae Aquitanicae*, ed. Thomas Rupert. London, 1875.

Laurent, Goulven, ed. *Lamarck*. Paris: Editions du CTHS, 1997.

㉛ Leibniz, G. W. *Protogaea sive de prima facie Telluris et antiquissimae Historiae vestigiis in ipsis naturae Monumentis Dissertatio ex schedis manuscriptis Viri illustris in lucem edita a Christiano Ludvico Scheidio*. Göttingen, 1749.

———. *Protogaea: The First English Edition*, trans. Claudine Cohen and André Wakefield (forthcoming).

———. *Protogée, ou De la formation et des révolutions du globe*, trans. B. de Saint-Germain. Paris, 1859. New edition, Toulouse: Presses du Mirail, 1993.

㉜ Leonardo da Vinci. *Notebooks*, ed. E. McCurdy. New York, 1926.

Leroi-Gourhan, André. *Le Fil du temps*. Paris: Fayard, 1983.

———. *La Préhistoire de l'art occidental*. Paris: Mazenod, 1965. Trans. by Norbert Guterman as *The Art of Prehistoric Man in Western Europe*. London: Thames & Hudson, 1968.

Lindner, Kurt. *La Chasse préhistorique*, trans. Georges Montandon. Paris: Payot, 1941.

㉝ London, Jack. *The Call of the Wild*. New York: Macmillan, 1903.

Lubbock, John. *Pre-historic Times*. London: William & Norgate, 1865.

Lyell, Charles. ㉞ *The Geological Evidences of the Antiquity of Man . . .* London: J. Murray, 1863.

———. *Principles of Geology, Being an Attempt to Explain the Former Changes of the Earth Surface by Reference to Causes Now in Operation*. Vol. 1, London, 1830; vol. 2, 1832; vol. 3, 1833. Reprint, Chicago: University of Chicago Press, 1990–91.

㉟ Maillet, Benoît de. *Telliamed, ou Entretiens d'un philosophe indien avec un missionnaire françois sur la diminution de la mer*. The Hague, 1755.

———. *Telliamed, or the World Explained containing Discourses between an Indian Philosopher and a Missionary*. English trans. Baltimore: D. Porter, 1797.

———. *Telliamed: or, Conversations between an Indian Philosopher and a French Missionary on the Diminution of the Sea*, trans. and ed. A. V. Carozzi. Urbana: University of Illinois Press, 1968.

Martin, Paul S., and Richard G. Klein, eds. *Quaternary Extinctions*. Tucson: University of Arizona Press, 1984.

Martin, Paul S., and H. E. Wright Jr., eds. *Pleistocene Extinctions: The Search for a Cause*. New Haven: Yale University Press, 1967.

Maupertuis. *La Vénus physique*. The Hague, 1744.

Mayr, Ernst, *Principles of Systematic Zoology*. New York: McGraw Hill, 1969.

———. *Systematics and the Origin of Species*. New York: Columbia University Press, 1942.

Mély, F. de. *Les Lapidaires de l'antiquité et du moyen âge*. Paris, 1898–1902.

La Mémoire de la terre. Paris: Seuil, 1992.

Michelet, Jules. *Histoire de France: Le Moyen âge*. 1833. Reprint, Paris: Laffont, 1981.

Morello, Nicoletta, ed. *Volcanoes and History: Proceedings of the 20th INHIGEO Symposium*. Genoa: Brigati-Genova, 1998.

Mortillet, Gabriel de. *Le Préhistorique, antiquité de l'homme*. Paris: Reinwald, 1880.

———. *Essai de paléontologie philosophique.* Paris: Masson, 1896.

Gesner, Conrad. *Historia animalium.* Frankfurt, 1551.

———. *De rerum fossilium, Lapidum et Gemmarum maxime, figuris et similitudinibus Liber.* Zurich, 1565.

Gillispie, Charles C. *Genesis and Geology: A Study in the Relations of Scientific Thought, Natural Theology, and Social Opinion in Great Britain, 1790–1850.* Cambridge: Harvard University Press, 1951.

Gilmore, Charles W. "Smithsonian Exploration in Alaska in 1907 in Search of Pleistocene Fossil Vertebrates, Second Expedition." Smithsonian Miscellaneous Collections, vol. 51. Washington, D.C., 1908.

Gmelin, Johann Georg. *Voyage en Sibérie contenant la description des mœurs et usages des peuples de ce pays, le cours des rivières considérables, la situation des chaînes de montagnes, des grandes forêts, des mines, avec tous les faits d'histoire naturelle qui sont particuliers à cette contrée.* 2 vols. Trans. from German by Louis de Keralio. Paris, 1767.

Gould, Stephen Jay. "G. G. Simpson, Paleontology and the Modern Synthesis." In *The Evolutionary Synthesis,* ed. E. Mayr and W. Provine. Cambridge: Harvard University Press, 1980.

㉖ ———. *Wonderful Life: The Burgess Shales and the Nature of History.* New York: Norton, 1989.

Grant, Madison. *The Passing of the Great Race, or The Racial Basis of European History.* Preface by H. F. Osborn. London, 1920.

㉗ Guericke, Otto von. *Experimenta nova magdeburgica de vacuo spatio.* Amsterdam, 1672.

Guilaine, Jean, ed. *La Préhistoire d'un continent à l'autre.* Paris: Larousse, 1986.

Habicot, Nicholas. *Antigigantologie, ou Contrediscours de la grandeur des géants.* Paris, 1618.

———. *Gigantostéologie, ou Discours des os d'un géant.* Paris, 1613.

———. *Réponse à un discours apologétic touchant la vérité des géants.* Paris, 1615.

Haeckel, Ernst. *Anthropogenie oder Entwickelungsgeschichte des Menschen.* Leipzig, 1874. Trans. as *The Evolution of Man.* New York: Appleton, 1879.

Hennig, Willi. *Phylogenetic Systematics.* Urbana: University Illinois Press, 1966.

Hunter, William. "Observations on the Bones Commonly Supposed to Be Elephant Bones, which Have Been Found Near the River Ohio in America." *Philosophical Transactions of the Royal Society of London* 58 (1769): 34–45.

Huxley, Julian. *Evolution: The Modern Synthesis.* Princeton: Princeton University Press, 1942.

㉘ Huxley, Thomas Henry. *Evidence as to Man's Place in Nature.* London: Williams & Norgate, 1863.

Ides, Evert Ysbrants. *Dreyjährige Reise nach China, von Moscou ab zu Lande durch gross-Ustiga, Sirianan, Permis, Sibirien, Daoum und die grosse Tartarey.* Frankfurt, 1707. Trans. as *Three Years Travels from Moscow Overland to China.* London, 1707.

"International Code of Zoological Nomenclature Adopted by the XVth International Congress of Zoology." London, July 1958.

㉙ Jefferson, Thomas. *Notes on the State of Virginia.* 1781. Reprint, Chapel Hill: University of North Carolina Press, 1955.

Kircher, Athanasius. *Mundus subterraneus, in XII libros digestus.* Rome, 1665.

Kotzebue, Otto von. *A Voyage of Discovery into the South Sea and Beering's Straits in the Years 1815–1818.* English trans. (from Russian). London, 1821.

Koyré, Alexandre. *Etudes newtoniennes.* Paris, 1967.

Czerkas, Sylvia Massey, and Donald F. Glut. *Dinosaurs, Mammoths and Cavemen: The Art of Charles Knight.* New York: Dutton, 1982.

⑱ Darwin, Charles. *The Descent of Man and Selection in Relation to Sex.* London: Murray, 1871.

⑲ ———. *On the Origin of Species by Means of Natural Selection.* 6th ed. London, Murray, 1872.

Daston, Lorraine. "Marvellous Facts and Miraculous Evidence in Early Modern Europe." *Critical Inquiry* 18 (fall 1991): 93–124.

Daston, Lorraine, ed. *Biographies of Scientific Objects.* Chicago: University of Chicago Press, 1999.

Daudin, Henri. *Cuvier et Lamarck: Les Classes zoologiques et l'idée de série animale (1790–1830).* 2 vols., Paris, 1926–27. Reprint, Paris: Editions des Archives contemporaines, 1983.

———. *De Linné à Lamarck: Méthodes de la classification et idée de série en botanique et en zoologie.* Paris: Félix Alcan, 1926.

Davillé, Lucien. *Leibnitz historien.* Paris, 1909.

Delille, Jacques. *Les Trois règnes de la nature.* Paris, 1801.

⑳ Descartes, René. *Oeuvres,* ed. Charles Adam and Paul Tannery. Paris, 1897–1913.

Desmond, Adrian. *Huxley: From Devil's Disciple to Evolution's High Priest.* Cambridge, Mass.: Perseus Books, 1994.

Dewar, Elaine. *Bones: Discovering the First Americans.* Toronto: Random House, 2001.

Dixon, E. James. *Quest for the Origins of the First Americans.* Albuquerque: University of New Mexico Press, 1993.

㉑ Dobzhansky, Theodosius. *Genetics and the Origin of Species.* New York: Columbia University Press, 1937.

Efimenko, P. P. *Kostienki I* (in Russian). Moscow-Leningrad: Publications of the Academy of Science of USSR, 1958.

———. *Znatchénijé Jenchtchiny v Orinjiakskoujou Epokhou* (The meaning of woman in the Aurignacian era). 1931.

Eldredge, Niles. "Cladism and Common Sense." In *Phylogenetic Analysis and Paleontology,* ed. J. Cracraft and N. Eldredge. New York: Columbia University Press, 1979.

Eldredge, Niles, and Stephen Jay Gould. "Punctuated Equilibria: An Alternative to Phyletic Gradualism." In *Models in Paleobiology,* ed. Thomas J. M. Shopf. San Francisco: Freeman, Cooper, 1972.

Elster, Jon. *Leibnitz et la formation de l'esprit capitaliste.* Paris: Aubier-Montaigne, 1975.

Febvre, Lucien. "Vers une autre histoire." *Revue de métaphysique et de morale,* nos. 3–4 (1949): 225–48.

Figuier, Louis. *La Terre avant le Déluge.* Paris: Hachette, 1861; 6th ed., 1867. Trans. by Henry Bristow as *The Earth before the Deluge.* London: Chapman & Hall, 1867.

㉒ Foucault, Michel. *L'Archéologie du savoir.* Paris: Gallimard, 1970.

㉓ ———. *Les Mots et les choses.* Paris: Gallimard, 1966.

㉔ ———. *L'Ordre du discours.* Paris: Gallimard, 1971.

㉕ Freud, Sigmund. "Une Difficulté de la psychanalyse" (1917). In *L'Inquiétante etrangeté.* Paris: Gallimard, 1985. Trans. by James Strachey as "A Difficulty in the Path of Psycho-Analysis." *Standard Edition of the Complete Psychological Works of Sigmund Freud.* 24 vols. London: Hogarth Press, 1953–74.

Gaudry, Albert. *Les Enchaînements du monde animal dans les temps géologiques. Mammifère tertiaires.* Paris: Hachette, 1878–90.

Buffon, Georges-Louis Leclerc, comte de. ⑰ *Les Epoques de la nature*. Paris, 1778. Reprint, Paris: Editions du Muséum National d'Histoire Naturelle, 1988.

———. *Histoire naturelle générale et particulière*. 15 vols. Paris: Imprimerie Royale, 1749–67; *Supplément*. 7 vols. Paris: Imprimerie Royale, 1774–89.

———. *Oeuvres philosophiques*, ed. Jean Piveteau. Paris: PUF, 1954.

Burnet, Thomas. *Telluris theoria sacra*. London, 1681. Trans. as *The Sacred Theory of the Earth*. London, 1684.

Caillois, Roger. *Le Mythe de la licorne*. Paris: Fata Morgana, 1991.

Camper, Pieter. *Description anatomique d'un éléphant male*. Published by his son Adrien Gilles Camper, with 20 plates. Paris: Jansen, 1802.

Cardan, Jérôme. *De subtilitate libri XXI*. Nuremberg, 1550.

Cary-Agassiz, Elizabeth. *Louis Agassiz: His Life and Correspondence*. Boston, 1886.

Catelan, Laurens. *Histoire de la nature, chasse, vertus, propriétéz et usage de la lycorne*. Montpellier, 1624.

Cavaillé, Jean-Pierre. *Descartes, la fable du monde*. Paris: Vrin-EHESS, 1991.

Céard, Jean. "La Querelle des géants et la jeunesse du monde." *Medieval and Renaissance Studies* 8, no. 1 (spring 1978): 37–77.

Chambers, Robert. *Vestiges of the Natural History of Creation and Other Evolutionary Writings*, ed. James A. Secord. Chicago: University of Chicago Press, 1994.

Cohen, Claudine. "Approches de la textualité scientifique: pour une histoire culturelle des sciences." *Introduction à l'Histoire des Sciences, Al Madar*, no. 10 (Tunis, 1997): 191–204.

———. "De l'histoire de l'objectivité scientifique à l'histoire des objets de science." In *Des Sciences et des techniques: Un débat, Cahiers des Annales 45*, 149–56, sous la dir. de R. Guesnerie et F. Hartog. Paris: Editions de l'EHESS, 1998.

———. "Leibniz's *Protogaea:* Patronage, Mining and Evidence for a History of the Earth." In *Proof and Persuasion: Essays on Authority, Objectivity and Evidence*, ed. S. Marchand and E. Lundbeck, 125–43. Amsterdam: Brepols Press, 1996.

———. "Un manuscrit inédit de Leibniz sur la nature des 'objets fossiles.'" *Bulletin de la Société Géologique de France* 169, no. 1 (1998): 137–42.

———. "Rhétoriques du discours scientifique." In *La Rhétorique, enjeux de ses résurgences*, ed. J. Gayon and J. Poirier, 131–41. Brussels: Ousia, 1998.

Cohen, Claudine, C. Blanckaert, P. Corsi, and J. L. Fisher, eds. *Le Muséum au premier siècle de son histoire*. Paris: Editions Du Muséum, 1997.

Cohen, Claudine, and J. Neefs, eds. *Science et récit*. Special issue of *Littérature* (March–April 1998).

Conninck, Francis de. *La Traversée des Alpes par Hannibal selon les écrits de Polybe*. Montélimar: Ediculture, 1992.

Corsi, Pietro. *The Age of Lamarck*. Berkeley: University of California Press, 1988.

Cuvier, Georges. "Discours préliminaire." *Recherches sur les ossemens fossiles de quadrupèdes*. Vol. 1. Paris, 1812.

———. *Discours sur les révolutions de la surface du globe, et sur les changemens qu'elles ont produits dans le règne animal*. Paris, 1825.

———. *Essay on the Theory of the Earth, with Geological Illustrations by Professor Jameson*. Edinburgh, 1813.

———. *Recherches sur les ossemens fossiles de quadrupèdes, où l'on rétablit les caractères de plusieurs animaux dont les révolutions du globe ont détruit les espèces*. 4 vols. Paris, 1812; 2nd ed., 1822–24; 3rd ed., 1825.

他の著作

Abel, Othenio. *Geschichte und Methode der Rekonstruktion vorzeitlicher Wirbeltiere.* Jena: Gustav Fischer, 1925.

———. *Vorzeitliche Tierreste im Deutschen Mythus, Brauchtum und Volksglauben.* Jena: Gustav Fischer, 1939.

Agassiz, Louis. “Discours prononcé à l'ouverture des séances de la Société helvétique des sciences naturelles le 24 juillet 1837.” *Actes de la Société helvétique des sciences naturelles,* 22nd Session. Neuchâtel, 1837.

———. *An Essay on Classification.* London, 1859.

———. *Geological Sketches.* Boston, 1866; second series, Boston, 1876.

Agassiz, Louis, A. Guyot, and E. Desor. *Système glaciaire ou recherches sur les glaciers, leur mécanisme, leur ancienne extension et le rôle qu'ils ont joué dans l'histoire de la terre.* Paris: Masson, 1847.

Aldrovandi, Ulisse. *De quadrupedibus solipedibus.* Bologna, 1639.

———. *Museum metallicum, in libros IV distributum,* ed. Bartholomeo Ambrosinus. Bologna, 1648.

⑬ Augustine of Hippo. *De Civitate Dei.* In *Basic Writings of Saint Augustine,* ed. Whitney J. Oates. New York: Random House, 1948.

⑭ Balzac, Honoré de. *La Peau de chagrin, Roman philosophique.* The Hague, 1831. Trans. as *The Wild Ass's Skin.* London: Everyman's Library, 1967.

Bauer, Georg (Agricola). ⑮ *De re metallica.* Basel, 1556.

———. *De natura fossilium.* Basel, 1546.

Beechey, Captain Frederick W. *Narrative of a Voyage to the Pacific and the Beering's Strait, Part II, 1831, with an Appendix “On the Occurrence of the Remains of Elephants, and Other Quadrupeds, in the Cliffs of Frozen Mud, in Eschscholtz Bay, within Beering's Strait and in Other Distant Parts of the Shores of the Arctic Sea, by the Rev. W. Buckland [. . .] professor of geology and mineralogy in the University of Oxford.*

Belaval, Yvon. *Leibnitz, initiation à sa philosophie.* Paris: Vrin, 1975.

Bertrand, Elie. *Dictionnaire universel des fossiles propres et des fossiles accidentels.* 2 vols. The Hague, 1763.

Binford, Lewis. *In Pursuit of the Past.* London: Thames & Hudson, 1984.

Blumenbach, Johann Friedrich. *Handbuch für Naturgeschichte.* 1st German ed. Göttingen, 1779. Trans. by R. T. Gore as *A Manual on the Elements of Natural History.* London, 1825.

Blundell, Derek J., and A. C. Scott, eds. *Lyell: The Past Is the Key to the Present.* London: Geological Society Special Publications, 1998.

Boccaccio. *De genealogia deorum gentilium.* Book 15. 1481.

Boitard, Félix. *Paris avant les hommes.* Paris, 1861.

⑯ Borges, Jorge Luis. “The Garden of Forking Paths.” *Ficciónes,* trans. Helen Temple and Ruthven Todd. New York: Grove Press, 1962.

Boucher de Perthes, Jacques. *Les Antiquités celtiques et antédiluviennes.* Vol. 1. Paris, 1847; vol. 2, Paris, 1857; vol. 3, Paris, 1864. Reprint, Paris: Jean-Michel Place, 1989.

Brookes, Joshua. *Catalogue of the Anatomical & Zoological Museum of Joshua Brookes.* London: R. Taylor, 1828.

Buckland, William. *Reliquiae Diluvianae; or Observations on the Organic Remains Contained in Caves, Fissures, and Diluvial Gravel, and on Other Geological Phenomena, Attesting to the Action of an Universal Deluge.* London, 1823.

Sequences of Mitochondrial Cytochrome *b* and 12S Ribosomal RNA Genes." *Journal of Molecular Evolution* 46 (1998).

Nougier, Louis-René, and R. Robert. *Rouffignac.* Vol. 1, *Galerie Henri Breuil et Grand plafond.* Florence: Sansoni, 1959.

Osawa, T., S. Hashaui, and V. M. Mikhelson. "Phylogenetic Position of Mammoth and Steller's Sea Cow within *Tethytheria* Demonstrated by Mitochondrial DNA Sequences." *Journal of Molecular Evolution* 44 (1997).

Osborn, Henry F. *Proboscidaea.* 2 vols. New York: Museum of Natural History, 1936–44.

Peale, Rembrandt. *Account of the Skeleton of the Mammoth.* London, 1802.

———. *An Historical Disquisition on the Mammoth.* London, 1803.

⑪ Pfizenmayer, Eugen W. *Siberian Man and Mammoth*, trans. Muriel Simpson. London: Blacking, 1939.

Sher, Andrei V. *Pleistocene Mammals and Stratigraphy of Far-East USSR and North America* (in Russian). Moscow: Geological Institute, Academy of Sciences, 1971; trans. in *International Geological Review*, no. 16 (1974): 1–224.

Shoshani, Jeheskel, and Pascal Tassy, eds. *The Proboscidea: Evolution and Palaeoecology of Elephants and Their Relatives.* Oxford: Oxford University Press, 1996.

Shoshani, J., D. A. Walz, M. Goodman, J. M. Lowenstein, and W. Prychodko. "Protein and Anatomical Evidence of the Phylogenetic Position of *Mammuthus primigenius* among the *Elephantidae.*" *Acta Zoologica Fennica* 170 (1985): 237–40.

Surmely, Frédéric. *Le Mammouth, géant de la préhistoire.* Paris: Solar, 1993.

Tassy, Pascal. "Phylogénie et classification des *Proboscidaea* (*Mammalia*), historique et actualité." *Annales de paléontologie* 76, no. 3 (1990): 159–224.

Tatischev, Vassily. "Generosiss. Dr Basilii Tatischow Epistola ad d. Ericum Benzelium de Mamontowa Kost, id est, de ossibus bestia Russis *Mamont* dicta." *Acta literaria Sveciae* (Stockholm and Upsalla, 1725).

———. *Skazanije o zvérié mamontié, o kotorom obyvatiéli sibirskijé skazaiout, iakoby jiviot pod zemliou, s ikh o tom dokazatielstvy i drougyikh o tom razlitchnyie mnienija* (Legends about the animal mammoth, which, according to the inhabitants of Siberia, lives underground, with their evidence and other opinions on the subject). Upsalla, 1730.

Tentzelius, Wilhelm. *De sceleto elephantino a celeberrimo Wilhelmo Tentzelio Historiographo ducali saxonico, ubi quoque Testaceorum petrificationes defenduntur . . .* Urbini: Litteris Leonardi, 1697.

Tolmachoff, I. P. "The Carcasses of the Mammoth and Rhinoceros Found in the Frozen Ground of Siberia." *Transactions of the American Philosophical Society* 23 (1929).

Van Riper, A. Bowdouin. *Men among the Mammoths: Victorian Science and the Discovery of Human Prehistory.* Chicago: University of Chicago Press, 1993.

Vartanyan, S. L., V. E. Garutt, and A. V. Sher. "Holocene Dwarf Mammoths from Wrangel Island in the Siberian Arctic." *Nature* 362 (March 25, 1993): 337–40.

Vaufrey, Raymond. *Les Eléphants nains des îles méditerranéennes et la question des isthmes pléistocènes.* Paris: Masson, 1929.

⑫ Vereshchagin, N. K. *Pochemu vymerli mamonty* (Why mammoths became extinct). Leningrad: Nauka, 1979.

———, ed. *Magadanskii mamontjonok* [the baby mammoth of Magadan], *Mammuthus primigenius (Blumenbach).* USSR Academy of Science. Leningrad: Nauka, 1981.

Volosovich, K. A. *The Bolshoi Lyakhov Mammoth (New Siberia), A Geological Sketch* (in Russian). Petrograd, 1915.

Garutt, Vadim E. *Das Mammut:* Mammuthus primigenius *(Blumenbach).* Wittenberg, 1964.

Garutt, Vadim E., A. Gentry, and Adrian M. Lister. "*Mammuthus* Brookes, 1828 (*Mammalia, Proboscidea*) Proposed Conservation, and *Elephas primigenius* Blumenbach, 1799 (currently *Mammuthus primigenius*) Proposed Designation as the Type Species of *Mammuthus*, and Designation of a Neotype." *Bulletin of Zoological Nomenclature* 47 (1990): 38–44.

Gherbrant, Emmauel, Jean Sudre, and Henri Capetta. "A Palaeocene Proboscidean from Morocco." *Nature* 383 (September 1996).

Ginsburg, Léonard. "Nouvelles lumières sur les ossements fossiles autrefois attribués au géant Theutobochus." *Annales de paléontologie* 70 (1984): 181–219.

Guthrie, R. Dale. *Frozen Fauna of the Mammoth Steppe: The Story of Blue Babe.* Chicago: University of Chicago Press, 1990.

Haynes, Gary. *Mammoths, Mastodons and Elephants: Biology, Behaviour and the Fossil Record.* New York: Columbia University Press, 1991.

Herz, Otto. *Naoutchnyi rezoultaty ekspeditsii snariajennoj Imperatorskoi Akademii Nauk dlia raskopka mamonta, Naidiennavo na rekié Berezovke v 1901 godou* (Results of the 1901 scientific expedition to retrieve the Berezovka mammoth). Vols. 1, 2, Saint-Petersburg, 1903; vol. 3, Petrograd, 1914.

Hopwood, Arthur T. "Fossil Proboscidaea from China." *Palaeontologica sinica* 9 ser. C, pt. 3 (1935): 1–108.

Howorth, Henry H. *The Mammoth and the Flood.* London, 1887.

Ivanov, S. V. "The Mammoth in the Art of the Peoples of Siberia" (in Russian). *Publications of the Anthropological and Ethnographical Museum of Saint-Petersburg* XI (1949): 133–61.

Jelinek, Jan. *Encyclopédie illustrée de l'homme préhistorique.* Prague: Artia, 1974; Paris: Gründ, 1979.

Johnson, P. H., C. B. Olson, and M. Goodman. "Prospects for the Molecular Biological Reconstruction of the Woolly Mammoth's Evolutionary History: Isolation and Characterization of Deoxyribonucleic Acid from the Tissue of *Mammuthus primigenius.*" *Acta Zoologica Fennica* 170 (1985): 225–31.

Lister, Adrian M. "Mammoths in Miniature." *Nature* 362 (March 25, 1993): 288–89.

⑩ Lister, Adrian M., and Paul Bahn. *Mammoths.* New York: Macmillan, 1994.

Lowenstein, Jerold M. "Radio Immune Assay of Mammoth Tissue." *Acta Zoologica Fennica* 170 (1985): 233–35.

Maddren, A. G. "Smithsonian Exploration in Alaska in 1904 in Search of Mammoth and Other Fossil Remains." Smithsonian Miscellaneous Collections, vol. 49, no. 1584. Washington, D.C., 1905.

Maglio, Vincent J. "Origin and Evolution of the Elephantidae." *Transactions of the American Philosophical Society of Philadelphia*, n.s., 63 (1973): 1–149.

Merck, K. *Lettre sur les os fossiles d'éléphants et de rhinocéros qui se trouvent en Allemagne.* Darmstadt, 1783.

Nesti, Filippo. "Di alcune ossa fossili de Mammiferi che s'incontrano nel Val d'Arno." *Annali del Museo di Firenze* 1 (1808).

Neuville, Henry. "De l'extinction du mammouth." *L'Anthropologie* 29 (1918–19): 193–212.

Noro, M., R. Masuda, I. A. Dubrovo, M. C. Yoshida, and M. Kato. "Phylogenetic Inference of the Woolly *Mammoth Mammuthus primigenius,* Based on Complete

Shepard, Odell. *The Lore of the Unicorn.* London: Shepard, Allen & Unwin, 1930.

Simpson, George Gaylord. "The Beginnings of Vertebrate Paleontology in North America." *Proceedings of the American Philosophical Society* 86, no. 1 (September 1942): 130–88.

Tassy, Pascal. *L'Arbre à remonter le temps.* Paris: Bourgois, 1991.

Whewell, William. *History of the Inductive Sciences.* 2 vols. London: John W. Parker, 1837.

Zittel, Karl von. "Geschichte der Geologie und Paläeontologie bis Ende des 19 Jahrhunderts." *Geschichte der Wissenschaft in Deutschland.* Vol. 23. Munich: Oldenbourg, 1899.

マンモスについてのモノグラフ

⑧ Auel, Jean. *The Mammoth Hunters.* New York: Bantam, 1986.

⑨ Augusta, Josef, and Zdenek Burian. *Das Buch von den Mammuten.* Prague: Artia, 1962. Trans. by Margaret Schierl as *A Book of Mammoths.* London: Hamlyn, 1963.

Benton, Michael. "Palaeomolecular Biology and the Relationships of the Mammoth." *Geology Today* 2, no. 5 (September 1986).

Breyne, Johann Philip. "Observations, and a Description of Some Mammoth's Bones Dug Up in Siberia, Proving Them to Have Belonged to Elephants." *Philosophical Transactions* 40 (1737–38); London, 1741, 124–39.

Cohen, Claudine. "Sto liet (1695–1796) v istorii izoutchénija mamonta: nakhodki mamontovykh kostiei i ikh obiasnienija v zapadnoj Evropié" (A hundred years of studies on the woolly mammoth). *Troudy Zoologuitcheskovo Institouta, Rosiiskaia Akademiia Naouk* (Publications of the Zoological Institute of Saint Petersburg, Russian Academy of Science) 270 (1996): 196–205.

Coppens, Yves, Vincent J. Maglio, T. Madden, and Michel Beden. "Proboscidaea." In *Evolution of African Mammals,* ed. Vincent J. Maglio and H. B. Cooke. Cambridge: Harvard University Press, 1978.

Cuvier, Georges. "Mémoire sur les espèces d'éléphans, tant vivantes que fossiles." *Magasin encyclopédique* 3. Paris, 1796.

———. "Mémoire sur les espèces d'éléphans vivantes et fossiles." *Mémoires de l'Institut national des sciences et des arts. Sciences mathématiques et physiques* 2 (1799): 1–22.

Depéret, Charles, and Lucien Mayet. "Monographie des éléphants pliocènes d'Europe et de l'Afrique du Nord." *Annales de l'université de Lyon* 1, no. 42 (Lyon-Paris: Sciences, Médecines, 1923): 91–224.

Desbrosses, René, and Janusz Koslowski. *Hommes et climats à l'âge du mammouth.* Paris: Masson, 1988.

Digby, George Bassett. *The Mammoth and Mammoth-hunting in North-east Siberia.* London: H. F. & G. Witherby, 1926.

Dillow, Jody. "The Catastrophic Deep-Freeze of the Berezovka Mammoth." *Creation Research Society Quarterly* 14 (June 1977): 5–13.

Escutenaire, Catherine, Janusz K. Kozlowski, Valery Sitlivy, and Krzysztof Sobczyk. *Les Chasseurs de mammouths de la vallée de la Vistule.* Krakow-Spadzista B, *un site gravettien à amas d'ossements de mammouths.* Bruxelles: Musées royaux d'art et d'histoire et Université Jagellon de Cracovie, 1999.

Falconer, Hugh. *Palaeontological Memoirs.* Vol. 2, ed. by Charles Murchison. London: Hardwicke, 1868.

Farrand, William R. "Frozen Mammoths and Modern Geology." *Science* 133 (March 17, 1961): 729–35.

Gould, Stephen Jay, and Rosamond Purcell. *Finders, Keepers: Eight Collectors*. New York: Norton, 1992.

Grayson, Donald. *The Establishment of Human Antiquity*. New York: Academic Press, 1983.

Greene, John. *The Death of Adam: Evolution and Its Impact on Western Thought*. Ames: Iowa State University Press, 1959.

Hölder, Helmut. *Kurze Geschichte der Geologie und Paläontologie*. Berlin: Springer-Verlag, 1989.

Hooykaas, R. *Continuité et discontinuité en géologie et en biologie*. Paris: Seuil, 1970.

Hull, David. *Science as a Process*. Chicago: University of Chicago Press, 1988.

⑤ Jacob, François. *La Logique du vivant: Une Histoire de l'hérédité*. Paris: Gallimard, 1970. Trans. as *The Logic of Life: A History of Heredity*, trans. Betty E. Spillmann. New York: Pantheon, 1973.

Laurent, Goulven. *Paléontologie et évolution en France, 1800–1860, de Cuvier-Lamarck à Darwin*. Paris: Editions du Comité des travaux historiques et scientifiques, 1987.

Mayor, Adrienne. *The First Fossil Hunters: Paleontology in Greek and Roman Times*. Princeton: Princeton University Press, 2000.

Mayr, E., and W. Provine. *The Evolutionary Synthesis: Perspectives on the Unification of Biology*. Cambridge: Harvard University Press, 1980.

Morello, Nicoletta. *La Nascita della paleontologia nel seicento. Colonna, Stenone e Scilla*. Ed. Franco Angeli. Milano, 1979.

Oldroyd, David R. *Thinking about the Earth: A History of Ideas in Geology*. London: Athlone, 1996.

Olmi, Giuseppe. *L'inventario del mondo: Catalogazione della natura e luoghi del sapere nella prima età moderna*. Bologna: Società editrice il Mulino, 1992.

Outram, Dorinda. *Georges Cuvier: Vocation, Science and Authority in Post-Revolutionary France*. Manchester: Manchester University Press, 1984.

Rainger, Ronald. *An Agenda for Antiquity: Henry Fairfield Osborn and Vertebrate Paleontology at the American Museum of Natural History, 1890–1935*. Tuscaloosa: University of Alabama Press, 1991.

Roger, Jacques. ⑥ *Buffon*. Paris: Fayard, 1989.

———. *Epoques de la nature*. Paris: Editions du Muséum d'histoire naturelle, 1962, 1988.

Rossi, Paolo. *I segni del tempo: Storia della terra e storia delle nazioni da Hooke a Vico*. Milan: Feltrinelli, 1979. Trans. by Lydia G. Cochrane as *The Dark Abyss of Time: The History of the Earth and the History of Nations from Hooke to Vico*. Chicago: University of Chicago Press, 1984.

Rudwick, Martin J. S. *Georges Cuvier, Fossil Bones, and Geological Catastrophes: New Translations and Interpretations of the Primary Texts*. Chicago: University of Chicago Press, 1997.

———. *The Great Devonian Controversy: The Shaping of Scientific Knowledge among Gentlemanly Specialists*. Chicago: University of Chicago Press, 1985.

⑦ ———. *The Meaning of Fossils: Episodes in the History of Paleontology*. 2nd ed. Chicago: University of Chicago Press, 1976.

———. *Scenes from Deep Time: Early Pictorial Representations of the Prehistoric World*. Chicago: University of Chicago Press, 1992.

Rupke, Nicolaas. *Richard Owen: Victorian Naturalist*. New Haven: Yale University Press, 1994.

参考文献

古生物学史について

Adams, Frank Dawson. *The Birth and Development of the Geological Sciences.* New York: Dover Publications, 1938.

① Appel, Toby A. *The Cuvier-Geoffroy Debate. French Biology in the Decades before Darwin.* Oxford: Oxford University Press, 1987.

Bedini, Silvio A. *Thomas Jefferson and American Vertebrate Paleontology.* Charlottesville: Virginia Division of Mineral Resources Publication, 61, 1985.

② Buffetaut, Eric. *Des fossiles et des hommes.* Paris: Laffont, 1991. Trans. of *A Short History of Vertebrate Palaeontology.* London: Croom Helm, 1987.

Cohen, Claudine. "André Leroi-Gourhan, chasseur de préhistoire." *Critique* 444 (May 1984): 384–403.

———. "Formes et métamorphoses du récit paléontologique." In "Le Narratif hors fiction," ed. R. le Huenen. *Texte, Revue de critique et de théorie littéraire,* nos. 19–20 (Toronto, 1996): 279–89.

———. *La Genèse de* Telliamed. *Benoît de Maillet et l'histoire naturelle à l'aube des Lumières.* Thèse de l'université de Paris III, 1989, à paraître, Paris, Vrin-EHESS.

———. *L'Homme des origines: Savoirs et fictions en préhistoire.* Paris: Seuil, 1999.

———. "Richard Owen: Paléontologie, embryologie et morphologie transcendantale vers 1840." In *Actes du colloque "Les Philosophies de la nature,"* ed. O. Bloch. Paris: Presses de la Sorbonne, 2000.

Cohen, Claudine, and Jean-Jacques Hublin. *Boucher de Perthes: Les Origines romantiques de la préhistoire.* Paris: Belin, 1989.

Coleman, W. *Georges Cuvier Zoologist: A Study in the History of Evolution Theory.* Cambridge: Harvard University Press, 1964.

Desmond, Adrian. *Archetypes and Ancestors: Paleontology in Victorian London, 1850–1875.* Chicago: University of Chicago Press, 1982.

———. *The Politics of Evolution: Morphology, Medicine, and Reform in Radical London.* Chicago: University of Chicago Press, 1989.

Ellenberger, François. *Histoire de la géologie.* Vols. 1, 2. Paris: Lavoisier, 1994.

Gohau, Gabriel. ③ *Une Histoire de la géologie.* Paris: Seuil, 1990. Trans. by Albert Carozzi and Marguerite Carozzi as *A History of Geology.* New Brunswick, N.J.: Rutgers University Press, 1991.

———. *Les Sciences de la terre aux XVIIe et XVIIIe siècles. Naissance de la géologie.* Paris: Albin Michel, 1990.

④ Gould, Stephen Jay. *Time's Arrow and Time's Cycle: Myth and Metaphor in the Discovery of Geological Time.* Cambridge: Harvard University Press, 1987.

(17) Tassy, «Phylogénie», 218.

(18) *Ibid*, 220.

(19) J. Shoshani, D. A. Walz, M. Goodman, J. M. Lowenstein and W. Prychodko, «Protein and Anatomical Evidence of the Phylogenetic Position of *Mammuthus primigenius* among the *Elephantidae*», *Acta Zoologica Fennica* 170 (1985), 238–40.

(20) *Ibid.*, 239–240.

(21) Hull, *Science as a Process*.

(22) Niles Eldredge, «Cladism and Common Sense», in *Phylogenetic Analysis and Paleontology*, ed. J. Cracraft and N. Eldredge (New York : Columbia University Press, 1979), 194–95.

(23) André Adoutte, «La Phylogénie moléculaire», in *La Mémoire de la Terre* (Paris : Seuil, 1992), 214 を参照. Allan C. Wilson, «The Molecular Basis of Evolution», *Scientific American* 253, no. 4 (October 1985), 148–57 も参照.

(24) Adoutte, «La Phylogénie moléculaire», 215.

(25) Vereshchagin, *Magadanskii mamontjonok*.

(26) Jerold M. Lowenstein, Vincent M. Sarich and Barry J. Richardson, «Albumin systematics of the extinct mammoth and Tasmanian wolf», *Nature* 291 (June 4, 1981), 409–11. J. M. Lowenstein, «Radio Immune Assay of Mammoth Tissue», *Acta Zoologica Fennica* 170 (1985), 233–35 も参照.

(27) Shoshani et al., «Protein and Anatomical Evidence», 240.

(28) M. Noro, R. Masuda, I. A. Dubrovo, M. C. Yoshida and M. Kato, «Phylogenetic Inference of the Woolly Mammoth *Mammuthus primigenius*, Based on Complete Sequences of Mitochondrial Cytochrome *b* and 12S Ribosomal RNA Genes», *Journal of Molecular Evolution* 46 (1998), 314–24 を参照. T. Osawa, S. Hashaui and V. M. Mikhelson, «Phylogenetic Position of Mammoth and Steller's Sea Cow within *Tethytheria* Demonstrated by Mitochondrial DNA Sequences», *Journal of Molecular Evolution* 44 (1997), 406–13 も参照.

(29) Régis Debruyne, *Phylogénie moléculaire des Elepahnts* (*Mammalia*, *Proboscidea*) *et position du Mammouth laineux*, Diplome d'Etudes Approfondies, «Biodiversité : Génétique, Histoire et Mécanismes de l'Evolution», Universités Paris VI, Paris VII, Paris XI, INA–PG, MNHN, septembre 2000. V. Barriel, R. Debruyne and P. Tassy in *Journal of Molecular Evolution* (forthcoming) も参照.

(30) P. H. Johnson, C. B. Olson and M. Goodman, «Prospects for the Molecular Biological Reconstruction of the Woolly Mammoth's Evolutionary History : Isolation and Characterization of Deoxyribonucleic Acid from the Tissue of *Mammuthus primigenius*», *Acta Zoologica Fennica* 170 (1985), 225–31.

(31) Régis Debruyne, 2000年12月のわたしとの私信において.

(32) Bernard Buigues et Francis Latreille, *Mammouth* (Paris : Robert Laffont, 2000) を参照.

(33) Michael Benton, «Palaeomolecular Biology and the Relationships of the Mammoth», *Geology Today* 2, no 5 (September 1986), 135–36.

(34) Adrienne Mayor, *The First Fossil Hunters : Paleontology in Greek and Roman Times* (Princeton : Princeton University Press, 2000), 249 を参照.

結論

(1) Rudwick, *The Meaning of Fossils*, 266–67 を参照.

第12章　マンモスのクローニング？——ゾウとコンピューターと分子

（1）　W. E. Garutt, *Das Mammut* : Mammuthus primigenius (*Blumenbach*) (Wittenberg, 1964) を参照.

（2）　W. E. Garutt, Anthea Gentry and A. M. Lister, «*Mammuthus* Brookes, 1828 (Mammalia, Proboscidea) : Proposed Conservation, and *Elephas primigenius* Blumenbach, 1799 (currently *Mammuthus primigenius*) : Proposed Designation as the Type Species of *Mammuthus*, and Designation of a Neotype», *Bulletin of Zoological Nomenclature* 47 (1990), 38–44 を参照.

（3）　Blumenbach, *Handbuch für Naturgeschichte* ; trad. fr. *Manuel d'histoire naturelle* (Metz, 1803), t. II, section seizième «Des pétrifications», §262 sq., p. 407 sq.

（4）　本書第3章，96頁を参照.

（5）　この二つの小冊子の表題は *Des Unicornu fossilis oder gegrabenen Einhorn Welches in der Herrshafft Tonna gefunden worden Berfertiget von dem Collegio Medico in Gotha den 14 febr. 1696* ; *De sceleto elephantino a celeberrimo Wilhelmo Tentzelio Historiographo ducali saxonico, ubi quoque Testaceorum petrificationes defenduntur*... (Urbino : Litteris Leonardi, 1697).

（6）　この貴重な資料のことを教示し，その写真を撮らせてくださったスティーヴン・ジェイ・グールドに感謝する.

（7）　«International Code of Zoological Nomenclature Adopted by the 35th International Congress of Zoology, London, July 1958», in Ernst Mayr, *Principles of Systematic Zoology* (New York : McGraw–hill, 1969).

（8）　本書第5章，149頁を参照.

（9）　Simpson, «The Principles of Classification», 240 ; Arthur T. Hopwood, «Fossil Proboscidea from China», *Palaeontologica sinica* 9, ser. C, pt. 3 (1935), 1–108.

（10）　Pascal Tassy, *L'Arbre à remonter le temps* (Paris : Bourgois, 1991), 21. 長鼻目の分類の批判的検討については Tassy, «Phylogénie et classification des *Proboscidea* (*Mammalia*), historique et actualité», *Annales de paléontologie* 76, fasc. 3 (1990), 159–224 を参照.

（11）　David Hull, *Science as a Process* (Chicago : University of Chicago Press, 1988), 118–30 を参照.

（12）　W. Hennig, *Phylogenetic Systematics* (Urbana : University of Illinois Press, 1966).

（13）　Tassy, «Phylogénie».

（14）　*Ibid.*, 220.

（15）　1985年にスウォフォードによって開発された *PAUP v.2.4* と，1988年にファリスによって開発された *Hennig 86 v.1.5*.

（16）　「余はさまざまな未来——すべての未来にあらず——にたいし，余の八岐の園をゆだねる」と，ボルヘスの短編小説の中の中国の賢人，崔奔は書いていた.「『八岐の園』とは，あの混沌とした小説だったのです」と，才気あふれるイギリスの碩学は説明する.「さまざまな未来——すべての未来にあらず——ということばは，空間ではなくて，時間のなかの分岐のイメージを示唆しました. [……] あらゆるフィクションでは，人間がさまざまな可能性に直面した場合，そのひとつをとり，他を捨てます. およそ解きほぐしようのない崔奔のフィクションでは，彼は——同時に——すべてをとる. それによって彼は，さまざまな未来を，さまざまな時間を創造する. そして，これらの時間がまた増殖し，分岐する」（邦訳『八岐の園』，『伝奇集』所収，岩波文庫，1993, 鼓直訳，132−33頁による）.

(33) Madison Grant, *The Passing of the Great Race, or The Racial Basis of European History*, preface by H. F. Osborn (London, 1920).

(34) Darwin, *On the Origin of Species*, chap.4, 109.

(35) 絶滅の「ダーウィン的パラダイム」の検討（および批判）については David M. Raup, *Extinction : Bad Genes or Bad Luck?* (New York : Norton, 1991)（邦訳『大絶滅：遺伝子が悪いのか運が悪いのか？』，平河出版社，1996）を参照．

(36) Darwin, *On the Origin of Species*, chap.10, 322

(37) Romer, «Time Series», 118.

(38) *Ibid.*, 119.

(39) Darwin, *On the Origin of Species*, chap.10, 317–18.

(40) Raup, *Extinction* を参照．スティーヴン・ジェイ・グールドは，カンブリア紀の絶滅に関し同様の主張を『ワンダフル・ライフ』や『フラミンゴの微笑』の中で述べている．

(41) Raup, *Extinction*, 5.

(42) *Ibid.*, 191.

(43) Andrei V. Sher, *Pleistocene Mammals and Stratigraphy of the Far-East USSR and North America* (in Russian) (Moskva : Geological Institute, Academy of Sciences, 1971) ; trans. in *International Geological Review* 16 (1974), 1–224.

(44) R. Dale Guthrie, *Frozen Fauna of the Mammoth Steppe* (Chicago : University of Chicago Press, 1990).

(45) N. K. Vereshchagin and G. F. Baryshnikov, «Quaternary Mammalians Extinctions in Northern Eurasia», in *Quaternary Extinctions*, ed. Martin and Klein, 483–516.

(46) George Bassett Digby, *The Mammoth and Mammoth-hunting in North-east Siberia* (London : H. F. & G. Witherby, 1926).

(47) Paul S. Martin, «Prehistoric Overkill», in *Pleistocene Extinctions : The Search for a Cause*, ed. P. S. Martin and H. E. Wright Jr. (New Haven : Yale University Press, 1967), 75–120.

(48) Donald K. Grayson, «Explaining Pleistocene Extinctions : Thoughts on the Structure of a Debate», in *Quaternary Extinctions*, ed. Martin and klein, 807–23.

(49) Paul S. Martin, «Prehistoric Overkill : The Global Model», in *Quaternary Extinctions*, ed. Martin and Klein, 370.

(50) René Desbrosses et Janusz Koslowski, *Hommes et climats à l'âge du mammouth* (Paris : Masson, 1988).

(51) Vereshchagin and Baryshnikov, «Quaternary Mammalians Extinctions». N. K. Vereshchagin, *Pochemu vymerli mamonty* (Leningrad : Nauka, 1979)（邦訳『マンモスはなぜ絶滅したか』，東海大学出版会，1981）も参照．

(52) S. L. Vartanyan, V. E. Garutt and A. V. Sher, «Holocene Dwarf Mammoths from Wrangel Island in the Siberian Arctic», *Nature* 362 (March 25, 1993), 337–40.

(53) A. M. Lister, «Mammoths in Miniature», *Nature* 362 (March 25, 1993), 288–89.

(54) Vartanyan et al., «Holocene», 340.

(55) ゾウ科の中で最小の「ミニチュアの」ゾウ，体高 1 メートル以下のエレファス・ファルコネリがマルタ島やシチリア島にも生存していた．それは古代ローマ時代に絶滅したのだろう．

(56) Vartanyan et al., «Holocene», 339.

(57) Jean-Pierre Cavaillé, *Descartes, la fable du monde* (Paris : Vrin-EHESS, 1991) を参照．

(Paris, 1580).

（5） Leibniz, Hannover ms. LH 37, 4, Ff. 14–15.「数種の未知の石化した貝殻が発見されるが，それは海中では見つけることができない．そのことは，その種は失われてしまったと信憑性のない主張をするのでない限り，それが自然の戯れによるものであることを示しているのである」．

（6） Buffon, *Histoire naturelle générale et particulière*... (Paris : Imprimerie Royale, 1749), 2 : 18–41 ; *Histoire naturelle*... (1766), 14 : 311–74 ; Buffon, *Œuvres philosophiques*, éd. par Jean Piveteau (Paris : PUF, 1954), 243, 396 も参照.

（7） 本書第5章を参照.

（8） Alcide d'Orbigny, *Cours élémentaire de paléontologie et de géologie stratigraphiques* (Paris : Masson, 1849–52).

（9） Charles C. Gillispie, *Genesis and Geology* (1951) を参照.

（10） Henry H. Howorth, *The Mammoth and the Flood* (London, 1887).

（11） Louis Agassiz, «Discours prononcé à l'ouverture des séances de la Société helvétique des sciences naturelles le 24 juillet 1837», *Actes de la Société helvétique des sciences naturelles*, 22e Session (Neuchâtel, 1837).

（12） Elizabeth Cary–Agassiz, *Louis Agassiz : His Life and Correspondence*, vol. 1 (Boston, 1886), 289.

（13） *Ibid.*, 263–64.

（14） *Ibid.*, 296.

（15） Louis Agassiz, *Geological Sketches*, second series (Boston, 1876), 77.

（16） Agassiz, *Geological Sketches* (Boston, 1866), 208.

（17） William R. Farrand, «Frozen Mammoths and Modern Geology», *Science* 133 (March 17, 1961),729–35.

（18） たとえば Jody Dillow, «The Catastrophic Deep–Freeze of the Berezovka Mammoth», *Creation Research Society Quarterly* 14 (June 1977), 5–13 を参照.

（19） 絶滅に関するライエルの知的道程のより完全な研究としては Donald K. Grayson, «Nineteenth–Century Explanations of Pleistocene Extinctions», in *Quaternary Extinctions*, ed. Paul S. Martin and Richard G. Klein (Tucson : University of Arizona Press, 1984), 5–39 を参照.

（20） Charles Lyell, *Principles of Geology*, vol. 1 (London, 1830).

（21） *Ibid.*, 1 : 97.

（22） この語は1832年頃，地質学者で科学史家であるウィリアム・ヒューエルによって作られた．

（23） Lartet and Christy, *Reliquiae Aquitanicae*.

（24） Lyell, *The Geological Evidences of the Antiquity of Man*, 374.

（25） Van Riper, *Men Among the Mammoths*, 177–78 を参照.

（26） Owen, *A History of British Fossil Mammals and Birds*, 270.

（27） Gaudry, *Essai de paléontologie philosophique*, 43.

（28） Rainger, *An Agenda for Antiquity*, chap. 6 «Osborn, Nature, and Evolution», 123 sq. を参照.

（29） I. P. Tolmachoff, «The Carcasses of the Mammoth and Rhinoceros Found in the Frozen Ground of Siberia», *Transactions of the American Philosophical Society* 23 (1929), 1–74.

（30） Henry Neuville, «De l'extinction du mammouth», *L'Anthropologie* 29 (1918–19), 193–212.

（31） Tolmachoff, «The Carcasses», 65.

（32） *Ibid.*, 70.

American Journal of Science 21 (1881), 106 sq.
（7） A. G. Maddren, «Smithsonian Expedition in Alaska in 1904 in Search of Mammoth and Other Fossil Remains», Smithsonian Miscellaneous Collections, vol. 49, no. 1584 (Washington, D.C., 1905).
（8） Charles W. Gilmore, «Smithsonian Exploration in Alaska in 1907 in Search of Pleistocene Fossil Vertebrates, Second Expedition», Smithsonian Miscellaneous Collections, vol. 51, no. 1807 (Washington, D.C., 1908).
（9） *Ibid.*, 4
（10） Troy L. Pewe, *Quaternary Geology of Alaska*, *Geological Survey Professional Paper 835* (Washington, D.C. : Government Printing Office, 1975) を参照.
（11） Gilmore, «Smithsonian Exploration», 29.
（12） Eugen W. Pfizenmayer, *Les Mammouths de Sibérie*, trad. de l'allemand (Paris : Payot, 1939), English edition, *Siberian Man and Mammoth* (London : Blacking, 1939), 185.
（13） Cit. in Gilmore, «Smithsonian Exploration», 28.
（14） Pfizenmayer, *Siberian Man and Mammoth*, 86.
（15） *Ibid.*, 9.
（16） *Ibid.*, 85.
（17） *Ibid.*, 90.
（18） *Ibid.*, 103.
（19） *Ibid.*
（20） *Ibid.*,104.
（21） *Ibid.*,105.
（22） Otto Herz, *Naoutchnyi rezoultaty ekspeditsii snariajennoj Imperatorskoj Akademiej Naouk dlia raskopka mamonta*, *Naidiennavo na rekié Berezovke v 1901 godou*（1901年にベレゾフカ川のマンモスを探索しにでかけた学術探検の成果), vols. 1, 2 (Sankt–Peterburg, 1903), vol. 3 (Petrograd, 1914).
（23） Nikolai K. Vereshchagin, ed., *Magadanskii mamontjonok*［マガダンの赤ちゃんマンモス］, *Mammuthus primigenius* (*Blumenbach*), Académie des sciences d'URSS (Leningrad : Nauka, 1981).
（24） Maglio, «Origin and Evolution of the Elephantidae»を参照.
（25） Y. Coppens, V. J. Maglio, T. Madden, M. Beden, «Proboscidea», in *Evolution of African Mammals*, 357.
（26） E. James Dixon, *Quest for the Origins of the First Americans* (Albuquerque : University of New Mexico Press, 1993).
（27） *Ibid.*

第11章　マンモスの生と死――絶滅のシナリオ

（1） ブリアンについては第1章の注（14）を参照.
（2） George F. Wright, *Asiatic Russia* (New York : McClure, 1903), 581.
（3） 特にマンモスに捧げられたモノグラフ J. Augusta und Z. Burian, *Das Buch von den Mammuten* (Praha : Artia, 1962) (trad. fr. *Le Livre des mammouths*) を参照.
（4） Bernard Palissy, *Discours admirables de la nature des eaux et fontaines*, *tant naturelles qu'artificielles*, *des métaux*, *des sels et salines*, *des pierres*, *des terres*, *du feu et des émaux*

tionary Synthesis, ed. Mayr and Provine, 158.
(32) Simpson, *Tempo and Mode*, 199–206.
(33) Alfred Romer, «Time Series and Trends in Animal Evolution», in *Genetics, Paleontology and Evolution*, ed. Jepsen, Mayr and Simpson, 103–20.
(34) George Gaylord Simpson, *The Major Features of Evolution* (New York : Columbia University Press, 1953), 116.
(35) Simpson, «The Principles of Classification and a Classification of Mammals», *Bulletin of the American Museum of Natural History* 85 (1945), 1–350.
(36) Erich Thenius, «Phylogenie des Mammalia : Stammesgeschichte der Saügetiere (einschliesslich der Hominiden)», *Handbuch der Zoologie* 8, Nr. 2 (1969).
(37) Romer, «Time Series», 103.
(38) Niles Eldredge and Stephen Jay Gould, «Punctuated Equilibria : An Alternative to Phyletic Gradualism», in *Models in Paleobiology*, ed. Thomas J. M. Shopf (San Francisco : Freeman, Cooper, 1972), 82–105. Reprinted in Niles Eldredge, *Time Frames : The Evolution of Punctuated Equilibria* (Princeton : Princeton University Press, 1989).
(39) Eldredge and Gould, «Punctuated Equilibria», 84.
(40) *Ibid*.
(41) Stephen Jay Gould and Richard Lewontin, «The Spandrels of San Marco and the Panglossian Paradigm : A Critique of the Adaptationist Programme», *Proceedings of the Royal Society* B 205 (London, 1979), 581–98.
(42) Vincent J. Maglio, «Origin and Evolution of the Elephantidae», *Transactions of the American Philosophical Society*, new series, 63 (1973), 1–149 を参照.
(43) Adrian M. Lister, «Evolution and Paleoecology of Elephants and Their Relatives in Eurasia», in *The Proboscidea : Evolution and Paleoecology of Elephants and Their Relatives*, ed. Jeheskel Shoshani and Pascal Tassy (Oxford : Oxford University Press, 1996).
(44) *Ibid*.

第10章　アフリカからアラスカへ——マンモスの旅程

(1) «Gold! Gold! Gold! Gold!», *Seattle-Post Intelligencer*, July 17, 1897, 1. «Sacks of Gold from the Mines of Klondike», *San Francisco Chronicle*, July 15, 1897, 1.
(2) Jack London, *The Call of the Wild* (New York : Macmillan, 1903)(邦訳『荒野の呼び声』，岩波文庫，1954)．フランシス・ラカサンの手になる素晴らしいフランス語版 *L'Appel de la forêt et autres histoires du pays de l'or* (Paris : UGE, «10/18 », 1974)と，その序文 «Jack London ou l'odyssée du froid», 7–41 を参照.
(3) L. M. Prindle, *The Yukon–Tanana Region of Alaska : Description of the Circle Quadrangle* (Washington, D.C. : Government Printing Office, U.S. Geological Survey, 1906), 20.
(4) Otto von Kotzebue, *A Voyage of Discovery into the South Sea and Beering's Straits* (London, 1821), trans. from German, originally published in Russian (reprint, Amsterdam : N. Israel, 1967), 1 : 219–20.
(5) William Buckland, «On the Occurrence of the Remains of Elephants...», appendix to Frederick W. Beechey, *Narrative of a Voyage to the Pacific and the Beering's Strait* (1831), 2 : 332.
(6) W. H. Dall, «Extract from a Report to C. P. Patterson, Supt. Coast and Geodetic Survey»,

リカノヴァのマンモス」は，1957年にフランスの古生物学者イヴ・コパンによって復元された.

(6) Y. Conry, *L'Introduction du darwinisme en France* (Paris : Vrin, 1974) を参照.

(7) Gaudry, *Cours de paléontologie*, *Leçon d'ouverture* (Muséum d'histoire naturelle, 1873), 18.

(8) Gaudry, *Animaux fossiles*.

(9) Gaudry, *Essai de paléontologie philosophique* (Paris : Masson, 1896), 188–89, et fig. 187–92.

(10) Gaudry, «Durfort», 25.

(11) *Ibid.*, 24.

(12) Gaudry, *Paléontologie philosophique*, 30

(13) ゴードリの全3巻の著作の表題『動物界の連関』(1878–90) を参照.

(14) Letter from Darwin to Gaudry, January 21, 1868, in *Correspondance*, 2 : 396.

(15) Peter J. Bowler, *The Eclipse of Darwinism : Anti-darwinian Evolution Theories in the Decades around 1900* (Baltimore : Johns Hopkins University Press, 1983) を参照.

(16) Henry F. Osborn, *Proboscidea* (New York : Museum of Natural History, 1936–44). オズボーンの業績については Rainger, *An Agenda for Antiquity* を参照.

(17) Osborn, *The Origin and Evolution of Life* (New York : Scribner's, 1917), 114 n.

(18) Rainger, «The Continuation of Morphological Tradition : American Paleontology, 1880–1910», *Journal of the History of Biology* 14, no. 1 (spring 1981) : 129–58 を参照.

(19) Charles Depéret, *Les Transformations du monde animal* (Paris : Flammarion, 1907).

(20) *Ibid.*, 109.

(21) C. Depéret et Lucien Mayet, «Monographie des Eléphants pliocènes d'Europe et de l'Afrique du Nord», *Annales de l'université de Lyon* 1, Sciences, Médecines, fasc. 42 (Lyon–Paris, 1923) : 91–224.

(22) Charles Andrews, *A Descriptive Catalogue of the Tertiary Vertebrata of El Faiyûm*, *Egypt*, (London : British Museum, 1906), 36.

(23) Osborn, *Proboscidea*, vol. 1 (1936) を参照.

(24) 並行的階梯に沿った進化については Henry F. Osborn, *The Age of Mammals* (New York : Macmillan, 1910) を参照.

(25) François Jacob, *La Logique du vivant : Une histoire de l'hérédité* (Paris : Gallimard, 1970)（邦訳,『生命の論理』, みすず書房, 1977）.

(26) P. J. Bowler, *Evolution : The History of an Idea* (Berkeley : University of California Press, 1984)（邦訳『進化思想の歴史』, 朝日新聞社, 1987）; Jean Gayon, *Une histoire de l'hypothèse de sélection naturelle : Darwin et l'après-Darwin* (Paris : Kime, 1992).

(27) Theodosius Dobzhansky, *Genetics and the Origin of Species* (New York : Columbia University Press, 1937), 12.（邦訳『遺伝学と種の起原』, 培風館, 1953）.

(28) Ernst Mayr, «Some Thoughts on the History of the Evolutionary Synthesis», in *The Evolutionary Synthesis : Perspectives on the Unification of Biology*, ed. Ernst Mayr and William Provine (Cambridge : Harvard University Press, 1980), 1–48.

(29) G. L. Jepsen, E. Mayr and G. G. Simpson, eds., *Genetics*, *Paleontology and Evolution* (Princeton : Princeton University Press, 1949).

(30) George Gaylord Simpson, *Tempo and Mode in Evolution* (New York : Columbia University Press, 1944), 3.

(31) Stephen Jay Gould, «G. G. Simpson, Paleontology and the Modern Synthesis», in *The Evolu-*

1988).

(25)　Ivan S. Poliakov, *Antropologicheskaia poiezdka v tsentral'nuiu i vostotchnuiu Rossijou, Ispolniennaia po porucheniiu Imperatorskoi Akademii Nauk* (Sankt-Peterburg : Zapisok Akademii Nauk, 1880), 9-43.

(26)　*Ibid.*, 23-24.

(27)　あるいは「広域法」.

(28)　Zoia Abramova, «Les corrélations entre l'art et la faune dans le Paléolithique de la plaine russe (la femme et le mammouth)» (1979), 333-42.

(29)　Francine David, article «Kostienki», in André Leroi-Gourhan, *Dictionnaire de préhistoire* (Paris : PUF, 1988), 577.

(30)　Abramova, «Les corrélations», 334.

(31)　*Ibid.*

(32)　Piotr Petrovich Efimenko, *Znatchénijé Jenchtchiny v Orinjiakskoujou Epokhou* (1931).

(33)　Abramova, «Les corrélations».

(34)　*Ibid.*, 338-39.

(35)　1950年6月20日の『プラウダ』に掲載されたスターリンの論文『マルクス主義と言語学の諸問題』(邦訳『弁証法的唯物論と史的唯物論：他二篇』所収，国民文庫，大月書店，1953).

(36)　1992年7月にコスチェンキに滞在した折り，この時期のソヴィエト考古学の歴史を理解するために必要な資料や情報を与えてくださった，サンクト・ペテルブルグ科学アカデミー物質文化研究所の先史学者，ミハイル・アニコヴィッチ教授に感謝する.

(37)　P. P. Efimenko, *Kostienki I* (Moskva-Leningrad, 1958).

(38)　フランスでは，この手法は先史学者アンドレ・ルロワ＝グーランによって，1949年からアルシ＝シュル＝キュール洞窟において，次いで1960年からはパンスヴァン訓練遺跡（パリ南東のセーヌ左岸に位置する後期旧石器時代の野外遺跡）において利用された．André Leroi-Gourhan, *Le Fil du temps* を参照.

(39)　Jan Jelinek, *Encyclopedie Praveky Clovek* (Praha : Artia, 1974), trad. fr. *Encyclopédie illustrée de l'homme préhistorique* (Paris : Gründ, 1979) を参照.

(40)　Kurt Lindner, *La Chasse préhistorique*, trad. de l'allemand par le Dr Georges Montandon (Paris : Payot, 1941).

(41)　*Ibid.*, 172.

(42)　Lewis Binford, *In Pursuit of the Past* (New York : Thames & Hudson, 1984), 74-75.

第9章　系統樹の中のマンモス

(1)　Charles Darwin, *On the Origin of Species* (London, 1859) ; facsimile (Cambridge : Harvard University Press, 1964), chap. 13, 413-14.

(2)　*Ibid.*, chap. 4, 129.

(3)　Albert Gaudry, *Animaux fossiles et géologie de l'Attique, d'après les recherches faites en 1855-56 et en 1860 sous les auspices de l'Académie des sciences* (Paris : Savy, 1862-67).

(4)　Gaudry, «L'éléphant de Durfort», in *Centenaire de la fondation du Muséum d'histoire naturelle, volume commémoratif publié par les professeurs du Muséum* (Paris : Imprimerie Nationale, 1893).

(5)　ロシアの古生物学者ヴォロソヴィッチが1910年にリャーホフ諸島からもち帰ったこの「アト

(6) Léon Aufrère, *Essai sur les premières découvertes et les origines de l'archéologie primitive (1811–1844)* (Paris : Staude, 1936) を参照.

(7) Jacques Boucher de Perthes, *Antiquités celtiques et antédiluviennes* (Paris, 1847), 1 : 238.

(8) ブリクサム洞窟の発掘については J. Prestwich, *Excavations at Brixham Cave*, 482, 499–516 を参照. 1858年から1863年までのイギリスにおける古生物学の活動については A. Bowdoin Van Riper, *Men among the Mammoths : Victorian Science and the Discovery of Human Prehistory* (Chicago : University of Chicago Press, 1993) を参照.

(9) Claudine Cohen et Jean–Jacques Hublin, *Boucher de Perthes : Les origines romantiques de la préhistoire* (Paris : Belin, 1989) を参照.

(10) Charles Lyell, *The Geological Evidences of the Antiquity of Man*... (London : J. Murray, 1863) (邦訳『変遷学説は人間の起原とどんな関係があるか……』抄訳,『ダーウィニズム論集』所収, 岩波文庫, 1994).

(11) J. B. Lamarck, *Philosophie zoologique* (Paris, 1809), 1 : 349–50 (邦訳『動物哲学』, 朝日出版社, 1988).

(12) Thomas Henry Huxley, *Evidence as to Man's Place in Nature* (London : Williams & Norgate, 1863) (邦訳『自然における人間の位置』,『世界大思想全集, 社会・宗教・科学思想篇』36所収, 河出書房, 1955). Ernst Haeckel, *Anthropogenie oder Entwickelungsgeschichte des Menschen* (Leipzig, 1874) ; trad. fr. *Anthropogénie ou Histoire de l'évolution humaine* (Paris, Reinwald, 1877). Charles Darwin, *The Descent of Man, and Selection in Relation to Sex* (London : Murray, 1871) (邦訳『人類の起原』,『世界の名著』39所収, 中央公論社, 1967).

(13) Desmond, *Archetypes and Ancestors* を参照.

(14) Edouard Lartet, «Nouvelles recherches sur la coexistence de l'homme et des grands mammifères fossiles réputés caractéristiques de la dernière période géologique», *Annales des sciences naturelles*, 4e série, 15 (1861).

(15) Edouard Lartet, «Sur des figures d'animaux gravées et sculptées et autres produits d'art et d'industrie rapportables aux temps primordiaux de la période humaine», *Revue archéologique*, (1864).

(16) John Lubbock, *Pre–historic Times* (London : Williams & Norgate, 1865), 2.

(17) Gabriel de Mortillet, *Le Préhistorique, antiquité de l'homme* (Paris : Reinwald, 1880).

(18) Yves Coppens, Vincent J. Maglio, T. Madden, Michel Beden, «Proboscidea», in *Evolution of African Mammals*, ed. V. J. Maglio and H. B. Cooke (Cambridge : Harvard University Press, 1978) を参照.

(19) Edouard Lartet and Henry Christy, «On a Piece of Elephant Tusk Engraved with the Outline of a Mammouth from La Madelaine, Dordogne », in *Reliquiae aquitanicae*, ed. T. R. Jones (London, 1875), 206.

(20) Edouard Piette, *L'Art pendant l'âge du renne* (Paris : Masson, 1907).

(21) Edouard Piette, *L'Epoque éburnéenne et les races humaines de la période glyptique* (Saint–Quentin, 1894), 5–6.

(22) L. R. Nougier et R. Robert, *Rouffignac*, t. 1 : *Galerie Henri Breuil et Grand plafond*, (Firenze : Sansoni, 1959).

(23) André Leroi–Gourhan, *La Préhistoire de l'art occidental* (Paris : Mazenod, 1965) ; *Le Fil du temps* (Paris : Fayard, 1984) も参照.

(24) R. Desbrosses et J. Koslowski, *Hommes et climats à l'âge du mammouth* (Paris : Masson,

(31) Rudwick, *The Meaning of Fossils*, 208.
(32) Falconer, «On the Species of Mastodon and Elephant Occurring in the Fossil State in Great Britain», communication to the London Geological Society, published in the *Quarterly Journal of the Geological Society* 13, 14 (1857), reprinted in *Memoirs*, 2 : 1–211, 1.
(33) Falconer, *Memoirs*, 1 : 24.
(34) Falconer, «On the Species of Mastodon and Elephant...», *Memoirs*, 2 : 2.
(35) *Ibid.*, 78.
(36) *Ibid.*, 78.
(37) *Ibid.*, 6.
(38) *Ibid.*, 79.
(39) *Ibid.*, 9.
(40) *Ibid.*
(41) Martin J. S. Rudwick, «Review of *Fossils and Progress* by Peter J. Bowler», *American Journal of Science* 278, 95–96 を参照.
(42) Charles Darwin, *On the Origin of Species* (London, 1859), chap. 9, facsmile (Cambridge : Harvard University Press), 301 (邦訳『種の起原』, 岩波文庫, 1963－1971).
(43) *Ibid.*, 279–311.
(44) *Ibid.*, 281.
(45) Falconer, «On the American Fossil Elephant of the Region Bordering the Gulf of Mexico (*E. Columbi*, *Falc.*), with General Observations on the Living and Extinct Species», *Natural History Review* (January 1863), reprinted in *Memoirs*, 2 : 212–91, 251.
(46) *Ibid.*, 251.
(47) *Ibid.*, 254.
(48) Desmond, *Archetypes and Ancestors* を参照.

第8章　マンモスと人間

(1) J.–H. Rosny Aîné, *La Guerre du feu* (1909), chap. 4, «L'alliance entre l'homme et le mammouth», in *Romans préhistoriques* (Paris : Laffont, 1985), 262 (邦訳『人類創世』, 角川書店, 1982).
(2) Sigmund Freud, «Une difficulté de la psychanalyse» (1917), in *L'Inquiétante Etrangeté* (Paris : Gallimard, 1985), 175–87 (邦訳『精神分析に関わるある困難』,『フロイト著作集』第10巻所収, 人文書院, 1983).
(3) «Observations sur les ossements humains et les objets de fabrication humaine confondus avec des ossements de mammifères appartenant à des espèces perdues, par M. Tournal fils, de Narbonne», *Bulletin des sciences naturelles et de géologie* (1831), 250–51.
(4) Charles Fraipont, «Les hommes fossiles d'Engis», *Archives de l'Institut de paléontologie humaine* 16 (1936).
(5) 「これらの断片はいずれも事後に持ち込まれたのではないことを敢えて保証できるゆえ, 洞窟内にそれらが存在したことにわたしは大きな価値を与える. なぜならたとえ人骨が, 大洪水以前のものと見なされるのに好都合な条件下で発見されたのではないとしても, その証拠は削った骨や加工した燧石によって提供されたと思われるからである」(Philippe C. Schmerling. *Mémoires de la Société géologique française*, séance du 16 mars 1835, 173).

(9) Buffetaut, *Des fossiles et des hommes* を参照.

(10) Thomas H. Huxley, «Owen's Position in the History of Anatomical Science», in Rev. R. S. Owen, *The Life of Richard Owen*, 2 vols., (London, 1894), 2 : 310.

(11) Richard Owen, *On the Anatomy of Vertebrates*, 3 vols., (London, 1866–68).

(12) Owen, *On the Nature of Limbs* (London, 1849), 22.

(13) *Ibid.*, 86.

(14) Owen, *Anatomy of Vertebrates*, 3 : 796.

(15) Owen's presidential address on September 22, 1858, in *Reports of the British Association for the Advancement of Science*.

(16) Owen, *Anatomy of Vertebrates*, 3 : 808.

(17) Owen, *Principes d'ostéologie comparée ou Recherches sur l'archétype et les homologies du squelette des vertébrés* (Paris : Baillière, 1855), 427 ; trad. fr. de *On the Archetype and Homologies of the Vertebrate Skeleton* (London, 1848).

(18) Owen, *On the Nature of Limbs*, 39.

(19) 「ゾウの臼歯ほど，きわめて複雑で美しい構造が，それをもつ動物の要求に見事に適応している自然の構造の例は，ほかにあまり存在しない．たとえば顎は大きな歯の全重量を一度に負わされるのではなく，歯は必要に応じて徐々に形成される．歯冠が多数の連続する咬板に，咬板がほぼ円筒形の突起に細分されていることは，漸進的形成にとってきわめて好都合である．だがもっと大きな利益が臼歯の細分から得られる．各部分は象牙質の本体と，エナメル質の膜と，セメント質の外被を備えた完全な歯のように形成されるのである」(Owen, *A History of British Fossil Mammals and Birds*, 229).

(20) 「[臼歯の] 形成は前方の咬板の頂点から始まり，残りは順次仕上げられる．歯は成長が進むにつれ徐々に前進し，前方の咬板は後方の咬板が形成されるまで使用される．歯が歯肉を破って出てくると，まず指状の頂点からセメント質がこすり取られる．次いでエナメル質の覆いがすり減り，中央の象牙質が露出する．次に指状の突起が共通の結合基部まで削られ [……] 咬板の上方の端がエナメル質の縁とともに露出する．最後に，横に並んだ咬板そのものも象牙質の共通の基部まで研磨され，この物質の多少の広がりをもつ滑らかな磨かれた表面が作りだされる．こうして歯が一様な平面だけにされてしまうと，ゾウが食糧とするきめの粗い植物性物質をすりつぶす道具としては役立たなくなり，抜け落ちるのである」(*Ibid.*, 228).

(21) Cuvier, «Sur divers mastodontes de moindre taille», in *Recherches sur les Ossemens fossiles de Quadrupèdes*.

(22) Owen, *History*.

(23) Filippo Nesti, «Di alcune ossa fossili de Mammiferi che s'incontrano nel Val d'Arno», *Annali del Museo di Firenze* 1 (1808).

(24) Owen, *History*, 232.

(25) *Ibid.*, 243–44.

(26) フォークナーの伝記については Charles Murchison, «Biographical Sketch», in Hugh Falconer, *Palaeontological Memoirs*, vol. 1, XXIII–LIII (London : Hardwicke, 1868) を参照.

(27) Falconer, *Memoirs*, 1 : XXVII.

(28) *Ibid.*, LI.

(29) Murchison, «Biographical Sketch», XXVIII.

(30) *Ibid.*, LII–LIII.

(32)　*Ibid.*, 117.

(33)　English translation edited by Robert Jameson, *Essay on the Theory of the Earth* (Edinburgh, 1813).

(34)　Cuvier, *Discours*, 225.

(35)　*Ibid.*, 126.

(36)　Dorinda Outram, *Georges Cuvier : Vocation, Science and Authority in Post Revolutionary France* (Manchester : Manchester University Press, 1984), 146 を参照．キュヴィエのようなプロテスタントにとって，科学と宗教の妥協を計ることは，カトリック教徒の場合より容易だったろうとしばしば言われてきた．プロテスタントにとって「聖書は個人の自由な解釈を許容するものだった」とウートラムは記している．

(37)　*Ibid.*, 142.

(38)　Honoré de Balzac, *La Peau de chagrin* (1831), chap. I（邦訳『あら皮』，藤原書店，2000）．

(39)　Cuvier, *Discours*, 44.

(40)　*Ibid.*, 42

(41)　*Ibid.*, 42–43.

(42)　*Ibid.*, 33.

(43)　*Ibid.*, 31.

(44)　*Ibid.*, 33.

(45)　Outram, *Georges Cuvier*, 141–60.

(46)　Cuvier, *Discours*, 35.

(47)　*Ibid.*, 35.

(48)　Jacques Delille, *Les Trois Règnes de la Nature* (Paris, 1801).

(49)　Pierre Boitard, *Paris avant les hommes* (Paris, 1861).

(50)　Louis Figuier, *La Terre avant le Déluge* (Paris, 1863).

(51)　Desmond, *Archetypes and Ancestors* ; *The Politics of Evolution* を参照．

第７章　ヴィクトリア女王時代のマンモス

(１)　Richard Owen, *A History of British Fossil Mammals and Birds* (London, 1846), 256. オーウェンについては Desmond, *Archetypes and Ancestors* ; Rupke, *Richard Owen* を参照．

(２)　Owen, *History*, 246.

(３)　William Buckland, *Reliquiae diluvianae ; or Observations on the Organic Remains Contained in Caves, Fissures, and Diluvial Gravel, and on other Geological Phenomena, Attesting the Action of an Universal Deluge* (London, 1823).

(４)　本書第３章を参照．

(５)　彼の著作の表題，特に *Geology and Mineralogy Considered with Reference to Natural Theology*, 2 vols., (London, 1836) を参照．

(６)　アラスカで発見された化石ゾウのバックランドによる洪水起源解釈については本書第10章を参照．

(７)　Charles C. Gillispie, *Genesis and Geology : A Study in the Relations of Scientific Thought, Natural Theology and Social Opinion in Great Britain, 1790–1850* (Cambridge : Harvard University Press, 1951), 98.

(８)　*Ibid.*, 120.

下の動物舎に運ばれてきたものである．これほど珍しい四足動物の調査が自然誌にとって重要であることを知っていたオラニエ公は，それが死んだとき遺体はすぐにカンペル氏に送られるようにとの命令を与えておいた」とアドリアン・カンペルは記している．

(3) Cuvier, «Mémoire» (1799), 12.

(4) *Ibid.*, 14–15.

(5) 本書第4章を参照.

(6) Blumenbach, *Handbuch für Naturgeschichte*. ドイツ語の初版は1779年にゲッティンゲンで出版されたが，石化物の「疑わしいもの」「未知のもの」への分類が行なわれたのは第6版（1799年）においてである．Trad. fr. de la 6e éd., *Manuel d'histoire naturelle*, t. II, section seizième «Des pétrifications», §262 sq.

(7) Blumenbach, *Manuel*, 401.

(8) 本書第3章，96頁を参照.

(9) Blumenbach, *Manuel*, 403.

(10) Georges Cuvier, *Discours sur les Révolutions de la surface du Globe* (1825, Paris : Bourgois, 1985), 94.

(11) Cuvier, «Extrait d'un ouvrage sur les espèces de quadrupèdes dont on a trouvé les ossemens dans l'intérieur de la terre...», *Journal de physique* 52 (1801), 253.

(12) この言葉はナチュラリストのアンリ・デュクロテ・ド・ブランヴィルによって初めて用いられた（*Journal de physique* 94, LIV）.

(13) Cuvier, «Mémoire» (1799)

(14) それはまさに数学者・天文学者のラプラスが指摘していたことであった（*Exposition du système du monde*, 2 : 138 を参照）.

(15) Cuvier, «Mémoire» (1796), 444.

(16) Blumenbach, *Manuel*, 397.

(17) 「地質学における現在主義」については Reijer Hooykaas, *Continuité et discontinuité en géologie et en biologie* (Paris : Seuil, 1970), 13–125 を参照.

(18) Cuvier, «Sur les éléphans vivans et fossiles», in *Recherches sur les Ossemens fossiles de Quadrupèdes*, 1 : 203.

(19) Cuvier, *Discours*, 112.

(20) Cuvier et Brongniart, *Essai sur la géographie minéralogique du Bassin de Paris* (Paris, 1808) を参照.

(21) Cuvier, *Discours*, 31–32.

(22) *Ibid.*, 97.

(23) *Ibid.*, 99.

(24) *Ibid.*, 32.

(25) *Ibid.*, 74.

(26) *Ibid.*, 260–61.

(27) *Ibid.*, 31.

(28) *Ibid.*, 32.

(29) *Ibid.*, 42.

(30) *Ibid.*, 42.

(31) *Ibid.*, 239–73.

ナカイなどの動物が最後に出現した．時が移り，地球が現在より冷却するとき，新しい種が出現しないなどと誰が言えようか．その新種の体質は，トナカイの本性がゾウの本性と異なっているようにトナカイの体質と異なっているであろう」(*Epoques*, 176)．

(34) Buffon, *Epoques*, 10e note justicative.

(35) この実験の詳細は *Supplément à l'Histoire naturelle*, t. I (1774), partie expérimentale, premier et second mémoire ; t. II (1775), partie expérimentale, huitième mémoire で述べられている．そのテキストと『自然の諸時期』における時間の表示の分析については Roger, «préface», in Buffon, *Epoques* (Editions du Muséum), LX–LXVII を参照．

(36) したがって1767年にすでにビュフォンは『自然の諸時期』の「体系」の枠組みを構想していた．J・ロジェが示唆しているように（préface, XCI），その決定的要因はドルトゥス・ド・メランの『氷に関する論考』を1766年に読んだことにあるのだろうか．しかしメランの著作は1749年に発表されている（J. J. Dortous de Mairan, *Dissertation sur la glace*, Paris : Imprimerie Royale, 1749)．「オハイオの未知の動物」に関するコリンソンの論文と，北の地域にゾウが生存していた可能性に関する彼の質問は，この頃ビュフォンが夢中になっていた実験と無関係ではないだろう．

(37) J・ロジェはビュフォンのさまざまな測定と，数種の手稿における数値の変化を詳細に比較検討した（préface, LXV)．

(38) Buffon, *Epoques*, 1.

(39) Roger, «préface», in Buffon, *Epoques* (Editions du Muséum), LIX–LX.

(40) *Ibid.*, CXLV.

(41) Condorcet, *Eloge de M. le comte de Buffon* (Paris, 1790) を参照．

(42) Georges Cuvier, «Sur le grand mastodonte...», in *Recherches sur les Ossemens fossiles de Quadrupèdes*, 1er éd. (Paris, 1812), 2 : 42.

(43) Johann Friedrich Blumenbach, *Handbuch für Naturgeschichte* (Göttingen, 1779) ; trad. fr. de la 6e éd., *Manuel d'histoire naturelle* (Metz, 1803), t. II, section seizième «Des pétrifications», §262 sq.

(44) G・G・シンプソンの論文の表題 «The Beginnings of Vertebrate Paleontology in North America»を参照．

(45) Joseph Ellis, *After the Revolution : Profiles of Early American Culture* (New York : Norton, 1979) を参照．

(46) Rembrandt Peale, *Account of the Skeleton of the Mammouth* (London, 1802) ; *An Historical Disquisition on the Mammouth* (London, 1803).

(47) Ronald Rainger, *An Agenda for Antiquity* (Tuscaloosa, University of Alabama Press, 1991) を参照．

第6章　マンモスと「地表の革命」

(1) Georges Cuvier, «Mémoire sur les Espèces d'Eléphans, tant vivantes que fossiles», *Magasin encyclopédique* (Paris, 1796), 3 : 440–445 ; «Mémoire sur les Espèces d'Eléphans vivantes et fossiles», *Mémoires de l'Institut national des sciences et des arts. Sciences mathématiques et physiques* 2 (1799), 1–22.

(2) Pieter Camper, *Description anatomique d'un Eléphant mâle*, publiée par son fils Adrien Gilles Camper, avec 20 planches (Paris : Jansen, 1802). このゾウは「セイロンからオラニエ公閣

(10) 「このような線と点の作りだすものが象牙の粒と呼ばれている．粒はすべての象牙に見られるが，それが顕著であるかどうかは象牙によって異なる．また多粒の象牙という名前を与えられるほど粒が目につく象牙の中には，粒の小さな象牙と区別するために，大粒の象牙と称されるものも存在する」(Louis Jean Marie Daubenton, «Mémoire sur des os et des dents remarquables par leur grandeur», *Mémoires de l'Académie des sciences*, Paris, 1762).

(11) クローガンについては Simpson, «Beginnings», 141 sq. を参照.

(12) *Ibid.*, 141.

(13) Buffon, *Les Epoques de la Nature*, éd. Jacques Roger (Paris : Editions du Muséum national d'Histoire naturelle, 1962, 1988), 9e note justicative（邦訳『自然の諸時期』，法政大学出版局，1994).

(14) Lettre de M. Collinson à M. de Buffon, cit. in Buffon, *Epoques*, 9e note justicative.

(15) William Hunter, «Observations on the Bones, commonly supposed to be Elephants Bones...», *Philosophical Transactions* (London, 1769).

(16) Benjasmin Franklin, cit. in Simpson, «Beginnings», 146.

(17) これは『地球の理論』にのちに加えた追記の中でビュフォンが主張していることである．「[……] 種が失われてしまった未知の動物のものであると考えたこのいくつかの巨大な骨は，注意深く調べたところ，ゾウの種とカバの種のものであると思えるようになった．もっとも実際には，現在のものより大きなゾウやカバである．陸生動物における失われた種をわたしはたった一つしか知らないが，それはわたしが臼歯をその寸法とともに描かせた動物種である．わたしが収集できた他の巨大な歯と骨は，ゾウとカバのものであった」(«Additions et corrections aux articles qui contiennent les preuves de la *théorie de la terre*», 1778).

(18) Buffon, *Epoques*, 21（原版［1778年］の頁付けによる).

(19) *Ibid*, 9e note justicative.

(20) Jefferson, *Notes*, 44.

(21) Buffon, *Epoques*, 9e note justicative.

(22) Jacques Roger, «préface», in Buffon, *Epoques* (Editions du Muséum), XLIII を参照.

(23) アメリカの化石やコリンソンとの文通やドーバントンの研究に関する第７と第９の「証拠となる注」を特に参照.

(24) Gmelin, *Voyages en Sibérie*, chap. 58.

(25) Buffon, *Epoques*, 19.

(26) *Ibid.*, 22.

(27) 『地球の理論』は1749年の『自然誌』第１巻において発表された．『ライプチヒ学報』(1693年）掲載の『プロトガイア』の要約を読むことができたビュフォンは，原初の地球が融解した天体であったというアイデアをライプニッツから直接借用している.

(28) Buffon, *Epoques*, 26.

(29) *Ibid.*, 176.

(30) *Ibid.*, 178.

(31) 本書第２章を参照.

(32) Buffon, *Epoques*, 27.

(33) ビュフォンにとって，種の出現は種の消滅と同様に自然的原因によって説明できるものであった．破壊されることのない「有機分子」が凝集して有機体を構成する．したがって条件に恵まれれば，生命の存在しなかった場所に新種が登場する．「極寒の気候帯にしか生存できないト

(31) 前章を参照.

(32) Thomas Burnet, *Telluris theoria sacra* (1681–89) ; English edition, *The Sacred Theory of the Earth* (1684–90).

(33) Johann Jakob Scheuchzer, *Physica sacra*, vols. 1–8 (Ulm, 1730–35) ; trad. fr. *Physique sacrée ou histoire naturelle de la Bible* (Amsterdam, 1732–37).

(34) Scheuchzer, *Physique sacrée*, préface II–III.

(35) *Ibid.*, 65.

(36) *Ibid.*, 68.

(37) Johann Jakob Scheuchzer, *Herbarium diluvianum* (Zurich, 1709).

(38) Scheuchzer, *Physique sacrée*, 70

(39) «Ivoire fossile», *Encyclopédie*, 9 : 64.

(40) Elie Bertrand, *Dictionnaire universel des fossiles propres et des fossiles accidentels* (Haag, 1763), 2 : 248–49.

(41) *Ibid.*

(42) 象牙の色や固さについては Gmelin, *Voyage en Sibérie*, 2 : 147 sq. を参照.

(43) Georges Louis Leclerc, comte de Buffon, *Théorie de la Terre.* (Paris : Imprimerie Royale, 1749), art. 3.

第5章 「驚くべきマムート」とアメリカ国民の誕生

(1) Thomas Jefferson, *Notes on the State of Virginia* (Chapel Hill : University of North Carolina Press, 1955)（邦訳『ヴァジニア覚え書』, 岩波文庫, 1972). Silvio A. Bedini, *Thomas Jefferson and American Vertebrate Paleontology* (Charlottesville, Virginia Div. of Mineral Resources Publication, 1985), 61 : 2にはこうある.「この慎ましい書物は, 現在では18世紀末までにアメリカで書かれた最も重要な科学と政治の著作であると考えられている」.

(2) Jefferson, *Notes*, 53–54.

(3) *Ibid.*, 54.

(4) *Ibid.*, 43.

(5) Georges Louis Leclerc, comte de Buffon, *Histoire naturelle générale et particulière* (Paris : Imprimerie Royale, 1761), 9 : 104.

(6) Buffon, *Histoire naturelle*, 15 vols. (Paris : Imprimerie Royale, 1749–67) ; *Supplément*, 7 vols. (Paris : Imprimerie Royale, 1774–89). Pietro Corsi, *The Age of Lamarck* (Berkeley : University of California Press, 1988), 1–7 を参照.

(7) Jacques Roger, «Buffon, Jefferson et l'homme américain», *Bulletins et mémoires de la Société d'anthropologie de Paris*, n. s., 1, nº 3–4 (1989), 57–66 を参照.

(8) Jean Etienne Guettard, *Mémoires de l'Académie des sciences* (Paris, 1752), 360, pl. II, 1756.

(9) George Gaylord Simpson, «The Beginnings of Vertebrate Paleontology in North America», *Proceedings of the American Philosophical Society* 86, no. 1 (September 1942), 130–188 によれば, ゲタールは1744年ベランによって発表された地図を参照しているとのことである. その地図においてロングイユの発見があった地点は「1729年にゾウの骨が見つけられた場所」(実際には1739年) という言葉で示されている (*Carte de la Louisiane*, *cours du Mississippi et pais voisins*, *dédiée à M. le Comte de Maurepas*, *Ministre et Secrétaire d'Etat Commandeur des Ordres du Roy*, Paris, 1744).

P. Velikovetz, *Johann Georg Gmelin* (Moskva : Nauka, 1990) (en russe) を参照.

(5) Henry H. Howorth, *The Mammoth and the Flood* (London, 1887), 78–80.

(6) Edouard Vasilievitch von (baron)Toll, *Description géologique des îles de Nouvelle Sibérie et principaux problèmes des recherches dans les pays polaires*, Mémoires de l'Académie impériale des sciences de Saint–Pétersbourg (en russe).

(7) Gmelin, *Voyage en Sibérie*.

(8) K. A. Volosovich, *Le Mammouth de l'île Bolchoï Liakhovsky* (*île de la Nouvelle Sibérie*). *Esquisse géologique* (en russe) (Petrograd, 1915).

(9) Peter Simon Pallas, *Commentarii* de l'Académie de Pétersbourg pour 1772, 17 : 572.

(10) Evert Ysbrants Ides, *Dreyjährige Reise nach China, von Moscou ab zu Lande durch gross–Ustiga, Sirianan, Permis, Sibirien, Daoum und die grosse Tartarey* (Frankfurt, 1707), trad. in Figuier, *La Terre avant le Déluge* (1864), 342.

(11) Gmelin, *Voyage en Sibérie*.

(12) *Ibid.*, 38.

(13) Vassily Tatischev, «Generosiss. Dr. Basilii Tatischow Epistola ad d. Ericum Benzelium de Mamontowa Kost, id est, de ossibus bestia Russis *Mamont* dicta», *Acta literaria Sveciae* (Stockholm & Uppsala, trimestre primum, 1725).

(14) Vassily Tatischev, *Skazanije o zvérié mamontié, o kotorom obyvatiéli sibirskijé skazaiout, iakoby jiviot pod zemliou, s ikh o tom dokazatielstvy i drouguikh o tom razlitchnyie mnienija* (Les Légendes sur l'animal mammouth, qui, selon les habitants de la Sibérie, vivrait sous terre, avec leurs preuves et d'autres opinions à ce sujet) (Uppsala, 1730). 引用はロシア語のテキストによっている.

(15) *Ibid*.

(16) *Ibid*.

(17) *Ibid*.

(18) *Ibid*.

(19) *Ibid*.

(20) *Ibid*.

(21) Ides, *Dreyjährige Reise*.

(22) Tatischev, *Skazanije o zvérié mamontié*.

(23) John Philip Breyne, «Observations, and a Description of some Mammoth's Bones Dug up in Siberia, Proving them to Have Belonged to Elephants», *Philosophical Transactions* (1737– 1738) (London, 1741), 126.

(24) *Ibid*.

(25) *Ibid.*, 127–28.

(26) *Ibid.*, 128.

(27) Hans Sloane, «An Account of Elephants Teeth and Bones found under Ground» ; «Of Fossile Teeth and Bones of Elephants. Part the Second», *Philosophical Transactions* (1728) nos. 403– 4.

(28) Breyne, «Observations», 138.

(29) «Ivoire fossile», *Encyclopédie ou Dictionnaire raisonné des sciences, des arts et des métiers* (Société de gens de lettres, 1765), 9 : 64.

(30) Breyne, «Observations», 129.

(40)　*Ibid*. chap. 18.
(41)　*Histoire de l'Académie* (1706), 9–11.
(42)　Leibniz, *Protogée*, chap. 18.
(43)　*Ibid*.
(44)　語源学は「言語の考古学」である．それは言葉の起源と現在の言葉へのその変化を研究することにより，言語の過去の歴史だけでなく，それを話す民衆の過去の歴史も発見することを可能にする．ライプニッツは Archaeologus と呼ばれるドイツ語の語源学的語彙集を編纂していた．
(45)　Leibniz, *Protogée*, chap. 9.
(46)　*Ibid*.
(47)　*Ibid*. chap. 18.
(48)　*Ibid*. chap. 6.
(49)　『テリアメド』は1692年から1720年の間に書かれ，その後手書き原稿の形で回覧されていた．初版は1748年にアムステルダムで出版された．最も普通に使用されている版は，*Telliamed. Entretiens d'un missionnaire français avec un philosophe indien sur la diminution de la mer* (Haag, 1755, rééd. Paris : Fayard, 1984)（邦訳『テリアメド』抄訳，『ユートピア旅行記叢書』第12巻所収，岩波書店，1999）．
(50)　Leibniz, *Protogée*, chap. 34.
(51)　ライプニッツはウィトセンにしたがってシベリアにマンモスの骨が存在することを指摘している．*Protogée*, chap. 34,〈わが国のバウマン洞窟や他の場所で発見されるさまざまな大きさの骨片や顎骨や頭蓋骨や歯について〉を参照．
(52)　この発見は，ザクセン公の修史官ヴィルヘルム・エルンスト・テンツェルから，トスカーナ大公の顧問アントニオ・マリアベッキにあてた手紙の中で言及されている．*De sceleto elephantino a celeberrimo Wilhelmo Tentzelio Historiographo ducali saxonico, ubi quoque Testaceorum petrificationes defenduntur*... (Urbino : Litteris Leonardi, 1697).
(53)　Lettre à Thomas Burnett of Kemney, Hannover, 17–27 juillet 1696, in Gerhardt, *Die philosophischen Schriften*, 3 : 184. ライプニッツはこの骨格を以前は「化石一角」の骨であると主張していたのだが，ここではそのような解釈はとらない．*Des Unicornu fossilis oder gegrabenen Einhorn Welches in der Herrshafft Tonna gefunden worden Berfertiget von dem Collegio Medico in Gotha den 14 febr*. 1696 を参照．
(54)　Leibniz, *Protogée*, chap. 34.
(55)　*Ibid*.

第４章　あるゾウの鑑定——ロシアの「マモント」とゾウとノアの洪水

(１)　S. V. Ivanov, «Le mammouth dans l'art des peuples de Sibérie» (en russe), recueil du Musée d'anthropologie et d'ethnographie, t. 11 (1949), 133–61 を参照．A. Leroi-Gourhan, «Le mammouth dans la zoologie mythique des Eskimos », *Le Fil du temps* (Paris : Fayard, 1983), 37 も参照．この論文は *La Terre et la vie*, 5e année, no 1, 1935 において最初に発表された．
(２)　Nicolaas Witsen, *Noord en Oost Tartaryen* (Amsterdam, 1692–1705 ; rééd. 1785), 2 : 742–46.
(３)　P. Pekarski, *Naouk i littératoura v Rossii pri Pietre Viélikom* (Science et littérature en Russie sous Pierre le Grand) (Sankt-Peterburg, 1862), 1 : 350–62.
(４)　Johann Georg Gmelin, *Reise durch Sibirien, von dem Jahr 1733 bis 1743* (Göttingen : 1751–52), trad. fr. Louis de Keralio, *Voyage en Sibérie*, 2 vols. (Paris, 1767). グメーリンについては L.

(17) ライプニッツは『プロトガイア』の要旨を『弁神論』第3部242−45節において述べている.

(18) Yvon Belaval, *Leibniz, initiation à sa philosophie* (Paris : Vrin, 1975), 157.

(19) L. Davillé, *Leibniz historien* (Paris, 1909) を参照.

(20) Cit. in Gunther Scheel, «Leibniz historien», in *Leibniz* (Paris : Aubier–Montaigne, 1968), 55–56.

(21) Leibniz, *Protogée*, chap. 48.

(22) *Ibid*.

(23) Jon Elster, *Leibniz et la formation de l'esprit capitaliste* (Paris : Aubier–Montaigne, 1975), chap. 3, «Les mines de Hertz», 85 を参照.

(24) 早くも1683年にライプニッツは，岩石や鉱石や化石の形成について，「通説とは非常に異なっているが，完全に機械論的な根拠によって容易に証明できる事柄」を発見したと述べていた.「それについて記す著述家たちの欠陥は，もっぱらその事柄の表面的な取り扱い方と，彼らが検討もせずに賛同する鉱夫たちの偏見に由来する」. ハツル鉱山での経験にもとづくこのような探究の中に，『プロトガイア』の完成につながる考察の芽生えがすでに存在する.

(25) Agricola[Georg Bauer], *De re metallica libri XII* (Basel, 1556)（邦訳『近世技術の集大成：デ・レ・メタリカ』，岩崎学術出版社，1968）; *De natura fossilium* (Basel, 1546).

(26) Giovanni Solinas, «La *Protogaea* di Leibniz ai margini della rivoluzione scientifica», in *Saggi sull'illuminismo*, a cura di G. Solinas (Cagliari : Instituto di filosofia, 1973), 7–70 を参照.

(27) Agostino Scilla, *La vana speculazione disingannata dal senso*, *Lettera risponsiva ... circa i corpi marini che petrificati si trovano in varii luoghi terrestri* (Napoli, 1670), trad. fr. (Paris, 1690).

(28) Gabriel Gohau, *Une histoire de la géologie* (Paris : Seuil, 1990), 67–68（邦訳『地質学の歴史』，みすず書房，1997）を参照.

(29) Leibniz の1714年3月22日付け Louis Bourguet 宛て書簡，in C. I. Gerhardt, *Die philosophischen Schriften von Gottfried W. Leibniz* (Berlin, 1886), 3 : 565–66 を参照.

(30) Rossi, *The Dark Abyss of Time*, 55.

(31) 「明らかにステノの『序論』の影響を受けた，1678年1月の日付をもつハノーファー古文書館所蔵のノートは［……］『地球の外観』と題されている」(Jacques Roger, «Leibniz et la théorie de la Terre », in *Leibniz, 1646–1716. Aspects de l'homme et de l'œuvre*, Paris : Aubier–Montaigne, 1968, 137–144).

(32) Nicolaus Steno [Niels Stensen], *Canis Carchariae Dissectum Caput et dissectus piscis ex Canum genere* (Firenze, 1667) ; *De Solido intra Solidum naturaliter Contento Dissertationis Prodromus* (Firenze, 1669).

(33) Steno, *Canis Carchariae Dissectum Caput*...

(34) Leibniz, *Protogée*, chap. 2.

(35) G. W. Leibniz, ms. Hannover LH 37, 4, Ff. 14–15 (non daté). これまで知られていなかったこの未刊の手稿のコピーをくださったミシェル・フィシャンに感謝する.

(36) Leibniz, *Protogée*, chap. 29.

(37) *Ibid*. chap. 28.

(38) *Ibid*. chap. 18.

(39) *Ibid*. chap. 28.

(62)　Henry Fairfield Osborn, *The Origin and Evolution of Life* (New York : Scribner's, 1917)（邦訳『生命の起原と進化』，岩波書店，1931）；*Titanotheres of Ancient Nebraska* (Washington, 1929).
(63)　Franz Weidenreich, *Apes, Giants, and Man* (Chicago : University of Chicago Press, 1946).

第3章　ライプニッツの一角獣

(1)　ヘルメス・トリスメギストスの作とされる *Les Cyranides* は，紀元227年から400年の間に書かれたグノーシス主義的文書である．F. de Mély, *Les Lapidaires de l'Antiquité et du Moyen Age* (Paris, 1898–1902) を参照.
(2)　Odell Shepard, *The Lore of the Unicorn* (London : Allen & Unwin, 1930)；Roger Caillois, *Le Mythe de la licorne* (Paris : Fata Morgana, 1991) を参照.
(3)　たとえば Pierre Belon, *Observations de Plusieurs Singularitez et Choses Mémorables de Divers Pays Estranges* (Paris, 1553), 1 : 14；*Discorso de Andrea Marini, medico, contra la falsa opinione dell'Alicorno* (Venezia, 1566) を参照.
(4)　Schnapper, *Le Géant, la licorne, la tulipe* を参照.
(5)　たとえば *L'Alicorno, Discorso dell'excellente medico et filosofo M. Andrea Bacci, nel quale si tratta della natura dell'alicorno & delle sue virtu excellentissime* (Firenze, 1573；1er éd., en latin, 1566) を参照.
(6)　Shepard, *The Lore of the Unicorn*, chap. 6, «The Battle of Books»を参照.
(7)　特に Conrad Gesner, *Historia animalium* (Frankfurt, 1551)；Ulisse Aldrovandi, *De quadrupedibus solipedibus* (Bologna, 1639)；Girolamo Cardano, *De subtilitate libri XXI*, (Nürnberg, 1550), X；Laurens Catelan, *Histoire de la nature, chasse, vertus, propriétéz et usage de la lycorne* (Montpellier, 1624) を参照.
(8)　*Discours d'Ambroise Paré, conseilleur et premier chirurgien du Roy, à scavoir : de la mummie, de la licorne, des venins et de la peste* (Paris, 1582).
(9)　Thomas Bartholin, *De Unicornu observationes novae* (Poitiers, 1645) を参照.
(10)　Athanasius Kircher, *Mundus subterraneus* (1665), 2 : 63.
(11)　G. W. Leibniz, *Protogaea sive de prima facie Telluris et antiquissimae Historiae vestigiis in ipsis naturae Monumentis Dissertatio ex schedis manuscriptis Viri illustris in lucem edita a Christiano Ludvico Scheidio* (Göttingen, 1749)（邦訳『プロトガイア』，『ライプニッツ著作集』第10巻所収，工作舎，1991）.
(12)　*Ibid.*
(13)　G. W. Leibniz, *Protogée ou De la formation et des révolutions du Globe*, trad. et préf. par B. de Saint-Germain (Paris, 1859). わたしの引用はこの翻訳の再版（Ed. par Jean-Marie Barrande, *Protogaea. De l'aspect primitif de la Terre*, Toulouse, Presses Universitaires du Mirail, 1993）によっている.
(14)　Otto von Guericke, *Experimenta nova magdeburgica de vacuo spatio* (Amsterdam, 1672), livre V, chap. III, 155（邦訳『マグデブルグ市の真空実験』抄訳,『少年少女科学名著全集』5所収，国土社，1965）.
(15)　*Protogée*, chap. 35.
(16)　Othenio Abel, *Geschichte und Methode der Rekonstruktion vorzeitlicher Wirbeltiere* (Jena : Gustav Fisher, 1925).

(36) Habicot, *Gigantostéologie*, 22–23.

(37) *Ibid.*, 33.

(38) *Ibid.*, 17.

(39) Nicholas Habicot, *Response à un discours apologétic touchant la vérité des géants* (Paris, 1615).

(40) Riolan, *Gigantologie*.

(41) *Ibid.*, 99.

(42) Jean Riolan, *Gigantomachie, pour répondre à la gigantostéologie* (Paris, 1613), 9.

(43) Riolan, *Gigantologie*, 64.

(44) *Ibid.*, 34–35.

(45) *Ibid.*, 35.

(46) *Ibid.*, 41.

(47) *Ibid.*, 43.

(48) 「リオランはゾウの骨格を見たことがない人間に，その骨がこの動物に由来しなければならないことをかなり巧みに証明した」(Georges Cuvier, «Sur les éléphans vivans et fossiles», in *Recherches sur les Ossemens fossiles de Quadrupèdes*, 3e éd., Paris, 1825, 1 : 102).

(49) Cuvier, *ibid.*, 1 : 90. ハンニバルと彼のゾウのアルプス越えについては Francis de Conninck, *La Traversée des Alpes par Hannibal selon les écrits de Polybe* (Montélimar : Ediculture, 1992) を参照.

(50) Riolan, *Gigantologie*, 44.

(51) *Ibid.*, 47–48.

(52) *Ibid.*, 32.

(53) 「リオランの弱点は，小冊子ごとに，またほとんど頁ごとに，解釈に迷いを見せていることである」(Schnapper, *Le Géant, la licorne, la tulipe*, 101).

(54) Alexandre Koyré, «L'hypothèse et l'expérience chez Newton», in *Etudes newtoniennes* (Paris, 1967), 53–84 を参照.

(55) Léonard Ginsburg, «Nouvelles lumières sur les ossements fossiles autrefois attribués au géant Theutobochus», *Annales de paléontologie* 70 (Paris, 1984) : 181–219 ; cit. in Buffetaut, *Des fossiles et des hommes*.

(56) 「この外科医は，墓と碑銘の話を捏造したトゥルノンのあるイエズス会士に，小冊子を作らせたと非難された．彼がいうところのメダルはゴシック体の文字で書かれており，ローマ体の文字ではまったくなかった．このぺてんの申し開きを彼ができるとは思えなかった」(Gassendi, *Vie de Peiresc*, livre III, et *Œuvres*, t. V, 280 ; cit. in Cuvier, «Sur les éléphans vivans et fossiles»).

(57) Céard, «La querelle», 76.

(58) 「方々の洞窟や地下の穴の中で，巨大な歯や脛骨や肋骨が発見され，多くの者はそれが巨人の骨であると述べている．[……] 古い墓穴においてと同様に，地下の空洞においてさまざまな種類の骨が発見されている．その中には巨大な脛骨や，巨人に属していたと思われる人間の骨に似た骨があるということである」, Kircher, *Mundus subterraneus*, livre 8, sect. 2, chap. 4, «De ossium et cornuum subterraneorum genesi» (《骨と角の地下の生成について》), 53.

(59) G. W. Leibniz, ms. Hannover LH 37, 4, Ff. 14–15.

(60) Schnapper, *Le Géant* ; «Persistance»を参照.

(61) Maupertuis, *La Vénus physique* (Paris, 1749) を参照.

O. Abel, *Vorzeitliche Tierreste…*, cit. in Buffetaut, *Des fossiles et des hommes* を参照.

(12) J. Céard, «La querelle».

(13) Plinius, *Historia Naturalis*, VII : 16.

(14) Boccaccio, *Genealogie deorum gentilium*, IV : 68.

(15) Giuseppe Olmi, *L'inventario del mondo. Catalogazione della natura e luoghi del sapere nella prima età moderna* (Bologna : Società editrice il Mulino, 1992), 166.

(16) *Ibid.*, 165–166.

(17) Figuier, *La Terre avant le Déluge*, 336.

(18) Céard, «La querelle», 47.

(19) Cit. in A. Schnapper, *Le Géant*, 98.

(20) Nicolas Habicot, *Antigigantologie, ou Contrediscours de la grandeur des Géants* (Paris, 1618), 58–59.

(21) Rossi, *The Dark Abyss of Time* を参照.

(22) Ulisse Aldrovandi, *Museum metallicum in libros IV distributum* (Bologna, 1648), ouvrage posthume, éd. par Bartholomeo Ambrosinus.

(23) Athanasius Kircher, *Mundus subterraneus* (Roma, 1665), vol. 2.

(24) Leonardo da Vinci, *Carnets* (Paris : Gallimard, 1944)（邦訳『レオナルド・ダ・ヴィンチの手記』, 岩波文庫, 1954－58）.

(25) Bernard Palissy, *Discours admirables de la nature des eaux et fontaines* (1580), in *Œuvres* (1880), 447. パリシーについては L. Audiat, *Bernard Palissy. Etude sur sa vie et ses travaux* (Paris, 1868) を参照.

(26) Palissy, *Discours*, 334.

(27) 「[……] 真実を証明する古代の例を集めると同時に, わたしがこの目で見た事柄を, 古代の作家の権威や聖書の重みと判断に結びつけながら語ることが適当かつ必要だと考えた」T. Fazello, *De rebus siculis decades duae…* (Palermo, 1558), trad. ital. (Venezia, 1573), 33, cit. in Schnapper, «Persistance des géants», 182.

(28) Goropius [Jan Van Gorp], *Gigantomachie* (1559).

(29) Jean Riolan, *Gigantologie, discours sur la grandeur des géants, où il est démontré que de toute ancienneté les plus grands hommes et géants n'ont esté plus hauts que ceux de ce temps*, (Paris : Adrien Perier, 1618), 88.

(30) *Ibid.*, 87.

(31) Jules Michelet, *Histoire de France : Le Moyen Age* (1833 ; rééd. Paris : Laffont, 1981), 44–47.

(32) Paul Orose, *Ystoire des Romains*, éd. par A. Vérard (Paris, 1509). 最初のフランス語訳は1491年にでている.

(33) Nicholas Habicot, *Gigantostéologie, ou Discours des os d'un géant* (Paris : J. Houzé, 1613), 57.

(34) 「1550年頃ガティネ地方のボニに生れた著名な解剖学者」(Michaud, *Biographie universelle* 18, 308, Paris, 1857)であるニコラ・アビコは, パリ市立病院と軍隊において外科医をつとめ, サン＝コーム・コレージュの教授資格者であった.

(35) リオランは1626年に王立植物園（現在のパリ植物園）を構想し, 最初の礎を築いた人物でもある.

庫，1997）

（18） Edmond Haraucourt, *Daah, le premier homme* (Paris, 1914, rééd. Paris : Arléa, 1988, préface de Geneviève Guichard).

（19） Adrien Cranile [Adrien Arcelin], *Solutré, ou les Chasseurs de rennes de la France centrale. Histoire préhistorique* (Paris, 1872).

（20） J.– H. Rosny Aîné, *Romans préhistoriques* (Paris : Laffont, 1985) を参照.

（21） Jean Auel, *The Mammoth Hunters* (New York : Bantam, 1986)（邦訳『狩をするエイラ』，評論社，1987）.

（22） Jack London, «A Relic of the Pliocene», *The Faith of Men and Other Stories* (New York : Macmillan, 1904).

（23） Max Bégouën, *Quand le mammouth ressuscita* (Paris : Hachette, 1928), 104. この素晴らしい本のことを教え，貸与してくれたミシェル・アラン・ガルシアに感謝する.

（24） Michael Crichton, *Jurassic Park* (New York : Knopf, 1990)（邦訳『ジュラシック・パーク』，早川書房，1991）および Stephen Spielberg の映画 *Jurassic Park*, 1993 を参照.

（25） Pierre Gouletquer, «La préhistoire de bande dessinée : mythes et limites», *Historiens–Géographes* 318 : 371–83.

（26） Aidans, *Tounga, le maître des mammouths* (Bruxelles : Lombard, 1982) を参照.

（27） R. Lecureux, A. Cheret et C. Cheret, *Les Nouvelles Aventures de Rahan, fils des Ages farouches ; Rahan contre le Temps* (Bruxelles : Noveli, 1991).

第2章　聖アウグスティヌスと巨人

（1） Aurelius Augustinus, *De Civitate Dei*, 15e livre, chap. 9.（邦訳『神の国』，岩波文庫，1982－1991）.

（2） ここでの時間はもはや永遠回帰の循環的モデルにもとづいたものではない．キリスト教における時間の表象は，歴史と終末論という新たな次元を帯びている．キリスト教と歴史については Lucien Febvre, «Vers une autre histoire », *Revue de métaphysique et de morale*, no3–4 (1949) : 225–48 を参照.

（3） Augustinus, *De Civitate Dei*, 1er livre, préface.

（4） この主題については，Jean Céard, «La querelle des géants et la jeunesse du monde», *Medieval and Renaissance Studies* 8, no. 1 (spring 1978) : 37–76 に多くを負っている.

（5） Lorraine Daston, «Marvellous Facts and Miraculous Evidence in Early Modern Europe», *Critical Inquiry* 18 (fall 1991) : 93–124.

（6） Gaius Plinius Secundus, *Historia Naturalis*, VII : 16（邦訳『プリニウスの博物誌』，雄山閣，1986）.

（7） Rudwick, *The Meaning of Fossils* を参照.

（8） Augustinus, *De Civitate Dei*, 15e livre, chap. 9.

（9） *Ibid*.

（10） Othenio Abel, *Vorzeitliche Tierreste im Deutschen Mythus, Brauchtum und Volksglauben* (Jena : Gustav Fischer, 1939)；Buffetaut, *Des fossiles et des hommes*；Antoine Schnapper, *Le Géant, la licorne, la tulipe*, (Paris : Flammarion, 1988) を参照．この問題については A. Schnapper, «Persistance des géants», *Annales ESC*, no1 (janv.– fév. 1986) : 177–200 も参照.

（11） Raymond Vaufrey, *Les Eléphants nains des îles méditerranéennes* (Paris : Masson, 1929)；

（2） Rudwick, *Scenes from Deep Time*, 158, 165 を参照．

（3） マンモスの種々のイメージと復元については N. K. Vereshchagin et A. N. Tikhonov, *Eksterier Mamonta* (Académie des sciences d'URSS, division de Sibérie, août 1990) を参照．

（4） Eugen W. Pfizenmayer, *Les Mammouths de Sibérie*, trad. de l'allemand (Paris : Payot, 1939)（邦訳『シベリアのマンモス』，法政大学出版局，1971）を参照．

（5） 旧石器時代芸術におけるマンモスについては以下の文献を参照．Capitan, Breuil et Peyrony, «La caverne de Font-de-Gaume aux Eyzies(Dordogne)» (Monaco, 1910) ; M. Sarradet, «Font-de-Gaume en Périgord»(Périgueux, 1977) ; Ch. Maska, H. Obermaier, H. Breuil, «La statuette de mammouth de Předmost», *L'Anthropologie* 23 (Paris, 1912), 3-4 ; L. R. Nougier, *Rouffignac, la grotte aux cent mammouths* (Paris, 1958) ; L. R. Nougier et R. Robert, *Rouffignac, ou la guerre des mammouths* (Paris, 1957) ; G. Bosinski, «The Mommoth Engravings of the Magdalenian Site of Gönnersdorf (Rhineland, Germany)», in *III*e *Colloque de la Société suisse des sciences humaines* (Genève, 1979) ; B. et G. Delluc, «Les grottes ornées de Domme, Dordogne : la Martine, le mammouth et le prisonnier», *Gallia Préhistoire* 26, F. 1 (1983). 次の文献も参照．Henri Breuil, *Quatre cents siècles d'art pariétal* (Mame : 1952 ; rééd. 1972) ; André Leroi-Gourhan, *Préhistoire de l'art occidental* (Paris : Mazenod, 1965) ; Zoia Abramova, *Paleolithic Art in the U. S. S. R*, trans. from Russian (Madison : University of Wisconsin Press, 1967).

（6） V. P. Lioubine, «La représentation du mammouth dans l'art paléolithique» (en russe), *Sovriemiennaia archeologia* (Sankt-Peterburg, 1991), 1 : 20-42.

（7） Zoia Abramova, «Les corrélations entre l'art et la faune dans le Paléolithique de la plaine russe (la femme et la mammouth)»(1979), 334.

（8） «Mamontovaia fauna rousskoï ravniny i vostotchnoï siberi» (La faune à mammouths de la plaine russe et de la Sibérie du Nord), *Travaux de l'Institut zoologique de Saint-Pétersbourg*, (Leningrad, 1977), 70 を参照．

（9） この点については Rudwick, *Scenes from Deep Time* の論証を参照．

（10） Louis Figuier, *La Terre avant le Déluge*,（Paris, 1863, 6e éd. 1867）.

（11） Emile Michel, «Les peintures décoratives de M. Cormon au Muséum», *Revue d'art ancien et moderne* 3 (1898).

（12） ナイトの作品と伝記については Sylvia Massey Czerkas and Donald F. Glut, *Dinosaurs, Mammoths and Cavemen : The Art of Charles R. Knight* (New York : Dutton, 1982).

（13） この絵はニューヨークのアメリカ自然史博物館にある．同じ主題のもう一つの絵が1939年に描かれた．

（14） ブリアンについては Vladimir Prokop, *Zdenek Burian a paleontologie* (Praha : Vydal Ustredni Ustav Geologicky, 1990) (en tchèque) を参照．展覧会のカタログ *Peintres d'un monde disparu. La préhistoire vue par des artistes de la fin du XIX*e *siècle à nos jours* (Musée départemental de préhistoire de Solutré, 22 juin - 1er octobre 1990) も参照．

（15） Josef Augusta et Zdenek Burian, *Le Livre des mammouths* (Praha : Artia, 1962)（邦訳『原色・マンモス』，岩崎書店，1967）.

（16） L. Figuier, *La Terre avant le Déluge* et *L'Homme primitif* (Paris, 1870, rééd. 1870, 1873, 1882) ; Camille Flammarion, *Le Monde avant la création de l'homme. Origines de la terre, origines de la vie, origines de l'humanité* (Paris, 1886) を参照．

（17） Jules Verne, *Voyage au centre de la terre* (Paris : Hetzel, 1864)（邦訳『地底旅行』，岩波文

注

序論

（1） 古生物学史の「古典」の中では次の書を参照．Karl von Zittel, *Geschichte der Geologie und Paläontologie bis Ende des 19. Jahrhunderts* (München und Leipzig : Oldenbourg, 1899) ; John Greene, *The Death of Adam : Evolution and Its Impact on Western Thought* (Ames : Iowa State University Press, 1959) ; Martin J. S. Rudwick, *The Meaning of Fossils : Episodes in the History of Paleontology*, 2nd ed. (Chicago : University of Chicago Press, 1976)（邦訳，『化石の意味』，海鳴社，1981）; Paolo Rossi, *The Dark Abyss of Time*, trans. from Italian (Chicago : University of Chicago Press, 1984) ; Eric Buffetaut, *Des fossiles et des hommes* (Paris : Laffont, 1991)（邦訳『博物史の謎解き』，心交社，1993）; Helmut Hölder, *Une brève histoire de la géologie et de la paléontologie* (Paris : 1992)(trad. de l'allemand, *Kurze Geschichte der Geologie und Paläontologie*, Berlin : Springer-Verlag, 1989).

（2） 特に次の書を参照．Adrian Desmond, *Archetypes and Ancestors : Paleontology in Victorian London 1850–1875* (Chicago : University of Chicago Press, 1982) ; *The Politics of Evolution : Morphology, Medicine, and Reform in Radical London* (Chicago : University of Chicago Press, 1989) ; Stephen Jay Gould, *Time's Arrow and Time's Cycle* (Cambridge : Harvard University Press, 1987)（邦訳『時間の矢・時間の環』，工作舎，1990）; Martin J. S. Rudwick, *The Great Devonian Controversy* (Chicago : University of Chicago Press, 1985) ; *Scenes from Deep Time* (Chicago : University of Chicago Press, 1992) ; Nicolaas A. Rupke, *The Great Chain of History : William Buckland and the English School of Geology (1814–1849)* (Oxford : Clarendon Press, 1983) ; *Richard Owen : Victorian Naturalist* (New Haven : Yale University Press, 1994).

（3） たとえば Stephen Jay Gould, *Wonderful Life* (New York : Norton, 1989)（邦訳『ワンダフル・ライフ』，早川書房，1993）を参照．

（4） *The Panda's Thumb* (New York : Norton, 1980)（邦訳『パンダの親指』，早川書房，1986）や *The Flamingo's Smile* (New York : Norton, 1985)（邦訳『フラミンゴの微笑』，早川書房，1986）のような Stephen Jay Gould の作品のタイトルを参照．

（5） Niles Eldredge, «Cladism and Common Sense», in *Phylogenetic Analysis and Paleontology*, ed. J. Cracraft and N. Eldredge (New York : Columbia University Press, 1979), 192–95.

第1章　マンモスの出現

（1） Mikhail Ivanovich Adams, «Some Account of a Journey to the Frozen Sea and of the Discovery of the Remains of a Mammoth», *Philos. Magazin*, 29 (Tilloch, Oct.–Dec. 1807 and Jan. 1808) : 141–43.

リオラン　Riolan, Jean　63, 65–68, 70
リスター　Lister, Adrian　11, 253
リャーホフ　Lyakhov, Ivan　105, 106
リントナー　Lindner, Kurt　221
リンネ　Linne, Carl von　149, 160, 207, 302
ルイ13世（フランス王）　Louis XIII　61
ルイス　Lewis, Meriwether　6
ルーヴィル　Louville, Jacques Eugène　143
ルクレティウス　Lucretius, Titus Carus　145
ルター　Luther, Martin　91
ルロワ＝グーラン　Leroi–Gourhan, André　9, 214
レイ　Ray, John　84, 164
レイディ　Leidy, Joseph　19
レオナルド・ダ・ヴィンチ　Leonardo da Vinci　60, 94
レオミュール　Réaumur, René Antoine Ferchault de　118
レーニン　Lenin, Vladimir Iliich　216
ローウェンスタイン　Lowenstein, Jerold　316
ロガチェフ　Rogachev, Alexei N.　218
ロジェ　Roger, Jacques　147
ロニー・エネ　Rosny Aîné, J.–H.　41, 42, 201
ローマー　Romer, Alfred　247, 248, 291
ロングイユ　Longueuil, Charles Le Moyne, second Baron de　135
ロンドン　London, Jack　43, 255

ペテロ　Petros　64
ヘニッヒ　Hennig, Willi　305
ヘルツ　Herz, Otto Fedorovich　267, 269, 313
ベルテ　Berthet, Elie　41
ベルトラン　Bertrand, Elie　117, 120, 122, 123
ベルトラン・ド・サン＝ジェルマン　Bertrand de Saint-Germain, Guillaume–Scipion　80
ペロー　Perrault, Claude　155
ヘロドトス　Herodotos　57
ペンジェリー　Pengelly, William　205
ベントン　Benton, Michael　321
ホーキンズ　Hawkins, Benjamin Waterhouse　33
ボシュエ　Bossuet, Jacques–Bénigne　21
ボッカッチョ　Boccaccio, Giovanni　58, 68, 72
ホートン　Haughton, Samuel　287
ホメロス　Homeros　53, 56, 57, 68
ポリアコフ　Poliakov, Ivan Semenovich　215
ポリュビオス　Polybios　69
ホールデーン　Haldane, John Burdon Sanderson　245
ボルヘス　Borges, Jorge Luis　307
ボレル　Borel, Pierre　59
ボワタール　Boitard, Pierre　41, 176

マ行

マイア　Mayr, Ernst　245, 246
マイアー　Meyer, Hermann von　185
マイエ（ブノワ・ド）　Maillet, Benoît de　95, 164, 182
マイエ(リュシアン)　Mayet, Lucien　239, 240
マーシュ　Marsh, Othniel　19, 229, 230, 256
マジュリエ　Mazurier, Pierre　61–63
マーチソン　Murchison, Charles　188
マーティン　Martin, Paul　294, 295
マドレン　Maddren, A. G.　259, 260
マリウス　Marius, Gaius　62, 63
マリー・ド・メディシス　Marie de Médicis　63
マール　Marr, Nikolai Yakovlevich　216–18
ミシュレ　Michelet, Jules　62, 176
ミッデンドルフ　Middendorf, Aleksandr Fyodorovich　106, 266
ミュッセ　Musset, Alfred de　176
ミュラー　Muller, Johan Bernhard　107, 113
ミルヌ＝エドワール　Milne–Edwards, Henri　230
メッサーシュミット　Messerschmidt, Daniel Gottlieb　103, 112, 113, 115, 123, 157, 158
メルカーティ　Mercati, Michele　88
メルク　Merck, Carl Heinrich　159
メルトリュ　Mertrud, Antoine–Louis–François　155
メンデル　Mendel, Gregor　244
モーガン（トマス）　Morgan, Thomas Hunt　245
モーガン(ルイス)　Morgan, Lewis Henry　216
モリエール　Molière　65
モルティエ　Mortillet, Gabriel de　209

ヤ行

ユゴー　Hugo, Victor　174
ヨハン・フリードリヒ（ハノーファー公）　Johann Friedrich　82

ラ行

ライエル　Lyell, Charles　7, 180, 182, 204, 206, 207, 210, 251, 286, 287, 292
ライト（シウォール）　Wright, Sewall　245
ライト（ジョージ）　Wright, George Frederick　279
ライプニッツ　Leibniz, Gottfried Wilhelm　72, 78, 80–84, 86, 87, 89–98, 236, 281
ラウプ　Raup, David　293
ラウレンティウス　Laurentius　64
ラセペード　Lacépède, Bernard de　155
ラハマン　Lachmann, Friedrich　84
ラブレー　Rabelais, François　59
ラボック　Lubbock, John　209
ラマルク　Lamarck, Jean Baptiste　164, 166, 169, 180, 182, 188, 189, 195, 198, 207, 237, 238, 287, 290
ラルテ　Lartet, Edouard　25, 208, 209, 212, 230, 287
リウィウス　Livius, Titus　69

ハクスリ（トマス） Huxley, Thomas Henry 19, 182, 197, 198, 207, 229
バックランド Buckland, William 125, 171, 178–80, 184, 188, 193, 259, 282, 283
バーネット Burnet, Thomas 84, 94, 116, 117, 125, 162
パラス Pallas, Peter Simon 102, 106, 111, 123, 143, 278
バランド Barrande, Joachim 196
パリシー Palissy, Bernard 60, 61, 94, 95, 281, 294
ハル Hull, David 311
バルザック Balzac, Honoré de 173, 176
バルトリン Bartholin, Thomas 97
バルベ＝マルボワ Barbé–Marbois, François 130
パルマンティエ Parmentier, Antoine Augustin 154
パレ Paré, Ambroise 76
ハワース Howorth, Henry Hoyle 125, 282
ハンター Hunter, William 138, 139, 141
ハンニバル Hannibal 5, 24, 69, 278
ビアンヴィル Bienville, Jean–Baptiste Le Moyne 135
ピエット Piette, Edouard 212, 213
ピカール Picard, Casimir 204
ピクテ Pictet, François Jules 195
ビーチ Beechey, Frederick William 258
ヒッポクラテス Hippokrates 66
ビードネル Beadnell, Hugh 240, 273
ビュイグ Buigues, Bernard 319
ビュフォン Buffon, Georges Louis Leclerc, comte de 4, 6, 21, 73, 95, 125, 132, 134–36, 141–47, 149, 155, 157, 159, 164, 202, 278, 281
ピョートル1世（大帝、ロシア皇帝） Pyotr I 30, 103–06, 109
ピール Peale, Charles Willson 152
ビンフォード Binford, Lewis Roberts 222
ファゼッロ Fazello, Tomaso 61
ファランド Farrand, William R. 286
フィギエ Figuier, Louis 38, 176
フィッシャー Fisher, Ronald Aylmer 245
フィッツェンマイヤー Pfizenmayer, Eugen Wilhelm 265, 267, 269, 270
フェルディナンド2世（メディチ家の） Ferdinando II de' Medici 87
フォークナー Falconer, Hugh 19, 186–93, 197–99, 205, 212, 304
フォーブズ Forbes, Edward 196
フォントネル Fontenelle, Bernard Le Bovier de 92, 292
ブーシェ・ド・ペルト Boucher de Perthes, Jacques 19, 125, 180, 205, 206, 209, 211, 287
フック Hooke, Robert 94, 116
ブライネ Breyne, Johann Philip 112, 113, 115, 158
フラカストーロ Fracastoro, Girolamo 60
プラトン Platon 60. 183
ブランヴィル Blainville, Henry Ducrotay de 71, 188, 189, 195
フランクリン Franklin, Benjamin 139–41
ブーランジェ Boulanger, Nicolas Antoine 123, 164
ブラント Brandt, Alexander 266
ブリアン Burian, Zdeněk 40, 221, 279, 280
フリック Frick, Childs 262
プリニウス Gaius Plinius Secundus 53, 56, 57, 67, 68, 70, 72
プリュシュ Pluche, Noël–Antoine 118
ブール Boule, Pierre Marcellin 19
ブルイユ Breuil, Henri 39
ブルゲ Bourguet, Louis 94, 117
プルタルコス Plutarchos 57
ブルックス Brookes, Joshua 25
ブルーメンバハ Blumenbach, Johann Friedrich 11, 149, 155, 159–62, 168, 301–03
フレゴーゾ Fregoso, Battista II 72
プレストウィッチ Prestwich, Joseph 205, 208
ブロンニャール Brongniard, Alexandre 166
ベイトソン Bateson, William 244, 245
ベグエン Bégouën, Max 43
ベーコン Bacon, Francis 118
ヘッケル Haeckel, Ernst 207
ベッヒャー Becher, Johann Joachim 84, 91

ジュシュー　Jussieu, Antoine–Laurent de　154
シュメルリング　Schmerling, Philippe Charles 204
ショイヒツァー　Scheuchzer, Johann Jakob　117–20, 162
ショシェイニ　Shoshani, Jeheskel　310
ジョフロワ・サン＝ティレール　Geoffroy Saint-Hilaire, Etienne　155, 180, 182
シラノ・ド・ベルジュラック　Cyrano de Bergerac, Savinien　65
シンプソン　Simpson, George Gaylord　137, 246–48, 304
スターリン　Stalin, Iosif Vissarionovich　218, 319
スタンボック＝フェルモール　Stenbocq–Fermor, comte de　317
ステノ　Steno, Nicolaus（Stensen, Niels）　87–90, 94
スローン　Sloane, Hans　113, 115
セアール　Céard, Jean　59
セジウィック　Sedgwick, Adam　195
ゼーランダー　Seelander, Nicolaus　80
セール　Serres, Marcel de　203

タ行

ダーウィン　Darwin, Charles　1, 6, 7, 19, 21, 180–82, 193, 195–99, 207, 209, 227, 229, 232, 236–40, 245, 246, 251, 252, 290–92, 323, 325
タシ　Tassy, Pacal　10, 11, 307, 309, 310
タチーシチェフ　Tatischev, Vassili Nikitich 108–11, 123
ダランベール　d'Alembert, Jean Le Rond　123
ダルシアック　d'Archiac, Adolphe　190
タルジオーニ・トゼッティ　Targioni Tozzetti, Giovanni　69
チェシ　Cesi, Federico　59
チェトベリコフ　Chetverikov, Sergei Sergeevich 245
チェルマク　Tschermak, Erich　244
チャップリン　Chaplin, Charles　255
ディグビ　Digby, George Bassett　294
ティソ　Tissot, Jacques　62, 65, 67, 70
ディドロ　Diderot, Denis　123
テウトボクス　Teutobochus　61–63, 65, 71
デカルト　Descartes, René　71, 78, 85–87, 116, 147, 299
テシエ　Tessier, Henri–Alexandre　154
デジニョフ　Dezhnyov, Semyon Ivanovich　105
テニウス　Thenius, Erich　248
デノワイエ　Desnoyers, Jules　204
デュテール　Dutert, Charles Louis Ferdinand 230
ドゥブリュイヌ　Debruyne, Régis　317, 319
ドゥペレ　Depéret, Charles　239–41, 247, 304
ドゥリュック　Deluc, Jean–André　117, 162
ドゥリル　Delille, Jacques　176
トゥルナル　Tournal, Paul　203, 204
ドーバントン　Daubenton, Louis Jean Marie 136, 137, 141, 149, 155
ドブジャンスキー　Dobzhansky, Theodosius Grigorievich　245
ド・フリース　De Vries, Hugo　244, 245
トル　Toll, baron Robert von　266
ドール　Dall, William Healey　259, 264
ドルバック　d'Holbach, Paul Henri Thiry, baron 123, 164
ドルビニー　d'Orbigny, Alcide Dessalines 19, 169, 191, 282
トルマチョフ　Tolmachoff, Innokentii P.　288–90
ドロ　Dollo, Louis　247

ナ行

ナイト　Knight, Charles　39, 280
ニコライ２世（ロシア皇帝）　Nikolai II　271
ニュートン　Newton, Isaac　118, 145, 147, 166, 182
ヌーヴィル　Neuville, Henry　289
ネスティ　Nesti, Filippo　69, 184, 185

ハ行

バイロン　Byron, George Gordon　173
パーキンソン　Parkinson, James　185
ハクスリ（ジュリアン）Huxley, Julian　246

オズボーン　Osborn, Henry Fairfield　39, 73, 230, 238–41, 244, 247, 248, 288–91
オルセン　Olsen, George　273
オロシウス　Orosius, Paulus　62

カ行

ガイスト　Geist, Otto William　262
カヴァッザ　Cavazza, Giorgio　59
ガスリー　Guthrie, Dale　11, 294
ガッサンディ　Gassendi, Pierre　71
カピタン　Capitan, Louis　29
ガリレオ　Galileo Galilei　59, 70, 72
ガルット　Garutt, Wadim Evgenievich　11, 301
ガレノス　Galenos　66
カンペル　Camper, Pieter　155
ギゾー　Guizot, François　176
キュヴィエ　Cuvier, Georges　4, 6, 9, 19, 21, 24, 25, 32, 35, 41, 47, 68, 69, 71, 73, 80, 115, 120, 125, 137, 148, 149, 154, 155, 157–62, 164–82, 184–86, 188–91, 193, 195, 202, 203, 229, 230, 232, 236, 251, 259, 273, 282–84, 287, 294, 298, 303, 325
キルヒャー　Kircher, Athanasius　60, 72, 76, 84, 90, 91
ギルモア　Gilmore, Charles Whitney　260, 262, 265
グメーリン　Gmelin, Johann Georg　105, 107, 108, 111, 123, 143, 157, 215, 278
クラーク　Clark, William　6, 130
グラント　Grant, Madison　290
クリスティ　Christy, Henry　212, 287
クリストフォルス　Christophorus　58
クリマ　Klima, Bohuslav　219
グールド　Gould, Stephen Jay　11, 247, 251, 252, 302
グレイソン　Grayson, Donald　295
グレインジャー　Granger, Walter　273
クローガン　Croghan, George　138–40
クロワゼ　Croizet, Jean–Baptiste　185
ゲスナー　Gesner, Conrad　60, 70, 88
ゲタール　Guettard, Jean Etienne　135, 136
ゲーテ　Goethe, Johann Wolfgang von　198
ゲーリケ　Guericke, Otto von　80, 81, 97
ケントマン　Kentmann, Johann　84
コヴァレフスキー　Kovalevskii, Vladimir　229
コスタ　Costa, Filippo　59
コツェブー　Kotzebue, Otto von　257–60
後藤和文　Goto Kazufumi　320, 321
ゴードリ　Gaudry, Albert　19, 209, 229, 230, 232, 234–37, 239, 240, 254, 288, 304
コパン　Coppens, Yves　11, 106
コープ　Cope, Edward Drinker　19, 238, 248, 256, 304
コリンソン　Collinson, Peter　140–42, 145
ゴルトフース　Goldfuss, Georg August　184, 185
コルモン（ピエストル）Cormon（Piestre, Fernand）　38
コレンス　Correns, Karl Erich　244
ゴロピウス　Goropius Becanus（Gorp, Jan van） 61, 72
コロンナ　Colonna, Fabio　88
ゴンクール（エドモン・ド）　Goncourt, Edmond de　42
ゴンクール（ジュール・ド）　Goncourt, Jules de　42
コント　Comte, Auguste　166

サ行

ザミャートニン　Zamiatnin, S. N.　216
ジェファソン　Jefferson, Thomas　6, 129–32, 135, 142, 230
ジェプセン　Jepsen, Glenn　246
シェルバーン　Shelburne, William, earl of　138
シッラ　Scilla, Agostino　84, 94
シャイト　Scheidt, Ludwig　78
ジャコブ　Jacob, François　244
シャップ　Chappe d'Auteroche, Jean　139
シャトーブリアン　Chateaubriant, François René 176
ジャマン　Jamin, Paul　29
シャルパンティエ　Charpentier, Jean de　283
シャルル10世（フランス王）　Charles X　175
シャルルマーニュ　Charlemagne　65

人名索引

ア行

アウグスタ　Augusta, Josef　40, 279
アウグスティヌス　Augustinus, Aurelius　53–57, 64, 68
アヴリル　Avril, Philippe　103
アウル　Auel, Jean　42
アガシ　Agassiz, Louis　19, 180, 195, 282–84, 294
アグリコラ　Agricola, Georgius　84
アダムス　Adams, Mikhail Ivanovich　30, 161, 162, 165, 313
アビコ　Habicot, Nicolas　63–67, 70
アブソロン　Absolon, Karel　219
アブラモヴァ　Abramova, Zoia Aleksandrovna　36, 217
アーベル　Abel, Othenio　81
アラリクス１世　Alaricus I　54
アルヴァレズ（ウォルター）　Alvarez, Walter　293
アルヴァレズ（ルイス）　Alvarez, Luis　293
アルスラン（クラニル）　Arcelin（Cranile）, Adrien　41
アルドロヴァンディ　Aldrovandi, Ulisse　60
アレクサンドロス大王　Alexandros Magnus　68, 111, 278
アロクール　Haraucourt, Edmond　41
アンドリューズ　Andrews, Charles William　240, 241, 273
イシドール（セビーリャの）　Isidor da Sevilla　57
イーデス　Ides, Evert Ysbrants　107, 108, 111, 113, 123
ヴァイスマン　Weismann, August　246
ヴァイデンライヒ　Weidenreich, Franz　73
ヴァチェク　Vacek, M.　304
ウィストン　Whiston, William　117, 125
ウィトセン　Witsen, Nicolaas　23, 96, 101, 102
ヴェネツ　Venetz, Ignace　283
ウェルギリウス　Vergilius　56, 57
ウェルズ　Wells, Herbert George　41
ヴェルヌ　Verne, Jules　41
ヴェレシチャーギン　Vereshchagin, Nikolai　11, 272, 296, 314
ヴォルテール　Voltaire　9, 95
ヴォロソヴィッチ　Volosovich, K. A.　106, 272, 317
ウッドワード　Woodward, John　84, 94, 117, 125, 162
エヴァンズ　Evans, John　206
エウトロピウス　Eutropius　69
エッシュショルツ　Eschscholtz, Johann Friedrich　257–59
エフィメンコ　Efimenko, Piotr Petrovich　216–19
エリ・ド・ボーモン　Elie de Beaumont, Léonce　80
エルドリッジ　Eldredge, Niles　22, 251, 252, 312
エルンスト・アウグスト（ハノーファー公）　Ernst August　82
エンゲルス　Engels, Friedrich　216
オーウェン　Owen, Richard　19, 182–86, 188, 190–93, 197, 198, 207, 230, 288

訳者紹介

菅谷 暁（すがや・さとる）

1947年生まれ．東京都立大学大学院人文科学研究科博士課程退学．専攻，科学史．
訳書 セリーヌ『ゼンメルヴァイスの生涯と業績』(倒語社，1981)，コイレ『ガリレオ研究』(法政大学出版局，1988)，チュイリエ他『アインシュタインと手押車』(共訳，新評論，1989)，ビュフォン『自然の諸時期』(法政大学出版局，1994)，ゴオー『地質学の歴史』(みすず書房，1997) など．

マンモスの運命
化石ゾウが語る古生物学の歴史　　（検印廃止）

2003年4月10日　初版第1刷発行

訳　者　菅谷　暁
発行者　武市　一幸
発行所　株式会社 新評論

〒169-0051 東京都新宿区西早稲田3-16-28　TEL 03 (3202) 7391
http : //www.shinhyoron.co.jp　振替00160-1-113487

定価はカバーに表示してあります
落丁・乱丁本はお取り替えします

装　幀　山田英春
印　刷　新栄堂
製　本　清水製本

ISBN4-7948-0593-4 C0040